云南省普通高等学校“十二五”规划教材

电化学基本原理及应用

主　编　代海宁
副主编　唐明宇　杨永丽

北　京
冶金工业出版社
2021

内 容 提 要

本书共分6章，主要内容包括：金属电沉积过程的基本原理与概念，金属电解精炼和湿法电冶金，金属电镀，金属制品表面处理，电化学方法在治理废水中的应用，电化学在化学电源中的应用。

本书可作为本科、高职高专院校化学、化工专业的教学参考书，也可供相关专业领域的工程技术人员参考。

图书在版编目（CIP）数据

电化学基本原理及应用/代海宁主编. —北京：冶金工业出版社，2014.3（2021.8重印）

云南省普通高等学校“十二五”规划教材

ISBN 978-7-5024-6513-1

Ⅰ.①电… Ⅱ.①代… Ⅲ.①电化学—高等学校—教材 Ⅳ.①O646

中国版本图书馆CIP数据核字（2014）第031567号

出 版 人 苏长永
地　　址 北京市东城区嵩祝院北巷39号 邮编 100009 电话 （010）64027926
网　　址 www.cnmip.com.cn 电子信箱 yjcbs@cnmip.com.cn
责任编辑 郭冬艳 美术编辑 吕欣童 版式设计 孙跃红
责任校对 李 娜 责任印制 李玉山
ISBN 978-7-5024-6513-1
冶金工业出版社出版发行；各地新华书店经销；北京虎彩文化传播有限公司印刷
2014年3月第1版，2021年8月第2次印刷
787mm×1092mm 1/16；17.25印张；415千字；263页
36.00元

冶金工业出版社 投稿电话 （010）64027932 投稿信箱 tougao@cnmip.com.cn
冶金工业出版社营销中心 电话 （010）64044283 传真 （010）64027893
冶金工业出版社天猫旗舰店 yjgycbs.tmall.com

前　言

电化学原理、方法在现代生产中已应用于多个领域，特别是在有色金属精炼、湿法电冶金、电镀、材料表面处理、金属材料腐蚀与防护、水处理等方面得到广泛的运用，为国民经济的发展起到了重要的促进作用。

本书摒弃了复杂的理论推导，结合高等教育的教学特点和要求，贯彻基本知识、基本理论、基本技能以应用为目的，以“必须、够用”为度的原则，以电化学基本概念和原理为基础，循序渐进、由浅入深地介绍了电化学原理在有色金属电解精炼、电镀、金属制品表面处理、废水处理、化学电池等领域的应用。在内容方面，本书充分考虑了电化学在专业课程中的作用以及学生的素质要求，在强调基础的同时更注重应用。第 1 章主要介绍的是电化学基础知识和基本概念，侧重于金属离子电沉积参数的理论知识和原理，为后续内容提供适当的理论支撑。第 2 章重点介绍金属电解精炼和湿法电冶金。湿法电冶金是冶金工业中用来提取金属的主要方法之一，也是金属电沉积在工业中应用的重要内容。金属电解精炼则是火法冶金或湿法电冶金中金属精炼的常用方法。第 3 章主要介绍有色金属的电镀。电镀工业已有一百余年的历史，是电化学的一个重要应用领域，现今电镀制品到处可见。电镀制品不仅有精致的外观，而且具有原金属所没有的功能性质，同时增加了使用寿命。第 4 章介绍金属制品表面处理。金属制品在电镀以前的表面状态及清洁程度是获得优质镀层的重要环节。金属制品电镀前表面处理工序包括磨光、抛光、除油、侵蚀等，对难镀金属，还要根据它们各自的特点进行特殊处理。表面处理既增加了金属的可镀性，也提高了金属的防蚀性和装饰性。第 5 章以电化学方法在治理废水中的应用为主要内容。用于废水处理的电化学方法有内电解法、电解气浮法、电解凝聚法和电渗析法等。目前电化学方法已广泛应用于电镀废水、化工废水、染料废水、造纸废水、皮革废水、生化废水和制药废水等废水治理，以及用于水处理剂的电化学合成。第 6 章介绍的是电化学在化学电源中的应用。化学电源在国防、工业、农业、医疗和科学研究各个领域都有着广泛的应用，在民用电子设备中也被广泛应用。

本书是作者对多年教学经验的总结。其中第1章至第3章由代海宁编写；第4章和第6章由唐明宇编写；第5章由杨永丽编写。全书由代海宁统一整理定稿。

本书既可作为本科、高职高专院校化学、化工专业的教材，也可供从事相关专业的工程技术人员参考。

本书在编写过程中，得到了云锡集团公司相关部门和技术人员的大力支持，在此表示感谢！

由于作者水平所限，书中不妥之处，敬请读者批评指正。

云南锡业职业技术学院　代海宁

2013年6月29日

目　录

1 金属电沉积过程的基本原理与概念

1.1 电极电势和电动势

1.1.1 电极电势

金属电沉积从某种意义说是原电池的逆过程，它们从原理上说是都有电流通过外导线的氧化还原反应，现在我们首先通过电极电势的形成来说明原电池及金属沉积过程中一个非常重要的概念——电极电势。

通过铜锌电池（丹尼尔电池）来说明，如图1－1所示，左池：锌片插在1mol/dm^{3}的$ZnSO_4$溶液中，右池：铜片插在1mol/dm^{3}的$CuSO_4$溶液中，两池之间盐桥连接。当用导线将铜片与锌片连接时，检流计指针偏转，指示电子从锌片流向铜片，锌片为负极，铜片为正极。

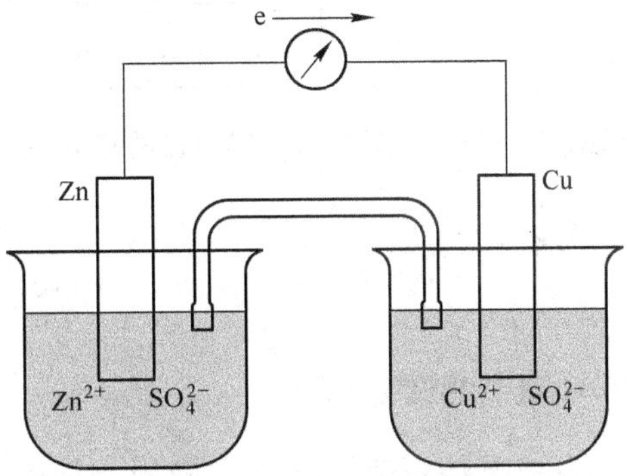

图1－1 铜锌电池示意图

左侧锌片上发生的反应是：

$$Zn = Zn^{2+} + 2e$$

电子留在锌片上，Zn^{2+}进入溶液，发生氧化。

右侧铜片上发生的反应是：

$$Cu^{2+} + 2e = Cu$$

铜片得到从锌片上过来的电子，使Cu^{2+}还原成Cu，沉积在铜片上。

总的反应为：

$$Cu^{2+} + Zn = Cu + Zn^{2+}$$

此时图1－1即组成了一个原电池，当有导线连接时，有电流通过导线。

锌片插入Zn^{2+}的溶液中，构成锌电极，这种电极属于“金属－金属离子电极”。

当金属M与其离子M^{n+}接触时，有两种过程可能发生：

过程1：金属电离给出电子　　$M = M^{n+} + ne$

过程2：离子与电子结合　　$M^{n+} + ne = M$

金属越活泼，溶液越稀，则过程1进行的程度越大；金属越不活泼，溶液越浓，则过程2进行的程度越大。达到平衡时，对于$Zn-Zn^{2+}$电极来说，一般认为是锌片上留下负电荷，而Zn^{2+}进入溶液，故溶液的电势高于极板。在Zn和Zn^{2+}溶液的界面上，形成双电层，如图1－2所示。

双电层之间的电势差就是$Zn-Zn^{2+}$电极的电极电势，用φ表示，本书中双电层的电势差是指金属与溶液的电势之差，所以 $Zn-Zn^{2-}$ 电极的电极电势为负值。当 Zn 和 Zn^{2+} 溶液均处于标准态时，这个电极电势称为锌电极的标准电极电势，用 $\varphi^{\ominus}$表示。

上述的锌电极的标准电极电势为 -0.76V，表示为：

$$\varphi^{\ominus}_{Zn^{2+}/Zn} = -0.76V$$

铜电极的双电层的结构与锌电极的相反，如图 1-3 所示。达到平衡时，对于 $Cu-Cu^{2+}$ 电极来说，可以认为是 Cu^{2+} 沉积在极板上，铜片上的正电荷过剩。故极板的电势高于溶液。

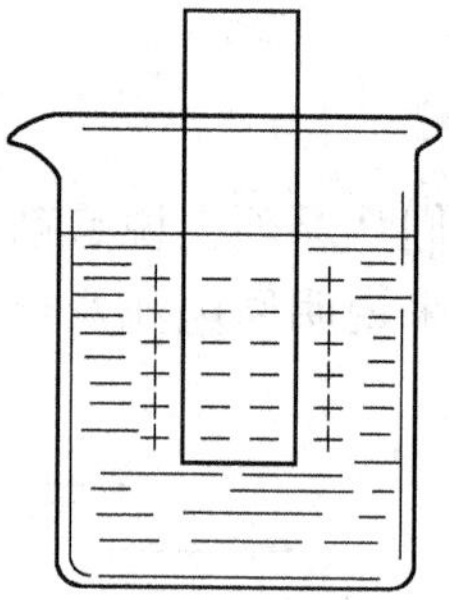
图 1-2　锌电极的双电层

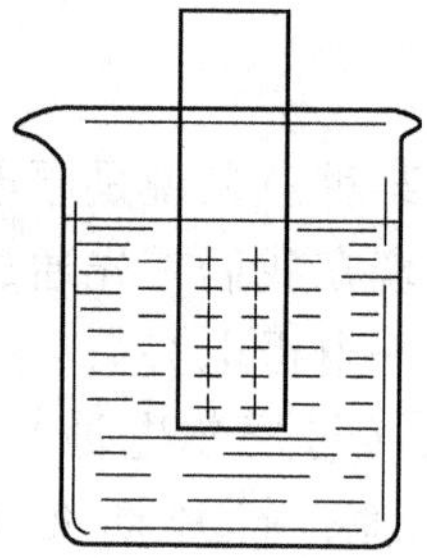
图 1-3　铜电极的双电层

故有：

$$\varphi^{\ominus}_{Cu^{2+}/Cu} = +0.34V$$

1.1.2　原电池的电动势

电极电势 φ 表示电极中极板与溶液之间的电势差。当用盐桥将两个电极的溶液连通时，若认为两溶液之间的电势差被消除，则两电极的电极电势之差即两极板之间的电势差，就是原电池的电动势。用 $E_{电池}$表示电动势，则有

$$E_{电池} = \varphi_{+} - \varphi_{-}$$

若构成两电极的各物质均处于标准状态，则电池的标准电动势

$$E^{\ominus}_{电池} = \varphi^{\ominus}_{+} - \varphi^{\ominus}_{-} \tag{1-1}$$

电池中电极电势 φ 大的电极为正极，故电池的电动势 $E_{电池}$的值为正。$E_{电池}>0$，说明氧化还原反应可以以原电池方式完成。

此铜锌电池的电池符号为：

$$(-)Zn\,|\,Zn^{2+}(1mol/dm^3)\,\|\,Cu^{2+}(1mol/dm^3)\,|\,Cu(+)$$

表示的是铜锌原电池，当两池的电势被盐桥拉平时，铜片的电势比锌片的高，电子要从锌片流向铜片，Cu 为正极，Zn 为负极。标准电动势为：

$$E^{\ominus}_{电池} = \varphi^{\ominus}_{+} - \varphi^{\ominus}_{-} = 0.34 - (-0.76) = 1.10V$$

所以氧化还原反应 $Zn + Cu^{2+} = Cu + Zn^{2+}$ 可以以原电池方式完成。

1.1.3　参比电极

在实际中，测定原电池的电动势，必须组成一个电路，所以两个电极中，一个是待测电极，另一个是已知其电极电势的参比电极。

电化学和热力学规定，标准氢电极 $\varphi^{\ominus}_{H^+/H_2}=0V$。

这样，理论上说所有电极均可与标准氢电极组成原电池，测定其电动势，从而求出其电极电势。

由于标准氢电极需严格控制氢的分压为1atm。给操作上带来不易，需要用操作方便、稳定的电极来代替标准氢电极，通常可代替标准氢电极的有甘汞电极、银－氯化银电极、汞－氧化汞电极、汞－硫酸亚汞电极。

1.1.4 标准电极电势

在标准状态下，用参比电极与待测电极组成原电池，测定其电动势（无电流通过时的电势差），按式（1－1）即可求出待测电极的标准电极电势，将这些标准电极电势列为表即得出常用的标准电极电势表（见表1－1）。

表1－1 标准电极电势表（298K，酸性介质）

电 对	电 极 反 应	$E^{\ominus}_A$/V
Li^+/Li	$Li^+ + e \rightleftharpoons Li$	-3.040
K^+/K	$K^+ + e \rightleftharpoons K$	-2.924
Ba^{2+}/Ba	$Ba^{2+} + 2e \rightleftharpoons Ba$	-2.92
Ca^{2+}/Ca	$Ca^{2+} + 2e \rightleftharpoons Ca$	-2.84
Na^+/Na	$Na^+ + e \rightleftharpoons Na$	-2.714
Mg^{2+}/Mg	$Mg^{2+} + 2e \rightleftharpoons Mg$	-2.356
Be^{2+}/Be	$Be^{2+} + 2e \rightleftharpoons Be$	-1.99
Al^{3+}/Al	$Al^{3+} + 3e \rightleftharpoons Al$	-1.676
Mn^{2+}/Mn	$Mn^{2+} + 2e \rightleftharpoons Mn$	-1.18
Zn^{2+}/Zn	$Zn^{2+} + 2e \rightleftharpoons Zn$	-0.7626
Cr^{3+}/Cr	$Cr^{3+} + 3e \rightleftharpoons Cr$	-0.74
Fe^{2+}/Fe	$Fe^{2+} + 2e \rightleftharpoons Fe$	-0.44
Cd^{2+}/Cd	$Cd^{2+} + 2e \rightleftharpoons Cd$	-0.403
$PbSO_4/Pb$	$PbSO_4 + 2e \rightleftharpoons Pb + SO_4^{2-}$	-0.356
Co^{2+}/Co	$Co^{2+} + 2e \rightleftharpoons Co$	-0.277
Ni^{2+}/Ni	$Ni^{2+} + 2e \rightleftharpoons Ni$	-0.257
AgI/Ag	$AgI + e \rightleftharpoons Ag + I^-$	-0.1522
Sn^{2+}/Sn	$Sn^{2+} + 2e \rightleftharpoons Sn$	-0.136
Pb^{2+}/Pb	$Pb^{2+} + 2e \rightleftharpoons Pb$	-0.126
H^+/H_2	$2H^+ + 2e \rightleftharpoons H_2$	0
$AgBr/Ag$	$AgBr + e \rightleftharpoons Ag + Br^-$	0.0711
$S_4O_6^{2-}/S_2O_3^{2-}$	$S_4O_6^{2-} + 2e \rightleftharpoons 2S_2O_3^{2-}$	0.08
S/H_2S (aq)	$S + 2H^+ + 2e \rightleftharpoons H_2S$	0.144
Sn^{4+}/Sn^{2+}	$Sn^{4+} + 2e \rightleftharpoons Sn^{2+}$	0.154
SO_4^{2-}/H_2SO_3	$SO_4^{2-} + 4H^+ + 2e \rightleftharpoons H_2SO_3 + H_2O$	0.158

续表 1-1

电对	电极反应	$E_A^\ominus/V$
Cu^{2+}/Cu^+	$Cu^{2+} + e \rightleftharpoons Cu^+$	0.159
$AgCl/Ag$	$AgCl + e \rightleftharpoons Ag + Cl^-$	0.2223
Hg_2Cl_2/Hg	$Hg_2Cl_2 + 2e \rightleftharpoons 2Hg + 2Cl^-$	0.2682
Cu^{2+}/Cu	$Cu^{2+} + 2e \rightleftharpoons Cu$	0.340
$[Fe(CN)_6]^{3-}/[Fe(CN)_6]^{4-}$	$[Fe(CN)_6]^{3-} + e \rightleftharpoons [Fe(CN)_6]^{4-}$	0.361
$H_2SO_3/S_2O_3^{2-}$	$2H_2SO_3 + 2H^+ + 4e \rightleftharpoons S_2O_3^{2-} + 3H_2O$	0.400
Cu^+/Cu	$Cu^+ + e \rightleftharpoons Cu$	0.52
I_2/I^-	$I_2 + 2e \rightleftharpoons 2I^-$	0.5355
$Cu^{2+}/CuCl$	$Cu^{2+} + Cl^- + e \rightleftharpoons CuCl$	0.559
$H_3AsO_4/HAsO_2$	$H_3AsO_4 + 2H^+ + 2e \rightleftharpoons HAsO_2 + 2H_2O$	0.560
$HgCl_2/Hg_2Cl_2$	$2HgCl_2 + 2e \rightleftharpoons Hg_2Cl_2 + 2Cl^-$	0.63
O_2/H_2O_2	$O_2 + 2H^+ + 2e \rightleftharpoons H_2O_2$	0.695
Fe^{3+}/Fe^{2+}	$Fe^{3+} + e \rightleftharpoons Fe^{2+}$	0.771
Hg_2^{2+}/Hg	$Hg_2^{2+} + 2e \rightleftharpoons 2Hg$	0.7960
Ag^+/Ag	$Ag^+ + e \rightleftharpoons Ag$	0.7991
Hg^{2+}/Hg	$Hg^{2+} + 2e \rightleftharpoons Hg$	0.8535

原则上，表中任何两个电极反应所表示的电极都可以组成原电池。位置在上的，即电极电势小的为负极；位置在下的，即电极电势大的为正极。

正极的电极反应减去负极的电极反应，即得原电池的电池反应，$\varphi_+^\ominus - \varphi_-^\ominus$ 即得 $E_{电池}^\ominus$。在电池反应中，正极的氧化型是氧化剂，它被还原成其还原型；而负极的还原型是还原剂，被氧化成其氧化型。

1.2 标准状态下的电动势与电池反应的吉布斯自由能的关系

化学反应 $Zn + Cu^{2+} = Cu + Zn^{2+}$ 在烧杯中进行时，虽有电子转移，但不产生电流，属于恒温恒压无非体积功的过程。其自发进行的判据是

$$\Delta_r G < 0$$

组成铜锌电池后，有电流产生，该反应属于恒温恒压有非体积功——电功 W 的过程，其自发进行的判据是：

$$-\Delta_r G > W$$

电功等于电量与电势差的积，即 $W = qE$。

当反应进度为 ξ 时，转移 $n$mol 电子，其电量 q 为：

$$q = nF$$

式中，法拉第常数 $F = 96500C/mol$。

故电功 W 可由下式表示

$$W = nEF \tag{1-2}$$

若电池反应是可逆的，则有

$$-\Delta_r G = W \tag{1-3}$$

即

$$\Delta_r G = -nEF$$

按化学方程式完成一次反应时，$n=z$（z 为化学方程式中电子转移数），有：

$$\Delta_r G_m = -zEF \tag{1-4}$$

当反应处于标准状态下时，E 即是 $E^\ominus$，式（1-4）写为：

$$\Delta_r G_m^\ominus = -zE^\ominus F \tag{1-5}$$

1.3 标准状态下的电动势与电池反应的平衡常数的关系

反应处于标准状态下时

由 $\Delta_r G_m^\ominus = -RT\ln K^\ominus$ 和 $\Delta_r G_m^\ominus = -zE^\ominus F$ 得

$$zE^\ominus F = RT\ln K^\ominus$$

所以

$$E^\ominus = \frac{RT}{zF}\ln K^\ominus \tag{1-6}$$

换底，得

$$E^\ominus = \frac{2.303RT}{zF}\lg K^\ominus$$

298K 时，可以写成

$$E^\ominus = \frac{0.059}{z}\lg K^\ominus \tag{1-7}$$

上式反映 $E^\ominus$ 与 $K^\ominus$ 的关系，即反应进行的程度和限度。

例 1-1 求反应 $Zn + Cu^{2+} = Cu + Zn^{2+}$ 在标准状态下的 $K^\ominus$。

解：利用电化学的方法，先将反应设计成原电池，求出电动势 $E^\ominus$，再求出 $K^\ominus$。

将反应分解成两个半反应，并查表得其电极电势值。

$$Cu^{2+} + 2e \rightleftharpoons Cu \qquad \varphi^\ominus_{Cu^{2+}/Cu} = +0.34V$$

$$Zn^{2+} + 2e \rightleftharpoons Zn \qquad \varphi^\ominus_{Zn^{2+}/Zn} = -0.76V$$

$$E^\ominus_{电池} = \varphi^\ominus_{Cu^{2+}/Cu} - \varphi^\ominus_{Zn^{2+}/Zn} = 0.34-(-0.76) = 1.10V$$

此处 $z=2$。

由式（1-7）得：

$$\lg K^\ominus = \frac{zE^\ominus_{电池}}{0.059} = 37.3$$

故

$$K^\ominus = 2.0\times 10^{37}$$

值得注意的是，当 $E^\ominus_{电池} = 0.2V$ 时，$K^\ominus$ 就可达到 10^3 数量级，反应进行的程度已经相当大了。

1.4 Nernst 方程

1.4.1 原电池的 Nernst 方程

对于电池反应 $aA + bB = cC + dD$ 有化学反应等温式

$$\Delta_r G_m = \Delta_r G_m^{\ominus} + RT\ln\frac{[C]^c[D]^d}{[A]^a[B]^b} \tag{1-8}$$

将 $\Delta_r G_m = -zEF$ 和 $\Delta_r G_m^{\ominus} = -zE^{\ominus}F$ 代入式（1-8）中，得

$$-zEF = -zE^{\ominus}F + RT\ln\frac{[C]^c[D]^d}{[A]^a[B]^b}$$

故有：

$$E = E^{\ominus} - \frac{RT}{zF}\ln\frac{[C]^c[D]^d}{[A]^a[B]^b} \tag{1-9}$$

换底，得

$$E = E^{\ominus} - \frac{2.303RT}{zF}\lg\frac{[C]^c[D]^d}{[A]^a[B]^b} \tag{1-10}$$

标准状态时有

$$E = E^{\ominus} - \frac{0.059}{z}\lg\frac{[C]^c[D]^d}{[A]^a[B]^b} \tag{1-11}$$

式（1-9）~式（1-11）均称为原电池的 Nernst 方程，它反映了非标准状态下的电动势与标准状态下的电动势的关系。

1.4.2 电极电势的 Nernst 方程

将电池反应 $aA + bB = cC + dD$ 分成两个电对的半反应

正极　$aA \longrightarrow cC$　（A：氧化型；C：还原型）

负极　$dD \longrightarrow bB$　（D：氧化型；B：还原型）

其电子转移数为 z，则电池反应电动势的 Nernst 方程为

$$E = E^{\ominus} - \frac{RT}{zF}\ln\frac{[C]^c[D]^d}{[A]^a[B]^b}$$

将其改写成如下形式

$$\varphi_+ - \varphi_- = \varphi_+^{\ominus} - \varphi_-^{\ominus} - \frac{RT}{zF}\ln\frac{[C]^c[D]^d}{[A]^a[B]^b}$$

将正极和负极的数据分别归在一起，得

$$\varphi_+ - \varphi_- = \left(\varphi_+^{\ominus} + \frac{RT}{zF}\ln\frac{[A]^a}{[C]^c}\right) - \left(\varphi_-^{\ominus} + \frac{RT}{zF}\ln\frac{[D]^d}{[B]^b}\right)$$

对应得：

$$\varphi_+ = \varphi_+^{\ominus} + \frac{RT}{zF}\ln\frac{[A]^a}{[C]^c}$$

$$\varphi_- = \varphi_-^{\ominus} + \frac{RT}{zF}\ln\frac{[D]^d}{[B]^b}$$

写成一般式为

$$\varphi = \varphi^{\ominus} + \frac{RT}{zF}\ln\frac{[ox]}{[red]} \tag{1-12}$$

1.5 金属电沉积的定义与范畴

在电解池或化学电池中离子的行为可概括为阳极过程、阴极过程和液相传质过程（电迁移、对流和扩散）三部分。还应强调，无论阳极过程或阴极过程并不是单纯在固体金属表面上进行的过程，实际也包括在电极表面附近一层极薄的液体层中进行的过程。由

于溶液的黏滞性，不论是否进行搅拌和对流，附着在电极表面上的这层极薄液体总是处于相对静止状态，而且这一薄层液体的存在对离子的电迁移、扩散等过程均有很大的影响，极大地控制电极过程的速度。因此，通常人们将在这薄层液体中发生的过程与固体电极表面上发生的过程的总和统称为电极过程。

所谓金属电沉积过程是在金属电解过程中，金属离子在电流的作用下在阴极还原并沉积为金属的过程。在金属的电冶金、电精炼、电镀和电铸过程中都发生金属的电沉积过程。

金属电冶炼的目的是制备金属材料，电精炼的目的在于进一步提纯金属，制取更纯的金属材料；电镀的主要目的是为零件或材料表面提供防护层或改变基体材料的表面特性，例如改善外观、提高耐蚀性能、抗磨损，易焊接，提供特殊的磁、电、光、热等表面特性，以及其他物理性能等；而电铸则是用电镀的方法制造金属制品，例如制造印刷线路板的铜箔、电动剃刀的外刀刃、金属网、模具、工艺装饰品等。金属的电冶炼、电精炼要求电沉积金属达到一定的纯度，而对沉积物的结构、外观、机械性质及表面性质并不重视；但金属的电镀、电铸则重视金属沉积物的结构、外观、机械性质和表面特性，而对金属的纯度并不重视。

1.6 金属电沉积过程的主要特征及其研究方法

金属电沉积过程的反应属于还原反应，但由于固体金属与溶液接触，此反应并不是单纯在固体金属表面上进行，实际上电极表面附近的一层极薄液体层也参与进行反应，因此其实际上是一种异相化学反应。

外加电压、电极上电流密度、固体电极表面性质（如真实表面积、活化中心形成与毒化、表面吸附及表面化合物的形成等）、晶体新相的生成动力学、液体层中传质过程动力学（如反应粒子的迁移与扩散等）、电极表面双电层、电极电势、溶液组成、温度等因素都对此电极过程有影响。

金属的电沉积过程通常由下列各个步骤（又称分部步骤、分部反应或单元步骤）串联组成：

（1）金属离子向电极表面的传质步骤；

（2）金属离子在电极表面去水化、吸附等表面转化步骤；

（3）金属离子在电极表面得到电子还原生成金属原子的电化学反应步骤；

（4）金属原子结晶形成金属晶体的新相生成步骤；

（5）金属原子向金属固体相内部扩散的固相扩散步骤；

（6）对于比较复杂的反应产物，在电极表面还可能进行分解、复合、歧化、脱附等后续表面转化步骤。

上述各分部步骤的速率通常是不等的，但由于各分部步骤必须连续地串联进行，当整个过程进行速率达到稳定值时，各分部步骤就都以相同的速率进行了。显然这时整个金属电沉积过程的进行速率，主要由各分部步骤中进行得最慢的那个步骤的速率所控制，此步骤称为控制步骤，此时电极过程的状态称为稳态。

1.7 法拉第定律和电流效率

电沉积过程的重要定律就是法拉第定律（通电于电解质溶液之后）：

（1）在电极上发生化学反应的物质量与通入的电量成正比；

（2）若将几个相同的电解池串联，通入一定的电量后，在各个电解池的同号电极上发生反应的物质的量等同，电极上析出的物质的质量与其摩尔质量成正比。

1mol 质子的电荷（即 1mol 电子所带电量的绝对值）称为法拉第常数，用 F 表示：

$$F = N_A e = 6.022045 \times 10^{23}/\text{mol} \times 1.60218922 \times 10^{-19}\text{C} = 96484.56\text{C/mol} \approx 96500\text{C/mol}$$

式中，N_A 为阿伏伽德罗常数；e 为质子电荷。

在电解工业中习惯用“安培小时”表示电量，此时 $F = 26.801\text{A} \cdot \text{h/mol}$

对于溶液的半反应：

$$M^{z+}(aq) + ze \longrightarrow M(s)(\text{金属})$$

或

$$X^{z-}(aq) \longrightarrow \frac{1}{2}X_2 + ze(\text{非金属})$$

在上述每一情况中，1mol 电子（即 1F 电量）产生 $\frac{1}{z}$mol 元素，其电化摩尔质量 $k = \frac{M}{zF}$，单位为 kg/(A · h)。式中 z 是出现在电极反应式中的电子计量系数；M 为析出物的原子量。其物理意义是表示电解时，通过单位电量（1A · h）时所析出物质的质量（kg）。若通过的电量为 Q 时，电沉积出该金属的物质的量（n）为：

$$n = \frac{Q}{zF}$$

或

$$Q = nzF \tag{1-13}$$

所沉淀的该金属的质量为：

$$m = \frac{Q}{zF}M = kQ \tag{1-14}$$

法拉第定律可适用于任何温度和压力下的水溶液、非水溶液及熔融盐的电解过程，而且实验愈精确，所得结果与法拉第定律愈吻合，但在实际电解工业中，由于物质、溶液不纯、电解条件控制不理想等因素的影响，电极上常发生副反应或次级反应或是化学自溶解过程，实际消耗的电量要比按照法拉第定律计算所需的理论电量多或少一些，此两者之比称为电流效率，通常用百分数表示。当析出一定数量的某物质时

$$\text{电流效率}\ \eta = \frac{\text{按法拉第定律计算所需理论电量}}{\text{实际所消耗的电量}} \times 100\%$$

或者当通过一定电量后

$$\text{电流效率}\ \eta = \frac{\text{电极上产物实际质量}}{\text{按法拉第定律计算应获得的产物质量}} \times 100\%$$

工业电解或电镀时，阴极除了金属电沉积外，常伴有析氢和杂质金属的析出等副反应，因此阴极电流效率往往小于 100%。对阳极而言，除了金属的电化学溶解外，尚有金属的化学溶解、析氧等副反应，影响复杂，电流效率有时小于 100%，有时大于 100%。根据电解或电镀前后阳极或阴极由于金属的溶解和析出产生的质量变化及通的电量，可计算实际电流效率。阴极实际析出物质的质量也可由电镀面积和镀层厚度来确定。

电解时，阳极或阴极上单位面积通过的电流大小称为电流密度（A/dm^2 或 A/m^2）。

有时也用电解液单位容积流过的电量表示，称为电流浓度（A/dm^3 或 A/m^3）。由于阳极和阴极面积不同，两极电流密度一般不等。电镀的电流密度在 0.5 ~ 5A/dm^2，快速电镀可达数十安培每平方分米至一百几十安培每平方分米。金属电解的电流密度在 1 ~ 10A/dm^2 至几十安培每平方分米。

1.8 金属离子在阴极的电沉积

1.8.1 金属离子在阴极电沉积的可能性

金属离子在阴极还原为金属既要考虑热力学条件，还要满足动力学条件。从原则上说，只要电极电势足够正，任何金属离子都有可能在阴极还原为金属。但是，溶液中还有其他组分的影响，例如水溶液中氢离子的影响，即使在高氢超电势的金属表面上，当电势达到 -2.0 ~ -1.8V 时，氢气将剧烈析出，因此，也就不能实现比此数值更负的阴极过程了。金属离子在阴极电沉积次序还决定于金属离子的活度、溶液 pH 值、金属离子在溶液中存在的形态和是简单离子还是络合离子、何种络合离子、析出金属的形态以及是纯金属形式析出还是合金形式析出（或是以汞齐形式析出）、溶剂种类、溶液成分等多种因素。元素周期表中根据金属活泼性顺序能大致说明金属离子还原过程的可能性，见表 1-2。

表 1-2 金属离子还原过程的可能性规律

周期 \ 族	ⅠA	ⅡA	ⅢB	ⅣB	ⅤB	ⅥB	ⅦB	Ⅷ			ⅠB	ⅡB	ⅢA	ⅣA	ⅤA	ⅥA	ⅦA	0
第三	Na	Mg											Al	Si	P	S	Cl	Ar
第四	K	Ca	Sc	Ti	V	Cr	Mn	Fe	Co	Ni	Cu	Zn	Ga	Ge	As	Se	Br	Kr
第五	Rb	Sr	Y	Zr	Nb	Mo	Tc	Ru	Rh	Pd	Ag	Cd	In	Sn	Sb	Te	I	Xe
第六	Cs	Ba	稀土金属	Hf	Ta	W	Re	Os	Ir	Pt	Au	Hg	Tl	Pb	Bi	Po	At	Rn
金属离子还原规律	→ 金属元素					→ 水溶液中有可能电沉积出来					→ 氰化物溶液中可以电沉积出来						→ 非金属元素	

一般说来，在周期表中愈靠近左边的金属元素，在阴极还原及电沉积的可能性也愈小；反之，愈靠近周期表右边的金属元素愈容易被还原及电沉积。在水溶液中大致可以铬分族为分界线，位于铬分族左方的金属元素不能在电极上电沉积，铬分族中的钨与钼的电沉积已很困难了。位于铬分族右方各金属元素的简单离子都能比较容易地自水溶液中电沉积出来。氰化物溶液中以铜分族为界，铜分族右边的金属（除铝和锗以外）都能电沉积出来，左边的金属则不能被电沉积出来。

1.8.2 简单金属离子的还原过程

金属离子在阴极电沉积过程至少包括金属离子放电还原为金属原子与金属原子电结晶步骤。由于在液体电极上根本不存在电结晶步骤，因此可用液态汞齐电极（汞熔点为 -38.89℃）或采用暂态方法消除电结晶过程的干扰作用专门研究金属离子的还原过程。

单价金属离子在阴极还原过程大致是：在电场作用下电极表面液层中的金属离子周围

水分子重排或水化程度减少，然后电子在电极与离子之间跃迁，形成仍然保留部分水化层的吸附金属原子，接着是吸附金属原子失去剩余的水化层，成为金属晶格上或液态金属中的金属原子，多价离子的还原过程要复杂得多，其还原过程存在中间价态的离子。

多价离子的还原过程，以二价金属离子为例，主要有 4 种可能的反应历程：

（1）一步还原反应历程

$$M^{2+} + 2e \longrightarrow M$$

（2）分步还原反应历程

$$M^{2+} + e \longrightarrow M^{+}$$
$$M^{+} + e \longrightarrow M$$

（3）中间价离子歧化反应历程

$$M^{2+} + e \longrightarrow M^{+}$$
$$2M^{+} \longrightarrow M^{2+} + M$$

（4）中间价离子还原历程

$$M^{2+} + M \longrightarrow 2M^{+}$$
$$M^{+} + e \longrightarrow M$$

根据对双电子电极反应的动力学分析表明，二价离子按（1）方式同时得到两个电子一步还原为金属原子的可能性较小，从铜阳极与阴极极化曲线看两者斜率有明显差异，证实其反应历程不同，可能生成一价铜离子，已利用高速旋转圆盘电极在 $CuSO_4$ 电解液中检测到 Cu^{+} 的存在。已知铜离子的各种还原电势如下：

（1）$Cu^{2+} + 2e \longrightarrow Cu$　　$\varphi_1^{\ominus} = 0.34V$，$\Delta_r G_1^{\ominus}$

（2）$Cu^{+} + e \longrightarrow Cu$　　$\varphi_2^{\ominus} = 0.52V$，$\Delta_r G_2^{\ominus}$

（3）$Cu^{2+} + e \longrightarrow Cu^{+}$　　$\varphi_3^{\ominus} = 0.17V$，$\Delta_r G_3^{\ominus}$

（4）$2Cu^{+} \longrightarrow Cu^{2+} + Cu$　　$\varphi_4^{\ominus}$，$\Delta_r G_4^{\ominus}$

根据 $\Delta G^{\ominus} = -n\varphi^{\ominus} F = -RT\ln K^{\ominus}$ 热力学公式，已知 $\Delta G_4^{\ominus} = 2\Delta G_2^{\ominus} - \Delta G_1^{\ominus}$，算得 $\Delta G_4^{\ominus} = -34.7kJ/mol$（$K_4^{\ominus} = 1.2 \times 10^5$）。可见一价铜离子歧化应是一自发过程，电解液中 Cu^{+} 含量极少，主要以二价铜离子形式存在。

对于铁离子，依同样方法可求得下列反应的 $\Delta G^{\ominus} = -220kJ/mol$

$$2Fe^{3+} + Fe = 3Fe^{2+}$$

可见电解液中以 Fe^{2+} 为主，Fe^{3+} 数量极少。

对于金离子，有

$$3Au^{+} = Au^{3+} + 2Au \qquad \Delta G^{\ominus} = -55.8kJ/mol$$

可见电解液中以 Au^{3+} 为主。

但是应注意，金属离子电极过程往往与溶液中的阴离子有关，特别是卤素离子对大多数金属电极体系的阳极过程与阴极过程均有显著的活化作用，增加了金属电极反应的可逆性。例如在金离子氯化物溶液中，已知：

（1）$AuCl_4^{-} + 2e \longrightarrow AuCl_2^{-} + 2Cl^{-}$　　$\varphi_1^{\ominus} = 0.96V$，$\Delta G_1^{\ominus}$

（2）$AuCl_4^{-} + 3e \longrightarrow Au + 4Cl^{-}$　　$\varphi_2^{\ominus} = 0.99V$，$\Delta G_2^{\ominus}$

（3）$3AuCl_2^{-} \longrightarrow AuCl_4^{-} + 2Au + 2Cl^{-}$　　$\Delta G_3^{\ominus}$

根据热力学关系，$\Delta G_3^{\ominus} = 2 \times \Delta G_2^{\ominus} - 3 \times \Delta G_1^{\ominus} = 52.0\text{kJ/mol}$，$K_3 = 7.6$，可见溶液中 $AuCl_2^-$ 与 $AuCl_4^-$ 的平衡浓度相差无几，两种离子同时存在于溶液中。这里卤化物是金属离子的络合剂，由于存在一系列的络合离解平衡，改变了金属离子的还原历程。由于两种价型的离子在阴极还原没有简单的定量关系，析出的金属量实际上是在两种价型离子还原的相应数量之间，例如通 1mol 电子电量，析出的金小于 1mol（全部由 Au^+ 放电还原）而大于 $\frac{1}{3}$mol（全部由 Au^{3+} 放电还原）。此类金属的电解过程由于阳极与阴极过程不同，因此使两极电流效率不同，往往阳极的电流效率高于阴极电流效率，从而增加了电解生产过程的复杂性。

1.8.3 金属络离子的阴极还原过程

由于溶液中金属离子与络合剂之间存在一系列的络合离解平衡，溶液中存在多种的络离子存在形态，其阴极还原过程就比较复杂。例如铜的氰合络离子可有 $[Cu(CN)_2]^-$、$[Cu(CN)_3]^{2-}$、$[Cu(CN)_4]^{3-}$ 等不同形态。根据电镀液的配方及络合离解平衡的不稳定常数值。可估算各种络合离子的平衡浓度。对氰化物镀铜溶液，可以认为溶液中铜离子主要是以 $[Cu(CN)_3]^{2-}$ 的形态存在。在水溶液中 $[Cu(CN)_3]^{2-}$ 的电离平衡为：

$$[Cu(CN)_3]^{2-} \rightleftharpoons Cu^+ + 3CN^-$$

$$K_{不稳} = \frac{[Cu^+][CN^-]^3}{[Cu(CN)_3]^{2-}} = 2.6 \times 10^{-29} (18 \sim 30℃时)$$

电极过程动力学的计算已表明，在大多数场合下，并不是络离子先离解为简单离子，然后才能在电极上还原的，也不是以主要存在形态直接在电极上还原的。在绝大多数含络合剂的电镀液中，络合离子的不稳定常数常常很小，实际游离的简单金属离子数目极少，由其放电而产生的电流与实际的交换电流值相比较，简单离子直接放电而产生的电流可以完全忽略。通常以主要存在形式而存在的络离子往往具有较高或最高的配位数，同时也就有较低的化学势，与其他络离子比较，它在放电时需要较高的活化能。同时因其配位数最多，体积最大，荷负电最多（通常络离子荷负电荷），阴极则也荷负电，因此这种络离子经受双电层电荷的排斥最大，最不容易靠近阴极放电。从化学势、体积因素及静电斥力等因素考虑，最有可能在阴极放电的是配位数较低、浓度适中、化学势不太小、体积及静电斥力不太大的络离子。带负电荷的络离子在荷负电的阴极表面放电机理可能是：在电场作用下，络离子的偶极从正极端趋向阴极，然后在强大的双电层电势梯度的作用下直接放电还原为金属原子。例如铜的氰合络离子中，$[Cu(CN)_3]^{2-}$ 是主要存在形态，而直接在电极上放电的是 $[Cu(CN)_2]^-$。同时放电络离子形态也受络合剂浓度的影响。

在电镀工业中经验证明，在较高超电势条件进行电沉积时，电镀层的质量较好，而用络合剂电镀液往往有较高的超电势，因而广泛地被用来改善镀层的质量。经验指出，$pK_{不稳}$ 值较大的络离子，金属析出时的超电势也较高。影响电极反应超电势的主要因素是直接参加放电反应的粒子在电极上的吸附热以及中心离子周围配位体层（包括水化层）改组形成活化络合物时涉及的能量变化。那些能在溶液中与金属离子形成稳定络离子的配位体大多也参与电子交换步骤。一般有较大 $pK_{不稳}$ 值的络离子，其配位体与中心离子之间相互作用也较强，金属离子还原时的活化能就较高，超电势值就较大。近代电镀工业中还使用混合络合剂电镀液（通常分为主络合剂和辅助络合剂），通过不同络合剂对金属离子不同的络合作用，影响镀液中金属络合离子的主要存在形态，及电极反应的络合离子形态，从而改变镀层的成分和质量。

主要金属离子为络合离子的电镀液，其极化作用强、分散能力和深镀能力较好，镀层比较细致紧密，比简单离子镀液所得镀层质量好，因此在生产中采用络盐镀液的比较多。凡含有能与镀层金属离子络合的阴离子盐类，按其络合倾向的大小，络合能力愈大者，愈易获得均匀细致的结晶镀层。一些盐的络合能力顺序如下：

氰化物 > 柠檬酸盐 > 乳酸盐 > 乙酸盐 > 硫酸盐 > 硝酸盐

1.9 金属在阴极共沉积

金属共沉积是指存在于同一镀液中的两种或两种以上金属离子在同一电极电势值下共同在阴极（镀件）上析出，形成合金镀层的过程。从合金组成上是指其中一种金属含量不低于合金质量的1%。从工艺角度看，共沉积的金属能形成结构和性能合乎使用要求的镀层，则这种工艺就是所谓的电镀合金。目前已经知道可以实现共沉积的合金近110多种，但已得到实际应用的合金镀层仅有黄铜、铜锡、镍钴，镍钨、镍铁、镍锡、铅锡、锌铁、铜锑、金锌铜、金锡、金镍、金银、铜锡锌、铜锡镍等为数不多的金属镀层，其中主要包括二元合金和三元合金。通过电沉积方法来制备合金只是合金制备方法当中的一种，但已知由电沉积方法制得的合金比通常火法冶炼制得的合金硬度更高、更耐磨和更耐腐蚀。

1.9.1 合金镀层的结构

合金镀层的结构归纳有3种：机械多相混合物、单相固溶体和单相金属化合物。合金镀层的性质与其组成和结构形式均有密切关系。机械多相混合物型的合金其实不是真正的合金，只是两种或两种以上不同金属的混合物，各自仍保持其原有的性质，如色泽、电化学性质等，当作为阳极溶解时或化学溶解时，合金中电负性弱的较活泼金属总是先溶解，因此这种合金性能不好。固溶体型的合金属于两种或两种以上金属以分子（或原子）状态混合的固态溶液，属于均相结构，像一些青铜、黄铜、金银等合金属此类合金。固溶体合金往往具有与单金属不同的特征性质，如具有均一的色泽，特征的熔点、溶解电势和极化曲线等，作为阳极溶解时为均匀溶解。金属化合物则是两种金属按特定的化学分子式比例形成的，这类合金具有自己独特的物理和化学性质，如固定的熔点、沸点、溶解电势等，如镍锡合金（NiSn）、铜锡合金（Cu_6Sn_5）均属金属化合物，作为阳极溶解时也是均匀的溶解。图1－4为形成固溶体金属的平衡电势，其横坐标为较正电性金属原子的质量分数，如Sn－Bi合金中的Bi，Cu－Ag合金中的Ag。当合金中的Bi含量低于90%时，合金的平衡电势与纯锡的平衡电势（－0.136V）无区别，因而可判断此时锡在合金中是以游离状态存在的；而当Bi含量高于90%时，电势骤然升高，图中斜线表示Sn－Bi固溶体的存在。Cu－Ag合金与Sn－Bi合金不同，含Ag 80%以下或含Ag 80%以上时均为斜线，皆代表着固溶体的存在，其固溶体有无限的互溶度，两条合金平衡电势斜线显著不同于纯铜或纯银，介于两种纯金属平衡电势的中间数值，图1－5和图1－6为生成化合物的合金平衡电势曲线，横坐标为较正电性金属铜原子的质量分数，可见其特征为出现平台形曲线。在图1－5中Cd－Cu合金的曲线阶梯状升高，每个平台的出现代表一种化合物的形成。例如在含33% Cu时的水平线，表示Cd_2Cu的生成，其平衡电势为0.26V，超过纯镉的平衡电势；在25%～33% Cu之间形成固溶体；在高于80% Cu时，出现的倾斜线表示Cd_2Cu和Cu之间形成的固溶体。固溶体的平衡电势值介于两种金属（化合物）的平衡电势之间，其具体数值与组成有关，形成固体溶液后无论哪种金属的活度均减小了。合金中较电负性金属含量高时，固溶体电势与该金属平衡电势接近。提高合金中较正电性金属的含量，固溶体就能获得更正的平衡电势，越来越接近较正电性金属的平衡电势。Sn－Cu合金曲线说明有Cu_2Sn（Cu原子的质量分数为67%）和Cu_3Sn（Cu原子的质量分数为75%）两种化合物生成。图1－6为Zn－Cu合金形成的平衡电势与Cu原子的质量分数之间的关系，图中可见到多达4个平台，有4种合金化合物生成。

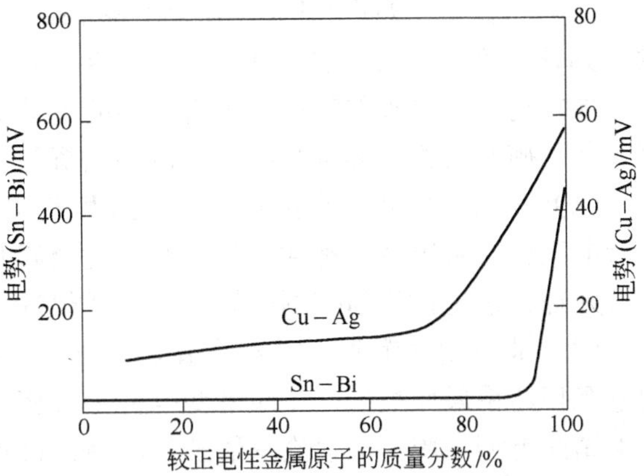

图1－4 Cu－Ag及Sn－Bi合金固溶体的平衡电势及组成关系

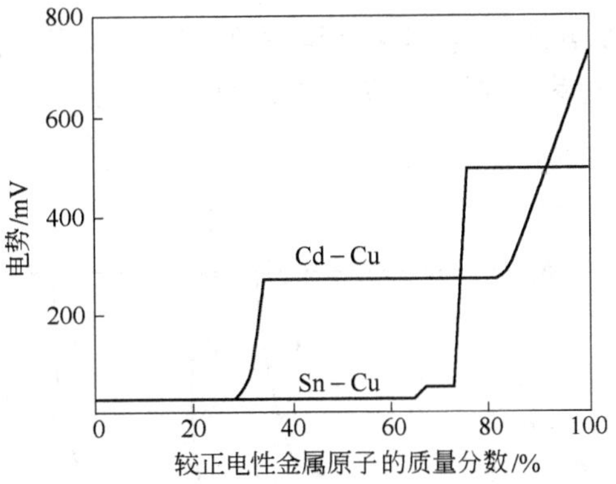

图1－5 Cd－Cu及Sn－Cu化合物合金的平衡电势与组成的关系

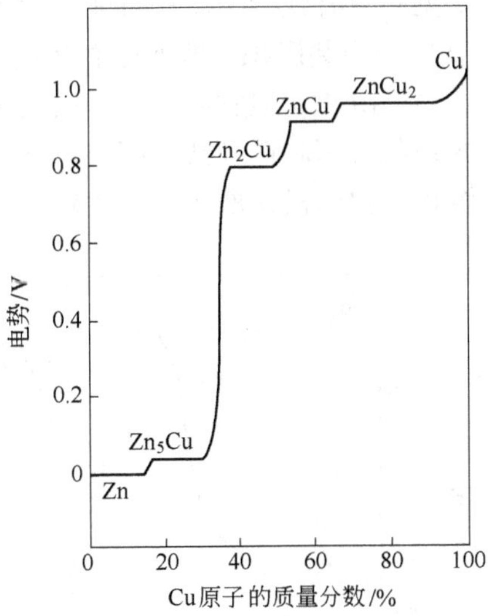

图1－6 Zn－Cu化合物合金的平衡电势与组成的关系

1.9.2 合金电共沉积的条件和类型

两种金属电共沉积的基本条件，是两金属的析出电势十分相近，同时各自能从其盐类溶液中电沉积。

$$\varphi_1=\varphi_1^\ominus+\frac{RT}{z_1F}\ln a_1-\eta_1\approx\varphi_2^\ominus+\frac{RT}{z_2F}\ln a_2-\eta_2=\varphi_2 \qquad (1-15)$$

但个别金属，如钼和钨，虽不能单独从其盐类的溶液电沉积出来，但当它们与铁族元素（如镍）在一起时，则能被诱导而发生电沉积。

根据电沉积过程的特征，可将金属的电共沉积分为5种类型：正规共沉积、非正规共沉积、平衡共沉积、异常共沉积和诱导共沉积。

（1）正规共沉积。是指其电沉积过程基本上受扩散过程的控制。采用简单盐电解液进行电沉积时常出现正规共沉积。对这类金属共沉积过程，我们可用一般的溶液扩散理论进行处理，理论估算与实测结果的一致性很好。

（2）非正规共沉积。主要是指受阴极电势控制的电沉积过程。通常的络合物电解液的电沉积体系属此类型，一些平衡电势十分相近而且它们能形成固溶体的金属电共沉积过程也属此类型。用扩散理论只能部分解释该过程。

（3）平衡共沉积。是指两金属从与其处于化学平衡的溶液中发生的共沉积过程。只有少数金属能进行平衡共沉积。例如铜和铋及铅与锡在酸性溶液中的电沉积过程。其特征是在低的电流密度下（阴极极化不明显）合金沉积物中的金属质量比等于电解液中金属离子的质量比。

上述3种共沉积又统称为常态共沉积。其共同点是：两金属在合金中的相对含量可以定性地依据它们在对应的溶液中的平衡电势来估算，电极电势较高的金属总是优先沉积。

（4）异常共沉积。是指两种金属中较活泼的那种金属反常的优先沉积。此类共沉积比较少见，只有铁族金属有可能发生这种共沉积。

（5）诱导共沉积。即前已叙述的钼、钨或锗等的少数金属，它们不能单独从其盐类水溶液中电沉积，但它们可以与铁族金属一起共沉积。

异常共沉积和诱导共沉积又统称为非常规共沉积，金属共沉积时单金属电沉积与合金的电沉积过程的极化曲线之间大致有下列7种关系，如图1－7～图1－13所示。

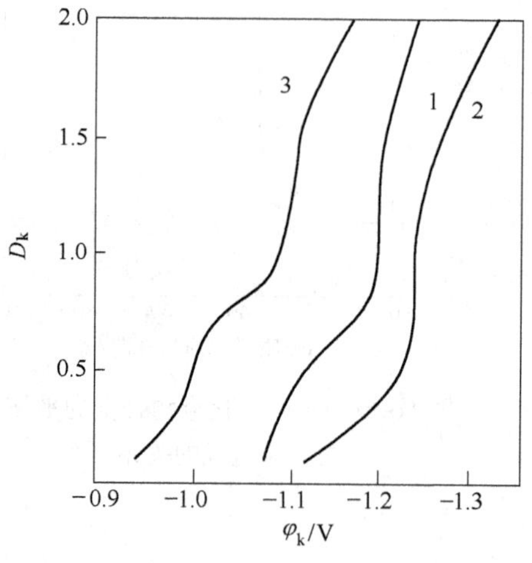

图1－7　氰化物镀Ag－Cd合金的$D_k-\varphi_k$曲线
（曲线3溶液中金属的浓度与曲线1、曲线2相同）
1—镀纯Ag；2—镀纯Cd；3—镀Ag－Cd

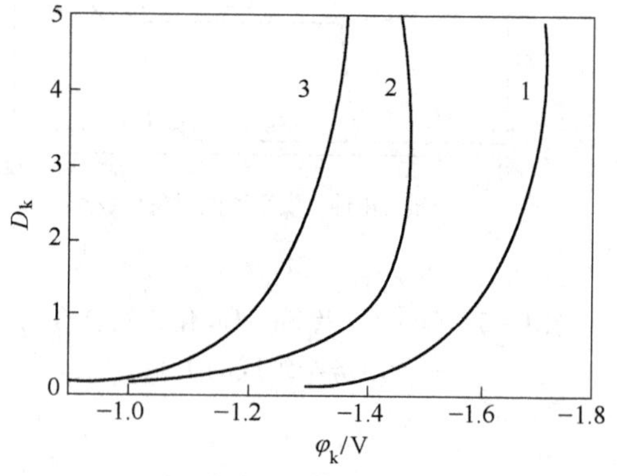

图1－8　氰化物镀Ag－Zn合金的$D_k-\varphi_k$曲线
（曲线3溶液中金属的含量为曲线1和曲线2相加）
1—镀纯Zn；2—镀纯Ag；3—镀Ag－Zn

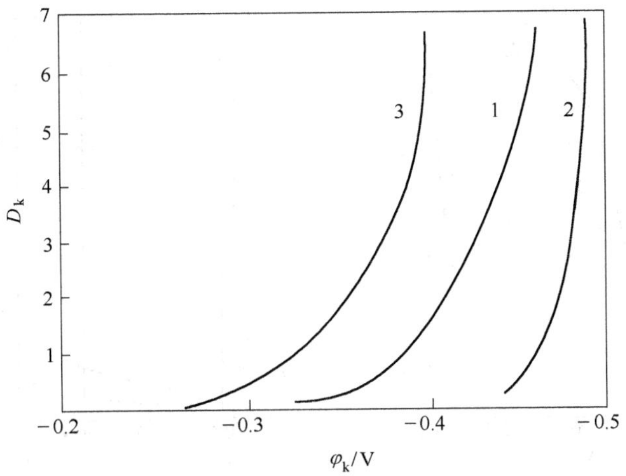

图 1-9 镀 Ni-Sn 合金的 $D_k-\varphi_k$ 曲线

（曲线 3 溶液同曲线 2 溶液，但按曲线 1 的 Ni 含量补加 Ni）

1—镀纯 Ni；2—镀纯 Sn；3—镀 Ni-Sn

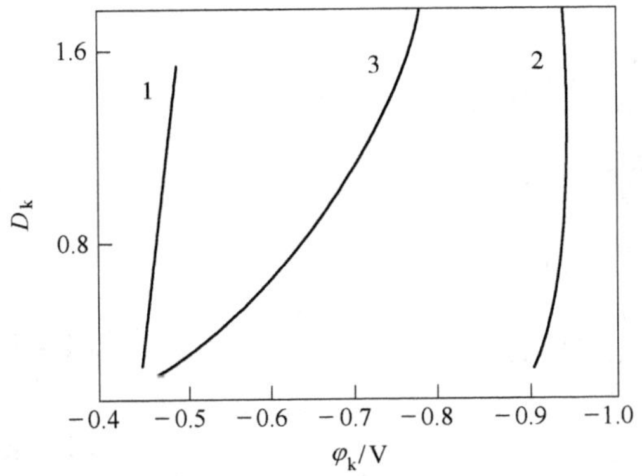

图 1-10 氰化物镀 Ag-Cd 合金的 $D_k-\varphi_k$ 曲线

（曲线 1 含 Ag 20g/L；曲线 2 含 Cd 20g/L；

曲线 3 含 Ag、Cd 各 20g/L）

1—Ag；2—Cd；3—Ag-Cd

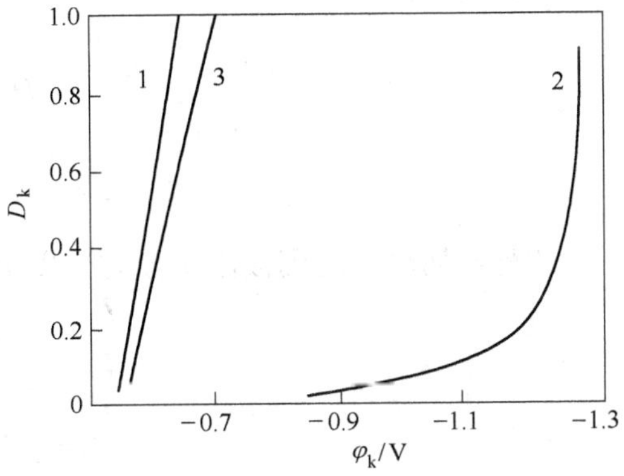

图 1-11 氰化物镀 Ag-Pb 合金的 $D_k-\varphi_k$ 曲线

（曲线 3 溶液中的金属含量与

曲线 1、曲线 2 相同）

1—Ag；2—Pb；3—合金 Ag-Pb

实验结果表明，某一电势下实现合金的电沉积不需要各单金属沉积的极化曲线在对应的电势值处相交。合金沉积的极化曲线位置与组成一般没有对应关系，只有固溶体合金极化曲线常处于两个金属单独沉积时的极化曲线中间位置（见图 1-4 ~ 图 1-6）。因此，一般来说不能用个别金属的极化曲线或合金的极化曲线来估算合金的组成。

对于受扩散控制的金属正规电共沉积过程，可根据扩散理论由浓度、迁移数、扩散系数和电流密度等参数估算合金的组成。设有 M 和 N 两种金属同时共沉积，t_m 和 t_n 分别为两种金属离子的迁移数；D_m 和 D_n 分别为这两种离子的扩散系数；Δc_m 和 Δc_n 分别为这两种离子在阴极溶液界面上的浓度改变值；c_m 和 c_n 分别为这两种金属离子在镀液中的浓度；δ 为阴极扩散层的厚度。根据式（1-12）有：

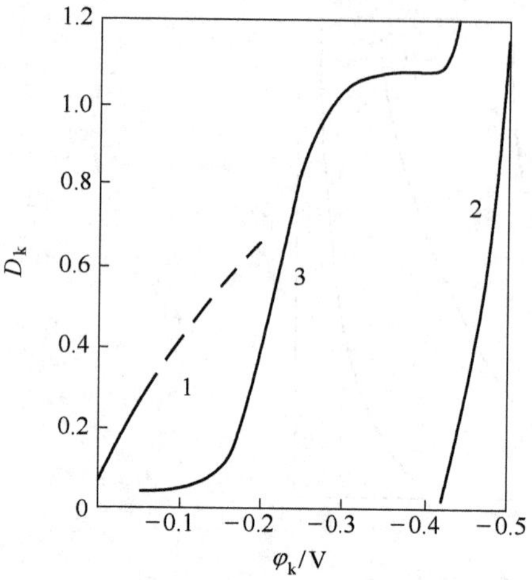

图 1-12 酸性氟化物溶液镀 Cu-Pb 合金的 $D_k-\varphi_k$ 曲线

1—Cu；2—Pb；3—合金

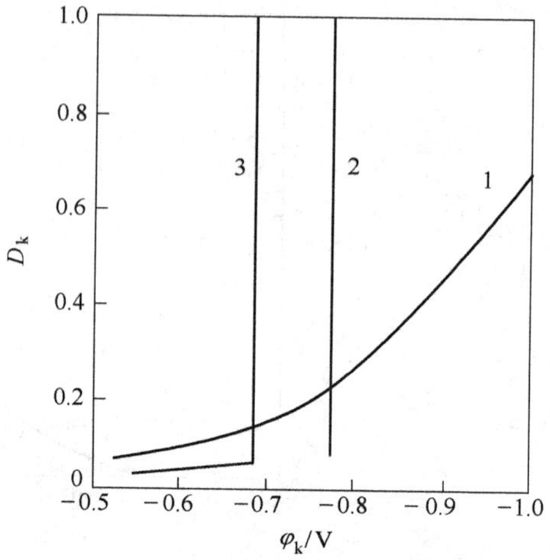

图 1-13 碱性丙二酸盐溶液中镀 Cu-Pb 合金的 $D_k-\varphi_k$ 曲线

（曲线 3 溶液是曲线 1 与曲线 2 的加和）

1—Cu；2—Pb；3—合金

$$I_{m}=n_1D_{m}F\frac{\Delta c_{m}}{\delta}+I_{k}t_{m} \tag{1-16}$$

$$I_{n}=n_2D_{n}F\frac{\Delta c_{n}}{\delta}+I_{k}t_{n} \tag{1-17}$$

设两种金属离子达到极限扩散时，以上两式变为：

$$\frac{I_{m}}{I_{k}}=n_1D_{m}F\frac{c_{m}}{\delta I_{k}}+t_{m} \tag{1-18}$$

$$\frac{I_{n}}{I_{k}}=n_2D_{n}F\frac{c_{n}}{\delta I_{k}}+t_{n} \tag{1-19}$$

$$\frac{I_{m}}{I_{n}}=\frac{n_1D_{m}Fc_{m}+I_{k}\delta t_{m}}{n_2D_{n}Fc_{n}+I_{k}\delta t_{n}}$$

当有大量惰性电解质存在时：

$$\frac{I_{m}}{I_{n}}=\frac{n_1D_{m}c_{m}}{n_2D_{n}c_{n}}$$

假定金属电沉积的电流效率为 100%，由于离子的迁移数随浓度的变化很小，可视为常数，$\frac{I_{m}}{I_{k}}$和$\frac{I_{n}}{I_{k}}$可分别代表合金中金属 M 和金属 N 占的质量分数，可见各金属在合金中占的质量分数与其扩散系数成正比，与其浓度成正比。已知电流密度、扩散系数、离子迁移数及离子浓度，根据式（1-18）和式（1-19）可以估算合金中各金属的质量分数。

1.10 金属电结晶过程理论与模型

通常所说的金属电结晶过程主要包括水化金属离子放电还原为金属原子，然后长入晶格形成晶体新相两个步骤，从宏观看包括晶核和晶面的生长。金属电结晶过程与别的结晶过程（例如盐类从其饱和溶液中结晶、熔融金属在冷却过程中结晶、通过气相沉积在固体表面形成金属层等）不同，它是在电场的存在下进行的。在电镀和电铸工业中，特别重视金属沉积物的结构、外观、致密程度、分布的均匀程度、镀层和基体金属的结合强度以及力学性能等等，而这些性能与金属的电结晶过程密切相关。能影响金属电结晶过程的因素很多，如基体金属表面性质和种类、溶液中进行的化学与电化学过程、电解液的组成（络合剂、阴离子、有机和无机添加剂等）、电极电势、电流密度、电流波形、温度、pH 值、搅拌等。

金属电结晶过程是一个相当复杂的过程，按其复杂性顺序大致可分为：

（1）理想晶面上未完成的晶面（包括二维晶核）的继续生长。

（2）理想平整晶面上晶核的形成和生长。

（3）实际金属沉积层的生长。

在未完成晶面上电结晶过程有可能按照两种不同的方式进行：

（1）离子只在晶面的“生长点”上放电同时结晶（进入晶格）。

（2）离子可在晶面任何地点放电，形成晶面上的“吸附原子”，然后在晶面上扩散转移到“生长点”上结晶，即离子放电过程与结晶过程是分别进行的。前者称为“直接转移机理”，后者称为“表面扩散机理”。“生长点”通常是指晶面上具有最低能量的位置，如图 1－14 所示的 a、b、c、d、e 5 种位置，其能量顺次降低，金属原子将倾向占有能量最低的位置。晶体的生长是由“生长点”到“生长线”一排排地完成的。到每一层晶面长满以后，就不存在“生长点”和“生长线”了，此时新的晶面的形成需要晶面上生成二维晶核（图 1－15）。已经发现了理想平整的 Ag（100）晶面的电化学方法，并且已用实验验证了在这种晶面上仍有可能形成二维晶核并生长成完整的晶面。

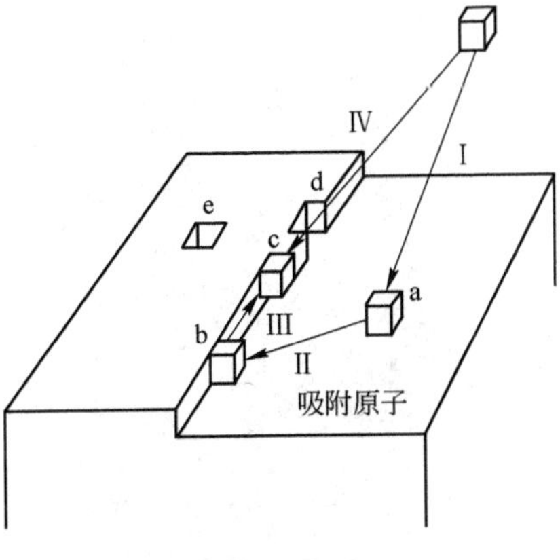

图 1－14 未完成晶面上结晶成长

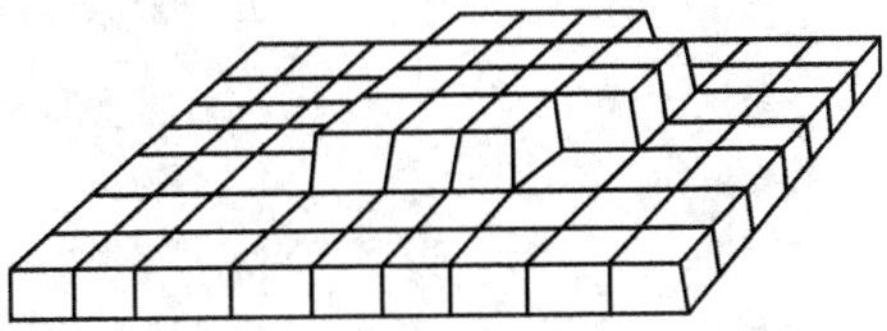

图 1－15 平整晶面上晶核的形成与生长

在实际晶体中总是包含大量的位错，这些位错都是结晶的生长点，如果结晶面绕着位错线生长，特别是绕着螺旋位错生长，生长线就永远不会消失，有时用显微镜就可以观察到这种螺旋形的生长阶梯。

电结晶的主要形态有：

（1）均匀细致状。

（2）层状（图 1－16a）。当其阶梯的平均高度达到 50mm 左右时即可观察到，有时每

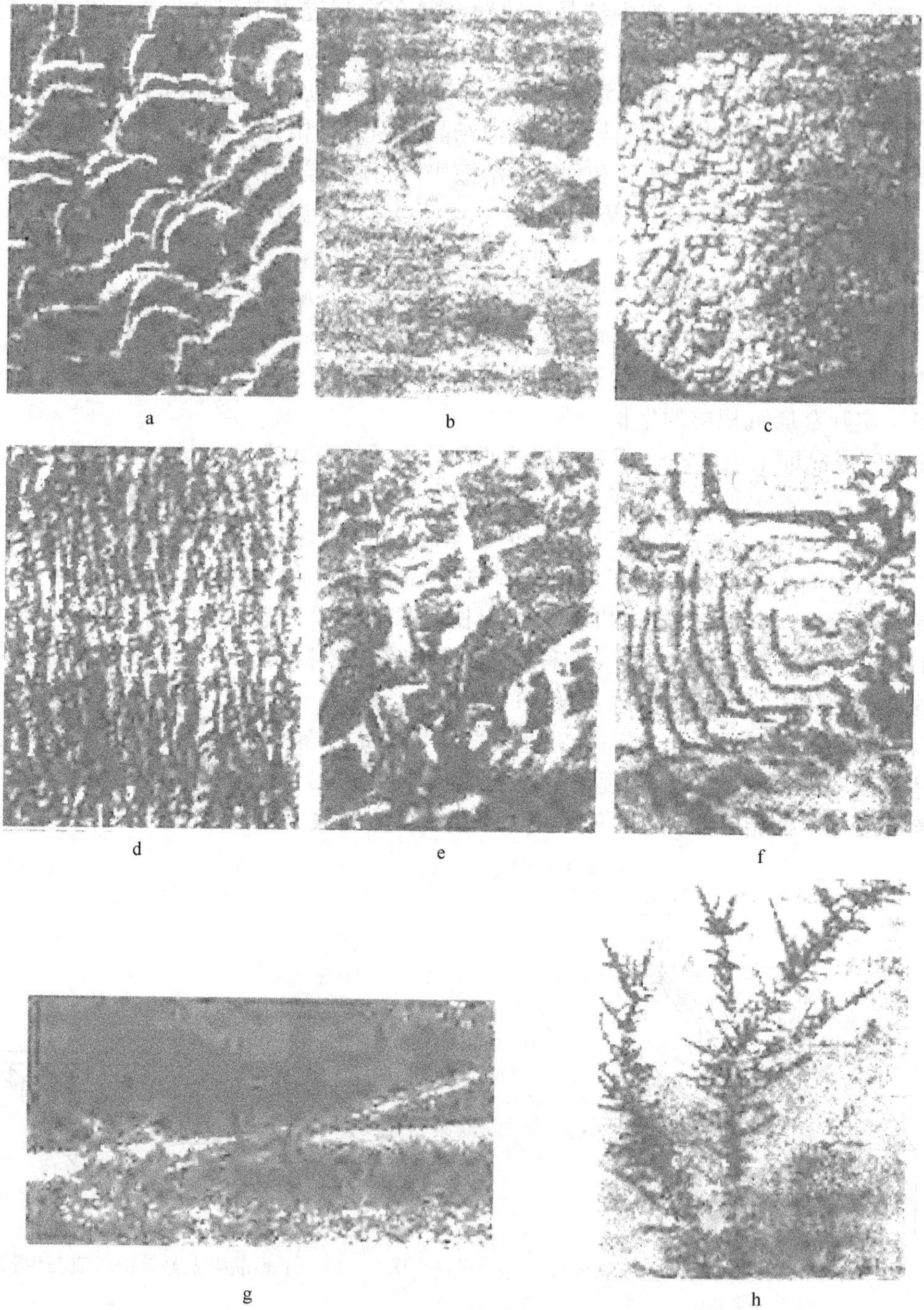

图 1－16 电结晶的主要形态

层还包括许多小的显微阶梯。

（3）金字塔状（图 1－16b）。

（4）块状（图 1－16c），像截头角锥。

（5）屋脊状（图 1－16d），表面吸附杂质后生成的一种特殊的层状组织。

（6）立方层状（图1－16e），属于块状与层状之间的过渡结构。

（7）螺旋状（图1－16f），成金字塔形的螺旋，其阶梯高度可小至10nm。

（8）晶须（图1－16g），属于线状的单晶，在高电流密度和有机杂质存在时生成。

（9）枝晶（图1－16h），树枝状的结晶，可以是二维或三维的，易从简单盐类溶液中出现。

经验证明，电流密度和超电势对铜的结晶形态有影响，随着电流密度和超电势增大，其结晶形态依下列方式转变：

屋脊状→层状→块状→细致的多晶状

一般说来，交换电流大的金属，溶液纯而离子浓度低时，通常沉积层松散、毛糙或生成枝晶；反之，交换电流小，离子浓度高并有表面活性剂存在时，有利于获得致密的沉积层。另外，简单盐溶液易生成粗结晶镀层，络合盐溶液易形成细致结晶镀层。

从动力学考虑，金属电结晶过程主要包括离子扩散步骤、离子放电－电子交换步骤或界面反应步骤和结晶步骤。交换电流大小表征电子交换步骤快慢，结晶步骤速度决定于吸附原子的表面浓度、表面扩散系数和生长点的表面密度等。离子扩散步骤速度决定于浓度梯度、温度、离子种类等。金属电沉积过程纯粹由扩散步骤控制时，晶粒生成数目不多，易形成粗晶。电化学极化增强时，过程受界面反应控制，此时交换电流小，容易取得细结晶。当电沉积过程同时受到扩散步骤和界面反应步骤的联合控制时，电结晶的形态就将取决于极化曲线的具体特征。

1.11 金属电沉积过程中的阴极极化作用和超电势

电极在通电流以后，其电极电势偏离平衡电势的现象称为电极的极化（作用）。金属电极附近由于离子充放电引起浓度变化而产生的极化叫浓差极化；由放电－离子化步骤的迟缓性所引起的极化称为电化学极化，描述带电粒子通过相界面动力学规律性的理论，称为迟缓放电理论。反应粒子在电极表面上或表面近邻的液层中发生于氧化还原反应前的转化步骤引起的极化，称为转化反应极化，例如简单金属离子水化程度的降低和重排、络离子配位体的变换或配位数的降低等引起的极化。另外还有电结晶过程产生的极化。

超电势或过电位是极化电极电势与平衡电极电势之差值，为了使极化超电势为正值，阴极极化超电势 η_k 值等于阴极平衡电势减阴极极化电势（也称析出电势），即有：

$$\eta_k = \varphi_{平} - \varphi_k$$

阴极极化超电势是上述各项极化超电势的总和，各项极化超电势对阴极极化超电势的贡献不是等同的，它与实际电极过程的特征有关，例如大部分金属以简单离子形态在阴极电沉积时，浓差极化是电极过程的控制步骤，电极极化以浓差极化为主；而当金属从其络合物溶液中电沉积时却以电化学极化为主，电化学反应过程是电极过程的控制步骤；另外有的电极过程是由这两种极化联合控制的等。

电极极化作用影响电流效率、金属电沉积的速度及金属电沉积层的质量。电极极化作用增加了槽电压，提高了电能消耗，因此对于化学电源、金属电冶炼、电解精炼工业，极化作用是不利因素，应力求尽量减少。但是在电镀工业中往往通过增加电极极化来改善金属镀层的质量，极化是一种需要创造的有利因素。

极化电势与电流的变化曲线叫极化曲线。极化曲线可通过实验实际测定，极化超电势与电流的关系曲线也属极化曲线。根据极化曲线可确定交换电流、传递系数等电极过程动力学常数，同时可考察电极过程的控制步骤，研究金属（包括合金）的沉积条件和电极反应机理。

1.11.1 受扩散控制的浓差极化特征

金属电沉积过程中的传质过程有电迁移、对流和扩散 3 种不同的形式。电迁移是液相中荷电粒子在电场作用下向电极传质的过程。参加电迁移的除电极反应粒子外，尚有大量不参加电极反应的“惰性电解质”，例如导电盐、络合剂等。在电解液中含有大量惰性电解质时，有时甚至可以把反应离子的电迁移忽略不计。由搅拌作用或液体各部分由于密度差异而引起的液体流动称为对流，对流可使电解槽内溶液浓度均匀，但对电极表面极薄液体层浓度变动影响很小，然而可为此极薄液层中反应粒子的浓差扩散提供稳态扩散的条件。扩散主要发生在邻近电极的表面附近，由于反应粒子参加电极反应，使邻近电极表面附近的溶液中反应粒子的浓度与本体溶液出现差异，从而产生浓差扩散，其方向始终由高浓度向低浓度进行。

对于稳态扩散可用菲克第一定律来描述，单位时间内通过单位面积的扩散物质的质量（J_i）与扩散物质的浓度梯度$\left(\frac{dc_i}{dx}\right)$成正比。

$$J_i = \frac{dm}{dt} = -D_{扩}\frac{dc}{dx} \tag{1-20}$$

式中，$D_{扩}$ 是离子扩散系数，单位为 m^2/s；负号表示扩散总是由浓向稀方向进行；在有限量扩散时，用$\frac{c_0 - c_s}{\delta}$代替$\frac{dc}{dx}$，c_0 为溶液中反应粒子的本体浓度；c_s 为电极邻近表面层反应粒子的浓度；δ 为扩散层厚度，则有：

$$\frac{dm}{dt} = D_{扩}\frac{c_0 - c_s}{\delta} \tag{1-21}$$

反应粒子在电极表面附近单向扩散时产生扩散电流，其电流密度值与单位时间内向单位面积电极扩散的反应粒子量成正比，已知扩散 1mol 离子时产生的电量为 nF，故有：

$$I_{扩} = nF\frac{dm}{dt} = nFD_{扩}\frac{c_0 - c_s}{\delta} \tag{1-22}$$

如果电极反应速度足够快，扩散过程来不及补充反应的消耗，此时可认为 $c_s \to 0$，则有：

$$I_{d扩} = nF\frac{dm}{dt} = nFD_{扩}\frac{c_0}{\delta} \tag{1-23}$$

式中，$I_{d扩}$ 称为极限扩散电流，它直接正比于本体反应粒子的浓度。

阴极电流（I_k）是离子扩散电流与离子电迁移电流之和，即：

$$I_k = I_{扩} + t_+ I_k \tag{1-24}$$

式中，t_+ 为金属离子迁移数；$t_+ I_k$ 为惰性离子引起，上式可写成：

$$I_k = \frac{I_{扩}}{1 - t_+} \tag{1-25}$$

$$I_{k} = nFD_{扩}\frac{c_0 - c_s}{\delta(1 - t_+)} \tag{1-26}$$

阴极极限电流 I_{dk}，当 $c_s \to 0$ 时，

$$I_{dk} = nFD_{扩}\frac{c_0}{\delta(1 - t_+)} \tag{1-27}$$

有：

$$\frac{I_k}{I_{dk}} = \frac{c_0 - c_s}{c_0} = 1 - \frac{c_s}{c_0}$$

或写成

$$c_s = c_0\left(1 - \frac{I_k}{I_{dk}}\right) = c_0\frac{I_{dk} - I_k}{I_{dk}} \tag{1-28}$$

已知

$$\eta_k = \varphi_{平} - \varphi_k$$

$$\varphi_{平} = \varphi^{\ominus}_{平} + \frac{RT}{nF}\ln c_0$$

$$\varphi_k = \varphi^{\ominus}_{平} + \frac{RT}{nF}\ln c_s$$

故有：

$$\eta_k = \frac{RT}{nF}\ln\frac{c_0}{c_s} \tag{1-29}$$

或

$$\eta_k = \frac{RT}{nF}\ln\frac{I_{dk}}{I_{dk} - I_k} \tag{1-30}$$

式中，η_k 为浓差极化控制的阴极金属电沉积超电势，此时可将阴极极化电势写成：

$$\varphi_k = \varphi_{平} - \eta_k = \varphi_{平} - \frac{RT}{nF}\ln\frac{I_{dk}}{I_{dk} - I_k} \tag{1-31}$$

根据上式，可绘制极化曲线如图 1－17 所示。

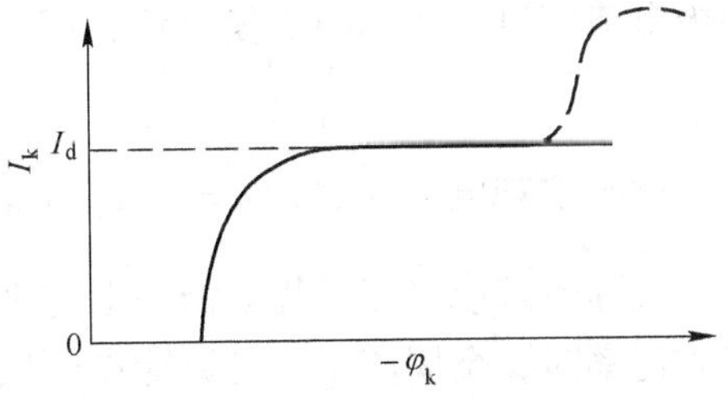

图 1－17 由浓差扩散控制的金属电沉积过程极化曲线

由图 1－17 可见，浓差极化的特征是电流密度开始增加时，阴极极化慢慢增加，电势变小，但当电流密度增加到某一极限值后，极化显著增加，扩散步骤的速度与电势无关。当阴极电势负到足以使电解液中其他反应粒子发生阴极反应时（例如氢离子放电），则电流密度继续增加，此时电势继续变小（图中以虚线表示），此后再出现一个新台阶形曲线。由此可知，在以浓差极化为特征的金属电沉积过程中，必须控制阴极电流不能超过极限电流值。

已知除铁、钴、镍以外，大多数金属简单离子自水溶液中的电沉积过程皆表现出主要受浓差扩散步骤影响的浓差极化所控制。

1.11.2 受电化学反应步骤控制的电化学极化特征

金属离子在阴极的电沉积过程的电极反应式为：

$$M^{n+}_{aq} + ne \underset{v_a,\ i_a}{\overset{v_k,\ i_k}{\rightleftharpoons}} M_{电极}$$

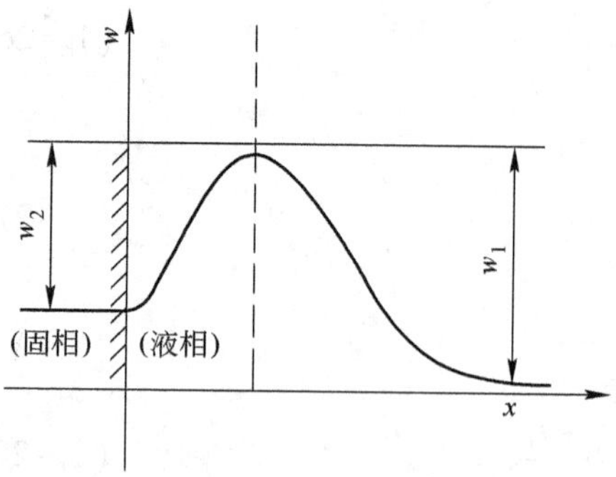

图 1－18 阴极 M^{n+} 金属离子在氧化和还原反应中的位能变化

式中，v_k 和 v_a 分别表示阴极上离子还原反应速度和金属氧化反应速度，而相应的还原反应产生的电流密度和氧化反应产生的电流密度分别为 i_k 和 i_a，阴极上氧化反应和还原反应的活化能分别为 w_2 和 w_1（图 1－18）。图 1－18 是在阴极金属离子与金属间氧化与还原过程的综合位能曲线。根据化学反应动力学理论，其氧化与还原反应速度可分别写为：

$$v_a = A_a c_0 \exp\left(-\frac{w_2}{RT}\right) = k_a c_0 \qquad (1-32)$$

$$v_k = A_k c_R \exp\left(-\frac{w_1}{RT}\right) = k_k c_R \qquad (1-33)$$

式中，c_0、c_R 分别为氧化态与还原态在电极表面层中的浓度；A 为指前因子；k 为反应速度常数；$w_1 = \alpha nF\varphi_k$，$w_2 = \beta nF\varphi_a$，$\alpha + \beta = 1$，α、β 为还原反应和氧化反应的传递系数；φ_k、φ_a 为还原反应和氧化反应电势。另外，在阴极上氧化反应产生的电流 i_a 和还原反应产生的电流 i_k，可写为：

$$i_a = nFv_a = nFA_a c_0 \exp\left(-\frac{\beta nF\varphi_a}{RT}\right) = k_1 \exp\left(-\frac{\beta nF\varphi_a}{RT}\right)$$

$$i_k = nFv_k = nFA_k c_R \exp\left(-\frac{\alpha nF\varphi_k}{RT}\right) = k_2 \exp\left(-\frac{\alpha nF\varphi_k}{RT}\right)$$

当阴极上两方面的反应速度相等时，其相应的电流密度也相等，反应达到平衡，此时阴极电流密度称为阴极交换电流，用 i_0 表示

$$i_k = i_a = i_0 \qquad (1-34)$$

此时宏观电流为零，$i_0 = nFA_0 c_0 \exp\left(-\frac{\alpha nF\varphi_{平}}{RT}\right)$，电极电势即平衡时可逆电势 $\varphi_{平}$。

实际电解或电镀过程要破坏上述平衡关系，只要当阴极上还原反应的速率大于氧化反应的速率时，金属离子才有可能在阴极上沉积，此时阴极电流密度 I_k 为：

$$I_k = i_k - i_a \qquad (1-35)$$

$$\begin{aligned} I_k &= i_0\left(\frac{i_k}{i_0} - \frac{i_a}{i_0}\right) = i_0\left(\frac{i_{k(\varphi_k)}}{i_{k(\varphi_{平})}} - \frac{i_{a(\varphi_a)}}{i_{a(\varphi_{平})}}\right) \\ &= i_0\left\{\exp\left[-\frac{\alpha nF(\varphi_k - \varphi_{平})}{RT}\right] - \exp\left[-\frac{(1-\alpha)nF(\varphi_{平} - \varphi_a)}{RT}\right]\right\} \end{aligned}$$

$$I_k = i_0\left\{\exp\left(\frac{\alpha nF\eta_k}{RT}\right) - \exp\left[-\frac{(1-\alpha)nF\eta_a}{RT}\right]\right\} \qquad (1-36)$$

式中，$\eta_k = \varphi_{平} - \varphi_k$、$\eta_a = \varphi_a - \varphi_{平}$ 为阴极电化学反应过程超电势。

在特定条件下，上式第二项指数项可忽略，于是

$$I_k = i_0 \exp\frac{\alpha nF\eta_k}{RT} \qquad (1-37)$$

上式两边求对数，整理后得：

$$\eta_k = -\frac{RT}{\alpha nF}\ln i_0 + \frac{RT}{\alpha nF}\ln I_k \tag{1-38}$$

令 $a = -\frac{RT}{\alpha nF}\ln i_0$ 和 $b = \frac{2.303RT}{\alpha nF}$ 则有

$$\eta_k = a + b\lg I_k \tag{1-39}$$

上式称为塔菲尔公式。已知只有在盐酸溶液中氢在汞上析出时，在电流密度由 $10^{-9}A/m^2$ 到 $100A/m^2$ 的范围内都很好的遵从上式关系。根据塔菲尔公式的线性关系，由其斜率和截距可确定传递系数 a 和交换电流 i_0 值。

在大的阳极过电位条件下，同理可得出

$$\eta_a = -\frac{RT}{(1-\alpha)nF}\ln i_0 + \frac{RT}{(1-\alpha)nF}\ln I_a$$

或写成

$$\eta_a = -\frac{RT}{\beta nF}\ln i_0 + \frac{RT}{\beta nF}\ln I_a \tag{1-40}$$

由上两式可以见到，交换电流越大，在给定的电流密度下电极电势偏离平衡值越小，即极化作用越小，由此定义，理想不极化电极是有无穷大交换电流（$i_0 = \infty$）的电极。相反，理想极化电极则是交换电流密度等于零（$i_0 = 0$）的电极。

由电化学反应所控制的金属电沉积过程极化曲线如图 1-19 和图 1-20 所示。其特征是越偏离平衡电势，其电化学反应控制步骤的反应速度（可以电流密度表示）增长得越快，而且在较小的电流密度时，即出现强烈地极化，电极电势急剧变负，其后当电流密度继续增加时，极化作用变缓慢。图 1-20 中把阴极和阳极超电势曲线的直线部分外推到 $\eta = 0$ 处时，在横坐标上交于一点，由此点 $\lg I$ 值可算出相应电流值即交换电流 i_0 值。

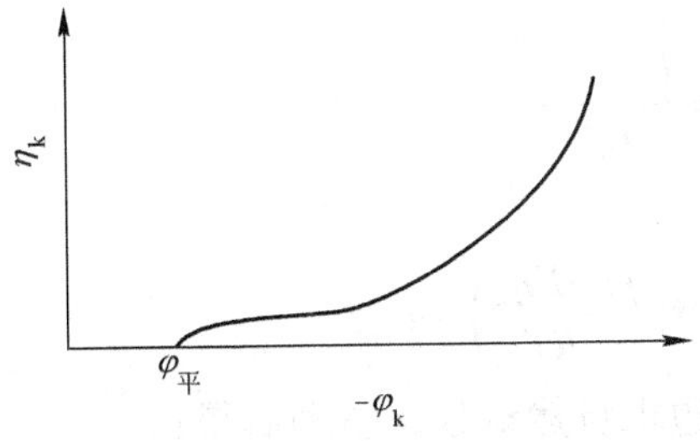

图 1-19 由电化学反应控制的金属电沉积过程极化曲线

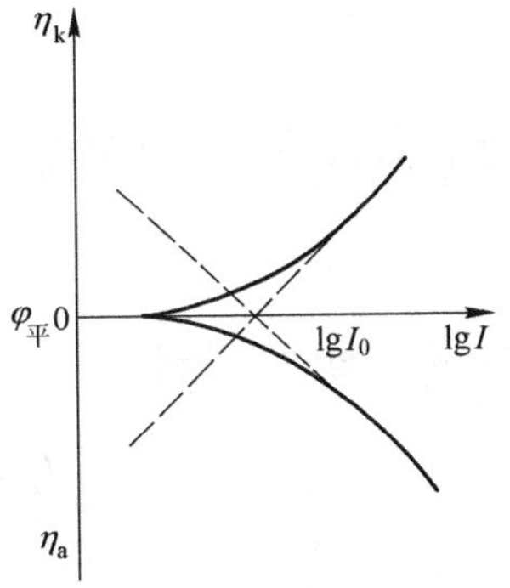

图 1-20 由电化学反应控制的电沉积过程中 η 与 $\lg I$ 的关系

铁、钴、镍等金属离子在水溶液中的电沉积呈现出受电化学反应控制的极化特征，另外，大多数金属离子从其络合物溶液中的电沉积过程也明显具有受电化学控制的特征。

1.11.3 受浓差极化和电化学极化联合控制的极化特征

当反应物的供给和移除速度有限时，阴极所测电流 I_k 同样是该电极正反两方面的电流之差，即：

$$I_k = i_k - i_a \tag{1-41}$$

达马斯金教授等提出，此时还原反应电流密度 i_k 正比于电极表面附近氧化剂的浓度 c_O^s，而正常能斯特电流 i 正比于其体积浓度 c_O^0；同样该电极氧化反应电流 i_a 正比于电极表面附近还原剂的浓度 c_R^s，能斯特电流 i 则正比于其体积浓度 c_R^0，因此

$$i_k = \frac{c_O^s}{c_O^0} i \text{ 和 } i_a = \frac{c_R^s}{c_R^0} i$$

代入式（1－35）得：

$$I_k = \frac{c_O^s}{c_O^0} i - \frac{c_R^s}{c_R^0} i \tag{1-42}$$

按式（1－36）推导时有：

$$\begin{aligned} I_k &= i_0 \left(\frac{c_O^s i}{c_O^0 i_0} - \frac{c_R^s i}{c_R^0 i_0} \right) \\ &= i_0 \left\{ \frac{c_O^s}{c_O^0} \exp\left[-\frac{\alpha nF(\varphi_k - \varphi_{平})}{RT} \right] - \frac{c_R^s}{c_R^0} \exp\left[\frac{(1-\alpha) nF(\varphi_{平} - \varphi_a)}{RT} \right] \right\} \\ &= i_0 \left\{ \frac{c_O^s}{c_O^0} \exp\left(\frac{\alpha nF\eta_k}{RT} \right) - \frac{c_R^s}{c_R^0} \exp\left[-\frac{(1-\alpha) nF\eta_a}{RT} \right] \right\} \end{aligned} \tag{1-43}$$

式中，η 极化超电势既由浓差极化引起，也由电化学反应步骤迟缓所控制。

在远低于极限电流值，即偏离平衡较小时，$c_O^s \approx c_O^0$、$c_R^s \approx c_R^0$，此时式（1－43）转化为式（1－36），即此时电极反应速度主要由电化学反应步骤迟缓所控制。

在偏离平衡很大时，即当 $\eta \gg \frac{RT}{nF}$ 时，可忽略第二个指数项得到：

$$I_k = i_0 \frac{c_O^s}{c_O^0} \exp\left(\frac{\alpha nF\eta_k}{RT} \right) \tag{1-44}$$

在稳态扩散条件下，根据式（1－28）

$$\frac{c_O^s}{c_O^0} = 1 - \frac{I_k}{I_{dk}} = \frac{I_{dk} - I_k}{I_{dk}}$$

代入式（1－44）得到：

$$I_k = i_0 \left(\frac{I_{dk} - I_k}{I_{dk}} \right) \exp\left(\frac{\alpha nF\eta_k}{RT} \right)$$

两边求自然对数，整理后得：

$$\eta_k = \frac{RT}{\alpha nF} \ln \frac{I_k}{i_0} - \frac{RT}{\alpha nF} \ln \frac{I_{dk} - I_k}{I_{dk}} \tag{1-45}$$

公式右边第一项为电化学步骤极化对 η_k 的贡献，其数值取决于 i_0 和 I_k 的相对大小；第二项表现为浓差极化对 η_k 的贡献，其数值取决于 I_{dk} 与 I_k 的相对大小。图 1－21 是由式（1－45）所表达的极化曲线特征，虚线为单纯扩散控制的极化曲线，可见当过程出现混合控制时，在相同电流密度条件下，其极化值增大了。在电流密度很低时，式

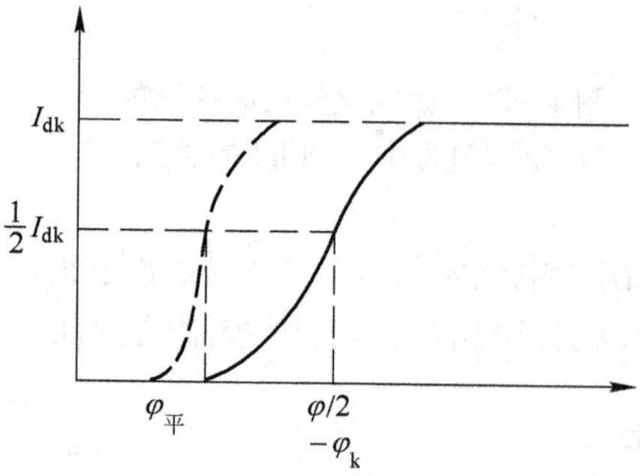

图 1－21 过程受扩散步骤和电化学步骤混合控制时的极化曲线

（1－45）右边第二项可以忽略，过程表现为以电化学反应步骤控制为主的极化特征；当电流密度在极限电流密度以下时，阴极过程逐渐从电化学反应步骤控制向扩散步骤控制转变而进入混合控制区。当阴极电流密度达到极限电流密度时，阴极过程转变为纯粹由扩散控制。已知大多数金属的电沉积过程都是受混合步骤控制的。

1.11.4 电结晶超电势

电结晶超电势又称相变极化超电势，它是在金属结晶新相生成时极化产生的超电势。在理想光滑电极表面上金属的阴极电沉积过程中，金属析出的迟缓步骤是结晶的三维晶核或者二维晶核在电极表面上的生成步骤。所谓二维晶核是指只有一个原子厚度的晶体。而有完整晶面的晶核称三维晶核。金属晶核的形成是一个形成新相的过程，它与盐类自溶液中结晶的过程以及自蒸气中凝结液滴的过程有很多相似的地方。通常所说的各种盐类从其饱和溶液中析出固体结晶是指粗粒晶体，即饱和溶液与其粗粒晶体间成平衡状态。但相对于细粒晶体则是不饱和的，这是由于晶粒越细小，其表面能愈大，则其溶解度越大。因此，细小的晶粒只有在过饱和溶液中才能形成。而且过饱和度越大，晶核越容易形成。金属电结晶过程中晶核的形成与细小的盐类晶核形成有相似之处，电极处在平衡电势下是不能形成金属晶核的，而只能在一定的超电势下才能形成晶核，而且阴极极化越大晶核越容易形成。电结晶的超电势与盐类结晶的过饱和度相当。盐类的过饱和溶液是在外界提供热能加热蒸发而形成的，而电结晶超电势则是外界提供电能通电流产生的。

由过饱和蒸气中生成液滴时，液滴的半径 r 由汤姆逊关系式决定：

$$RT\ln\frac{c^*}{c_s}=\frac{2\sigma V_M}{r} \tag{1-46}$$

式中，c_s 为饱和蒸气的浓度；c^* 为过饱和蒸气的浓度；σ 为液体的表面张力；V_M 为液体的摩尔体积。在体系恒容时平衡状态下从液相或者饱和蒸气中生成液滴，所需要消耗的功为 σS，其中 S 为液滴的表面积，对一个球形液滴 $S=4\pi r^2$。则液滴形成消耗的功为：

$$W_1=\sigma S=4\pi r^2\sigma$$

式（1－46）实际表示在过饱和状态下生成液滴时的能量变化。对于半径为 r 的液滴，其体积为 $\frac{4}{3}\pi r^3$，根据式（1－46）可知，此时能量的变化应为：

$$W_2=\frac{4}{3}\pi r^3\frac{RT}{V_M}\ln\frac{c^*}{c_s}=\frac{4}{3}\pi r^3\times\frac{2\sigma}{r}=\frac{2}{3}\times 4\pi r^2\sigma$$

因为在过饱和状态下形成液滴的过程是一个自发过程，它会对外界做功，其值即为 $\frac{2}{3}\times 4\pi r^2\sigma$。因此，半径为 r 液滴的生成功应为：

$$W=W_1-W_2=4\pi r^2\sigma-\frac{2}{3}\times 4\pi r^2\sigma=\frac{1}{3}\times 4\pi r^2\sigma=\frac{1}{3}\sigma S \tag{1-47}$$

根据式（1－46）算出 r 代入式（1－47）可得：

$$W=\frac{1}{3}\times 4\pi\sigma\left(\frac{2\sigma V_M}{RT\ln\frac{c^*}{c_s}}\right)^2=\frac{16\pi\sigma^3V_M^2}{3R^2T^2\left(\ln\frac{c^*}{c_s}\right)^2} \tag{1-48}$$

式中，$RT\ln\frac{c^*}{c_s}$—项表示过饱和度的因素，可见液滴的生成功是随着过饱和的增加而减小的。

上面所述由过饱和蒸气中生成液滴的概念对三维晶核的生成也是正确的，所不同的是，一方面晶体有不同的晶面，应将全部平衡晶面面积与每个晶面界面张力 σ_i 的乘积求和再乘以 1/3，即为结晶晶粒的生成功：

$$W=\frac{1}{3}\sum\sigma_i S_i \tag{1-49}$$

另外，用晶核临界尺寸 h_i 代替式（1-46）中的半径 r，h_i 是指晶核内的某一选择点到表面张力为 σ_i 的晶面的距离，而选择点要能满足下列关系式

$$\frac{\sigma_1}{h_1}=\frac{\sigma_2}{h_2}=\frac{\sigma_3}{h_3}=\cdots=\frac{\sigma_i}{h_i} \tag{1-50}$$

对于正六面晶体，假定各晶面的表面张力均相同，每个面的面积为 $S_i=(2h_i)^2$，则临界晶核生成功为：

$$W=\frac{1}{3}\sigma_i\sum S_i=\frac{6}{3}\sigma_i S_i=8\sigma_i h_i^2 \tag{1-51}$$

将式（1-46）中 r 用 h_i 代替，求得 h_i 表达式代入式（1-51）可得：

$$W=8\sigma_i\left(\frac{2\sigma_i V_M}{RT\ln\frac{c^*}{c_s}}\right)^2=\frac{32\sigma_i^3 V_M^2}{R^2T^2\left(\ln\frac{c^*}{c_s}\right)^2} \tag{1-52}$$

由于过饱和度和超电势都是偏离平衡状态的程度的表征，因此在金属电沉积的情况下就可表示为：

$$nF\eta_k=RT\ln\frac{c^*}{c_s}=\frac{2\sigma_i V_M}{h_i}$$

因此有：

$$\eta_k=\frac{RT}{nF}\ln\frac{c^*}{c_s}=\frac{2\sigma_i V_M}{nFh_i} \tag{1-53}$$

而式（1-52）可写为：

$$W=\frac{32\sigma_i^3 V_M^2}{n^2F^2\eta_k^2} \tag{1-54}$$

根据玻耳兹曼方程式，三维晶粒的生成概率 Ω 为

$$\Omega=B_1\exp\left(-\frac{W}{kT}\right) \tag{1-55}$$

式中，B_1 为标化因数；k 为玻耳兹曼常数；T 为绝对温度。

对指定电解液中定温条件下的金属电沉积过程，将式（1-54）代入式（1-55）后得出：

$$\Omega=B_1\exp\left(-\frac{k_1}{\eta_k^2}\right) \tag{1-56}$$

式中，k_1 为常数。由此可知，随着阴极极化增加（η_k 增大），新晶核形成的概率亦增大。如果认为晶核的生成速度与它们的出现概率是成正比的，那么通过电解池的阴极电流就能用下式表示：

$$I_k = I_0 \exp\left(-\frac{k_1}{\eta_k^2}\right) \tag{1-57}$$

或

$$\ln I_k = \ln I_0 - \frac{k_1}{\eta_k^2} \tag{1-58}$$

式中，I_0 为常数，因此在迟缓生成三维晶核时，$\ln I_k$ 与$\frac{1}{\eta_k^2}$之间成线性关系。

对二维晶核，达马斯金等引入了边界张力 ρ 的概念，它表征着每单位晶核周长所增加的平衡功，与三维晶核的表面功类似。半径为 r 的二维晶核，式（1－46）变为：

$$RT\ln\frac{c^*}{c_s} = \frac{\rho S_M}{r} \tag{1-59}$$

式中，S_M 为摩尔表面积（以单层分布的每摩尔物质所占有的面积）。二维晶核的生成功写为：

$$W = \frac{1}{2}\sum \rho_i L_i \tag{1-60}$$

式中，L_i 为二维晶核的周长。有人已制备了几乎不含位错的银的单晶表面，在这样的理想晶面上形成的单原子厚晶核可认为是二维晶核。对于这样一个不存在边界影响的单晶面上，即在各方同性的情况下，最有利的二维晶核是圆柱形，圆柱形晶核的形成功最小。圆柱形晶核周长 $L = 2\pi r$，在限定二维晶核周长的整个长度求和得出 $W = \rho\pi r$。根据式（1－59），二维晶核形成的超电势可写为：

$$\eta_k = \frac{RT}{nF}\ln\frac{c^*}{c_s} = \frac{\rho S_M}{nFr} \tag{1-61}$$

故有 $r = \frac{\rho S_M}{nF\eta_k}$，代入 $W = \rho\pi r$ 中，得出二维晶核的形成功为：

$$W = \rho\pi\frac{\rho S_M}{nF\eta_k} = \frac{\pi\rho^2 S_M}{nF\eta_k} \tag{1-62}$$

将上式的 W 代入式（1－55），得出二维晶核的生成概率为：

$$\Omega = B_1 \exp\left(-\frac{\pi\rho^2 S_M}{nFkT\eta_k}\right) \tag{1-63}$$

同样认为二维晶核的生成速率与它们出现的概率是成正比的，此时电解池阴极电流应为：

$$I_k = I_0 \exp\left(-\frac{k_2}{\eta_k^2}\right)$$

或

$$\ln I_k = \ln I_0 - \frac{k_2}{\eta_k^2} \tag{1-64}$$

可见，当二维晶核迟缓生成时，$\ln I_k$ 与$\frac{1}{\eta_k^2}$呈线性关系。

苏联学者提出了电结晶过程的一些特殊的实验方法，实验证实了式（1－58）与式（1－64）的关系（见图1－22 和图1－23）。

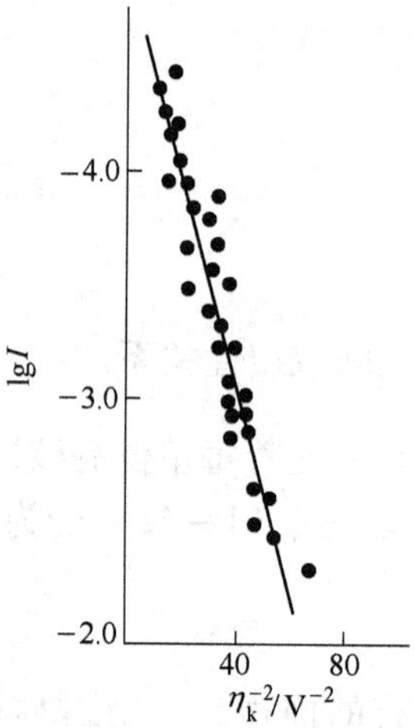

图 1－22 在单晶铂表面形成三维银晶核时 lg$I$ 与$\frac{1}{\eta_k^2}$的关系

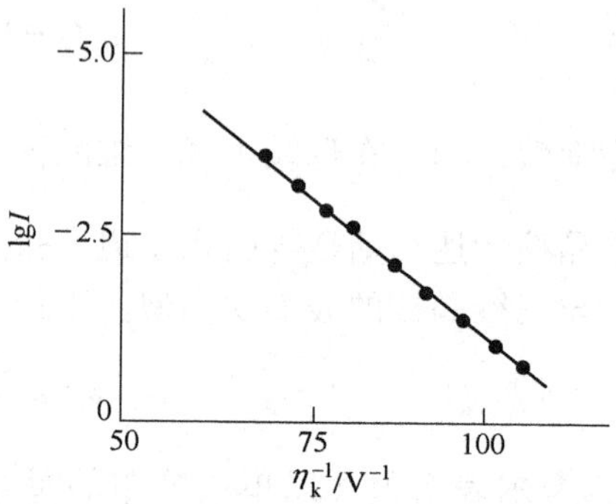

图 1－23 在无位错的银单晶面上形成二维银晶核时 lg$I$ 与$\frac{1}{\eta_k^2}$的关系

1.12 电流和金属电沉积物在阴极表面的分布

镀层厚度在制品或零件表面上分布的均匀性是镀层质量的重要表征，它直接影响零件的力学性能、耐腐蚀性能、防护性能等镀层性能，在生产上具有重要意义。从理论方面来说，金属沉积层在阴极的分布问题与电流分布和电极过程密切联系。金属电极的表面性质、电解液的组成和性质、阴极与阳极间的距离、电极镀件和电解池的形状、极化作用、电流效率等因素均影响电流和金属沉积物在阴极的分布。

1.12.1 电解液的分散能力和覆盖能力

电解液的分散能力也称均镀能力或着落能力，它是指某一电解液在一定的电解条件下能够促使电流或金属在阴极表面均匀分布的能力。能使镀层在镀件表面均匀分布的电解液，它的分散能力就高。

电解液的覆盖能力也称深镀能力、遮盖能力、深镀操作能力或黏性，它是指镀液使镀层在镀件的凹入部分镀上金属的能力。若镀件的凹入部分镀层覆盖得好，则称此镀液的深镀能力高。

电镀工业中常用“分散能力”和“深镀能力”来评价电镀液的电镀性能，实践证明两者往往有平行的关系，只是评价电镀能力的着重点不同。

实验已表明，许多电解液即使是使用相同大小的阳极和阴极，电极间保持平行，电解后发现，在阴极上金属沉积物的分布仍然是不均匀的，一般规律是阴极边缘上的沉积物厚，而中间的沉积物薄。而有的电解液其电镀能力却表现特殊，例如在碱性电解液中用 84 根直径为 0.7mm 的铜丝编成紧密的电缆作为阴极电镀锡，电镀后拆开铜丝检查，发现每根铜丝表面都已均匀地镀上了一层锡。这说明此电解液有极好的分散能力与深镀能力。大量实验已证实：不同的电解液有不同的分散能力，例如金属络合物盐镀液的分散能力往往比金属简单盐镀液的分散能力好，而对一些简单的金属盐镀液来说，添加了若干有机添加剂后，可以大大改善镀液的分散能力。电解液的分散能力直接关系到阴极上金属沉积物的分布情况。

镀层厚度分布不均，是电流密度在阴极表面上分布不均的必然结果。反过来说，要使金属在阴极上有均匀的分布，就必须使电流在阴极上有均匀的分布。还应指出，金属在阴极上的均匀分布程度与电流的分布程度不一定完全一致，这是由于金属在阴极上的沉积不仅与电流密度的大小有关，而且也与电流效率有关，金属电沉积时其电流密度与电流效率不一定是正比关系。电流和金属分布问题也是金属电沉积过程理论的一个重要方面。阴极上金属沉积层的分布可通过实际测定各处金属的厚度得知。而阴极上电流的分布，一定条件下可通过实际测定金属层的厚度来计算。金属镀层的厚度与相应电流密度的关系，可通过法拉第定律得出：

$$i = \frac{\delta d}{tk\eta} \tag{1-65}$$

式中，i 为电流密度，A/m^2；δ 为金属沉积层的厚度，m；d 为金属沉积层的密度，kg/m^3；t 为金属电沉积时间，h；k 为金属的电化摩尔质量，kg/(A · h)；η 为金属电沉积的电流效率。

1.12.2 金属电沉积时阴极上的电流分布

影响阴极上电流分布状况的主要因素有：

(1) 几何因素，包括电极和电解池的形状、尺寸、电极间距离、电极间有无不导电的屏蔽等；

(2) 电化学因素，包括电解液的组成和性质，如溶液电阻、分散能力、电沉积过程中的极化行为等；

(3) 其他有关因素，如基体金属的性质、表面处理情况等。

欧姆定律和基尔霍夫定律不仅适用于固体导体电路，也适用于溶液导体电路，可用其讨论金属电沉积时阴极上电流的分布问题。

1.12.2.1 阴极上电流的初级分布

所谓电流的初级分布也称初次电流分布，是指通电时电极不产生极化的条件下，电流在阴极表面各部位上的分布。这是理想的假定情况，实际情况可用通交流电代替直流电来满足电极不极化的要求。

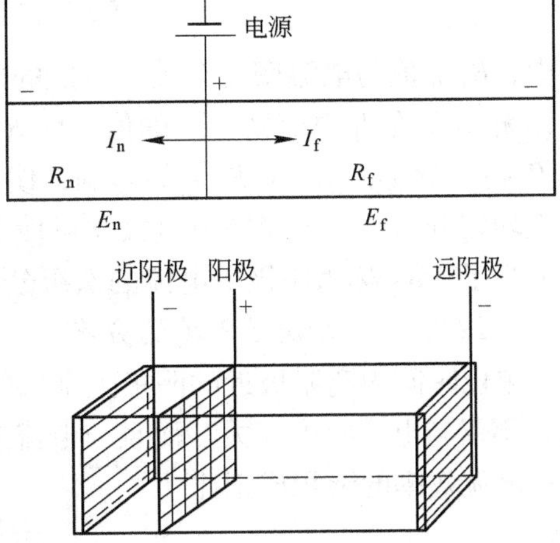

图 1-24 电流初级分布

设有一柱形容器，在它的两端各放置一个阴极，在其中间选择一定的位置放一个阳极，设从此阳极离右端阴极的距离是其到左端阴极距离的 5 倍。阳极与阴极面积相等，均等于此圆柱形电解槽的横断面积。其剖面示意图如图 1-24 所示。显然，这相当于两个并联电解槽，施加的电势差相同，但流过两个电解槽的电流强度（或密度）不同。设左边电解槽电流强度

为 I_n，右边的为 I_f；左边电解槽溶液电阻为 R_n，右边为 R_f。在无电极极化时，溶液电阻 R 主要包括溶液本身电阻和金属电极本身电阻两项，由于后者比前者小得多，忽略金属电极电阻仅为电解液电阻。根据 $E_n = E_f$，有 $I_n R_n = I_f R_f$，故得电流的初级分布 K_1 为：

$$K_1 = \frac{I_n}{I_f} = \frac{R_f}{R_n} \tag{1-66}$$

此时因为无极化，电解液的组成和浓度都是均匀同一的，电流强度（或电流密度）与溶液电阻成反比，而溶液电阻又与阳极和阴极间的距离成正比，因此电流的初级分布比值也等于阴极至阳极间距离的比值，当 $K_1 = 1$ 时为均匀分布，$K_1 > 1$ 时为不均匀分布，此处 $K_1 = 5$。如果此时电流效率皆为理论值，那么金属在近的和远的阴极上沉积物的厚度也将与阴极和阳极间的距离成反比，因此，此时 K_1 值也等于两个阴极上金属电沉积层厚度的比值。金属电沉积层在远的和近的阴极上的分布类似于在一个不平整的有凹凸部位的阴极表面上的分布，电极表面凸出部位离阳极近，好比是上述近阴极，而电极上的凹入部位离阳极较远，就好比是上述远阴极。因此，上述电流的初级分布实际表征了在无极化作用条件下，电流或金属沉积层在阴极凹凸表面上的分布状况。上述讨论表明，在电极不极化的条件下，只有在平整的阴极表面上，或同心圆筒或同心球体电极上，电流或电沉积物厚度才是均匀的，在有凹凸表面的阴极上，其 $K_1 > 1$，电流与电沉积层分布始终是不均匀的，在凸出部位上电流密度或电沉积层厚度大，而在凹入部位上电流密度或电沉积层厚度小，其凹凸差别愈大，分布愈不均匀。

1.12.2.2 阴极上电流的次级分布

电流的次级分布也称二次电流分布或实际电流分布，是指电解池在通实际的直流电流时电极产生极化的条件下，电流在阴极上各部位的分布状况。上式同样成立，只是 R 项含义不同。在电极无极化时，前已叙述 R 可看做电解液的电阻，但在实际的直流电通过电解液时，由于阳极和阴极均产生极化，当电极极化时，阴极电势变负，阳极电势变正，极化电极构成的原电池产生的电势符号与外电源施加的电势符号方向相反，因此实际效果相当于极化作用产生一个附加电阻，使流经电解池的电流变小了，此电阻我们用 $R_{极化}$ 表示，因此通直流电时溶液电阻中增加了 $R_{极化}$ 电阻，故上式应写成：

$$K_2 = \frac{I_n}{I_f} = \frac{R_{f(电解液)} + R_{f极化}}{R_{n(电解液)} + R_{n极化}} \tag{1-67}$$

式中，$R_{极化}$ 值与电流密度有关，一般的规律是随电流密度增大，极化增强，$R_{极化}$ 值增大。$R_{f极化}$ 相应于在 I_f 电流密度下的值，而 $R_{n极化}$ 相当于在 I_n 电流密度下的值，已知 $I_n > I_f$，因此 $R_{n极化} > R_{f极化}$，由于 $R_{极化}$ 的影响，使得 I_n/I_f 比值比无极化时的比值减小了，即电流趋向于均匀分布了。这说明电极极化可使阴极表面电流分布趋向均匀，即使电解液的分散能力提高了。K_2 称为阴极上电流的次级分布。

1.12.2.3 阴极上金属的分布

单位时间内离阳极近的阴极上金属的沉积量 M_n 以及远离阳极的阴极上金属的沉积量 M_f，不仅与电流密度有关，而且与电流效率有关，单位时间内析出的金属量应与电流密度和电流效率的乘积成正比

$$\frac{M_n}{M_f} = \frac{I_n \eta_n}{I_f \eta_f} = K_3 \tag{1-68}$$

假定金属沉积时厚度均匀，两个阴极面积又相等，则 K_3 等于两个阴极上沉积金属的厚度比。

已经知道金属电沉积时，阴极电流效率与电流密度之间的关系大致有3种。

(1) 如图1-25中曲线a所示，电流效率与电流密度无关，此时$\frac{\eta_n}{\eta_f}=1$。因此，金属在阴极上的分布实际上等于电流的分布。硫酸铜溶液中镀铜属此类型。

(2) 如图1-25中曲线b所示，阴极电流效率随电流密度增加而增大。酸性铬酐镀铬液属此类型。已知 $I_n > I_f$，因此 $\eta_n > \eta_f$，根据式(1-68)可知，此时 $K_3 > \frac{I_n}{I_f}$，即金属分布比二次电流分布更不均匀。

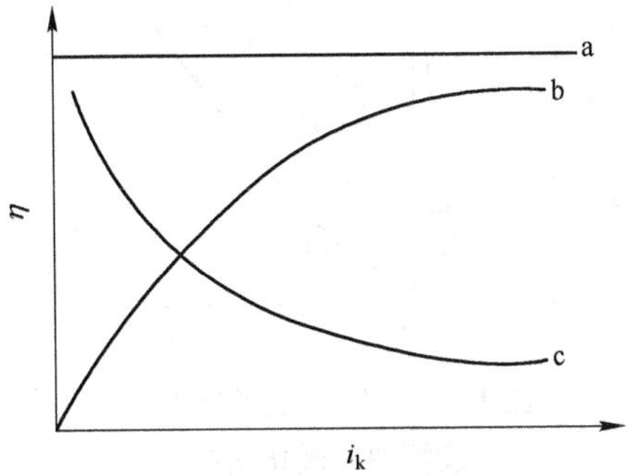

图1-25 金属电沉积电流效率与电流密度的3种曲线关系

(3) 如图1-25中曲线c所示，阴极电流效率随电流密度的增大而减小。一切氰化物镀液或络合物镀液属此类型。已知 $I_n > I_f$，因此 $\eta_n < \eta_f$，根据式(1-68)可知，此时 $K_3 < \frac{I_n}{I_f}$，即金属分布比二次分布更均匀。经验已经证实，用络合物镀液电镀金属容易取得厚度较为均匀的镀层。

1.12.2.4 电解液的分散能力的数学公式

通常用二次电流分布或金属分布与电流的初级分布差额的相对比例(%)来表示电解液的分散能力(TP)。

$$TP = \frac{K_1 - K_2}{K_1} \times 100\% \tag{1-69}$$

或

$$TP = \frac{K_1 - K_3}{K_1} \times 100\% \tag{1-70}$$

根据图1-24，两个阴极与同一个阳极并联，故有：

$$\varphi_n - \varphi_{kf} + I_f R_f = \varphi_n - \varphi_{kn} + I_n R_n$$

式中，φ 皆为析出电势，化简后得：

$$I_f R_f - I_n R_n = \varphi_{kf} - \varphi_{kn}$$

两边除以 $I_f R_n$，由此得出：

$$\frac{R_f}{R_n} - \frac{I_n}{I_f} = \frac{\varphi_{kf} - \varphi_{kn}}{I_f R_n}$$

已知 $K_1 = \frac{R_f}{R_n}$，$K_2 = \frac{I_n}{I_f}$，代入上式得出：

$$K_1 - K_2 = \frac{\varphi_{kf} - \varphi_{kn}}{I_f R_n}$$

根据上式和式(1-69)，最后得出

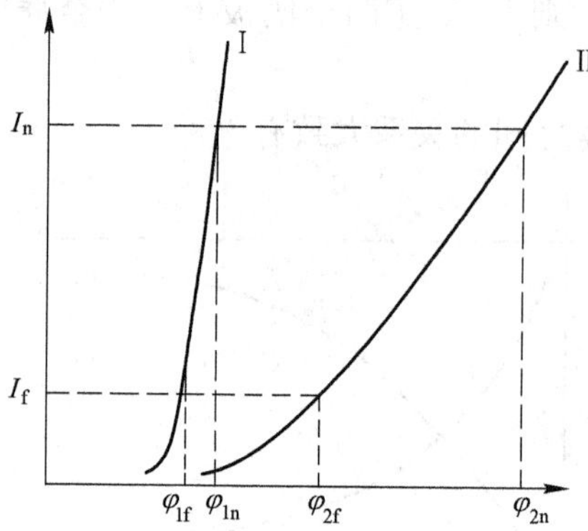

图 1－26 同一电极在不同镀液中的极化曲线

$$TP = \frac{K_1 - K_2}{K_1} = \frac{\varphi_{kf} - \varphi_{kn}}{K_1 I_f R_n} = \frac{\varphi_{kf} - \varphi_{kn}}{I_f R_f} \quad (1-71)$$

由式（1－71）可见，分散能力 TP 正比于 $\varphi_{kf} - \varphi_{kn}$，反比于 I_f 和 R_f。根据同一电极在不同镀液中的极化曲线（图 1－26），曲线Ⅱ极化作用大于曲线Ⅰ。相同电流密度下，相应的（$\varphi_{2f} - \varphi_{2n}$）>（$\varphi_{1f} - \varphi_{1n}$），故与极化曲线Ⅱ相应的镀液的分散能力好。

TP 值不仅与 K_1 有关，而且与 K_2 或 K_3 有关。当 $K_1 = 5$，而 $K_3 = 1$（理想的最大分散能力，金属均匀分布）时，$TP = 80\%$，而当 $K_3 = 2$、3、4、5、…、∞ 时，TP 值分别为 60%、40%、20%、0、…、－∞。若 K_1 取值为 4，当 $K_3 = 1$、2、3、4、…、∞ 时，TP 值分别为 75%、50%、25%、0、…、－∞。此时最好的分散能力则为 75%，最坏的为－∞。

1.12.3 测定阴极电流分布的装置

目前研究电流在阴极上的分布和电解液电镀性能的一种比较流行的装置是赫尔槽。这是一种不规则的梯形水槽，除高度相同外，4 个边线长度各不相等，可用有机玻璃或其他塑料板制作。如图 1－27 所示，通常有 1L 和 267mL 两种容积规格，其边长见表 1－3。若在 AC 边接外接电源阳极，BD 边接阴极，阴极各部位与阳极之间的距离可以在很大幅度范围内连续变化。

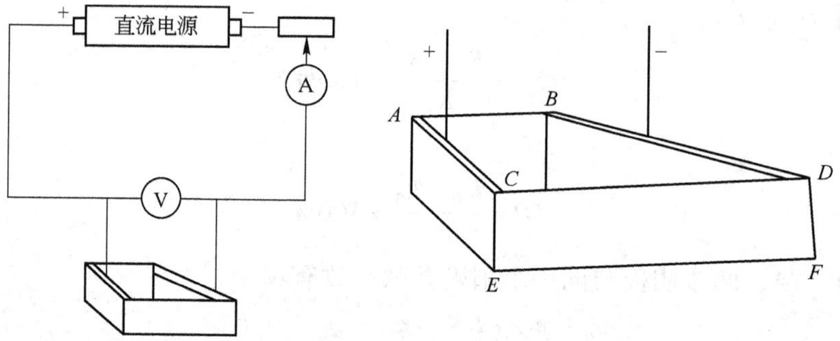

图 1－27 赫尔槽

表 1－3 赫尔槽容积与边长的关系

容积/dm³ 边长/m 边名	1	0.267	容积/dm³ 边长/m 边名	1	0.267
AB	119×10^{-3}	47.6×10^{-3}	CD	213×10^{-3}	127×10^{-3}
BD	127×10^{-3}	101.7×10^{-3}	CE	81×10^{-3}	63.5×10^{-3}
AC	86×10^{-3}	63.5×10^{-3}			

AB 端阳极与阴极距离最近，*CD* 端最远。简称 *AB* 端为近端，*CD* 端为远端。根据对 4 种常用的镀液即酸性铜、酸性镍、氰化物镀锌、氰化物镀镉，在不同的电流强度（I_k）下进行电镀对试验结果进行统计处理得出，阴极上某点的电流密度值（D_k）与该点距赫尔槽近端的距离（L）的对数成反比关系。

对 1L 的赫尔槽有：　$D_k = I_k \times (3.26 - 3.05\lg L)$　（1－72）

对 267mL 的赫尔槽有：　$D_k = I_k \times (5.10 - 5.24\lg L)$　（1－73）

式中，电流密度 D_k 单位为 A/dm^2；I_k 单位为 A。根据式（1－72）或式（1－73）已知距近端的距离，即可算出此部位的电流密度（外电流强度 I_k 已知）。用小的阴极试片（被镀金属试验金属片）挂在具有不同电流密度的地方试验电镀效果，可确定最佳电流密度条件。同时，还可逐一改变电镀液成分在不同的电流密度条件下进行试验，研究得出镀液的最佳配方，预测和查明某些杂质的影响等。

除了赫尔槽装置以外，还可应用卷边阴极、缺口槽等设备或装置来研究电解液的分散能力和覆盖能力。

1.12.4　改善阴极电流分布的机械措施

对一些形状复杂的电镀件的电镀，除了选择良好的分散能力的电解液之外，还可采用一些机械的办法调整阴极表面电流的分布，包括以下几种方式：

（1）采用与阴极试样类似的阳极。阳极形状大致与阴极形状对应，保持阴极各点与阳极各点间的距离大致相同，有利于电流密度分布均匀，促进沉积物均匀分布在阴极上。

（2）增加阳极、阴极间的相对距离。当电极间距离增大时，具有不同表面曲率的阴极其凹入或凸出部位离阳极距离的差别相对变小，这有利于阴极上的电流分布均匀。

（3）采用补充的阴极。在阴极突出的部位附近放置补充阴极，可以吸引部分过剩的电流，使镀件表面电流分布变得均匀。

（4）采用不导电的屏障。在阳极和阴极突出部位之间，安放能减少通向突出部位电流的不导电屏障，从而调整并改善阴极上电流的分布情况。

1.12.5　微观分散能力

前面介绍的是电流或金属在与阳极有明显宏观距离差异的阴极表面上的分布状况。而这一部分将介绍在显微镜下显示波穴不平的电极表面上的电流及金属的分布状况，例如深度小于 0.5mm 的三角波穴平面。所谓微观分散能力是指电流或金属在显微波穴的深度和宽度均甚小的表面上波峰和波谷处电流或金属的分布状况。显微粗糙表面的物理化学特征有：（1）电极表面显微波穴的波谷与波峰处电极电势相等；（2）在显微波穴表面附近的扩散层厚度在波谷处大于在波峰处。显微粗糙表面各部位扩散层厚度的不同，导致了粒子（整平剂或金属离子）传质速度的不同，使金属电沉积过程受到不同的步骤所控制，从而表现出不同的微观分散能力。

微观分散能力有 3 种类型：（1）几何整平，是指阴极表面原有的微观轮廓上峰和谷基本维持不变，镀液的整平作用不明显，特征是 $I_{谷}/I_{峰} = 1$；（2）负整平，是指阴极原有的微观轮廓上峰和谷深度差别更明显，特征是 $I_{谷}/I_{峰} < 1$；（3）正整平，是指阴极表面原有的微观轮廓上峰和谷得以整平。正整平的结果，使镀层平整、光滑细致、光亮。正整平

的特征是$I_{谷}/I_{峰}>1$，此种微观分散能力又称为真整平。图 1－28 为 3 种类型的微观分散能力示意图。

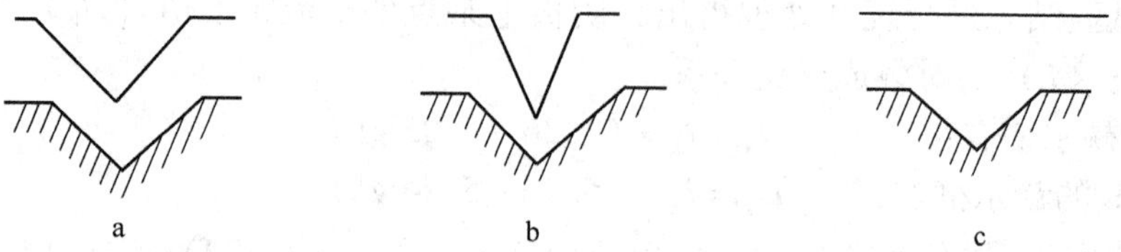

图 1－28　电沉积金属微观分布的 3 种类型

a—几何整平；b—负整平；c—正整平

表 1－4 为 3 种类型微观分散能力的特征。上述镀液的整平作用是指镀液改变镀件表面微观轮廓的电流分布，使金属填平微观沟槽的能力，这种整平作用又称为微观分散能力，常以符号 MTP 表示。表面活性剂（阻化剂）可以改善微观分散能力，起正整平作用。

表 1－4　3 种类型微观分散能力的特征

整平作用	谷与峰上镀层厚度比 $h_{谷}/h_{峰}$	谷与峰上电流密度比 $i_{谷}/i_{峰}$	金属电沉积的控制步骤	添加剂阻化作用的控制步骤
几何整平	≈1	≈1	电化学步骤	无阻化或表面步骤
负整平	<1	<1	扩散步骤	无阻化或表面步骤
正整平	>1	>1	电化学步骤	扩散步骤

1.13　影响金属电沉积的因素

1.13.1　金属基体及其表面性质

金属基体及其表面性质主要影响金属电沉积物与基体的结合力，因此主要是对电镀层的质量有影响，而对金属电冶炼及电解精炼来说并不重要。对于电镀层，希望其与基体的结合得愈牢靠愈好，而电解精炼有时需将阴极电解产物与阴极始极片剥离，当然希望容易分离。对于金属电镀存在 3 种基体材料复合形式：

（1）在金属基体上电沉积一层同种类金属。

（2）在金属基体上电沉积一层不同种类金属。

（3）在不导电的非金属材料表面上沉积一层金属。

在上述 3 种复合形式中镀层与基体间的结合不外乎通过以下的分子或原子间力作用形成：（1）范德华力；（2）共价键力；（3）金属键力；（4）离子键力及偶极力。金属基体上的电镀层主要是通过金属键结合。对于第一种材料复合形式，如基体表面油污和氧化膜清除得干净，电沉积工艺合适，甚至能达到优良理想的结合，镀层能够顺利地构成基体金属晶格点阵的外延，镀层与基体间所受的是同样的金属键力。对于第二种材料复合形式，由于基体与镀层金属性质不同，其结合力不如前者。而对于第三种材料的复合形式，镀层与基体的结合力主要决定于下列 3 种结合力：（1）基体与打底用的薄导电底层之间的结合力；（2）底层与电镀表面层之间的结合力；（3）基体表面层与基体材料本体之间的结合力。因此，影响这种结合力的因素比较复杂，要达到好的结合力比较困难。

1.13.2 电解液性质

1.13.2.1 主盐特性

金属电沉积过程中的主盐就是电沉积金属的盐类。依据金属离子存在的形式，可把电解液（电镀液）分为以简单离子存在和以络合物形式存在的两大类溶液。金属电解提取时电解液主要是溶解度较大的简单离子溶液如硫酸盐、卤化盐和硝酸盐。金属电镀时二类电镀液都有较广泛的应用（表1－5）。

表1－5 电镀液的分类

主要金属离子存在形式	主要金属盐	镀 液 例 子
简单离子	硫酸盐	镀铜、锌、锡、镍、钴
	氯化物	镀铁、镍、锌
	氟硼酸盐	镀铅、锡、铜、镍
	氟硅酸盐	镀铅
	氨基磺酸盐	镀铅、镍
络离子	焦磷酸盐	镀铜、锌、铜锡、锌铁、锌、锌铁镍、铜锑
	氰络盐	镀金、银、铜、锌、镉、黄铜、锌铜、铜锡
	氨络盐有机络盐	镀锌、镉、柠檬酸盐镀锡铜

一般说来，简单离子镀液其阴极极化作用不大，主要是浓差极化（铁、镍、钴盐除外），镀液的分散能力较差，镀层晶粒粗，深镀能力也不好。但成本低，浓度大，允许较大电流操作，沉积速度快，因此对一些形状不复杂的镀件及非装饰性镀件大都采用此类镀液。络合物镀液的阴极极化作用大，主要表现为电化学极化作用，其分散能力好、深镀能力强、镀层结晶细致均匀、光泽好，因此得到了广泛的应用。络盐镀液过去大量采用氰化物配制，因此毒性大，对人体及环境造成潜在危险。人们已在加紧研究无氰电镀液，已发现很多络合剂具有较好的络合能力，可以替代氰化物。而且常采用双络合剂（甚至更多络合剂），分主络合剂和辅助络合剂，这样的络合镀液性能更佳。在合金电镀时就常采用双络合剂镀液。根据络合剂与金属离子不同的络合能力（常以不稳定常数来表示）控制金属的析出电势，达到共同电沉积的目的。

近年来对电镀液添加剂进行了深入的研究，人们发现在一些简单离子镀液中添加适量添加剂可以获得结晶细致而又具有一定光亮度的镀层，开创了简单离子镀液应用的新方向，使简单离子镀液的应用范围进一步扩大。

1.13.2.2 主盐浓度

若温度、电流密度、主盐成分不变，对于以浓差极化为电沉积过程控制步骤的简单离子镀液来说，随主盐浓度降低，极化增加，镀层结晶较细，但对以电化学极化为控制步骤的络合镀液来说这种规律就不明显了。随主盐浓度的降低，电镀的电流密度上限降低，电镀速度减慢。因此，在电镀生产中并不采用这样的途径来改善镀层质量。用较浓的镀液，尽管极化小，但有导电度高、电流密度上限增大、阴极电流效率提高等优点，实际工业生产中常采用较高浓度的镀液再添加适当的添加剂来提高阴极极化，达到了高效而又保证质量的目的。

金属从其简单盐溶液中电结晶析出时，阴离子对超电势的影响顺序如下：

$$PO_4^{3-} > NO_3^- > SO_4^{2-} > ClO_4^- > NH_2SO_3^- > Cl^- > Br^- > I^-$$

析出的金属粒子粒径也随此增大。

在合金电镀时，影响合金层组成的最重要的参数是两种金属或多种金属在镀液中的浓度比值，在金属总浓度不变的条件下，增加电极电势较高的金属在镀液中的相对含量，则合金沉积物中贵金属的含量将按比例增加。这种规律对正规共沉积的情况特别明显。在金属浓度比不变的条件下，提高镀液中金属的总浓度，对于正规共沉积型的合金电沉积来说，合金沉积物中贵金属含量将增加，但其影响比提高镀液中贵金属含量比例的影响小。对异常共沉积情况，镀液中金属的总浓度改变，合金的组成变化不明显。

1.13.2.3 络合剂

从性质分有无机络合剂和有机络合剂两种，从作用分有主络合剂与辅助络合剂两种。作为无机络合离子的有 Cl^-、CN^-、CNS^-、NH_4^+、焦磷酸根、氟硼酸根等，如金电解精炼时加入盐酸，三价金离子可与氯离子生成 $AuCl_4^-$，一价金离子可与氯离子生成 $AuCl_2^-$；作为有机络离子的有柠檬酸根、酒石酸根、有机磷酸根、氨三乙酸根、EDTA、三乙酸胺、乙二胺等。用焦磷酸盐镀铜时，焦磷酸钾是主络合剂，而柠檬酸铵和酒石酸钾钠、氨三乙酸等属于辅助络合剂。在柠檬酸盐酸性镀金液中，柠檬酸根是主络合离子，而酒石酸根是辅助络合离子。在氨三乙酸 - 氯化铵镀锌液中，氨三乙酸为主络合剂，而氯化铵为辅助络合剂等。

络合剂既影响阳极过程又影响阴极过程，主要作用有增加金属离子溶解度、改善阳极溶解情况、提高阴极极化、扩大电流密度范围、增加溶液导电能力、保持镀液（电解液）稳定、改善电镀层质量等。

络合剂的结构、性质及其浓度均对电解或电镀有影响。用不同的络合剂配制电镀液，各有其优缺点。对于单金属电镀，若增加镀液中络合剂的浓度，可促进阳极正常溶解，保持电镀正常进行，对氰化物镀金合金来说，氰化物含量不同，会影响镀层中金含量，从而改变镀层的颜色。络合剂也增加阴极极化作用和分散能力，提高其含量将增加镀层光泽，使结晶细致均匀，但含量过高时，阴极电流效率下降。

有些络合剂还起 pH 缓冲作用，例如有机酸络合剂，柠檬酸盐镀液中的柠檬酸，即是络合剂，兼有 pH 缓冲作用，保持镀液 pH 值的稳定。

在合金电镀中，增加络合剂浓度，其影响主要是看其对金属离子络合的能力，更准确地说是看其对金属析出电势的实际影响。镀液中可用单一络合剂，也可使用混合络合剂，大致分为两类：

（1）使用单一络合剂。

1）该种络合剂只能与其中一种金属离子络合。

2）该种络合剂可同时与两种金属离子络合。

（2）使用两种以上的混合络合剂。

1）其中一种络合剂只能络合一种金属离子。

2）其中一种络合剂可与两种金属离子络合，而另一种络合剂则只能与一种金属离子络合。

若某种络合剂与金属离子能络合，则增加该络合剂的浓度时，将使该金属离子析出电势降低，沉积困难。如果该种络合剂对两种金属离子皆能络合，则两金属析出电势与其络合不稳定常数有关，络合不稳定常数值较大者容易在阴极析出，沉积加快。对使用混合络合剂的情况，凡加入能与某金属离子络合的络合剂，将使该金属离子析出电势减小，在阴极析出困难。例如氰化物镀铜锡合金，增加 NaOH 浓度时，使锡的析出电势降低（变得更负），从而使锡在阴极析出变得困难，镀层中锡含量将会因此而减少，而相对来说此时铜含量增加。当加入氰化钠时，将使铜的析出电势变负，析出变得困难，镀层中铜含量降低，而锡相对含量增加。因此，可通过调整络合剂在镀液中的浓度，来改变镀层中合金的相对含量。合金电镀中若两金属各有各的络合剂情况，则两种络合剂互不干扰，它们只影响能与本身络合的金属的析出电势，可根据合金镀层的需要各选择适宜的浓度。金属离子与络合剂的络合作用大大降低了溶液中金属离子的浓度和其析出电势，增加极化作用，有利于形成细致均匀的镀层。

1.13.2.4 附加电解质

在电解液或电镀液中除主金属盐和络合剂以外，含量较大的是附加电解质。包括强酸、强碱、盐类等，它们的主要作用是增加溶液的导电度和防止主盐水解、保持电解液的性质稳定等。如铜电解精炼时电解液中的硫酸、金电解精炼时电解液中的盐酸、银电解精炼时电解液中的硝酸和硝酸钠，硝酸根离子除能增加溶液电导以外，还能扩大电解的电流密度范围。氰化物电镀液中需加入 NaOH（或 KOH）及 Na_2CO_3。

1.13.2.5 添加剂

添加剂通常指在电镀液中加入的少量物质，它不会明显改变镀液的电性，但显著改善镀层的质量。从其性质来说，有无机物、有机物；从作用来说，有 pH 缓冲、阻滞、整平、增光、防针孔、阳极活化、防氧化等。随着科学的发展，有机添加剂的应用愈来愈广泛，其对电镀液性能的影响也特别显著，而且发现几种添加剂配合使用效果更好。有机添加剂大都属于表面活性物质，能在电极表面吸附，起着多种作用。有关添加剂的研究也是近代电镀行业的重要课题，许多有机添加剂都属专利产品。这里介绍其中几种典型的添加剂。

（1）防针孔剂。防针孔剂也称润湿剂，一般是阴离子表面活性剂，在阴极表面吸附时，其疏水基团趋向阴极表面，亲水基团朝向溶液，降低了电极与溶液之间界面张力，使电解过程中在阴极可能产生的氢气泡难以在界面滞留，这样就有效地减少了氢气泡造成镀层针孔、麻点的危险。

（2）光亮剂。在电镀液中加入少量适当的光亮剂，可直接获得镜面光亮的镀层，增强装饰性，同时也可大大降低电镀抛光的成本，便于自动化生产。因此光亮剂的选择对电镀工业具有很重要的意义。

光亮剂从性质来说分无机光亮剂和有机光亮剂。无机光亮剂发光效果差，早已被有机光亮剂所取代，按其功能又可分为光泽（光亮）添加剂、整平光亮剂以及整平剂。它们的作用机理和因此造成的光亮镀层结构是不相同的。有时简单分为初级光亮剂和次级光亮剂，初级光亮剂主要起整平效果，不产生镜面光泽。次级光亮剂同时起整平及光亮效果或单独起光亮效果。香豆素、喹琳、联吡啶等属整平剂或初级光亮剂。对甲苯磺酸胺、芳香族醚类的磺酸盐类、甲醛、水合三氯乙醛、1，4－丁炔二醇等属次级光亮剂。有机光亮剂的种类繁多，从其分子结构看常具有下列基团的物质：$R—SO_3H$、R—SH、RNH_2、RN_3、$RN=NR$、$RN\equiv C$、—SCN、RS—、$R_2C=S$、ROH、$RC=O$、$RHCO_2$、$RC\equiv C—$、

RCOO—、巯基杂环化合物（2-巯基苯并咪唑、2-巯基苯并噻唑）、聚二硫化合物、苯磺酸、萘磺酸、糖精、对甲苯磺酰胺等。无机类光亮剂如锌、镉、铅、铋、硒、锑等元素的化合物，已极少使用。实践证明，将初级和次级光亮剂配合起来使用则效果更佳。

添加剂的作用有一定的选择性。

1.13.2.6 阴极析氢与溶液 pH 值

溶液中 H^+ 常使金属离子析出超电势增大，有利于使析出金属粒径减小，因此在制取金属粉末时常使用高酸度低 pH 值条件。络合剂的存在，常使金属析出超电势增大，析出金属粒径变细。冶金电解工业中较少使用络合剂，而在电镀工业中，常常使用络合剂获得致密的金属镀层。

苯胺、萘酚等表面活性剂使锡在阴极析出电势显著变负，当极化增大到一定数值时，电流密度急剧上升。当两种表面活性剂联合使用时影响更大。表面活性剂对离子放电的阻化作用与其在电极表面的吸附作用有关，而表面活性剂在电极表面吸附有一定的电势范围，超出这一范围，表面活性剂脱附，对电极反应就不起阻化作用。同一表面活性剂在不同金属电极上的脱附电势相差不大，主要和表面活性剂结构有关，不同表面活性剂的脱附电势范围见表 1-6。

表 1-6 几种表面活性剂在金属电极表面的脱附电势范围

表面活性物质	脱附电位（浓度 0.1%）/V	表面活性物质	脱附电位（浓度 0.1%）/V
有机阴离子（磺酸、脂肪酸）	-1.1 ~ -0.8	有机阳离子（季铵盐、聚季胺酯、DE、DPE 等）	-1.4 ~ -1.0
芳香烃、酚	-1.1 ~ -0.8	多极性基表面活性剂（蛋白胨、明胶、聚氧乙烯类表面活性剂）	-2.0 ~ -1.8
脂肪醇、胺	-1.3 ~ -1.1		

电镀时用的整平剂、光亮剂、阻化剂（极化剂）大都属于表面活性剂，其使用浓度很低，不足以在溶液中与离子形成络合物或缔合物。它们大都不直接参加电极反应，但能改变或控制金属电沉积过程，改善镀层质量。

在锌酸盐镀锌溶液中常加入 DE 或 DPE 作为阴极极化剂，它们均有特性吸附能力，通常在 -1.9 ~ -1.4V 的电势范围内吸附，而锌的析出电势范围为 -1.8 ~ -1.4V，正好在锌析出的电势范围内吸附。DE、DPE 是二甲氮基丙胺与环氧氯丙烷的合成物，属线型结构的聚季胺酯，水溶性好，在电极表面吸附密度大，阻化作用强。

DE 的结构如下：

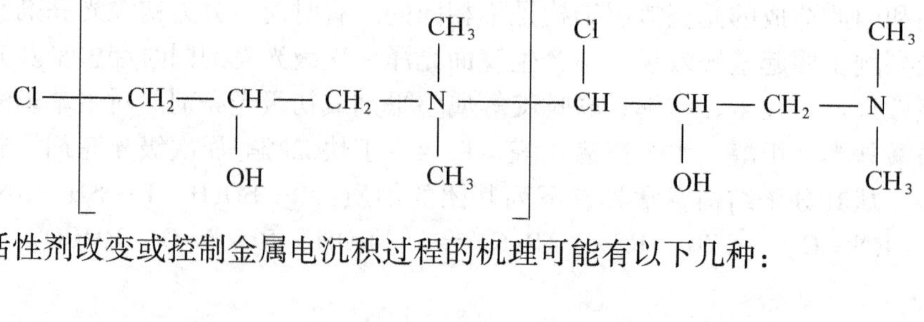

表面活性剂改变或控制金属电沉积过程的机理可能有以下几种：

（1）物理吸附作用。

物理吸附作用包括电极表面单层吸附或多层吸附，吸附层对电极表面起了局部的覆盖作用，从而改变双电层结构和界面上电势分布情况，提高了阴极极化改善了镀层质量。吸附层可以阻止电极反应，起到阻化作用；而另一些吸附层能加速电极反应的进行，起到活化作用。例如，当电极表面吸附有机表面活性剂离子层后，可以加速带有异号电荷的反应粒子的反应速度，而阻化带有同号电荷粒子的反应速度。此时吸附层对电极反应动力学的影响程度，应与它们在表面的浓度，即覆盖度有关。表面活性物质对电极反应的阻化作用也可以看做是吸附层的“封闭效应”或“绝缘效应”，在这些部位就不容易进行电子交换反应，不易形成新的晶核。表面活性剂所引起的阻化作用往往与温度、溶液 pH 值等有关。温度升高时，吸附减少，因而其阻化作用将减小。离子型表面活性剂在不同的 pH 值溶液中因离解平衡移动而引起脱附电势变化，一些有机酸类表面活性剂因 pH 值改变，其离解度发生变化，从而改变阻化程度甚至失去表面活性。当吸附粒子的覆盖达到饱和或甚至出现多层吸附时，则反应粒子穿过吸附层时往往需要越过较高的势垒，需更多的活化能。如果这种势垒足够高，以至反应粒子穿透吸附层的过程形成了新的控制步骤，此时的阻化效应常称为“穿透效应”。吸附层对扩散步骤和表面液层中转化速度不起多大作用，主要是对电化学步骤和其他直接在表面上发生的步骤（如电结晶等）的反应速度有较明显的影响。

表面活性剂在电极表面吸附后还改变了界面张力，对电极反应产生的氢气泡润湿程度明显改变，可使氢气泡不易在电极表面停留，从而可减少或防止镀层产生针孔。电镀光亮剂的光亮作用，有人认为是由于光亮剂优先吸附在晶体的生长点上，它们具有增色作用，产生光泽。表面活性剂的吸附现象已为双电层电容、电毛细管曲线和放射性同位素的测定所证实。

（2）特性电吸附作用。已经发现，一些表面活性剂在一定的金属电极表面都有特定的吸附电势和脱附电势，当其吸附电势范围与金属电沉积电势范围相符合时，才有明显的阻化作用。同一活性物质在不同电势下可能具有不同结构的吸附层和阻化能力。国内已较系统地研究了各类表面活性剂的吸附电势范围和吸附层对电极过程的阻化能力。由于表面活性剂在电极表面的吸附影响电极和双电层的性质，因而影响金属的电沉积过程，会改变沉积层的性质。

（3）表面化学反应作用。一些表面活化剂在金属离子放电的同时，它也被阴极还原，这类表面活性物质称为电化学活性的表面活性物质。属于此类物质的有醛类、酮类、硫酮、巯基化合物、酰胺、偶氮染料、烯烃等，大部分含不饱和基团的有机化合物，以及某些易被还原的无机硫、硒、碲等化合物。这些化合物通常比金属络离子更容易被还原，在还原前或还原后都具有较强的配位能力，它们在电极表面可以与金属离子形成与溶液中络离子不同的多元络合物，除了形成配位型的多元络合物外，也可形成缔合型的多元络合物。方景礼已作了较详细的阐述，像季铵盐阳离子和各类型金属络合阴离子在电极表面形成缔合型多元络合物，在碱性锌酸盐镀锌时加入长链的季铵盐型阳离子表面活性剂聚 N，N 二甲基二烷基铵氯化物及聚氧乙烯亚甲基三甲铵氯化物时，锌电极表面吸附很强，可用形成的表面活性离子缔合物来说明：

$$2[R_4N]^+ + [Zn(OH)_4]^{2-} \longrightarrow [R_4N]_2[Zn(OH)_4]$$

上式缔合物的生成，增强了吸附，抑制了锌的沉积速度，增加了镀层的光亮度。

电化学活性的表面活性物质可以优先在高电流密度处吸附并放电，使阴极各处的电流分布趋于均匀，防止出现烧焦和晶粒粗大，起到了扩大电镀电流密度范围和整平等作用。康威（Conway）等已总结了各类不饱和有机化合物在电极上的还原反应及其产物，加深了对各类有机添加剂在电镀中作用机理的认识。

一般来说，阴极析氢对绝大多数金属电沉积过程均有有害的影响。例如在金属电解精炼或湿法电冶金工业中，阴极析氢直接降低了电流效率，甚至金属不能析出，大量的氢析出还可能引起燃烧爆炸事故。溶液中氢的析出必然使溶液 pH 值升高，使碱土金属离子及其他一些容易生成氢氧化物沉淀的离子发生沉淀，从而破坏电解液的组成，轻者使阴极金属沉积层沾染氢氧化物沉淀，如电解制锌时产生海绵状锌，重者破坏了电解进程。金属电镀时析氢，轻者使金属镀层出现针孔、麻点，重者使镀层“烧黑”，造成镀件报废。析氢过程使镀液 pH 值升高，将影响溶液中离子组成，也会使一些金属离子生成氢氧化物沉淀，从而破坏镀液的性质，使生产无法进行。只有在个别情况下，如用铬酐硫酸镀液镀金属铬时，氢析出电镀才能正常进行。

金属电沉积过程中析氢与溶液的 pH 值、离子组成、电极材料、电源电压和电流密度、湿度等因素有关。

在最简单的单一金属盐类水溶液中随着电解过程外电压和电流密度的改变，氢离子和金属离子都有可能在阴极放电析出，最典型的极化曲线有 5 种（图 1－29 ~ 图 1－33）。

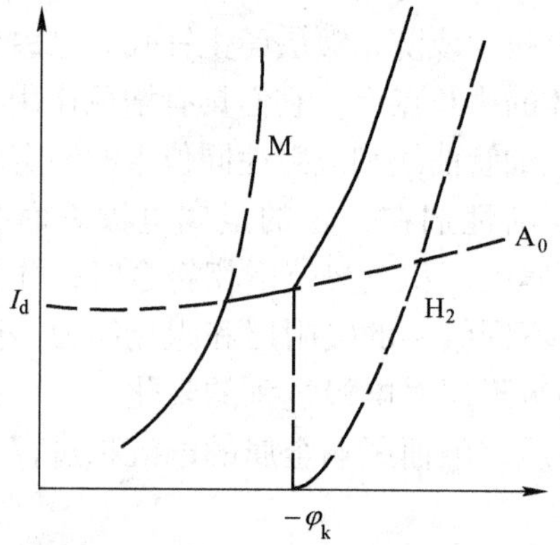

图 1－29 金属析出电势比氢析出电势正时两者同时放电时的极化曲线

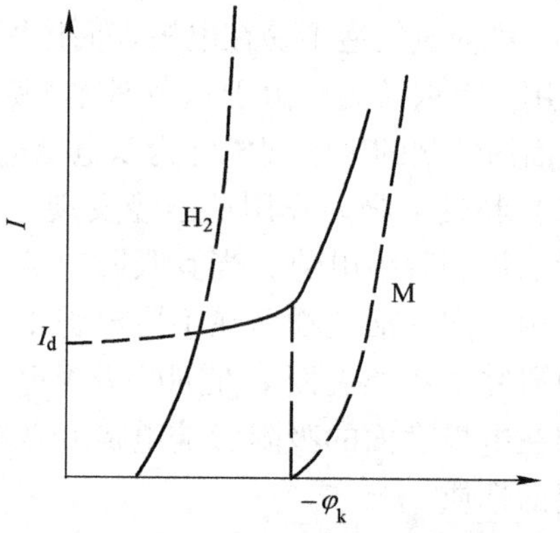

图 1－30 金属析出电势比氢析出电势负时两者同时放电时的极化曲线

（1）金属析出电势比氢析出电势显著正时，两者同时放电的极化曲线（图 1－29）。此时金属（M）析出的极化曲线在氢析出的极化曲线左边，由于金属析出电势正得多，因此金属先还原沉积，在其极限电流密度（I_d）以下时，都只有金属离子的还原，因此金属电解过程的电流效率为 100%。在极限电流密度时电流密度不随电势而改变，继续增加电解电压至氢的析出电势时，氢将开始析出，电流密度将继续增大，此时金属离子与氢离子同时放电还原。随着金属离子的消耗，极化曲线将移向氢放电极化曲线，主要是氢离子在放电析出。电解不很稀的 $CuSO_4$ 溶液属此类情形。金属析出的极限电流密度 I_d 即为电解过程需要控制的电流密度上限，阴极电势也不得超过开始析氢时的电势。

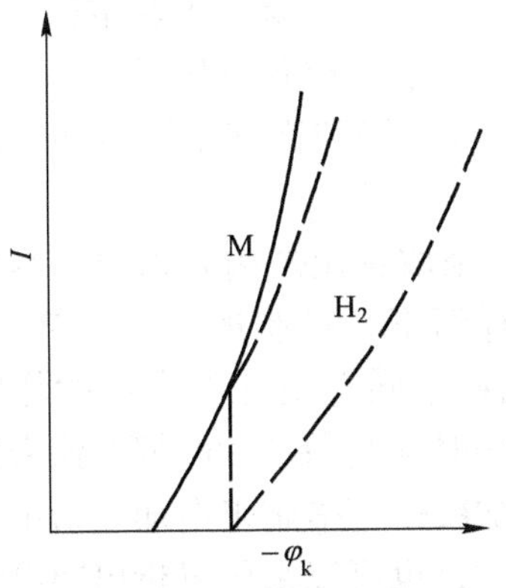

图 1－31 金属析出电势比氢析出电势正，但电势相近，两者同时放电时的极化曲线

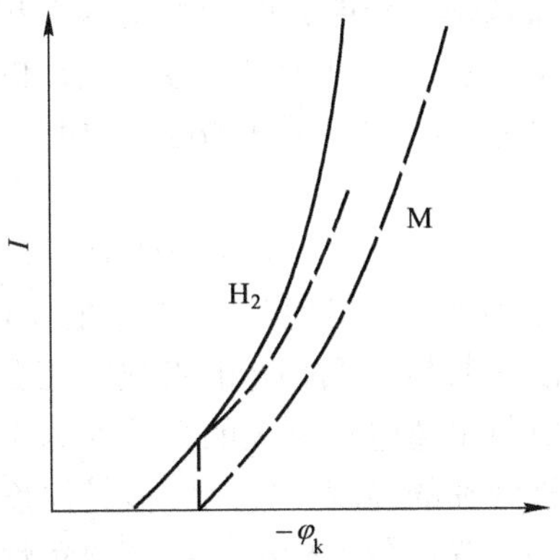

图 1－32 金属析出电势比氢析出电势负，但析出电势相近，两者同时放电时的极化曲线

（2）金属析出电势比氢析出电势显著负时，两者同时放电的极化曲线（图 1－30）。在铁盐水溶液中的电解属于此情况。在这种情况下，增加外电压，开始只有氢析出，电流随电势变化沿溶液中氢析出的极化曲线改变，在达到析氢的极限电流（I_d）时，电流不随阴极电势变化。只有当阴极电势达到金属离子析出电势时，金属才开始析出，此时电流密度随阴极电势变负而增大。由于只要有水存在，就必有氢离子参加放电，因此在金属析出开始，均为两种离子同时放电，所以该金属电解效率永远小于 100%。要实现金属在阴极析出，必须达到一定的阴极电势和在氢析出极限电流密度以上的较高的电流密度。用炭、石墨电极电解 $AlCl_3$ 溶液也属此情况。

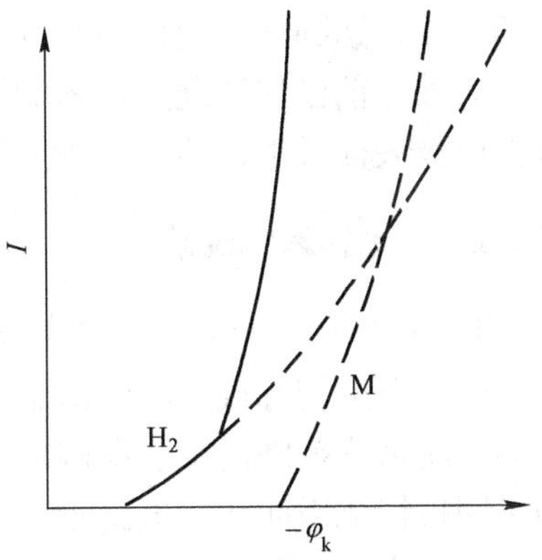

图 1－33 金属析出电势比氢析出电势负，但电势相近，两者同时放电时的极化曲线

（3）金属析出的电势比氢析出的电势稍正，但两者电势相近，两者同时放电时的极化曲线（图 1－31）。这种情形与（1）相似，差别仅在于两者析出的电势相近。随着阴极电势变负，电流密度增大，在还没有达到金属析出的极限电流密度时，氢即开始析出。之后是两者同时析出，直至金属离子消耗到一定程度时，变为单一的 H^+ 放电析氢。可见，此时可以利用的电解电流密度上限很低，在氢析出前金属析出的电流效率为 100%，在氢开始析出以后，电流效率就急剧降低。

（4）金属析出电势比氢析出电势负，但两者析出电势相近，两者同时放电时的极化曲线（图 1－32）。此种情形与（2）相似，开始只有氢析出，但不久金属即开始析出，无需出现氢析出的极限电流密度。从有金属析出的时候起，均为与氢同时析出，因此金属电解电流效率也永远小于 100%。

（5）金属析出电势比氢析出电势负，是（4）的一种变体（图 1－33）。其特点是两条极化曲线交叉，在交叉点之前的电流密度下，H^+ 与 M 离子同时析出，但氢析出的电流效率比金属高；在交叉点以后，也是氢与金属同时析出，但此时是金属析出电流效率高于氢析出电流效率，随电势的变负金属析出的电流效率增加，直至金属离子基本耗尽。在极化曲线的交叉点上，氢析出与金属析出的电流效率相等，两者等电量析出。

上述（4）与（5）两种情形，相当于在不同酸度下锌、镉和铁族金属盐的水溶液的电解。

在（2）、（4）与（5）3 种情形下，其电解过程如不采取特定的措施来改变其析出电势，则析氢都是不可避免的，只有在（1）与（3）两种情形，控制适当的电势、电流、溶液 pH 值条件才有可能防止或减缓氢的析出。利用氢在不同金属材料表面的超电势不同，选择氢析出超电势值大的金属作为电极材料，电解锌时常利用加大电解电流密度、提高阴极始极锌片的纯度、控制阴极锌厚度和在镀液中添加胶体等措施来增加氢析出的极化作用，有利于锌在阴极析出。甚至电负性很强的碱金属钠，也可以采用氢析出超电势值很大的汞阴极来进行电解制取，而不会析出氢。另外还可用添加特定的添加剂改变极化，抑制氢的析出。

在电解或电镀时，也常采用加入硝酸根离子的方法，以 NO_3^- 可在阴极还原代替氢离子的还原，达到防止阴极析氢的目的，以增加电镀和电解时电流密度的上限。

另外，前已叙述利用加入润湿剂的方法，改变电极溶液的界面张力，防止或减少氢气泡在电极表面吸附，达到减少或防止镀层出现针孔和麻点的目的。

1.13.3 工艺因素的影响

1.13.3.1 阴极电流密度和槽电压

金属电解精炼或湿法电冶金时，根据极化曲线选定合适的电势与电流密度范围，在允许的电流密度范围内增加电解电流密度可加快电解速度，增加产量。提高电流密度由于增加了阴极极化因而使析氢困难，但有利于金属的析出。金属电解槽中的电流密度通常在几十到几百安培每平方米，强化法生产时甚至达到几千安培每平方米。电解槽有串联式和并联式两种，串联式槽电压较高，电流密度较低，而并联式电解槽的槽电压较低，电流密度较高。在较高电流密度下电解时产量是提高了，但极化增强，并且由于焦耳热放出，能量消耗也增加了。温度升高时电解液不稳定，工人操作也困难，这就需附加冷却设备，因而增加了设备投资和维修。因此，要根据金属析出的电流效率、电能价格和设备成本等因素，选择一个合理的实际操作电流密度，通常称为经济电流密度。

电解或电镀时的槽电压 E 主要是由电极电势、超电势和电解液的电压降组成。

$$E = \varphi^+ - \varphi^- + \eta^+ + \eta^- + IR = \varepsilon + IR$$

式中，φ^+、φ^-是电解槽正负极的可逆电极电势；η^+、η^-是正极和负极的超电势；R 为电解液电阻（实际包括溶液电阻、极化电阻和金属电阻三部分）；I 为电解槽电流强度；ε 为理论分解电压，$\varepsilon = \varphi^+ - \varphi^- + \eta^+ + \eta^-$。电解时若使用同种金属电极（若纯度也相同），则其标准电极电势相等。实际电解时，如电解铜时，阳极为粗铜，阴极为电解铜，两者的电极电势差值不大，两者相消后，槽电压主要取决于极化超电势和 IR。极化超电势则取决于电流密度的高低、电极过程控制步骤、溶液组成和浓度、添加剂、温度、搅拌等因素。IR 部分取决于电流密度的高低、电解液电阻。而电解液电阻与溶液性质、浓度、极化大小、温度、电极面积以及电极间距离等有关。除了上述因素以外，为降低槽电压，还应注意电解槽上导电排的接触是否良好，注意减少接触点数目、增加接触面积，保持接触点接触牢固和清洁，以尽量降低槽电压，减少不必要的能量消耗，降低生产成本。

电解时能量主要消耗于不可逆的电化学反应过程及克服电解槽的总电阻两方面，这部分能量产生“焦耳热”。电解过程必须在一定的温度条件下进行。电解槽实际的温度与电解槽焦耳热的产生与散放有关。焦耳热向环境的散放与电解槽电流量、电解设备与溶液的热容量、环境温度、溶液搅拌情况等有关。由上式得出 $E-\varepsilon=IR$，故电解槽焦耳热 Q 为：

$$Q=I^2Rt=I(IR)t=I(E-\varepsilon)t$$

式中，t 为通电时间，式中理论分解电压可按下列关系估算。已知热力学关系式：

$$\Delta H=-nEF+nFT\left(\frac{\partial E}{\partial T}\right)_p$$

忽略等式右边第二项，有：

$$\Delta H=-nEF$$

$$\varepsilon\approx E\approx-\frac{\Delta H}{nF}$$

式中，ΔH 为电池反应的热焓改变值。

金属电镀时，为了获得良好的镀层，任何镀液都有规定的电流密度范围。其规定范围的最低值称为下限，最高值称为上限。在许可的电流密度范围内，电流密度越大，生产效率越高，因此应尽可能在较高的电流密度下进行电镀生产。当电流密度低于下限值时，镀不上金属或镀层质量不合要求。当电流密度大于上限时，镀件就会被“烧焦”或“烧黑”，这主要是由于氢的析出，导致阴极附近 pH 值上升，形成金属碱式盐类夹附在镀层内，产生空洞、麻点、疏松、镀层发黑等疵病。有时即使不析出氢或仅少量氢析出（如硫酸铜镀液），也会产生烧黑现象。在实际生产中，最佳的电流密度是由镀液性质、成分、浓度等具体情况决定的。操作者的实际经验对掌握最佳电流密度具有重要影响。通常电镀的阴极电流密度在 0.5 ~ 5A/dm^2，快速电镀可达数十安培每平方分米至一百几十安培每平方分米，在限定的电流密度范围内，提高电流密度可以增强浓差极化和电化学极化，有利于形成均匀细致的金属镀层。

合金电镀时，在受阴极电势控制的金属共沉积过程中，提高电流密度时阴极电势就会变负（镀液一定时，溶液电阻大致相似），这就使沉积条件更利于较活泼金属的析出，导致合金沉积层中较活泼金属的含量增加。对于受扩散控制的金属共沉积过程来说，因为一般较贵金属的沉积更接近于使用电流密度的上限，电流相对变化对其沉积速度的影响较小，而对较活泼金属沉积速度的影响较显著。因此，此时在沉积层中较活泼金属的沉积速度加快，其含量也增加。例如在焦磷酸盐镀液中镀铜锡合金时，提高电流密度会使合金中的锡相对含量增加。在这种镀件的内壁或凹处常发现镀层偏红，是由于这些地方电流密度小，铜的相对含量高于锡的缘故。

对于不同的金属，其阴极极化值不同，通过提高电流密度，往往可使两种金属的沉积电势更趋一致而共同沉积，并且可通过控制电流密度得到所需要的一定成分的合金镀层。例如在含氨的溶液中镀锌镍合金，由于在室温下镍电沉积时阴极极化值较大，其析出电势向负方向移动近 300mV，接近于锌的沉积电势，实现了锌与镍的共同电沉积。

1.13.3.2 搅拌的影响

增加搅拌可减少浓差极化，但与化学极化无关，有利于降低电能的消耗，提高电流密度的上限，但搅拌会使镀层结晶变粗。通常利用搅拌因素，可以在较高的电流密度下电解或电镀得到致密的结晶。

在合金电镀时，由于较正性金属优先在阴极电沉积，因此在阴极附近较正性金属离子消耗比负性金属离子大，搅拌作用不但能减少扩散层厚度，而且能使扩散层中的金属离子浓度提高，使之趋近于主体溶液的浓度，有助于较正性金属离子优先电沉积，从而提高了合金中较正性金属的比例。因此搅拌的影响与电流密度的影响相反。

生产中常用的搅拌方式有机械搅拌、压缩空气搅拌和高低位循环对流搅拌 3 种。在镀铁和一切氰化物镀液中，由于空气中氧气、二氧化碳易与镀液作用，不宜采用压缩空气搅拌，在进行铜的电解精炼时，空气中氧能使金属铜氧化，也不宜用空气搅拌。

1.13.3.3 温度的影响

提高电解液或镀液的温度可以增大盐类的溶解度，改善阳极溶解性能，提高溶液的电导，降低槽电压，降低电能消耗。

但提高镀液温度又可加快金属离子的扩散速度，降低浓差极化和电化学极化，阴极反应加快，从而使镀层结晶变粗。

实际生产中常利用升高镀液温度、增大阴极电流密度的上限，提高生产效率，同时使阴极极化增强，从而使镀层结晶细致紧密，减少镀层吸氢和降低镀层脆性。

在合金电镀时，升高温度加快了离子迁移和扩散速度，从而使阴极扩散层内金属离子浓度升高，促进了较正性金属优先沉积，从而可使镀层中较正性金属相对含量增加。

另外，在合金电镀时，温度升高极化降低，电流效率提高，但对不同的金属影响程度不同。因此其析出电势向正方向移动数值也不相等，这样就有可能使它们的析出电势相近，有利于合金的共沉积。同时凡温度升高、电流效率增加的金属，其在阴极析出的数量增多，其在合金镀层中的比例增大。

1.13.3.4 换向电流与电流波形的影响

所谓换向电流是定期改变电流的方向的电流。用周期换向电流进行电镀时，镀件极性周期性改变，作为阴极时发生金属沉积，作为阳极时，表面金属溶解，这样就控制了结晶长大的时间，及时除去镀件凸出部位较多的镀层或表面的劣质镀层，同时减少了阴阳极极化，提高了允许电流密度的上限，还能减少或防止镀件渗氢。已经证实，在氰化物溶液中用周期换向电流镀铜、黄铜、银等金属时，所得镀层比正常电镀镀层厚度均匀、平整，允许电流密度上限也提高了，但用于其他镀液时，没有发现有这些优点。

间歇电镀是电流不连续、定期周期性地间断一定时间的电流。这种电镀同样可以减少阴阳极极化，提高电流效率，减少或防止镀件渗氢，增加电镀速度，但镀层的光亮效果不如周期换向电流法。

与间歇电镀相似的还有脉冲电镀，其主要特点是脉冲波的幅度大、频率高、脉冲宽度与脉冲间歇的比值一般小于 1。因此，脉冲电镀所允许的电流密度上限（峰值电流）比起直流电镀、周期换向电镀或间歇电镀都要大许多倍，而且脉冲持续时间和脉冲间歇时间一般以毫秒甚至微秒计算，所以脉冲电镀可以克服周期换向电镀中反向时间过长的缺点，能适用于所有镀种。脉冲电镀的第一篇专利公开于 1934 年（A. J. Avila），用于生产的时间是 1955 年。脉冲电镀镀层晶粒小，分散能力强，深镀能力好，镀层致密，光亮、均匀，镀层质量高，其沉积速度也比周期换向电流法高。

为了提高阴极电流密度上限和电流效率，改善镀层质量，在直流电镀基础上还发展了其他多种电流波形的电镀（图1-34），它们与直流电镀的根本区别是镀液中金属离子不是持续地在阴极上沉积，总的来说可以减少阴阳极极化，提高允许的电流密度上限和减少镀件渗氢。已发现电流波形对焦磷酸盐电镀有显著的影响，用单相全波或半波时，镀出的铜层和银-锡合金层光亮度好，允许的电流密度上限也提高了。但是对多数单金属电镀，电流波形的影响不明显。电流波形对电镀的影响还有待进一步研究。

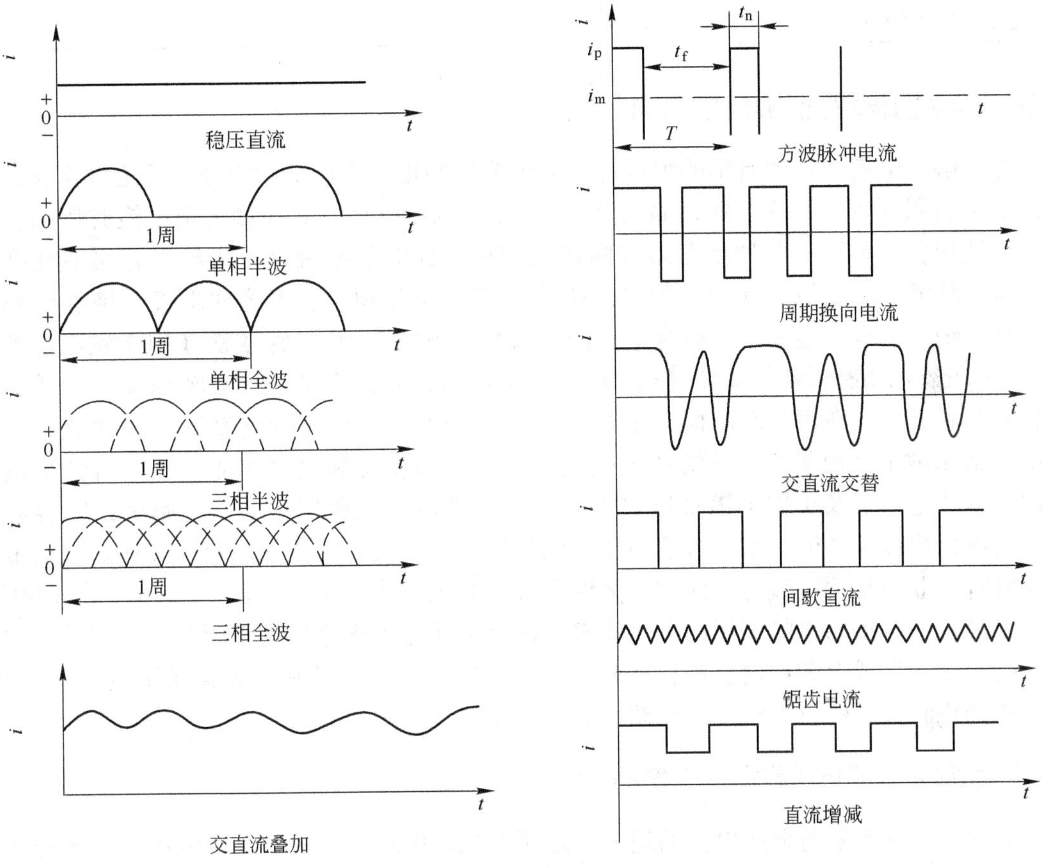

图1-34 各种电流波形

i_m—平均电流密度；i_p—峰值电流密度；T—脉冲周期；t_n—脉冲宽度；t_f—脉冲间隔

在电解炼金工业中，早就应用直流电上加交流电的方法来使阳极容易溶解，防止阳极表面因生成氯化银沉淀而钝化。在1948年此法用于电镀工业中，使阴极金属沉积物光泽而平整。

周期换向电流法则由电镀工业转用到电解工业中，目前此法已广泛应用在铜、铅的电解精炼生产中，它比一般电解的允许电流密度上限高出一倍以上，阳极不出现钝化现象，而且制得的阴极铜结晶均匀致密，从而大大地强化了冶金工业的电解生产。

1.13.3.5 过电位与交换电流密度的影响

表1-7是超电势及交换电流密度对金属从其简单盐溶液中电沉积析出金属粒子大小的影响，可见析出超电势越大，生成的金属粒子的粒径越小；金属交换电流密度越小，生

成金属粒子的粒径越小。

表1-7 超电势及交换电流密度对金属从简单盐溶液中电沉积析出金属粒子大小的影响

性 质	金 属		
	Hg Al Tl Pb Cd Sn	Bi Cu Zn	Co Ni Fe
超电势/V	10^{-3} ~0	约 10^{-2}	约 10^{-1}
交换电流密度/A · cm^{-2}	10^{-3} ~ 10^{-1}	10^{-5} ~ 10^{-4}	10^{-9} ~ 10^{-8}
金属颗粒平均粒径/cm	≥10^{-3}	10^{-4} ~ 10^{-3}	≪10^{-5}

1.14 金属阳极的正常溶解与自溶解

在电解与电镀过程中所用的阳极可分为可溶性阳极与不可溶性阳极。可溶性金属阳极可以是单金属（如铜、铅、锌、镉、金、银等），也可以是合金（如合金电镀时用的锌铜合金、铁镍合金等）或两种单金属共同作为阳极。此时的阳极过程主要是金属氧化变为离子溶入溶液中。阳极钝化时，则可能生成不溶性氧化物膜；不溶性阳极有惰性金属如铂、金、钯、钛等；金属铅及铅合金（用于硫酸盐电解液中）、镍或铁（用于碱性电解液中），金属氧化物有磁性氧化铁（Fe_3O_4）、PbO_2 + Sn_2O_2、铁硅合金（含 13% Si）等；非金属有炭和石墨。在不溶性阳极上主要化学反应为氯离子氧化析出氯气（在含氯离子溶液中）或水放电析出氧气。可溶性阳极主要用于电解精炼和电镀工业，不可溶性阳极主要用于湿法电冶金及个别电镀如镀铬工业中。石墨电极主要用在熔盐电解中，它容易提纯，耐氟化物侵蚀，但在水解溶液中易受电解液及析出气体的侵蚀而松散破坏。在冶金或化学电解工业中常用以钛为基体的不溶性阳极，其表面涂以 TiO_2、RuO_2、IrO_2 等氧化物。

阳极过程直接与电能消耗、电流效率，甚至金属电沉积过程能否顺利进行有关。阳极过程的研究在实践上和理论上都有重要意义。金属阳极过程通常分为金属阳极正常溶解、金属的钝化和金属的自溶解（化学溶解）3 个部分。

1.14.1 金属阳极的正常溶解与自溶解机理

金属阳极的溶解与金属电极的组成、金属性质、电解液组成、电极电势、电流密度和温度等因素有关。金属阳极溶解过程，至少包括界面反应和传质两个分部步骤。与阴极过程不同的是阳极过程中的界面反应步骤在前，传质扩散步骤在后。金属只有在比其平衡电势更正的电势下，才能溶解，在其正常的溶解范围内，外加电势越正，阳极溶解速度越快。

对于大多数多电子的金属溶解电极反应，很可能是分若干步骤进行的，通常是以失去最后一个电子的步骤为控制步骤。实验证实，金属阳极溶解电流效率大于阴极金属析出的电流效率，同时对许多金属阳极溶解时表观化合价的测定发现，它们比正常的化合价低得多，甚至是分数值。这种表观化合价的降低，在含有氧化剂的电解液中更明显，低价态过渡金属离子的生成是这些现象出现的重要原因之一。

金属固体电极在阳极溶解时，其溶解电势与金属存在的形式有关，对于纯金属，金属化合物在一定条件下都有特定的溶解电势，固溶体金属的溶解电势与其原子的质量分数有关。这些金属电极通电溶解时，都是表面均匀溶解。对于混合金属电极溶解时，首先是较负电性的金属溶解，混合在大量负电性金属中的少量较正电性金属，在其周围负电性金属溶解以后与阳极本体失去了联系之后就落入电槽底形成阳极泥，其他不溶性的非金属化合物如二氧化硅等也落入阳极泥中。如果较正电性金属的数量较大，则通电后，阳极溶解了较少量的较负电性金属之后剩下的阳极表面即为较正电性金属。要使它们溶解，就必须提高阳极电势，在这部分较正电性金属溶解后，裸出新的较负电性金属层，此时较负电性金属又重新溶解，于是电势再度下降。

然而，如果较负电性的金属溶解时带有相当大的超电势，或者它趋向钝化，其溶解将趋于停止，此时提高电极电势有可能使其与较正电性金属开始同时溶解。在两种金属电势相差较大，如 Cu 和 Sn（$\varphi^{\ominus}_{Sn^{2+}/Sn} = -0.136V$ 时），要使较正电性金属（Cu）溶解，往往需要很强的阳极极化，相应于需要很大的电流密度。

假如两金属的标准电势相近，例如铁和镉（$\varphi^{\ominus}_{Fe^{2+}/Fe} = -0.44V$、$\varphi^{\ominus}_{Cd^{2+}/Cd} = -0.407V$），其中铁溶解时要有相当大的超电势，因为是阳极，这就使其电势变得较正一些，这样就更接近镉的析出电势了，所以镉和铁很容易实现同时溶解，镉铁阳极可以达到约为等比例的同时溶解，此性质可用于碱性蓄电池生产中制取铁镉海绵状物。

在两种金属的混合物中若其数量差不多，且它们的金属电势相差较大，在不通电或阳极电流密度较低时，两者间很易构成短路原电池（腐蚀电池），较负电性金属作为原电池的阳极，较正电性金属作为原电池的阴极，较负电性的阳极金属溶解，而在较正电性金属上进行阴极反应，如析氢。金属的溶解是通过这两个共轭过程实现的。同时两极均发生极化作用，极化作用导致阳极较负电性金属电势变得更正一些，而阴极较正电性金属的电势则变得更负一些，这就使得两种金属的电势慢慢相近，直到两者相等，达到稳态电势，这时的电极电势称为调和电势。调和电势的大小，决定于两金属极化曲线的走向。这种金属溶解作用称为金属的“自溶解”现象。在增加阳极外电流通入时，金属的溶解过程将逐渐变成主要以依靠外电流通入，而不是依靠共轭反应来实现了。若外电流足够大，则阳极上发生的过程便完全变成金属的阳极溶解。在阳极电流比较低时，伴随阳极正常溶解而同时发生的金属自溶解作用，是电解或电镀时阳极电流效率经常超过100%的重要原因。例如锌在酸性电解液（特别是含氯离子的电解液）中的阳极溶解，其自溶解现象就特别明显。

电解液中的阴离子、络合剂和表面活性物质，对阳极反应均有影响。已经知道溶液中卤素离子对阳极溶解有显著的影响，起到了活化阳极的作用，可使阳极极化作用大大降低，卤素离子的活化作用顺序是：$Cl^- > Br^- > I^- > F^-$，这可能与它们与电极的强亲和性有关。

对于两性金属的溶解过程，与溶液的 pH 值及电极电势有密切关系。在一定的 pH 值条件下可能生成不溶性的电解产物，其有害于阳极溶解过程。因此必须严格控制 pH 值条件，才能顺利地进行电解或电镀。

在络合电解液中，游离络合剂的存在，大大有利于金属阳极的溶解，其作用可能是与金属离子形成可溶性的表面络合物形式参加电极反应有关。络合剂的表面活性越高，越有利于在金属表面吸附竞争，其促进溶解的作用就更大。

表面活性物质，如胶体类物质，可以大大增加阴极极化，也能增加阳极的极化，不利于阳极溶解。

溶液中的含氧酸盐、氧化剂等的存在则易引起阳极钝化，可阻止阳极的正常溶解。

温度对阳极正常溶解也有很大的影响。升高温度，提高了金属离子的扩散速度和运动能量，将降低阳极的浓差极化和电化学极化，起到促进阳极金属溶解的作用。

1.14.2 金属阳极的钝化

在金属阳极反应过程中，当电极反应的极化作用超过一定的数值时，如图 1－35 中当电极电势到达临界钝化电势 $\varphi_{钝化}$时，金属的溶解速度不但不增大，反而急剧地降低了。这种现象通常称为金属阳极电活化的溶解状态转化为钝化状态，而这个过程则称为金属电极电化学钝化。随着阳极电势的增加，在很长一段范围内，阳极电流保持不变或变化极小，此时金属阳极溶解停止，直到曲线的 d 点位置以后，增加阳极电势阳极电流才显著增加，此时常见到有氧气析出，金属电极同时继续溶解。图 1－35 根据极化曲线走向，可分为 4 个区域：区域Ⅰ电流持续增大，为金属溶解区或活化区；区域Ⅱ电流持续减小，金属溶解急剧减少，为半钝化区或过渡区；区域Ⅲ电流基本维持不变，金属停止溶解，为钝化区；区域Ⅳ电流继续上升，有氧析出，为析氧区或过钝化区。对应于 b 点的电势称为钝化电势，对应于 c 点的电势称为活化电势或福拉德电势，对应 d 点的电势称为去钝化电势。b 点处的电流密度称为临界钝化电流密度。

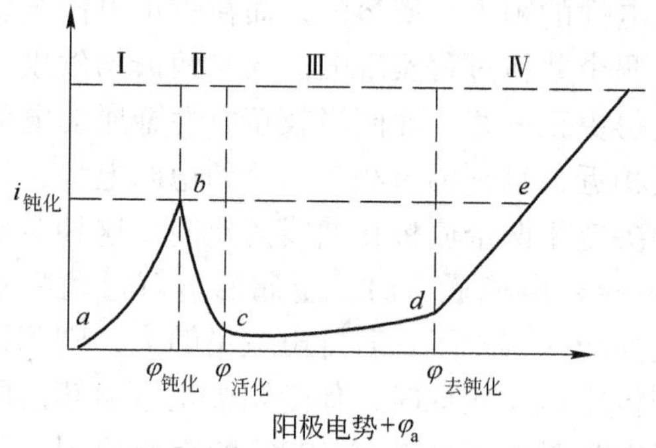

图 1－35 用恒电势法测得的金属阳极极化曲线

除了由阳极极化引起的金属电化学钝化以外，还有由钝化剂的作用引起的化学钝化，此时也发生电极电势向正方向移动，或者在阳极极化和钝化剂双重作用下引起的钝化。钝化剂通常为氧化剂，如溶解氧、含氧酸及其盐类（$AgNO_3$、$HClO_3$、$KClO_3$、HIO_3、$K_2CrO_2O_7$、HNO_3、$KMnO_4$ 等）。最容易纯化的金属是 Cr、Mo、Ni、Fe、不锈钢等。现在已知，只要条件适当，差不多所有金属都可以钝化。为了使某种金属转变为钝态，溶液中氧化剂的浓度不能小于某一临界数值，此浓度称为临界钝化浓度。在氧化剂的浓度低于临界浓度时，随其浓度的增加，金属将更快地溶解。

金属钝化在工业上已广泛用于电镀后金属表面的后处理、金属表面的阳极化处理、着色处理及增强金属的耐蚀性和装饰性。还利用铅在硫酸中的钝化作用、铁和镍在碱性溶液中的钝化作用制作不溶性阳极，甚至还可利用一些金属钝化层的半导体性质制作电解整流器。但在金属电解和电镀时，由于阳极钝化使槽电压升高，电耗加大，严重影响正常的生产，又是人们希望尽力避免的，因此金属钝化的研究具有十分重要的实际意义。

测定阳极极化曲线是研究金属阳极钝化的重要方法。测定的方法有两种，控制电流法（恒电流法）和控制电势法（恒电势法）。用控制电流法测得的阳极极化曲线如图 1－36 所示。用此法测不出完整的阳极极化曲线，电流到达 B 点临界钝化电流密度后，电势如虚线所示平移到 C 点，电流才又继续上升。而图 1－35 是用控制电势法测得的阳极极化曲线，出现了与电势无关的很低的极限电流值。

现代金属钝化作用机理有两种，成相膜理论和吸附—电化学理论。成相膜理论认为在钝化条件下，在金属表面上形成了紧密与基体金属牢固结合的固态的成独立相的三维膜。这些膜的成分可以是金属氧化物、金属氢氧化物或金属盐膜：

$$M + nH_2O \longrightarrow MO_n + 2nH^+ + 2ne$$

或者

$$M + (n+m)H_2O \longrightarrow MO_n \cdot mH_2O + 2nH^+ + 2ne$$

这些膜的厚度约在 1 ~ 5nm，它们主要起到机械隔离作用，使金属与溶液隔开，可大大降低金属的溶解速度，即转化为钝化状态。

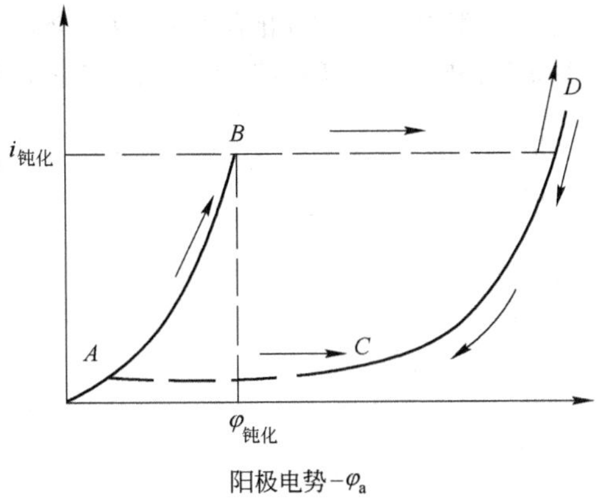

图 1－36　控制电流法测得的阳极极化曲线

按照吸附电化学理论，钝化是由于金属表面上吸附了氧形成了单分子吸附层或局部的单分子吸附层。吸附的氧能改变金属表面原子的能量状态，封闭金属溶解的活性中心以及改变双电层结构，从而使金属本身的反应能力下降，以致使金属呈现钝化状态。实验表明，在某些情况下，只需在每平方厘米电极表面上通过十分之几毫库仑的电量，这些电量还不足以生成单原子吸附氧层，就足以使金属纯化，这支持了吸附理论的成立。根据吸附理论，增加阳极电势一方面可使金属表面吸附氧的量增加，导致阻化作用加强；另一方面，由于电势变正，还能加强界面电场对阳极反应的活化作用，这两种效应可以在一定的电势范围内基本上互相抵消，使金属出现钝化。在过钝化区域内，主要是后一因素起作用，可能出现金属的再溶解。而从成膜理论看，由于成相膜的生长与消失往往不可逆性较大，不容易解释过钝化区的出现。

考虑到金属表面也应会形成二维的氧化物或者是氢氧化物层，这种吸附层是比较可逆的，当活化作用增强时，金属很快再度变为活化态，这样就补充了成相膜理论的不足。

复习与思考题

1. 什么是金属电沉积，它与工业生产有何关系？
2. 金属电沉积过程通常分哪些步骤，金属电结晶包括哪些步骤？
3. 金属电结晶与极化有何关系？
4. 简单金属离子与金属络合离子在阴极的还原过程机理有何不同，为什么溶液中的主要存在形式金属络合离子往往不能在阴极还原？
5. 表面活性剂对金属电沉积过程有何影响？
6. 电极极化分哪几类，各类极化有何特征？
7. 新相生成与饱和度有何关系，何谓二维、三维晶核，这两类晶核生成各有何特征？
8. 通常电流与金属沉积层在阴极表面的分布规律如何，何谓电流的初级和次级分布？何谓金属分布？
9. 何谓电解液的分散能力和覆盖能力，其数学表达式是什么？
10. 影响阴极上电流和金属分布的因素有哪些？
11. 何谓微观分散能力，有哪几种类型？
12. 合金电沉积层有何类型，其析出电势与合金组成有何规律？

13. 影响金属共沉积的因素有哪些？
14. 镀液性质对金属电沉积过程有何影响？
15. 镀液添加剂有哪些，各有何作用，主要机理是什么？
16. 析氢对金属电沉积过程有何影响，如何避免？
17. 影响槽电压的因素有哪些，电能消耗如何估算？
18. 金属电沉积工业中常用哪些金属阳极？
19. 何谓金属钝化，金属钝化有哪些方法，金属钝化在工业中有何应用，金属的钝化机理是什么？
20. 何谓交换电流，何谓扩散电流，何谓迁移电流，何谓临界钝化电流，何谓金属腐蚀电流？

2 金属电解精炼和湿法电冶金

湿法电冶金也叫金属电解提取，它是冶金工业中用来提取金属的主要方法之一，也是金属电沉积在工业中应用的重要内容，它与火法冶金比较，具有产品纯度高，并且能处理低品位矿石和复杂的多金属矿的优点。该法是矿石经烧结后用电解液，如酸（硫酸、盐酸等）、碱（如硫化碱 NaS + NaOH）、盐类（如 $FeSO_4$）等，将矿石中有用金属成分溶解，溶液经过纯化，通常主要是除去比提取金属更正电性的金属离子，然后用不溶性阳极进行电解，在阴极析出欲提取的金属。最常用的是酸性电解液，电解质常为硫酸盐或卤化盐或者是两者的混合溶液，而碱性电解液主要用于提硫化矿。电解时在硫酸盐溶液中阳极析出氧，在卤化物溶液中阳极析出卤素。也可用汞及其合金（汞齐）液体电极电解提取或精制金属，但工业生产中应用较少。

金属电解精炼则主要是用火法冶金或湿法电冶金提取的金属为阳极，该金属盐类溶液为电解液进行电解，在阴极制备纯度更高的金属。金属的湿法电冶金和电解精炼都在水溶液中进行，属水溶液电解体系，而通过熔盐电解方法制取金属属熔盐电解体系。用水溶液电解体系大量制取的金属已达 30 余种，主要有 Cu、Zn、Co、Ni、Fe、Cr、Mn、Cd、Pb、Sb、Sn、In、Au、Ag 等，其中电解精炼制取的有 Cu、Ni、Co、Sn、Pb、Hg、Au、Ag、Sb、In 等。熔盐电解法大规模生产的金属有：Al、Mg、Na、Li、K、Ca、Sr、Ba、Be、Th、U、Ti、Zr、Mo、Ta、Nb 等，其中熔盐电解精炼制取的金属有 Al、Ti、V 等。

2.1 铜的电解精炼

2.1.1 概述

电解炼铜是工业上采用的最老的电化学过程之一，其应用也最广。铜的电解精炼中，阳极铜来源于火法冶金、湿法电冶金和工业废金属料制取的粗铜。

大部分铜矿是硫化物矿，经火法冶炼，其中硫被氧化掉，而铜游离出来，其中共生的贵金属如金、银等也一起游离出来夹杂在产品铜中。其中所含的贵金属还来源于熔炼时加入的含金的石英石助溶剂。火炼制得的铜中还含有与铜化学活泼性相近、很难用氧化还原法分离的 As、Sb、Bi、Sc 等杂质。为了改善铜的力学性能，特别是为了提高铜的导电性，必须除去粗铜中所有的杂质，特别有害的是 As、Sb、Bi 等，如含 0.01% 的 As，可使铜的电阻增加 30%。粗铜中的贵金属虽然一般含量不高（Ag 为 0.08% ~0.15%，Au 为 0.005% ~0.01%），但其经济价值很高，电解铜时回收的贵金属所创产值，几乎可以抵付电解精炼铜的一切费用，因此提取的贵金属是电解精炼铜工业的重要副产品。

由火法冶炼制取的铜杂质含量较高，还不适宜进行电解精炼，一般还需要经过火法精炼，可制得含铜 99.2% ~99.6% 的精密火炼铜。其过程是，将粗铜放在反射炉中熔化，然后通入空气，反射炉中温度可达 1150 ~1200℃，此时发生所含杂质硫的剧烈氧化反应生成气体，从液态金属层中析出，类似液体“沸腾”。砷、硒等的氧化物也随 SO_2 逸出除去，不挥发的氧化物（如 PbO、ZnO_2、Fe_2O_3、Sb_2O_3、Bi_2O_3、Ni_2O_3 等）变为炉渣。少量的 CuO 和 NiO 溶解在铜中，将干的松木棍浸入熔化的铜金属中，可使 CuO 和 NiO 中的铜和镍还原，氧则以 CO_2 形式逸出。金、银等贵金属完全留在金属铜中。将铜金属熔融铸成电解用的阳极供电解铜厂使用。

电子工业和电力工业用的铜导体，要求其 Cu 纯度高达 99.92% ~99.98%，精密火炼铜经过电解后可以达到这样的纯度。现在世界上所产铜的 85% ~90% 要经过电解精炼，因此电解精炼几乎已成为铜生产中不可缺少的最后一道工序。表 2 – 1 列举了各种铜的组成。

表 2 – 1 各种铜的组成（质量分数） （%）

元素名称	粗 铜	精密火炼铜	电解铜	元素名称	粗 铜	精密火炼铜	电解铜
Cu	99.1	99.6	99.98	Sb	0.01	0.008	—
Ag	0.15	0.15	0.001	Bi	0.005	0.005	—
Au	0.01	0.01	—	Ni、Fe、Pb、Zn	0.06	0.04	0.001
Se, Te	0.05	0.03	—	S	0.5	0.01	—
As	0.05	0.04	0.001				

2.1.2 铜电解精炼过程的理论基础

2.1.2.1 电解液的组成

理论上一价铜盐和二价铜盐溶液都可作为电解铜的电解液。一价铜盐主要是一氯化铜和铜氨络盐溶液。二价铜盐是 $CuSO_4$ 溶液。一价铜和二价铜的电化摩尔质量分别为 2.37g/(A·h) 和 1.19g/(A·h)，因此使用一价铜盐溶液作为电解液，比二价铜盐溶液作为电解液电能消耗少一半，经济效益高，但是技术上实施有困难，主要是 NH_3、HCl 有挥发性、热稳定性差，工人操作有困难，溶解度小，贵金属分离也发生困难，因此实际使用的是含大量硫酸的硫酸铜溶液。这些溶液有良好的电导，十分稳定、不挥发，允许在高温下操作，而高温对提高电解液电导、减少钝化和极化作用是有利的。此外，贵金属在硫酸盐溶液中的分离较在氯化盐溶液中完全得多。

近代所用的电解液含 Cu 30 ~45g/L（120 ~180g/L $CuSO_4 \cdot 5H_2O$）和 H_2SO_4 150 ~220g/L，后者的加入是为了提高溶液的电导，但硫酸能降低硫酸铜溶解度，有使它结晶析出的危险。

硫酸铜溶解度与硫酸质量浓度的关系列于表 2 – 2 中。

表 2 – 2 25℃时硫酸铜溶解度与溶液中硫酸质量浓度的关系

H_2SO_4 质量浓度/$g \cdot L^{-1}$	$CuSO_4$ 质量浓度/$g \cdot L^{-1}$	H_2SO_4 质量浓度/$g \cdot L^{-1}$	$CuSO_4$ 质量浓度/$g \cdot L^{-1}$	H_2SO_4 质量浓度/$g \cdot L^{-1}$	$CuSO_4$ 质量浓度/$g \cdot L^{-1}$
0	224.8	40	197.6	150	146.9
5	222.9	60	187.8	180	131.1
10	219.7	90	174.7		
20	210.7	100	169.0		

当阳极溶解时，许多金属杂质也溶解，电解液中就积蓄了镍、铁、锌、锰，锑、钠的硫酸盐和亚砷化合物，可能还有镁、钠、钙的硫酸盐。根据阴极铜纯度的要求，电解液含杂质的上限：Ni 12 ~ 20g/L，Fe 1 ~ 3g/L，As 10 ~ 25g/L，Sb 5 ~ 6g/L。这些杂质的蓄积可使硫酸铜溶解度降低。所以杂质含量多时，溶液中硫酸浓度应减低，以避免析出硫酸铜晶体。据估计，1g 镍所发生的降低硫酸铜溶解度的影响和 1.67g 硫酸一样。

由于铜在阳极溶解，使 $CuSO_4$ 含量升高，此时 $CuSO_4$ 就可能在阳极表面析出，沉积在阳极表面上的硫酸铜晶体可使电解槽电阻大大增加。为了避免此情况发生，必须使电解质溶液保持在一定温度下。

有时为了沉淀电解质溶液中的杂质银和锑，需加入极少量的氯离子。为了改善阴极沉积物品质，还需加入适量的胶体（明胶、肥皂等）。

工厂电解槽中电解液的大概组成列于表 2－3 中，工业电解液的密度为 1.18 ~ 1.28 g/cm^3，各种杂质的含量视所用阳极的组成而定。

表 2－3　电解液的大概组成　(g/L)

H_2SO_4	Cu	Ni	Fe	Zn	Sb	Bi	As	Cl
135.8	42.25	3.054	0.58	0.1252	0.04	0.01	0.014	0.012
170	35.0	15.0	0.02	1.5	0.7	—	1.0	0.03
200	36.0	18.0	0.50	0.12	0.6	—	2.6	0.04

2.1.2.2 电解液的电阻率

当选择电解液组成时，重要条件之一是要达到高的导电值，采用高电导的电解液可以降低槽电压和电能消耗。提高硫酸含量可使电导增大，而加入铜、镍、铁等的硫酸盐降低了具有极高导电能力的 H^+ 的活度，从而增大了溶液电阻。在 55℃ 的硫酸溶液中各加 1g/L 的铜、镍、铁的硫酸盐引起的电阻率增加见表 2－4。

表 2－4　1L 硫酸溶液中加入 1g 不同金属硫酸盐后电阻率的增加比例

金属硫酸盐	电阻率增加比例/%
$CuSO_4$	0.657
$NiSO_4$	0.766
$FeSO_4$	0.818

混合硫酸盐电解液的电阻率可用实验测定，电解液组成的选择取决于所采用的电解条件，在提高电流密度的情况下，最好能增加溶液中铜离子浓度并加剧搅拌。

2.1.2.3 极化作用

电解槽精炼时铜在阳极溶解，并在阴极析出。两种反应理论上在同一电势下进行。因此，如果不考虑电解液的电阻，这种反应理论上不需要消耗任何电能，但实际上在一定电流密度时两电极上的反应不是完全可逆地进行的，阳极上溶解电势比阴极上的析出电势要较正些，两极都有不同程度的浓差极化作用。

电解作用使在阳极附近的电解液含 Cu^{2+} 增多，而阴极附近的就减少。电流密度越大，这种浓度差别也就越大，阳极附近 Cu^{2+} 浓度的增大，使阳极电势比平衡电势更为正性。相反地，阴极电势因阴极溶液中 Cu^{2+} 浓度减少变得更负些，因而产生了浓差极化作用。

对于含 Cu 32g/L 和 H_2SO_4 100g/L 的溶液，极化超电势（两极超电势绝对值之和）与电流密度的关系，见表 2 –5。

表 2 –5 电解铜时极化与电流密度的关系

电流密度/A · m^{-2}	极化超电势/V	
	18℃	50℃
0	0. 000	0. 000
60	0. 060	0. 033
100	0. 081	0. 043
150	0. 103	0. 050

增加搅拌可减少浓度差别，也就减小了浓差极化；提高温度可以提高离子扩散速度，所以对含 Cu 42. 0g/L，Ni 14. 8g/L，Fe 0. 5g/L，As 3. 8g/L 和 H_2SO_4 185. 5g/L 的溶液有同样的影响，在电流密度为 190A/m^2 时，温度对超电势的影响见表 2 –6。当电流密度恒定时，Cu^{2+}浓度越大，电极附近的浓度的相对变化就越小，因此提高溶液中的含铜量就可以减小极化，见表 2 –7。

表 2 –6 温度对超电势的影响

温度/℃	超电势/V	温度/℃	超电势/V
25	0. 110	50	0. 025
30	0. 090	60	0. 018
40	0. 045		

注：电流密度 190A/m^2。

表 2 –7 铜离子质量浓度对超电势的影响

铜质量浓度/g · L^{-1}	超电势/V	铜质量浓度/g · L^{-1}	超电势/V
10	0. 191	30	0. 025
20	0. 045	40	0. 020

注：57℃电流密度 190A/m^2。

加入胶体或其他表面活性物质可使阴极极化大为增加。例如，在某一次实验中，电流密度为 50A/m^2，不加胶体时极化等于 0. 07V，每升加树胶 2mg 时极化增至 0. 112V，每升加树胶 20mg 时极化增至 0. 220V；在电流密度为 150A/m^2 时，不加胶体时的极化等于 0. 135V，每升加入树胶 2mg 极化增至 0. 195V，每升加树胶 20mg 时极化提高到 0. 310V。工业电解槽的总电压因加入胶体而提高 3% ~5%。

根据上述情况，从减小极化的观点而言，电解最好是在提高温度和充分搅拌的条件下进行。降低电流密度也可以减小极化。但它可使电解槽的生产率降低，因此这种方法实际上不采用。增加溶液中含铜量能降低极化，但又提高了电解液的电阻，结果造成总的槽电压提高。

2.1.2.4 铜的溶解反应和析出反应

电解铜时会发生歧化反应

$$2Cu^{+} = Cu^{2+} + Cu$$

该反应生成的铜通常为粉末状，称粉末状铜，在阳极由于歧化反应生成的粉末状铜落入阳极泥渣中，使阳极泥渣中贵金属含量降低。

25℃时，上述歧化反应 $K = (Cu^{2+})/(Cu^{+})^2 = 1.2 \times 10^6$，对于含有 H_2SO_4 50g/L 和 $CuSO_4$ 32g/L 的溶液，经计算仅含 0.022g/L 的 Cu^{+}，可见其含量甚微。温度变化，电解液中其他氧化还原反应可使上述反应平衡移动。升高温度促使平衡向左方移动，即促使粉末状铜或电极上铜的溶解。溶液中氧化还原反应有：

$$Cu_2SO_4 + H_2SO_4 + \frac{1}{2}O_2 \longrightarrow 2CuSO_4 + H_2O$$

$$Cu_2O + 2H_2SO_4 + \frac{1}{2}O_2 \longrightarrow 2CuSO_4 + 2H_2O$$

$$Cu + H_2SO_4 + \frac{1}{2}O_2 \longrightarrow CuSO_4 + H_2O$$

这些反应消耗了溶液中的 H_2SO_4，增加了 $CuSO_4$ 浓度，因此可促使歧化反应向左方移动，这一结果使电解槽阴极电流效率降低，而阳极，由于金属铜的溶解，使电流效率提高，因此对生产不利。原则上电极铜和粉末状铜均受到相似的溶解作用，但粉末状铜颗粒表面能大，溶解作用强。已发现铜的溶解速度几乎与硫酸浓度无关，但随温度升高，速度增大。根据以上讨论，通常选择下列电解条件：

（1）硫酸浓度高；

（2）进入溶液空气尽量少，现在已不用空气搅拌，而用机械搅拌；

（3）电解液温度适当高，但不宜太高；

（4）电流密度选择为 50～400A/m^2。

电流密度小时，Cu^{2+} 在阴极放电不完全，有可能出现：$Cu^{2+} + e \rightarrow Cu^{+}$，反应生成 Cu^{+}，在阳极上随即被氧化：$Cu^{+} \rightarrow Cu^{2+} + e$，这就降低了电流效率。

2.1.2.5 电解时杂质的行为

阳极通常是用精密火炼铜铸成，简称阳极铜，此种铜纯度为 99.2%～99.6% Cu，杂质不超过 1%。

所有杂质按照它们在电解时行为的性质可分为 4 组：

（1）贵金属金、银、铂、钯、铑、锇以及碲化铜；

（2）氧化亚铜、硫化铜、硒化铜、碲化铜；

（3）电化次序近铜的金属铋、锑、砷；

（4）非贵金属锰、铁、钴、镍、锌、锡、铅，有时还有铬和镉。

第一组杂质中除碲化铜外，在阳极完全不溶入溶液而极大部分落入阳极泥中。银在阳极溶解的程度不大，为了降低银的溶解度，通常在电解液中加入少量氯化钠，使溶解下来的少量银离子生成 AgCl 沉淀，沉积在阳极泥中。增加电流密度易使银和金转入阴极铜内，这可在表 2－8 中看到。

阳极铜一般含 Au 120～250g/t 和 Ag 1.2～24g/t；正常情况下，阴极铜含 Au 由微量至

表 2-8 电流密度与金银转到阴极铜中的关系

电流密度/A·m^{-2}	阳极中含量转入阴极铜的量		电流密度/A·m^{-2}	阳极中含量转入阴极铜的量	
	金/%	银/%		金/%	银/%
43	0.06	0.08	248	0.55	1.10
86	0.12	0.20	344	0.87	1.88
129	0.20	0.35	430	1.28	2.95
172	0.30	0.35			

0.2g/t，含 Ag 为 8~1.5g/t。

第二组杂质中，硫化铜、硒化铜和碲化铜全部转变为泥渣，氧化亚铜则一部分进入泥渣，一部分被溶解。第三组杂质（铋、锑和砷）对金属铜特别有害，它们能使铜的电导率和它们的力学性能大为降低，它们在溶液中的析出电势接近，因此分离特别困难。

金属砷从阳极溶入溶液成为硫酸盐，一部分沉积到阴极上，一部分在溶液中水解，生成亚砷酸：

$$As_2(SO_4)_3 + 6H_2O \longrightarrow 2H_3AsO_3 + 3H_2SO_4$$

而锑和铋是以碱式硫酸盐形式落入沉淀物中，因此最好是在火法冶炼时就将这些杂质尽量地完全除去。

第四组的一切金属杂质较铜的电性负得多，大部分从阳极转入溶液，但锡是以锡酸或碱式硫酸盐形式，铅是以硫酸盐的形式转入阳极泥渣。

阳极中锡和铅含量大时（精炼合金时），就可能使槽电压升高，同时因为阳极上形成了硫酸铅和碱式硫酸锡的薄膜，可使阳极钝化。

第四组杂质溶解成硫酸盐，引起了硫酸的消耗和溶液酸度的降低。

阳极的杂质在溶液中和泥渣中的分配见表 2-9。最后一栏为精炼效率，表示该阳极杂质经电解后从铜中除去的比例。

表 2-9 阳极杂质在溶液中和泥渣中的分配

杂 质	转移率/%		精炼效率/%	杂 质	转移率/%		精炼效率/%
	溶液中	泥渣中			溶液中	泥渣中	
金	—	100	100~99.75	铋	20~40	80~60	90
银	—	100	99.5~99.7	镍	80~95	20~5	99.0~98.5
硒	—	100	99.5	铁	100	—	95~80
碲	—	100	99.5	锌	95	5	100~97
锑	10~60	90~40	99.5~91.5	铅	—	100	100~96
砷	60~80	40~20	98.5~97.0				

2.1.2.6 阴极沉积物的形状结构

电解时在阴极上沉积的铜如果成结节状或者比较疏松或者成树枝状都是不理想的，它们一方面可能夹带阳极泥渣，降低产品铜的品质；另一方面可能引起电解槽内极板间的短路，可在电解液中加少量的胶体，如树胶、明胶、表面活性剂等，改善阴极上电流密度的分布，促使阴极上沉积的铜比较平整、光滑。电解进行过程中需不断补充胶体的消耗，每产铜1t，大约要消耗2～5g胶体。有的电解铜厂用造纸工业废液（主要含亚硫酸纤维素）代替胶体，可以取得同样的效果。但加入胶体后往往使槽电压升高3%～5%，增加了电解电能的消耗。

电解液中有少量氯离子可促使更完全地除去溶液中溶解的银、砷和锑（后两者成为氯氧化物沉淀），但每升溶液 Cl^- 离子在十分之几克时，阴极上铜就有长成针状晶体的趋势，锑和砷能引起阴极上生成灰色纹路和斑点，使沉积物品质下降。少量的锡酸起胶体添加剂的作用，使沉积物较为光滑。

2.1.3 铜的电解精炼工艺

2.1.3.1 制造过程概要

铜的电解精炼方法大体如下。将阳极铜片安放入电解槽，用硫酸铜和硫酸的溶液作为电解液，电流通过时，阳极的铜和所有电性比铜更负的金属均被溶解，非金属杂质和贵金属则不溶解，而沉入槽底成为泥渣。在阴极上只有铜从溶液中沉积出来，所有电性比铜更负的金属均留在溶液中。这样，最后的阴极产品就是纯铜。

阳极泥渣中含有贵金属和其他一些有价值的组分。经加工提取后成为电解铜生产中的重要副产品。非贵重的金属从阳极转入溶液后并不在阴极上析出，而是蓄积在电解液中，使电解液纯度降低最后能使正常的操作进程破坏。所以一部分电解液应随时从循环中取出，换进新的纯的溶液。从放出的电解液中，必须尽可能回收其中的铜、镍等有用金属。

在炼铜车间中，通常装设很大数目（数百只甚至数千只）的电解槽，全部电解槽串联接电，所有电解槽中的电解液不断地循环着，使各个电解槽中的电解液得到搅动混合，并使所有电解槽液成分均匀。电解要在高温进行的，还需对电解液加热，通常用蒸汽加热。电解槽导电设备和循环设备等都需精心设计。

辅助操作包括阳极的浇铸、阴极薄片（称始极片）的电解制备、废弃电解液的再制回收其有用成分及阳极泥渣的处理。

2.1.3.2 阳极铜与阴极片

由于火法冶金制得的铜杂质含量高，电解时容易引起电解液变质，泥渣中含贵金属量低，因此必须将粗铜精密火炼后制成精密火炼铜，再浇铸成阳极铜片使用，阳极铜的组成见表2－1，有时也用工业含铜金属的废料，熔融后浇铸成阳极铜片，此时由于其铜含量比较低，阳极泥渣中贵金属含量少，电解液再制处理工作加重，因而经济效益不高。阳极通常铸成差不多是方形的板，大小约为0.8m×0.8m，厚为30mm，质量约为140～200kg。阴极始极板用薄的电解铜片制成，厚约为0.5～0.7mm，在精炼过程中阴极最后可至10～15mm厚，阴极的长和宽较阳极大40～80mm，这样可使阴极边缘的电流密度降低，并防止此处生长大粒晶体。这种晶体生长的倾向常常可在阴极边缘发现，如不减低此处的电流密度，晶体就可能长到与阳极接触而引起短路。

2.1.3.3 电极的连接法与电解槽结构

电解槽中可采用两种电极连接法，即并联式和串联式。

并联式：一个电解槽中的全部阳极平行地相互连接起来，全部阴极也平行地相互连接起来。电解槽的电流强度等于通过全部电极的电流强度总和，而总电压等于单独一对电极之间的电压，槽与槽之间则为串联连接。

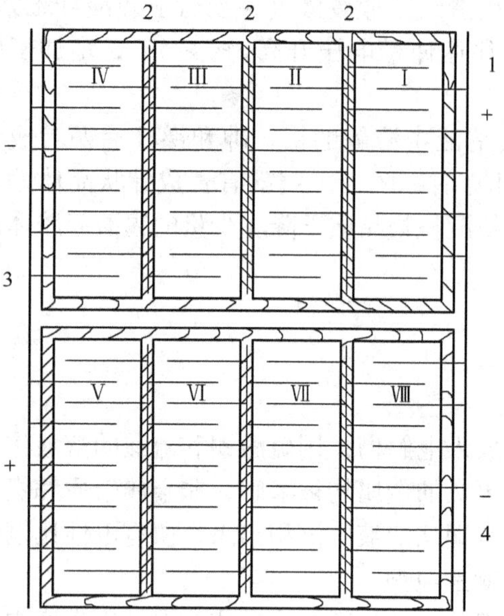

图 2-1 并联式电解槽连接
1—阳极导电排；2，3—中间导电排；
4—阴极导电排

图 2-1 所示为近代最常用的并联式电极和电解槽的排列方式，图上所表示的每一组槽由 4 个电解槽组成，在这些电解槽中交替地悬挂阳极和阴极。

电流从阳极导电排 1 通向电解槽Ⅰ的全部阳极，该电解槽的阴极与中间导电排 2 连接，导电排放在分隔电解槽Ⅰ和Ⅱ的壁上。这同一导电排又与电解槽Ⅱ的阳极连接，所以第一组导电排 2 对电解槽Ⅱ而言，则为阳极。电解槽Ⅳ的阴极接向导电排 3，它对第一主槽而言为阴极，对第二主槽而言则为阳极。同样，导电排 4 对第二组槽而言则为阴极。因此，电流是由Ⅰ槽流向Ⅷ槽。

这里每一块阳极和阴极（除电解槽两边缘的极板外），均单极两面工作，即在电极两面相互地进行铜的溶解或沉积。

串联式：电解槽（图 2-2）中的电极镶入电解槽边缘的沟槽中，电流从电解槽的右端正极流向左端负极。所有中间电极均双极地工作。即电极左面为阳极，铜在此溶解，而其右边，对前一电极而言为阴极，铜在此析出，电解槽的电流强度等于任一块电极上的电流强度，而槽电压等于所有各对电极电压的总和。

近代较流行的是并联式电解槽。电解槽的大小依电极大小和块数而定，从阳极边缘到电解槽侧壁的距离为 60 ~ 80mm，阳极下端至电解槽底为 200 ~ 250mm（此处留下空间是为了积存泥渣和掉落的阳极碎片）。阳极的上缘与电解液面相平，槽壁高出液面 40 ~ 60mm，槽中放入 20 ~ 45 块阳极，阴极多一块，因此阴极就是边缘电极，两块同名的电极间的距离为 100 ~ 120mm，每对正负电极间的距离为 30 ~ 40mm，从最后一块阴极至电解槽的端壁为 150 ~ 220mm。

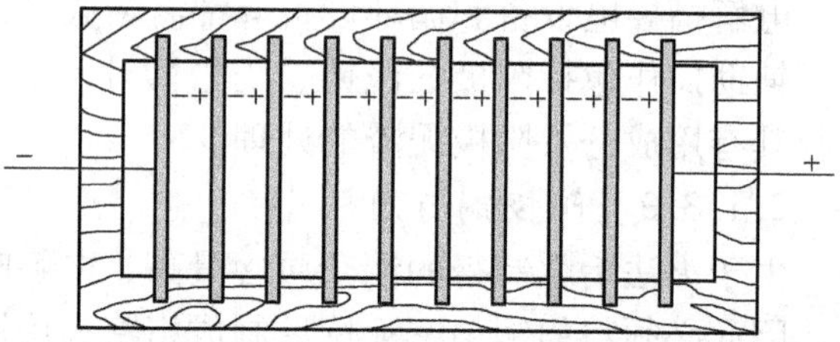

图 2-2 串联式电解槽连接

电解槽通常装在高约 2m 的钢筋水泥柱上，为避免漏电与地绝缘，电解槽下边的地室中有流动的电解液的沟槽，在地室中可从下面观察电解槽的情况，便于发现电解槽是否有渗漏。

电解槽是用木板、塑料板、钢板或混凝土制成，内有铅或硬质橡胶制成的衬里。也可由陶瓷板或其他的耐腐蚀材料做衬里。电解槽的边上平铺着铜制的导电极。

电解过程是按下列顺序进行的，用起重机把阳极放入经过清理和洗涤的电解槽中，而后再放阴极。仔细较正电极间的距离后，向槽内注入电解液并通入电流。电解过程进行期间要注意导电排接触点的清洁，并防止电极间可能短路。阳极上泥渣过多则可使电解电压升高，需及时清洗阳极上的泥渣。电解过程终了以后切断电源，将溶液放出，取出阴极并在热水中洗涤，在槽中清洗阳极残板并将它取出，洗掉泥渣，然后开始新的电解过程。

串联式系统的特点是接触点少、紧凑、投资少、相邻电极间的电压降比并联系统要小，因此生产每吨阴极铜所消耗的电能也就少，这是串联系统的优点，这种方法的严重缺点是电解后阴极铜与阳极残板分离困难；由于电极间距离小容易形成短路，因此电解槽需细心照管，贵金属的分离没有并联式完全。现在不能说并联式或串联式哪一种更好，但无论如何使用并联式电解槽比较普遍，其原因可能在于对串联式的掌握还不充分。

2.1.3.4 电解液的再制处理

（1）脱铜。为什么要脱铜？怎样脱铜？如何计算？在电解过程中，阳极溶解的铜比在阴极析出的约多1%，这是由于Cu^{+}氧化和歧化反应导致的结果。同时其他电解质也在电解液内积累，通常认为电解质溶液内含铜及其他主要杂质的极限含量为：Cu 45g/L，Ni 12～20g/L，Fe 1～3g/L，Sb 5～6g/L，As 10～15g/L。为了保持电解液不超过规定的组成，需将它进行定期的再生，通常从循环的电解液中不断地放出一部分电解液，除去其中的铜，增加硫酸，再重新注入电解槽中，这种再制工作（脱铜）是用不溶性阳极电解进行的，铜在阴极上析出，阳极上则析出氧，在溶液中生成硫酸。其反应为：

$$CuSO_4 + H_2O = Cu + H_2SO_4 + \frac{1}{2}O_2$$

所用的电解槽在构造上与通常的精炼槽并无区别，不溶性阳极是铅，工作电压为2.3V。假如使溶液中含铜量减低到10g/L，所得到的阴极铜纯度尚可以，但低于此值阴极铜的品质就会变差，电流效率降为85%。脱铜用的电解槽可连接在电解液循环的总系统内。

需要脱铜的电解液数量可由下列方式决定，例如每昼夜1t生产率的精炼设备中有$18m^3$的电解液在循环。因为阳极溶解超过阴极离析1%，所以经过一昼夜后，此$18m^3$电解液中增加的铜为1000×1% =10(kg)，这些铜必须除去。如果经过脱铜后，含铜量由42g/L减低到10g/L就减少了32g/L，那么每昼夜需要脱铜的电解液就是（10×1000)/32 = $0.312m^3$，相当于全部溶液的1.73%。实际上全车间电解槽的2%左右溶液在做脱铜工作。

（2）杂质的提取。电解液中除了酸度降低和硫酸铜增多之外，还因为阳极所含杂质的溶解而积累了杂质，为使这种积累不超过容许的限度，就必须经常更换一部分溶液，更换的数量取决于阳极铜的组成。设阳极铜中杂质含量为 Ni 0.20%、Fe 0.01%和 As 0.14%，其中 Ni 和 Fe 可认为完全转入溶液，而砷只有70%转入溶液。这样溶解1t铜溶液中就有 Ni 2kg、Fe 0.1kg 和 As 0.98kg 转入电解液中。如果我们规定电解液中的杂质允许量为 Ni 15g/L、Fe 2g/L 和 As 12g/L，那么对每吨铜来说，要除去全部进入的 Ni 就得从循环系统中取出2000/15 =133L溶液，除 As 就得取出980/12 =80L，除 Fe 就得取出100/2 =50L，这里为了除 Ni 所要求更换的电解液数量最大，因此按此量更换电解液，其余较少量的杂质也可降低到允许含量以下。电解液中最先积聚到极限浓度的杂质通常称为主导杂质。由主导杂质的含量来确定要更换的溶液数量。由主导杂质 Ni 含量估算的需更换的溶液体积占电解液的总量体积分数为（0.133/18）×100% =0.74%，在阳极相当纯的时候，铜本身可起主导杂质的作用。电解铜所用电解液再生时，可采用不同方法提取其中有用的成分。方法之一是用铅阳极电解法脱铜，在电流密度约为$100A/m^2$，电流效率为

85%时电解，可得较纯的阴极铜，这时溶液中含铜量从42g/L降低到10g/L，硫酸含量从200g/L升高到250g/L。该溶液经第二次电解，在电流效率为50%时还可析出若干含杂质的铜，可将其返回阳极炉中。剩下溶液再经第三次电解，可得主要含有铜、砷、锑的松散沉积物，此沉积物须进一步处理。

溶液经3次电解后，含铜量低至0.1g/L，含As至2g/L，而硫酸多至300g/L。将此溶液蒸浓至硫酸含量为1000g/L，并予冷却，因$NiSO_4$含量最多，因此可从Ni、Fe、Zn、Na等的硫酸盐混合溶液中用重结晶法分离出硫酸镍。

如果在电解液中积聚有显著的$NiSO_4$，且As很少时，则可用铅阳极进行深度电解，脱铜直到铜全部析出为止。将脱铜后溶液进行蒸发，浓而热的$NiSO_4$溶液在冷却时析出$NiSO_4 \cdot 7H_2O$的结晶。

电解液的另一种处理方法是加铜屑。热浓硫酸能溶解铜屑，在有氧气存在的条件下，废铜屑也能与热稀硫酸作用，其反应分别为：

$$Cu + 2H_2SO_4(浓) \xlongequal{\triangle} CuSO_4 + 2H_2O + SO_2\uparrow$$

$$2Cu + 2H_2SO_4(稀) + O_2 \xlongequal{\triangle} 2CuSO_4 + 2H_2O$$

结果生成$CuSO_4$。将溶液蒸发，放在铅制的结晶皿中冷却，硫酸铜就先结晶出来，再从母液中析出硫酸铜和硫酸镍的混合物，然后将它们用重结晶法分离。

在As含量很少时，也用结晶方法将过量铜取出，先蒸发电解液，然后将热的浓溶液倒在铅制结晶皿中，冷却后析出$CuSO_4 \cdot 5H_2O$结晶。

2.1.3.5 阳极泥渣的处理

（1）泥渣的特性。泥渣的数量和组成视阳极铜的纯度和杂质的性质而定。通常泥渣的数量为阳极质量的0.5%～0.8%，有时高至1.5%，用极纯的阳极时可低至0.3%。从电解槽出来的泥渣是黑色液态泥浆，经澄清分去电解液后，含水40%～50%。再经过5mm孔的筛子除去大块夹杂物、阳极碎屑等。经干燥后，用选粒法或过筛法可以除去大粒砂石，经此处理后的干泥渣为粉状物，可完全通过25目的筛子，只有半数可通过100目的筛子。阳极泥渣的组成见表2－10。

表2－10 阳极泥渣的组成

组　分	质量分数/%	组　分	质量分数/%	组　分	质量分数/%
Cu	10～27	Te	0.3～1.1	Pb	3～11
Au	0.8～4.2	Bi	0.1～1.5	Fe	0.3～0.5
Ag	30～50	Sb	0.2～3.6	Ni	0.2～0.9
Se	3～14	As	0.1～0.6	Si	2～4

泥渣含纯金属可达70%，其余为非金属杂物、熔渣、金属硫化物等。从电极上落下的铜是粗粒晶体，也有细粉状的铜，粉状铜是由一价铜歧化反应生成的。

最后还有铜的化合物，如氧化亚铜和硒化铜，硒也有以硒化银形式存在的。

泥渣中最有价值的组分是金、银、硒，有时还有碲、砷和锑。

因为泥渣的组分差别很大，所以处理方法也各有不同，这里仅简略叙述一些主要操作，这些操作在个别场合可以改变，甚至完全取消。

（2）泥渣的脱铜和提纯。泥渣用筛子除去大块杂物后，洗去电解质。洗液经澄清和过滤，滤液返回电解槽，泥渣经干燥后，用细筛过筛除去砂石和铜晶体，再用流水浮选法更完全地分离这些杂质。但是，浮选和过筛均不能除去其中粉末状铜。所以，泥渣尚须经化学法脱铜，这可用稀硫酸（12%或甚至低到1%的浓度），并吹以空气处理，此时铜几乎全部溶解。如果泥渣预先经200～300℃氧化煅烧，溶出更完全。有时可用浓硫酸溶解，泥渣加热到150～200℃，铜被溶出，但这时有一部分银也随同一起溶解。脱铜后不溶解的泥渣经滤除后加以清洗，然后送去熔炼。

（3）熔炼。富含金属的泥渣经直接熔炼而制得银和金的合金，而含贵金属少的泥渣，用助熔剂与铅一起熔炼，除去熔渣。直接熔炼一般是（但不一定）先经700～800℃的氧化煅烧，使残余的铜、铅、锡和锑氧化，煅烧过的泥渣加助熔剂(砂、纯碱等)在1100～1200℃熔炼，铜、铅、砷、锑均成熔渣，熔渣下面是一层主要有铜和银的硒化物和碲化物所组成的冰铜。银金合金则聚积在底下。除去溶渣后，吹以空气分解冰铜。硒和碲被氧化，而银就由冰铜中析出。

经此反复分离，泥渣中所含金和银提炼成为合金的可达95%。

在800～850℃泥渣与铅及助熔剂（砂、炭）熔炼时，非贵金属成为泥渣，而银和金则与铅构成合金，除去融熔金属层上面的熔渣后，再逐渐提高温度至1000℃的情况下，以空气吹炼，这时铅被氧化成氧化铅，银和金就构成合金。

（4）金和银的分离。分离合金中的金和银，可用化学方法。将粉碎的合金在生铁锅中用浓硫酸在300～350℃熬煮。银变成可溶解的硫酸盐，金成为残渣，倾去溶液，将金洗净重熔。溶液用水稀释后，用金属铜片将银置换（接镀）出来。置换出来的银含Ag 99.5%～99.9%。

然而近来金银的化学法分离，大多已被电化学法替代，这些方法将在下面叙述。

（5）硒的提取。泥渣在煅烧和熔炼的过程中，其中所含的硒有70%挥发为二氧化物，炉中出来的灰在集尘室或吸收塔中收集，若用电滤器则收集得更完全。用水处理尘灰时，二氧化硒成为硒酸的溶液，进一步用化学法处理，从中分出游离的硒。

阳极铜的利用率取决于阳极残板和泥渣的数量，而泥渣的数量在很大程度上取决于阳极的质量，对于优质的阳极来说，在电解过程中未能利用而送去再熔融的残板约占其最初质量的10%～15%。

2.1.3.6 精炼铜的电能消耗

精炼铜的电能消耗取决于电流效率和槽电压。并联式电解槽电流密度通常选择在50～400A/m^2之间，槽电压约为0.18～0.30V。电流效率在89%～97%，每吨铜电能消耗为200～350kW·h。

有102块串联电极的电解槽，槽电压为16～18V，电流密度为215～260A/m^2，电解液温度为47～52℃，电流效率为65%～75%，每吨铜电能消耗为170～200kW·h。

电解精炼铜的电流效率，与电解条件（电流密度、温度）电解液的组成和阳极质量有关。设备的状况和过程控制的精确程度，都对电流效率产生影响。例如设备漏电会引起电能的无谓消耗。提高电流密度需要加剧搅拌，因而增加了溶液中氧的饱和度，从而也增加了铜的化学溶解。温度升高，促使Cu^+的浓度增加并加速了与此有关的副反应。溶液中铁的存在可引起下列反应，从而明显降低电解电流效率。

$$2FeSO_4 + H_2SO_4 + \frac{1}{2}O_2 \rightleftharpoons Fe_2(SO_4)_3 + H_2O$$

$$Fe_2(SO_4)_3 + Cu^+ \longrightarrow CuSO_4 + 2FeSO_4$$

电解电压的大致衡算见表2－11。可见有一半以上的电能消耗于克服电解液的电阻。

表2－11 电压衡算

项 目	电阻/Ω	电压降/V	所占比例/%	项 目	电阻/Ω	电压降/V	所占比例/%
电解液中的电压降	—	—	55	极 化	—	—	5
金属电导	—	—	16	泥渣薄膜	—	—	10
接触点	—	—	14	合 计	0.000057	0.25	100

如果假定电流效率等于95%，那么制备1t阴极铜所消耗的电能如下所述。铜（Cu^{2+}）的电化摩尔质量为1.186g/(A·h)，则制取1000kg铜需电量：

$$x = \frac{1000 \times 1000}{1.186} = 8.432 \times 10^5 A \cdot h$$

所以每吨铜电能消耗为（电解电压0.25V）：

$$y = \frac{8.432 \times 10^5 \times 0.25}{0.95}(A \cdot h) = 222 \times 1000(A \cdot h) = 222kW \cdot h$$

根据阳极材料及电解条件不同，电能消耗介于200～350kW·h/t之间。

2.1.3.7 电解液循环与加热

为了消除浓差极化，应该将溶液搅拌，现在采用电解液循环流动的方法达到搅拌的目的。将几组电解槽装设成阶梯形，后一组槽顺次较前一组槽低100～200mm。电解液用泵从集合贮槽泵入高位贮槽后，先经蒸汽管道加热，然后依次流过阶梯式电解槽，最后流入集合贮槽。如果电解液连续流经四只电解槽，就叫做四阶制（图2－3）。

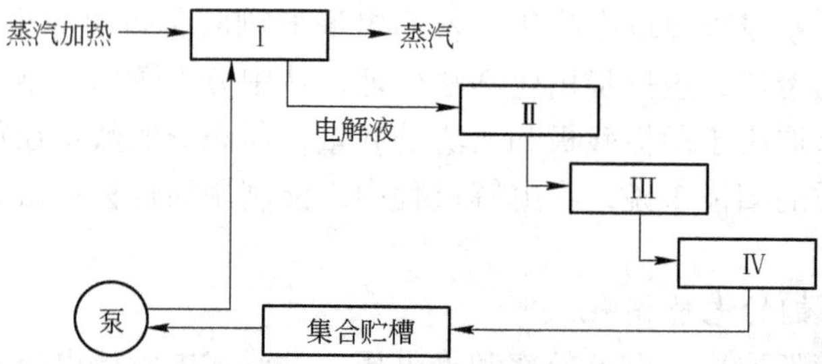

图2－3 四阶制电解液循环流程

2.2 由铜合金电解铜

电解精炼铜厂除了电解由矿石及精密火炼制得的阳极铜以外，有时需电解铜的合金（如黄铜、白铜和青铜）。这些合金的原材料有废旧铜合金零件和制品以及金属加工厂的铜屑等。这些铜合金的含铜量比精炼铜所用的阳极铜低得多，其中还含有相当的锌、镍和锡等其他非贵金属。当用这些合金熔铸的阳极进行电解时，从阳极溶解的除了金属铜以外，还有锌、镍和锡等金属，在阴极沉积的是金属铜。由于阳极和阴极的电流效率大致相同，而从阳极溶解下来的数量大大低于在阴极沉积的铜，因此在电解液中如不及时补充铜，则电解液中的铜含量将很快减少。为了使电解正常进行，必须经常补充电解液中消耗的铜。通常是利用铜加工厂的下脚料——铜屑，有时也有电解铜粉，或再由它制备成CuO，将铜或氧化铜与硫酸作用生成硫酸铜，然后加入电解液中。电解铜粉是在单独的“粉槽”中，用铜合金做阳极在硫酸溶液中进行电解的方法制备的。在此过程中，由于溶液中铜的浓度低，在临界电流密度条件下粉末状铜在阴极析出，同时还析出氢气。在电解铜合金时，在电解液中电势比较负的金属锌、镍和锡等逐渐积累起来，因此电解一定时间后，电解液需进行再制，从中可提取大量的硫酸锌和硫酸镍等盐类。

黄铜是铜－锌合金（约含 Cu 60%、Zn 40%），青铜是铜－锡－锌合金（约含 Cu 80%、Sn 15%、Zn 5%），白青铜含锡约40%～50%、含铜50%～60%，白铜是铜、锌和镍的合金（约含 Cu 50%～70%、Ni 18%～20%、Zn 13%～15%）。因此，电解黄铜的副产品有硫酸锌，它是颜料立德粉（锌钡白）的原料；电解白铜的副产品是硫酸镍，它是电镀镍时的原料。电解青铜合金时，开始锡溶入电解液中生成硫酸盐，它很易被空气中氧所氧化，硫酸锡也易发生水解形成β－锡酸。再制电解液时在专门的设备中吹入空气进行水解可制备很纯的氢氧化锡沉淀。

电解铜铁合金（含 Fe 80%、Cu 18%和 Zn 2%）是用铜和铁双金属做阳极，电解液含 NH_3 10g/L、$(NH_4)_2SO_4$ 50g/L 和 Cu 18g/L，可以使铜溶解，并使它沉积在阴极上。电解时电流密度为70A/m^2，温度为18～20℃，电流效率为85%。

由于电解铜合金时杂质含量高，第一次电解得到的阴极铜往往不够标准，需将它熔成阳极进行第二次电解制取标准的阴极铜。

2.3 从矿石中电解提取铜——铜的湿法电冶金

铜矿石种类很多，如孔雀石[$CuCO_3 \cdot Cu(OH)_2$]、蓝铜矿[$2CuCO_3 \cdot Cu(OH)_2$]、黑铜矿（CuO）、硅孔雀石矿（$CuSiO_3 \cdot 2H_2O$）、赤铜矿（Cu_2O）、辉铜矿（Cu_2S）、斑铜矿（Cu_3FeS_3）、铜蓝矿 CuS 和黄铜矿（$CuFeS_2$）等。对不同的矿石需用不同的试剂溶解，浸出液经预处理除去有害的物质后，再用电解法制备电解铜。

氧化铜矿石用硫酸溶解浸出；硫化矿石是用硫酸铁溶解；含有金属铜和氧化物的矿石可用氨溶液浸出；孔雀石、蓝铜矿和黑铜矿可用稀硫酸溶解；赤铜矿、辉铜矿和斑铜矿可用酸化的硫酸铁溶解：

$$CuO + H_2SO_4 = CuSO_4 + H_2O$$

$$Cu_2S + 2Fe_2(SO_4)_3 = 2CuSO_4 + 4FeSO_4 + S$$

黄铜矿必须先在高温煅烧使之氧化变成氧化铜，再用酸浸出，用湿法电冶炼。

铜矿石中往往含有铁、钙、镁、铝和氧化物，在浸出时亦进入溶液，应注意选择浸出条件，尽量防止这些元素进入溶液，矿石中的铁主要以二价态 Fe^{2+} 形式存在，电解时易氧化成为高价铁 Fe^{3+}，高价铁在阴极又被还原成低价铁，大大降低了电解的电流效率。实验证实溶液中含 Fe^{3+} 1g/L，电流效率降为78%；含 Fe^{3+} 2g/L，电流效率降为56%；含 Fe^{3+} 3g/L，电流效率降为34%。溶液中的铁还可进行单纯的氧化还原反应消耗掉电解铜：

$$Fe_2(SO_4)_3 + Cu = 2FeSO_4 + CuSO_4$$

因此铁的存在极为有害，可以将矿石先煅烧生成不溶性的氧化铁，防止铁进入溶液，但不经济。一般浸出液进行预处理除铁。可用二氧化锰或吹入空气，先将二价铁氧化成三价铁，然后加入氧化铜、碳酸铜、石灰等调节溶液的 pH 值，使铁以 $Fe(OH)_3$ 形式沉淀。

$$Fe_2(SO_4)_3 + 3CuO + 3H_2O = 3CuSO_4 + 2Fe(OH)_3\downarrow$$

工业上有时用 SO_2 来还原铁。

$$Fe_2(SO_4)_3 + SO_2 + 2H_2O = 2FeSO_4 + 2H_2SO_4$$

还可用纤维隔膜包住不溶性铅阳极的方法阻止铁进入阳极表面氧化。这种隔膜在溶液中相当稳定，可以连续使用一年。

溶液 Cl^- 亦有害，对阳极起破坏作用，使不溶性的铅变成可溶的 $PbCl_2$。有 Cl^- 离子时可用含硅合金（Cu 53%、Fe 23%、Si 23%）代替铅做阳极，也可用磁铁（Fe_3O_4）做阳极。

预处理后的铜矿浸出液用不溶性阳极进行电解，电解槽电压为 1.8～2.5V。由于杂质含量多，电解液需不断再制，含低浓度铜和高酸度的废电解液可用于重新溶解矿石。在有害杂质积累太多时可用铁接镀出铜后抛弃废液。电解时在阴极上进行 Cu^{2+} 还原：

$$Cu^{2+} + 2e = Cu$$

在阳极上进行水的氧化反应

$$H_2O = \frac{1}{2}O_2\uparrow + 2H^+ + 2e$$

总的电解反应为：

$$CuSO_4 + H_2O = Cu + \frac{1}{2}O_2\uparrow + H_2SO_4$$

理论分解电压为 1.22V，由于氧的阳极超电势及其他极化因素的影响，实际槽电压稍高，电能消耗也比精炼铜时的大得多。

例如，某工厂电解液组成如表 2－12 所示。

表 2－12 电解液组成

离 子	电解前质量分数/%	电解后质量分数/%	离 子	电解前质量分数/%	电解后质量分数/%
Cu^{2+}	2.8	2.2	Fe^{3+}	0.59	1.02
H_2SO_4	4.14	5.6	Fe^{2+}	1.40	0.9

阴极电流密度 $56A/m^2$，电流效率 η 为 61.9%，槽电压 2.36V，在此条件下生产每吨铜消耗电能为 3205kW·h。

文献报道，全世界至少有 12% 的铜是从矿石中用湿法电冶金的方法制备的。

2.4 银的电解精炼

用电解的方法精炼银几乎已成为提纯银的唯一常用方法。由电解铜泥渣提取金银合金、制银工业的废料及各种胶片显影废液中回收的银的提纯都用电解法。与化学分离法比较，电解精炼法特殊的优点是其制得的银纯度特别高，可达 99.96%～99.99%，几乎可以完全除去硒和碲等杂质，这些杂质对银制品的力学性能是十分有害的。

2.4.1 精炼银的理论基础

电解精炼银用的电解液为 $AgNO_3$（10～17g/L）、HNO_3（1%）和 $NaNO_3$（含量可达

10%)。其中 HNO_3 用于提高电解液的电导，$NaNO_3$ 用于扩大电解时电流密度的范围，其用量可达 100g/L。

电解精炼时要求其阳极含银 95% ~97%，无论如何不能低于 85%。

电极反应很简单，阳极发生银的溶解：

$$Ag \longrightarrow Ag^+ + e$$

阴极发生 Ag^+ 还原沉积：

$$Ag^+ + e \longrightarrow Ag \qquad \varphi^{\ominus}_{(Ag^+/Ag)} = 0.7991V$$

电解时一般不会发生阳极钝化现象，阳极的铜、铁、镍、锌等金属杂质与银同时进入溶液，这些金属的还原电势比银小得多，因此不会在阴极析出，随着电解的进行，这些金属离子在溶液中逐渐积累，如 Cu^{2+} 可以积聚达 80g/L，Cu^{2+} 质量浓度即使高达 180g/L，也不会在阴极析出，阳极不溶性泥渣有金、铂族金属及硒、碲、锡（呈锡酸形式）、铝（呈三氧化铝形式）、铋（呈氢氧化物形式）等。阳极泥渣中还有从阳极机械脱落下来的铜和银。阳极含金高于 20% ~25% 时阳极发生钝化现象，使阳极溶解发生困难。银的电化摩尔质量为 4.025g/(A · h)，这样大的电化摩尔质量值对电解非常有利，按理论计算，在很大正电势电解时电流效率应接近 100%，实际上电流效率不超过 90% ~95%，电流主要消耗在硝酸的阴极还原反应上。银在硝酸中的化学溶解作用是电解银电流效率降低的另一个原因。硝酸银的还原反应为：

$$NO_3^- + 4H^+ + 3e \longrightarrow NO + 2H_2O \qquad \varphi^{\ominus} = 0.96V$$

$$NO_3^- + 3H^+ + 2e \longrightarrow HNO_2 + H_2O \qquad \varphi^{\ominus} = 0.96V$$

硝酸根的最终还原产物是 NH_4^+，这些还原产物在阳极又可再氧化变成硝酸根离子。在阴极析出的银呈颗粒晶体状，比较疏松还经常生成枝状沉积物，它易造成短路现象，因此在两极间要安装梳形刮板敲碎枝状沉积物。阳极泥渣对阴极产物有沾污作用，因此常用粗布袋包住阳极，由阳极落下的泥渣就落在布袋内。

2.4.2 精炼银的工艺

用粗银在钢模或铸铁模中浇铸成 25cm × 20cm，厚 1 ~1.2cm 的银板作为阳极，重约 5kg，有带孔的把手可悬挂在电解槽的导电棒上。阴极则用薄的纯银板、不锈钢板或铝板制成。早期的电解槽用陶瓷或木板制作，木材在硝酸溶液中很稳定但能吸收相当数量的银盐，因此使用一定时间后当电解槽损坏时不能任意丢弃，可用烧毁木质电解槽的方法从灰烬中回收银。可用乙烯基塑料作为木槽的衬里材料。在槽底用一只衬有一层粗布的木箱收集由阴极落下的银结晶。电解槽容积约为 225 ~250L，槽电压为 1.5 ~2V，电流密度为 200 ~250A/m^2，电解液温度约为 38 ~40℃。一个过程的时间为 50 ~60h，过程完了以后，将溶液从槽中放出，取出装有阳极残板的袋子，将残板与泥渣分离洗去残板上的泥渣，干燥后送去再熔解铸造阳极板。阳极残板约占原阳极质量的 15% ~20%。将阴极银（极板上的以及在槽底收集的碎银渣）取出仔细洗净后送去熔炼铸成银锭，银锭中银含量约为 99.9% ~99.99%，纯银熔融铸成银锭时的耗损不超过 0.8% ~1.2%。阳极泥渣中常含有金、铂等贵金属需经再处理提取金、铂等贵金属。通常用浓硝酸与泥渣一起加热，分离不溶解的残渣，仔细清洗、干燥后放在坩埚中与纯碱和硝石一起加热熔融，可得纯度为

97% ~99% 的 Au。有时将含金量低的阳极泥渣再熔融铸成阳极再进行一次电解，此时在残板中金含量显著增高，然后从此残板中提取金。

若平均槽电压为 1.5V，电流效率为 95%，那么每吨银的电能消耗为 400kW · h。

如果要制备沉积得结实的阴极银，可往电解液中添加明胶等表面活性物质。这些表面活性物质在熔融时会被氧化逸出，而银在高温下不发生氧化，因此不会造成银的损失。精炼银时，反正最后都要经过熔融铸成银锭的，因此对银的沉积形式无所谓。

电解槽通常为直立式，并联结构，同名电极互相并联后分别接直流电源的正负极，几只电解槽串联连接，如图 2 -4 所示。

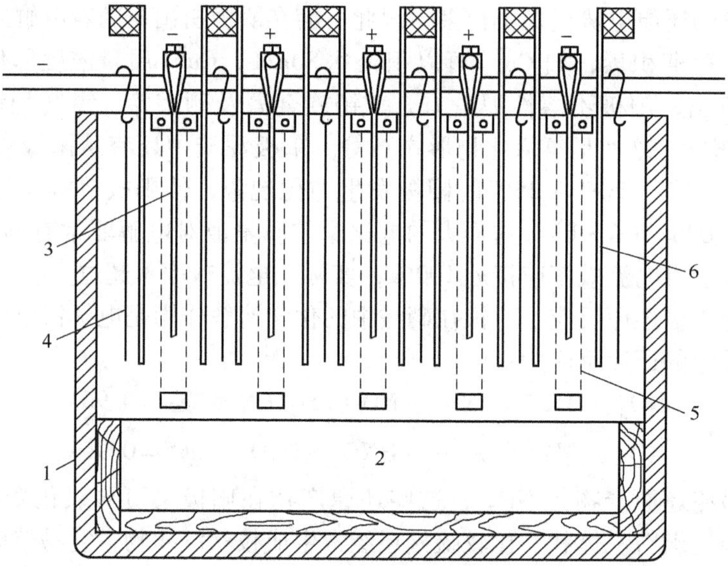

图 2 -4 直立式电极电解槽

1—电解槽；2—盛阴极银箱；3—阳极；4—阴极；5—尼龙布袋；6—刮板

2.4.3 泥渣和电解液的处理

阳极泥中含有金、铂、银、铜、二氧化铅等，其中以金为主。阳极泥渣从帆布袋中取出后，用水洗涤、煅烧，再加浓硝酸加热处理，此时银和铜就溶解到溶液中去，过滤后滤液用铜屑接镀置换出溶液中溶解的银。残渣为金和铂，如果只是金，则熔化后得纯金块；如果是金和铂两种金属，则再经电解精炼分离金和铂。

电解后的电解液通常含 Cu 8% ~10%，Ag 1% ~1.5% 和游离 HNO_3 1% ~2%。其中银可用铜接镀分离出来。分离银后的溶液一般都弃去。其中的铜也可用不溶性阳极（用磁铁阳极）电解脱铜。脱铜后的溶液硝酸含量升高至 16%，可用此溶液再溶解接镀出的银制备硝酸银溶液作为新的电解液使用。

2.4.4 废饰银的电解

纯银较软不适于制备首饰，例如，戒指中镶嵌宝石，需用银合金，通常为含 87.5% Ag 和 12.5% Cu 的银合金，称 875K 银首饰。这类废旧首饰回收后熔炼成的合金含银更低

（通常为865K），用它做阳极电解精炼制纯银，由于阳极含银低，通电时阳极溶解的银远低于阴极析出的银，因此电解液中银离子浓度很快降低，为了保持恒定的溶液浓度，必须定时加入硝酸银来补充。

有时废饰银含铜可达40%～80%，这时就不能用电解的方法提取纯银。可用铜接镀使银从溶液中析出而与铜分离，分离出的银再熔化和精炼。溶液中剩下的铜可用电解法脱铜，由此得到的阴极铜仍含少量的银，再经电解精炼可得纯铜。电解废饰银产生的阳极泥渣中含有金，可用前述方法处理提取纯金。

2.5 金的电解精炼

在金的电解冶炼工业中主要用于精炼金。电解铜时分离银、铜之后的泥渣，精炼银时由泥渣所得的金，由矿石冶炼所提的金以及废饰金等都可用于金的精炼提纯。这些材料中除金以外，尚夹杂着铜、铅、银、铂族金属杂质。如果杂质金属含量超过15%时，应先经化学法提纯，作为阳极的金属金含量不可低于90%。金的化学提纯方法很多，例如将原料在硫酸中熬煮，此时银、铜变成可溶性硫酸盐而与金分离。或用加浓硝酸加热，铜、银也变成可溶性的硝酸盐而与金分离。也可在熔融的原料中通入氯气，生成褐红色的$AuCl_3$，它能溶于盐酸中生成氢氯金（Ⅲ）酸。对于含金不多的合金可先与银一起熔融铸成阳极片，再在含硝酸的硝酸银溶液中电解精炼，由阴极制得纯银，贱金属杂质溶入溶液。泥渣中以金为主，可将泥渣熔化铸成阳极进行电解精炼。电解精炼制得的金纯度达99.98%～99.99%。

黄金首饰用的金纯度有很大差别。我国的足赤金（也称足金或赤金）含金99.99%，所以又称“九九九九金”。通常的K金以24K金含金最多，含金达99%，依此类推。1K金含金4.125%，18K金纯度为74.25%。不同国家的24K金含金量稍有不同。用24K金或足金做的首饰质地柔软，易变形而不结实，由它制作的项链容易断开，镶嵌宝石、钻石的戒指不坚固，光亮度也较差，但抗腐蚀性好。18K金材料质地硬挺，色彩变化多，若嵌上宝石效果更好更美观。凡含其他金属成分的黄金称为成色金。成色金又分为清色金和混色金两种。含有银的成色金称清色金，而混色金除含有金以外还含有银、铜及微量的铅等金属。制首饰常用混色金（即通常的K金）。

2.5.1 电解精炼金的理论基础

金的化合物中除了氯化物以外，其余的化合物溶解度都很低，而且还不稳定，因此都不适宜作为电解金的电解液。金的氯化物，通常是$AuCl_3$，最早用来作为电解精炼金的电解液。氯化金是将金属金溶解在王水中，并和盐酸一起蒸煮制得，也可以在隔膜电解槽中以盐酸为电解液，金为阳极进行电解，此时金溶解生成$AuCl_3$。金很容易生成络合物，如与Cl^-、CN^-等阴离子络合。在盐酸溶液中生成氢氯金酸络合物：

$$AuCl_3 + HCl \longrightarrow HAuCl_4$$

溶液中氢氯酸按正式解离：

$$HAuCl_4 \rightleftharpoons H^+ + AuCl_4^-$$

同时，溶液中还存在下列平衡：

$$3HAuCl_2 \rightleftharpoons 2Au + HAuCl_4 + 2HCl$$

或写成离子平衡式

$$3AuCl_2^- \rightleftharpoons 2Au + AuCl_4^- + 2Cl^-$$

上式称为一价金络离子与三价金络离子间的歧化反应。

氢氯金酸比氢氯亚金酸稳定，随着温度升高，平衡向左移动，在60℃时控制平衡的半电池公式及平衡电势值如下：

（1） $AuCl_2^- + 2Cl^- = AuCl_4^- + 2e \qquad \varphi_1^\ominus = 0.96V$

（2） $Au + 4Cl^- = AuCl_4^- + 3e \qquad \varphi_2^\ominus = 0.99V$

（3） $Au + 2Cl^- = AuCl_2^- + e \qquad \varphi_3^\ominus = 1.04V$

电解金用的电解液是 $AuCl_3 + HCl$，加盐酸的作用是增加电解液的电导，同时防止 $AuCl_3$ 的水解。在 $AuCl_3$ 的中性溶液中很容易发生水解反应：

$$AuCl_3 + H_2O \rightleftharpoons H_2AuCl_3O$$

生成的一氧化三氯络金（Ⅲ）酸按下式电离：

$$H_2AuCl_3O \rightleftharpoons 2H^+ + AuCl_3O^{2-}$$

因此，在中性的氯化金溶液中，主要以 H_2AuCl_3O 酸的形式存在，此时，如果以金属金为阳极，通电时进行的阳极反应不是金的溶解，而是下列反应放出氧：

$$AuCl_3O^{2-} = Au^{3+} + 3Cl^- + \frac{1}{2}O_2\uparrow + 2e$$

结果使阳极钝化，因此电解精炼金不能用 $AuCl_3$ 中性溶液。

在 $AuCl_3$ 的盐酸溶液中，根据半电池反应式，可求得歧化反应的平衡常数（60℃时）：

$$K = \frac{[Cl^-]^{2/3}[AuCl_4^-]^{1/3}}{[AuCl_2^-]} = 5.7$$

因此通电时，一价金和三价金的络合物几乎同时进行电极反应，其中三价金略占优势，歧化反应会使金成粉末状金析出，这种现象与铜相似，但比铜更显著，几乎有10%的由阳极溶解的金以粉末状金析出形成阳极泥渣的一部分。与 Cu^+ 不同的是，一价金的络离子 $AuCl_2^-$ 不被空气所氧化。Au^+ 电化摩尔质量为 7.3g/(A · h)，Au^{3+} 是 2.4g/(A · h)。由于两种价态的金同时存在，当通入 1A · h 电量时，阳极溶解的金大于 2.4g 而小于 7.3g；而在阴极析出的金也在 2.4 ~ 7.3g 之间；由于歧化反应的影响，阳极电流效率比阴极高出约 10%。

电解金时，阳极上的杂质有铜、铅、银、铑、钌、锇、铱、铂和钯。在电解液中允许含 50 ~ 60g/L 的 Pt 和 15g/L 的 Pd，在没有钯时，可允许含 Pt 80g/L。铜、铅、铂和钯溶入溶液；铑、钌、锇和铱均变成泥渣。银溶解后立即生成 AgCl 沉淀进入泥渣，或在阳极表面形成导电不良的薄膜使阳极钝化并放出氯气，此时必须及时停电并设法将 AgCl 沉淀膜刮去。也可用非对称交流电代替直流电进行电解，防止 AgCl 沉淀的生成。正常交流电为对称波形，正负半周电解效果互相抵消，但用非对称交流电时两极电解效果就不会互相抵消。通常使用交流电电压，超过直流电的电压 10%（如图 2 – 5 所示），在同一电极极性瞬时改变时，例如使正电压比负电压大得多，在正电压时溶解的金属多于负电压时沉积的金属，此时金在阳极不断被溶解，而同时溶解的银在生成 AgCl 时又会被反向电流所还原：

$$AgCl + e = Ag + Cl^-$$

这个方法使电解液中 Ag^+ 的允许含量提高，还可大大降低阳极泥渣中粉末状金的含量。

合并的电流强度和合并的电压由下列公式计算：

$$I_{合并} = \sqrt{I_{直流}^2 + I_{交流}^2}$$

$$E_{合并} = \sqrt{E_{直流}^2 + E_{交流}^2}$$

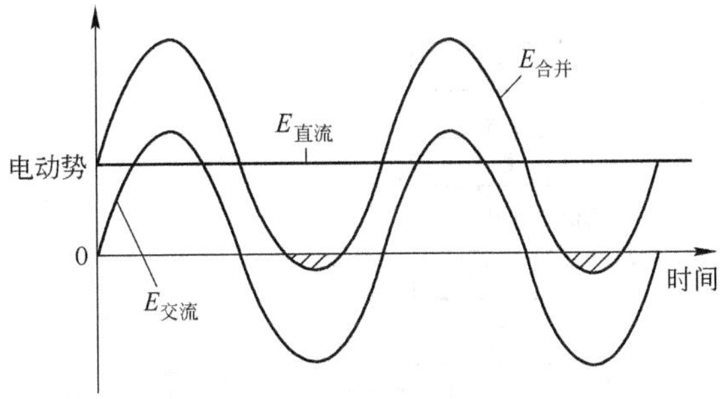

图 2-5 非对称交流电

2.5.2 金的电解工艺

电解精炼金的电解槽比较小，容积约为 20L，用陶瓷制作。电解液温度为 70℃左右。电极按并联式结构连接，阳极片视电解槽大小，有不同的规格，如 6mm × 110mm、160mm × 260mm，厚 5 ~ 10mm，阴极纯金片厚 0.15 ~ 0.2mm。因为电解槽内有 HCl 蒸气冒出，腐蚀性强，槽上的导电排用纯银制作，银有很高的稳定性和高导电度。电解液中的 $AuCl_3$，含 Au 50 ~ 60g/L，含 HCl 60 ~ 120g/L，可用空气搅拌或机械搅拌。电解槽电压为 0.6 ~ 0.8V，电流强度为 200 ~ 600A 或更大。不用交流电时，直流电流密度为 500 ~ 1500A/m^2，加上交流电时为 1000 ~ 1700A/m^2，电解 1kg 金的电能消耗为 0.30 ~ 0.35kW · h。

在阴极得到的金虽不平滑但紧密，用盐酸洗涤后再熔炼铸成金锭，阳极使用一般不到一昼夜。阳极泥约占阳极质量的 5%，其质量与阳极纯度有关。溶液中有铅、铂、钯等。泥渣中有粉末状金，AgCl、铑、铱、钌和铂，可从泥渣中提取金、银、铂、铑、铱和钌等贵金属。电解后的电解液含金 30 ~ 60g/L，铂 40 ~ 80g/L 和银 5 ~ 20g/L。溶液中的金可用 $FeSO_4$ 还原，过滤后用 NH_4Cl 处理滤液，溶液中的铂以 $(NH_4)_2PtCl_3$ 的形式析出，将它煅烧后可得海绵状铂。分离出铂后的溶液所含的钯可用铝接镀析出。电解精炼金时从溶液到泥渣中几乎都含有贵金属元素，应注意收集一切溢出的废液以回收其贵金属成分。通常用铜接镀的方法几乎可以回收全部贵金属。室内抹布、拖把、过滤用具内都会沾有贵金属，经一定时间将其烧毁，从灰烬中提取贵金属。

2.6 锌的湿法电冶金

现在世界上大约有 50% 的锌是通过湿法电冶金制备的，但锌的电解精炼却应用不多，锌矿石用硫酸浸取，然后静置电解液，最后用不溶性阳极电解制得纯锌。工业上用湿法电冶金制备金属锌最早是在 1914 年，美国和加拿大用此法制锌。近代湿法电冶金制锌的基本工艺流程与过去没有多大改进，只是设备更现代化了。

金属锌是电负性很强的金属，锌矿与铜矿性质也不同，因此与制铜相比增加了许多辅助操作。

2.6.1 湿法电解制锌的一般流程

最重要的矿石是 ZnS（闪锌矿）。其他的如 $ZnCO_3$（异极矿），ZnO（红锌矿），$ZnSiO_4$（硅酸锌矿）价值较小。矿石中重要的杂质是铜和铅。

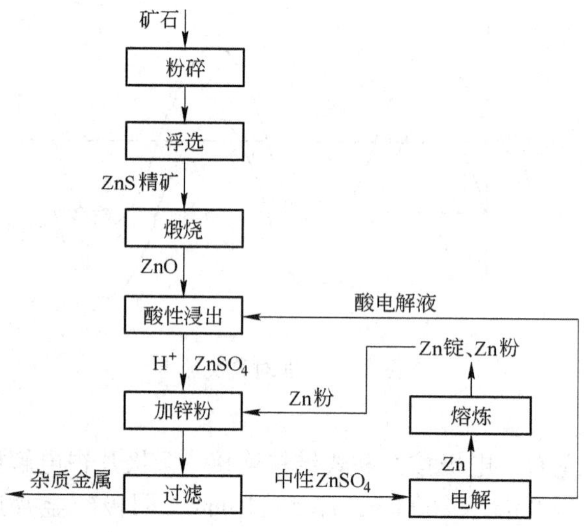

图 2 – 6 湿法电解锌流程

制锌过程工艺流程参见图 2 – 6，一般是先将矿石轧碎后进行浮选。分离出含锌的、含铜的和含铅的精矿。要求含锌的精矿其锌含量约为 40% ~60%，杂质金属有 Cu、Pb、Fe、Cd、Mn、As、Ni、Co、Bi 和 Sb 等，此外还有 SiO_2、Al_2O_3、CaO 和 MgO 等，有些矿中含有金和银。然后将精矿 ZnS 在高温煅烧下生成 ZnO，再用硫酸溶解生成 $ZnSO_4$，溶液中杂质金属离子几乎都比金属锌的还原电势更正。因此当加入锌粉时，这些杂质金属离子几乎都被还原析出，溶液中 H^+ 也被置换变成中性，过滤除去析出的金属杂质，滤液用不溶性阳极铅进行电解，在阴极析出锌，将其熔炼制成锌锭，阳极放出氧气、积累 H^+，因此电解后的溶液含大量的酸，可用电解后的废液再浸取矿石中的锌。

锌的湿法电冶金分正规法和强化法，正规法是将浮选得到的锌精矿石在 550 ~ 650℃缓慢煅烧，然后用较低浓度的硫酸溶解（一般用电解锌后的电解液），其中约含 H_2SO_4 60 ~ 140g/L，含 Zn 60 ~ 120g/L，电解电流密度为 400A/m^2，温度为 40℃，槽电压为 3.5 ~ 3.7V，电流效率为 85% ~94%，强化法是用较浓的硫酸（一般含硫酸 300g/L），含 Zn 230g/L，电解电流密度约为 1000A/m^2，温度为 60℃，槽电压为 3.2 ~ 3.6V，电流效率为 85% ~90%，其中以正规法使用得多。

2.6.2 电解锌的理论基础

Zn 的还原电势比氢负得多，如果没有超电势的影响，氢离子首先在阴极还原，但氢在锌阴极上析出有很大的超电势，其实际析出电势要比锌更负，因此锌才能在氢析出前先析出。电流密度和电解时的温度对氢的析出超电势影响很大，图 2 – 7 为不同温度时锌上氢的超电势与电流密度的关系。

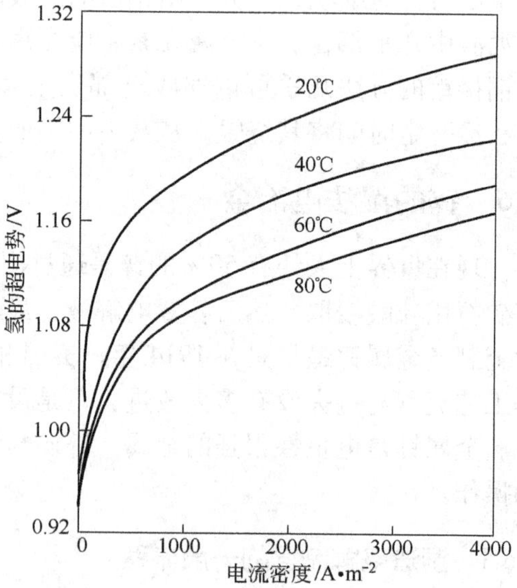

图 2 – 7 不同温度时锌上氢的超电势与电流密度的关系

在正规法电解条件下，氢的超电势为 1.07V，而在强化法时氢的超电势为 1.11V，锌的还原电势为 – 0.763V，因此都是锌先析出，电解液中加入 1% 的明胶可提高氢的超电势 0.1 ~ 0.12V。胶体的加入还可使阴极析出的锌紧密、平滑。阴极上锌的结构对氢的超电势也有很大的影响。在不加胶体情形容易生成海绵状锌，它多孔、比表面积大，大大降低了阴极的有效电流密度。因此，使极化大大降低，氢的超电势大大减小，此时会使氢先析出。实际上海绵状锌是由于析氢产生的。析氢使局部溶液变碱性，与 Zn^{2+} 生成 $Zn(OH)_2$ 沉淀，使阴极的锌成海绵状。另外，氢与锌生成 ZnH 然后分解成锌与氢，也使锌成海绵状。因此其核心还是要防止氢在阴极析出。其措施有增加 Zn^{2+} 浓度、增大电流密度、增加搅拌，使 Zn^{2+} 及时补充在阴极区 Zn^{2+} 的消耗。

湿法电解锌的阴极反应：

$$Zn^{2+} + 2e = Zn$$

阳极反应：

$$H_2O = \frac{1}{2}O_2\uparrow + 2H^+ + 2e$$

电解总反应：

$$ZnSO_4 + H_2O = Zn + \frac{1}{2}O_2\uparrow + H_2SO_4$$

考虑氢及氧的超电势，其理论分解电压为2.53～2.7V。

2.6.3 影响电流效率的因素

影响电流效率的因素包括：

（1）电流密度。电流密度与极化有关，电流密度大，极化强，有利于锌的析出，电沉效率高。

（2）锌的化学溶解作用。由于氢超电势的影响，纯的锌不易在酸中溶解，而电解过程中往往由于阴极析出的锌不纯，使氢的超电势降低，使 Zn 易化学溶解。其他正电性金属在阴极沉积与锌构成微电池，也加速了锌的腐蚀溶解，降低了电流效率。

（3）阴极锌状况。海绵状锌，甚至较粗糙锌表面，包括厚度增加、降低电流密度，都使极化减少，有利于氢析出，降低电流效率。

（4）电解液电阻、电极间距离。电解液电阻主要决定于酸的浓度。电解过程酸浓度增加，使槽电压降低，有利于氢的析出，电流效率降低。其中正规法电解锌槽电压高，其电流效率也相对高。见图2-8和表2-13。

表2-13 硫酸锌溶液电解时的电流效率 （%）

硫酸质量浓度 /g·L^{-1}	阴极电流密度/A·m^{-2}					
	阴极沉积物厚度2mm			阴极沉积物厚度3.5mm		
	110	380	1080	110	380	1080
20	98.0	99.0	99.0	96.5	97.5	99.0
60	96.0	97.5	98.5	91.0	96.5	98.0
100	87.5	92.5	97.5	70.0	89.0	95.5
120	72.5	86.0	94.0	—	79.0	92.0

（5）温度。电解液的温度升高，极化降低，电流效率降低。

（6）某些金属离子存在。矿石溶解时，铜、镍、钴、铁等金属也变成离子进入溶液。这些金属离子析出电势都比锌要正，很容易在阴极析出。因此对电解锌有严重的影响，一

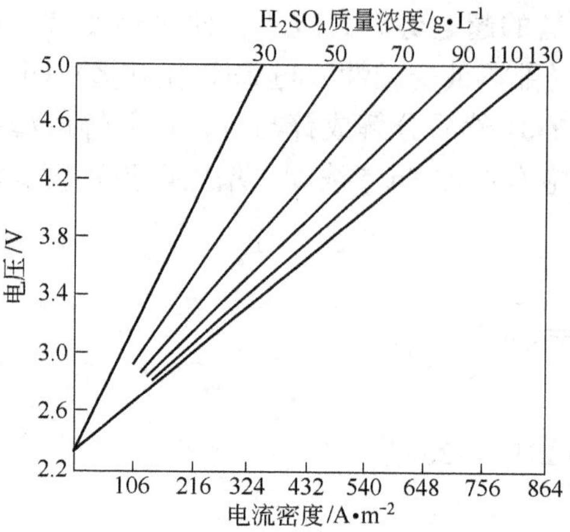

图 2-8 不同酸度下电流密度与锌槽电压的关系

方面是这些离子在阴极析出，使氢析出超电势降低，易促使氢在阴极的析出；另一方面是在阴极锌金属上这些金属的存在，与金属锌构成腐蚀微电池，锌为阳极，正电性金属为阴极，促使锌的腐蚀溶解，使电流效率显著降低。这种微电池的形成甚至只需要极微量的其他正电性金属。因此必须纯化硫酸锌溶液，首先要除去正电性金属离子。

据实验证明，溶液中铁的质量浓度即使在 200~300mg/L 也不会在阴极上析出。但是铁能显著降低电流效率，一方面硫酸铁能溶解金属锌，另一方面 Fe^{2+} 和 Fe^{3+} 在溶液中循环发生氧化还原作用，大量消耗了电解电流：

$$Fe_2(SO_4)_3 + Zn = ZnSO_4 + 2FeSO_4$$

电解液中的铁不允许超过 30~50mg/L。

铜在阴极析出，与锌构成微电池，加剧了锌的腐蚀溶解。砷和锑的作用更强烈，它们能使锌生成粗糙不平的阴极沉积物，它们的含量不能超过 1mg/L。铜的允许含量为 10~30mg/L。但有 0.5mg/L 的砷和锑存在时，铜的含量应降低到 3mg/L。镍和钴的存在能使阴极产生针孔腐蚀，镍的最高允许含量为 3mg/L，钴为 1~10mg/L，有胶体存在时，有时钴含量还允许提高些。镉也能在阴极析出，允许镉含量为 100mg/L。

溶液中的锰危害不大，有时还有利。二氧化锰可使 Fe^{2+} 氧化变成 Fe^{3+}，继而水解生成 $Fe(OH)_3$ 沉淀，将有害的铁除去。电解液中的锰含量可允许达到 400mg/L，甚至更多。

（7）胶体存在。胶体硅酸带正电，能向阴极电泳并在阴极析出。在其量不多时能使阴极析出的锌平整光滑，起有利作用。电解液中加少量胶体作为添加剂，可增加极化，有利于电流效率稳定。但油类的存在对沉积物的品质极为有害。

（8）其他阴离子存在。氯离子对不溶性阳极铅有损害，可生成 $PbCl_2$ 可溶性盐。可加铜粉，使 Cl^- 生成 CuCl 沉淀除去。

2.6.4 锌的电解工艺

与炼铜类似，电解槽用耐蚀材料衬铅，并联式结构，电解槽大小为 312cm×85cm，深 150cm。电解槽装在混凝土柱上，并与地有良好的绝缘。

电解铅纯度为 99.9%~99.94% 作为阳极，阳极片厚 8~10mm。强化法电解锌时常用含 1% Ag 的铅合金作为阳极，可提高阳极的耐腐蚀强度。电解过程中阳极表面可能生成二氧化锰与二氧化铅沉积物，增大了电阻，需除去。一般每半年擦洗阳极一次。阳极可用 1~2 年。每生产 1t 锌，消耗铅阳极约为 1kg。电解槽中并联的阳极间距离为 8~11cm，阴极和阳极距离为 3.5~5cm。阴极用 3~5mm 的铅片制作，挂钩应镀铅，防止硫酸腐蚀。铅片首先用金刚砂略为打磨，改善沉积物与极板黏附作用，使锌易在上面沉积。铅片边缘用木条围住，可防止锌在边缘沉积而使锌容易从铅片上剥离。阴极铅片约可用 4 个月。

由于电解锌时电流密度特大，因此炼锌的电解槽与炼铜的电解槽不同，在其电解槽内有铅制的蛇形管，有冷却水在其中回流，以便冷却电解液。

正规法炼锌，电流密度为300～500A/m^2，平均实际槽电压为3.5～3.7V，电流效率为85%～94%，生产每公斤锌消耗电能约为4.5～5.6kW·h。

生产过程中每昼夜在阴极沉积锌厚度约1.5～3mm。一般在不停电的情况下，将阴极片从槽中取出，将锌整片剥离阴极板。然后将这些锌片在熔炉中再熔化，用氯化铵或氯化锌作为助熔剂。最后，铸成锌锭。再熔时损耗约为2%～7%。一部分产品制成锌粉，产品锌纯度为99.97%～99.99% Zn。

强化法电解槽设备紧密，阳极和阴极间距离为1～2cm，阴极用特殊的平板固定，每8～10h从阴极剥取一次锌，强化法由于酸度高，其槽电压低些，因此尽管电流效率低约为85%～90%，但因产锌率高，所以电能消耗并不比正规法高，生产每千克锌约需消耗3.1kW·h电能，锌的周转比正规法快。强化法的缺点是用热的和高酸度的溶液设备损坏快，增加了设备维修费用。阳极用含银的铅合金，银价昂贵也是其缺点之一。

2.7 粗铅电解精炼

铅电解精炼在我国得到普遍应用，已成为一个很成熟的电化学冶金过程。以前人们仅把铅电解视作是一个良好的脱铋方法，现在已经发展到该工艺同时又是脱银、深度脱铜和脱砷锑的有效精炼方法。

2.7.1 铅电解的电极反应过程

铅电解用的电解液是$PbSiF_6$和H_2SiF_6的混合水溶液，一般含Pb^{2+} 70～130g/L，即$PbSiF_6$ 120～220g/L，含H_2SiF_6 60～100g/L，总的硅氟酸根相当于110～190g/L。阴极为纯铅，阳极为经过初步脱铜的粗铅，其电化学过程可以表示为：

$$Pb_{(纯)}\,|\,Pb^{2+}\,H^{+}\,Si_{6}^{2-}\,|\,Pb_{(粗)}$$

阴极反应有：

$$Pb^{2+} + 2e = Pb$$

$$2H^{+} + 2e = H_2\uparrow$$

在硅氟酸溶液中，铅的析出电势为-0.1274V，而氢的标准电势为0V，由于氢在铅上析出具有较高的超电压（1.1V），因此H^+放电是不可能的。

在电流密度较高时，贴近阴极表面的薄层电解液中Pb^{2+}浓度要低很多，当电解液含Pb 90～100g/L时，这个薄层中Pb^{2+}浓度能降至10g/L以下。若以Pb^{2+}浓度0.048mol/L计算，H^+在电场作用下仅移向阴极但没有放电，所以在此阴极薄层内H^+的浓度可能很高，若高达10mol/L，则它们在25℃时的实际析出电势应分别为：

$$\varphi_{Pb^{2+}/Pb} = \varphi^{\ominus}_{Pb^{2+}/Pb} + \frac{RT}{nF}\ln a_{Pb^{2+}} - \eta_{Pb^{2+}}$$

$$= -0.1274 + \frac{0.05915}{2}\lg 0.048 - 0 = -0.1664\text{V}$$

若［Pb^{2+}］减小10倍，降至1g/L，则$\varphi_{Pb^{2+}/Pb} = -0.19$V

$$\varphi_{H^{+}/H_2} = \varphi^{\ominus}_{H^{+}/H_2} + 0.05915\lg 10 - 1.1 = -1.04\text{V}$$

所以仍是更正电性的Pb^{2+}优先在阴极放电析出。为确保Pb^{2+}的优先析出，必须加强电解液循环，不断地向阴极附近供给 Pb^{2+} 离子。当阴极结晶不平整长出尖状疙瘩时，在这个尖端的电流密度很高，甚至高达平均电流密度的十几倍或数十倍，在贴近阴极的薄膜微观区域，可能造成 Pb^{2+} 浓度接近或等于零。同时在这个不平整的凸凹不平处，H^+ 放电超电压显著降低，这时 H^+ 放电析出氢气是可能的。这就是为什么析出铅结晶恶化时电流效率下降的原因之一。

在阳极可能进行的反应为：

$$Pb - 2e = Pb^{2+}$$

$$SiF_6^{2-} + H_2O - 2e = H_2SiF_6 + \frac{1}{2}O_2$$

在阳极区，由于阳极泥层的存在，显著地影响 Pb^{2+} 的扩散，在电解液含 Pb^{2+} 100g/L 时，阳极泥层中的电解液含 Pb^{2+} 可达 300 ~ 350g/L，在阳极表面与泥层之间的薄膜中 Pb^{2+} 的浓度会更高。若其浓度为 500g/L 即 2.5mol/L 时，则：

$$\varphi_{Pb^{2+}/Pb} = \varphi^{\ominus}_{Pb^{2+}/Pb} + \frac{0.05915}{2}\lg[Pb^{2+}] = -0.1156V$$

若 SiF_6^{2-} 的浓度为 400g/L，即 2.8mol/L，则：

$$\varphi_{SiF_6^{2-}} = \varphi^{\ominus}_{SiF_6^{2-}} + \frac{0.05915}{2}\lg[SiF_6^{2-}] = 0.48 - 0.013 = 0.467V$$

所以在阳极只发生 $Pb - 2e = Pb^{2+}$ 的反应。

以上计算表明，铅电解的电极过程比较单纯，所以它不需要附加的净液过程就能产出品位较高的产品。

2.7.2 电解过程中杂质的行为

各有关元素在硅氟酸溶液中的标准电极电势及其与铅同时放电时的极限浓度列于表 2 - 14。

表 2 - 14 各元素的标准电势及 Pb^{2+} 与其平衡共存时杂质的浓度

元素（离子）	标准电势/V	$a_{Pb^{2+}} = 1$ 时的 a_{Me}^{n+1} 值	元素（离子）	标准电势/V	$a_{Pb^{2+}} = 1$ 时的 a_{Me}^{n+1} 值
Zn/Zn^{2+}	-0.762	2.96×10^{21}	Sb/Sb^{3+}	+0.2	8.8×10^{-12}
Fe/Fe^{2+}	-0.44	3.83×10^{10}	Bi/Bi^{3+}	+0.2	8.8×10^{-12}
Cd/Cd^{2+}	-0.40	1.7×10^{9}	As/As^{3+}	+0.3	3.65×10^{-15}
Sn/Sn^{2+}	-0.136	2.0	Cu/Cu^{2+}	+0.3448	1.1×10^{-16}
Pb/Pb^{2+}	-0.127	1.0	Ag/Ag^{+}	+0.7995	2.2×10^{-16}

由表 2 - 14 可见，比铅较负电性的元素 Zn、Cd、Fe 等若在阳极中存在，则优先放电溶解进入电解液，但不能在阴极析出。由于这些杂质在阳极制备过程中很容易被除去，在阳极中含量很低，不会在电解液中积累造成危害。

在阳极中比铅正电性的元素 As、Sb、Bi、Cu、Ag 等，一般不能在阳极放电溶解而残留在阳极泥中。但实际上当阳极含 Cu 高于 0.06% 时，由 Cu - Pb 形成共晶，在铅溶解时铜可能被夹带溶出，造成析出铅含铜量升高。因此阳极含铜量在电解前应尽可能降低，这对降低阳极泥含铜量和阳极泥的处理也是有利的。比铅正电性的金属锑在阳极中含量较高，在阳极过程中也发生溶解，在阴极只有少部分析出，能在电解液中维持1g/L的浓度。我国处理脆硫铅锑混合精矿时，产出一种含锑为13%～18%的合金阳极，在低电流密度（100～120A/m²）下进行电解精炼，亦可获得1号精铅。

与铅的电极电势接近的金属锡在阳极能溶解，在阴极也能析出，因此要严格控制锡在阳极中的含量，以防影响析出铅的质量和污染电解液。

2.7.3 铅电解主要工艺

2.7.3.1 电解液制备

以氟氢酸作为原料加石英粉搅拌制成硅氟酸，浓度可达到350g/L，再加黄丹与硅氟酸反应制成硅氟酸铅。反应如下：

$$6HF + SiO_2 = H_2SiF_6 + 2H_2O$$

$$H_2SiF_6 + PbO = PbSiF_6 + H_2O$$

可以先制成含硅氟酸约320g/L、Pb^{2+}约200g/L的溶液，铅电解厂将这种溶液加水稀释1～1.2倍，即得到含总硅氟酸150～160g/L、Pb^{2+} 90～100g/L的电解液用于生产。

2.7.3.2 阴极制备

国内大部分铅厂都采用自动连续铸片机生产阴极始极片。它是将一个水冷铸铁转筒旋转于保持稳定液面的铅池中，转筒浸入铅液深度约5～10mm，当转筒以一定的速度旋转时，即将铅液带起并形成连续的薄片。然后由自动剪切机按预先计算好的阴极长度剪断，包上导电棒，自动压紧、矫正，并按电解要求的极间距离排距，待装槽使用。转筒的直径是根据阴极始极片长度设计的，一般转筒周长恰是两张始极片的长度，筒的长度等于阴极宽度。阴极厚度取决于转筒浸入铅液深度和铅液温度。温度控制在400～450℃，浸入深度是由调整铅液面高度控制的，随着生产过程的进行，不断地向铅池中补充铅液，由铅泵从阴极锅中连续地将铅扬入铅池中，多余的铅液从铅池的溢流坝返回阴极锅，通过调整溢流坝高度，控制铅液面水平从而达到调整铅皮厚度的目的。溢流坝高度由人工调整，通常不必频繁变动。依据设定的转筒速度，其生产能力波动于400～700片/h之间。始极片自动生产线示意图见图2－9。

原来用斜板倒铅皮生产阴极的方法在一些小厂仍有应用，其主要缺点是劳动生产率较低，劳动强度大。机械化生产的阴极始极片每片重量约是人工生产的2～3倍，完全消除了析出铅掉极的现象。同时也解决了装槽时人工装阴极的难题。国内各厂阴极生产机组的规格性能列于表2－15。

表2－15 铅阴极生产机组的规格和性能

项目名称		原沈阳冶炼厂	株洲冶炼厂	韶关冶炼厂
生产能力/片·h^{-1}		720	425	450
连铸装置	转筒规格/mm×mm	ϕ828×720	ϕ775×700	ϕ670×670
	转筒转速/r·min^{-1}	5.75	3.55	3.75
	铅片厚度/mm	0.9～1.2	1～2	1～2
	冷却水量/t·h^{-1}	8～12	4.6	5.5
	冷却水出口温度/℃	55～60		40～50

续表 2-15

项目名称		原沈阳冶炼厂	株洲冶炼厂	韶关冶炼厂
制片装置	剪切装置/mm × mm	ϕ416 × 700 滚剪切	ϕ63 × 150 油缸剪切	ϕ350 × 700 滚剪切
	平整机构	机械压合矫直	ϕ63 × 150 油缸平整	机械压合矫直
	供棒速度/根 · min^{-1}	51		9
	始极片规格/mm × mm	1300 × 720	1219 × 700	980 × 670
	提升运送链速度/m · min^{-1}	15.62	19.66	30
排距装置	排距链长度/m	18	26.3	50
	排距链速度/m · min^{-1}	0.57	2.5	2.0
	排列间距/mm	47.5	90	90

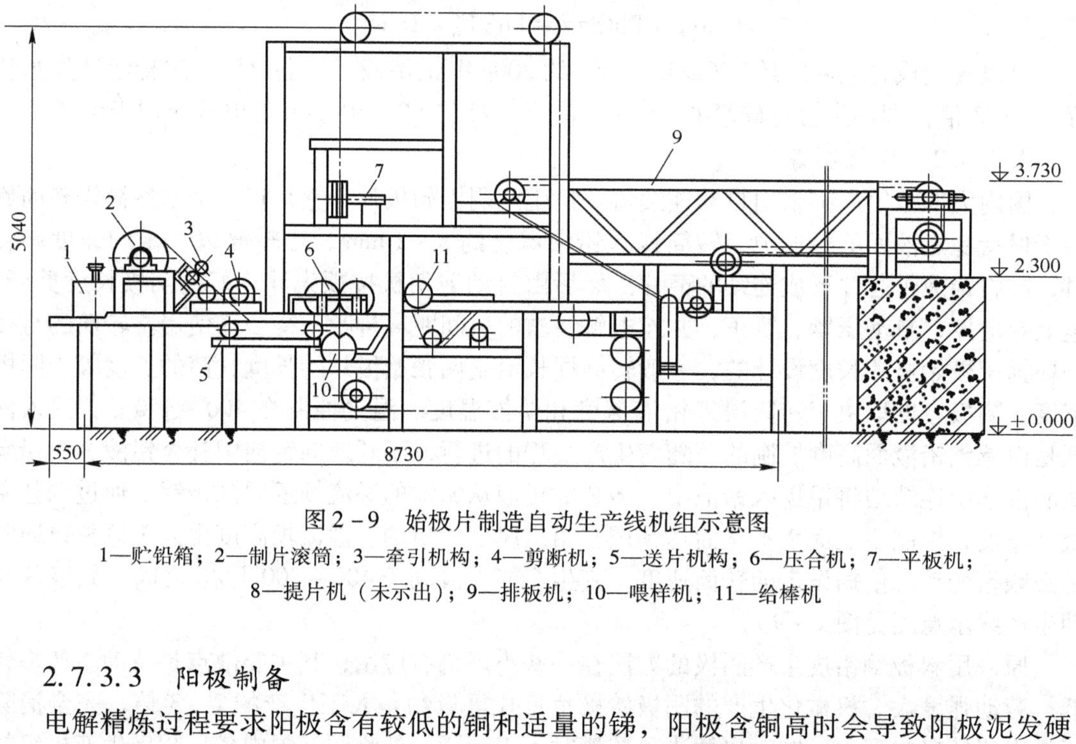

图 2-9 始极片制造自动生产线机组示意图

1—贮铅箱；2—制片滚筒；3—牵引机构；4—剪断机；5—送片机构；6—压合机；7—平板机；8—提片机（未示出）；9—排板机；10—喂样机；11—给棒机

2.7.3.3 阳极制备

电解精炼过程要求阳极含有较低的铜和适量的锑，阳极含铜高时会导致阳极泥发硬，影响正常的阳极反应过程，使阳极不均匀溶解，给下一步阳极泥处理带来麻烦。但也不必像火法精炼那样要把铜除到 0.001% 以下，电解过程具有深度除铜作用，因此阳极含 Cu < 0.06% 即可。

阳极含锑要求为 0.4% ~0.8%。若含锑低于 0.4%，则阳极泥松软，导致部分或大部分脱落，从而使电解液混浊，造成析出铅含 Ag、Bi、Cu 升高，达不到质量标准。但阳极含锑太高，则阳极泥比较致密，给刷泥带来很大困难。为了控制含锑现在多是调整粗铅生产配料，使产出的粗铅含 Sb 为 0.5% ~1%。如果粗铅生产配料有困难致使粗铅含锑太高或太低，在装锅时就要适量配入含锑低或含锑高的杂铅或粗铅，确保阳极有适量的锑。

由于锡和铅的电极电势很接近，因此阳极板含锡要求小于 0.0004%。多年来的实践表明，锡在电解过程中的危害并不十分严重，阳极中的锡约 30% 进入阴极，若阴极含锡较高，在析出铅熔化铸锭前也比较容易除去，实际上现在控制阳极含 Sn < 0.05% ~ 0.2%。

由于对阳极含 Sn 要求放宽，通过配料控制含锑，取消了氧化除砷锑锡作业，只经过初步除铜即可铸阳极进行电解精炼，充分发挥电解过程除杂质的作用，脱 Ag、Bi 的同时又脱去 As、Sb、Sn 和 Te，并有深度除 Cu 的功能。

阳极铸型过去多为人工操作，劳动强度大。由于限制每块阳极的重量，不能延长阳极电解周期。原沈阳冶炼厂研制的铅阳极圆盘铸型机能完成定量浇铸、脱模、起板、平直和排板 5 个作业，节省人力，减轻劳动强度，并提高了阳极的物理规格，为延长电解周期创造了条件。随后此机械相继在我国其他工厂得到普遍应用，并进一步完善，成为一台定型的有色冶金机械。铅阳极圆盘铸型机的构造如图 2－10 所示。

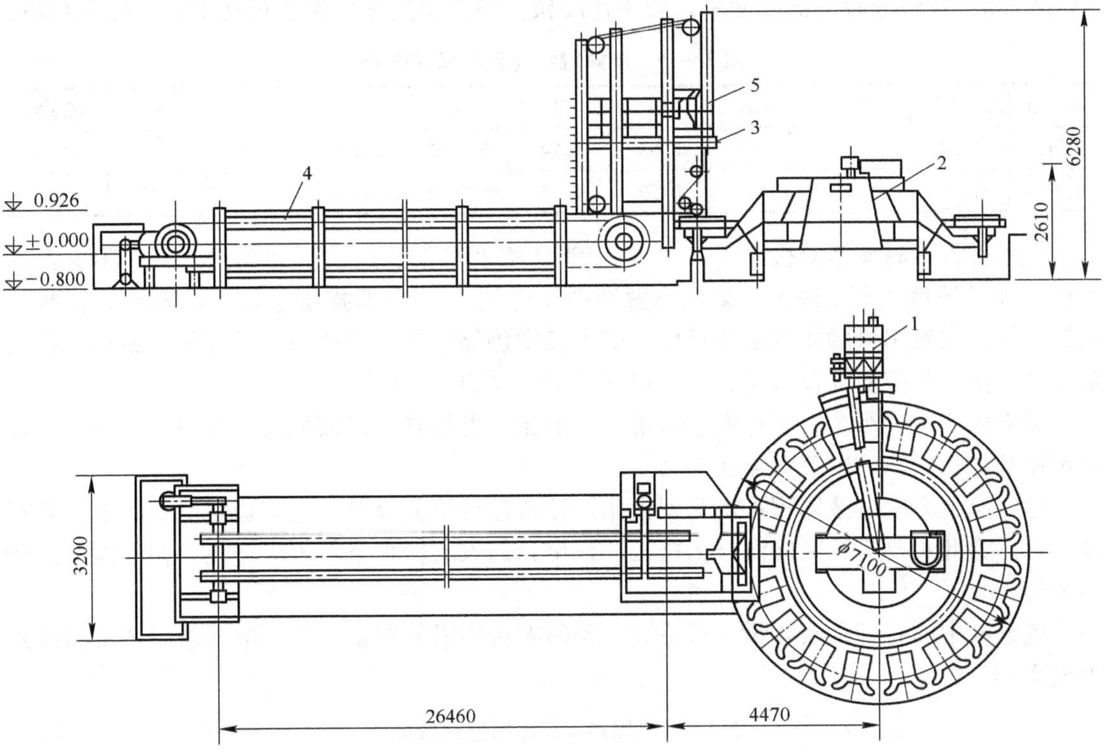

图 2－10 铅阳极浇铸联动线

1—定量浇铸装置；2—回盘铸锭机；3—取板平板装置；4—阳极排板装置；5—平板装置

2.7.4 电解技术条件及其控制

2.7.4.1 电解液成分

电解液由硅氟酸铅和硅氟酸的水溶液组成，正常含 Pb^{2+} 80 ~ 100g/L、游离硅氟酸 70 ~ 100g/L、总硅氟酸根 SiF_6^{2-} 130 ~ 170g/L。Pb^{2+} 浓度太低影响阴极析出铅的结晶质量，Pb^{2+} 浓度太高会使电解液的导电率下降，并可能造成泥层中的 Pb^{2+} 过高，引起 $PbSiF_6$ 的水解或过饱和。游离酸主要是增加电解液的导电性，提高其分散能力，改善析出铅的结晶质量，并降低槽电压，节约电能。

由于阳极的电流效率高于阴极的电流效率，随着电解过程的进行，电解液中 Pb^{2+} 的浓度逐渐升高。随阳极品位的提高和面积电流的降低，Pb^{2+} 浓度升高的速度加快。当电解液中 Pb^{2+} 的浓度过高时需要进行脱铅。脱铅方法有硫酸脱铅和不溶阳极电解脱铅。前者是将硫酸加入含铅高的洗液中，加硫酸量是按反应后溶液中仍保留有约 Pb^{2+} 50g/L，以降低脱铅洗液中残留的 SO_4^{2-} 数量。静置沉淀 16h 即可将脱铅洗液兑入电解液循环系统中使用。不溶阳极电解是用碳电极作为阳极，以铅始极片作为阴极，在正常生产槽中装 1 槽或 2 槽电解即可，这个方法脱铅速度较缓慢，虽析出的阴极铅含杂质稍高一些，但可作为生产始极片的原料或分批装入电铅铸型锅搭配使用。表 2－16 列出电解脱铅前后电解液成分的变化，说明电解脱铅还能破坏电解液中残留的有害有机物，有利于改善析出铅结晶，缺点是电力消耗较高，槽电压为 2.5V，电流效率约为 85%，每脱除 1t 铅耗电约为 800kW · h。加硫酸脱铅操作简单，脱铅速度快，但产出的硫酸铅要过滤干燥，处理麻烦。

表 2－16 电解脱铅前后电解液成分 (g/L)

项 目	总 SiF_6^{2-}	Pb	Cu	Sn	Sb	Bi	Ag	F^-	Cl^-	氨基酸
电解前	167.43	136.27	0.022	0.63	0.74	0.0012	0.0016	2.40	1.60	44.58
电解后	174.03	122.81	0.014	0.50	0.63	0.00086	0.0006	1.76	1.12	41.26

在条件许可时调整阳极含铅，可以使 Pb^{2+} 浓度基本稳定，不必脱铅。有的阳极含铅太低，Pb^{2+} 浓度逐渐下降，需要向电解液中补充 Pb^{2+}。在搅拌槽中加入硅氟酸和粉状氧化铅搅拌，二者用量的原则是使反应后的溶液中仍保留较高的残酸，保证氧化铅完全反应消耗尽。配好的溶液即补入电解液中以缓解 Pb^{2+} 浓度下降。

随着生产的进行，由于蒸发、分解、阳极泥带走和其他机械损失，硅氟酸被消耗，必须定期补加，以保持电解液含酸的稳定。

稳定电解系统溶液体积平衡对保证生产正常进行至关重要，它与稳定电解液浓度有密切关系。为此主要应控制好洗涤阳极泥和析出铅加入的新水量与每天溶液体积的损失量基本平衡。

电解液中的有害杂质含量一般不高，不影响析出铅的质量。各厂电解液中杂质的成分见表 2－17。

表 2－17 国内铅厂电解液杂质成分 (g/L)

厂 别	Cu	Ag	Bi	As	Sb	Sn
原沈阳冶炼厂	0.002	0.001	0.0032	0.3～0.4	1～1.2	0.6
株洲冶炼厂			0.001	0.39	0.8～1.1	0.6
豫光金铅公司	<0.002	<0.001	<0.002		<0.8	<0.1

厂 别	Fe	Zn	F	Cl	氨基乙酸	
原沈阳冶炼厂	4～5	1～1.8	1.2～1.3	1.4	40～60	
株洲冶炼厂	2.5～3.2	0.33				
豫光金铅公司	<3		<3.0			

2.7.4.2 电解液温度

铅电解过程可在较大范围的温度（10～50℃）下正常进行，但最佳温度范围是 30～

40℃。温度太高电解液的蒸发和酸分解损失较大，槽内防腐衬里寿命受影响。温度太低电解液电阻升高，影响电解液的分散能力，也使电耗增加。影响电解液温度的主要因素是电流密度和当地气温，其关系如图 2－11 所示。

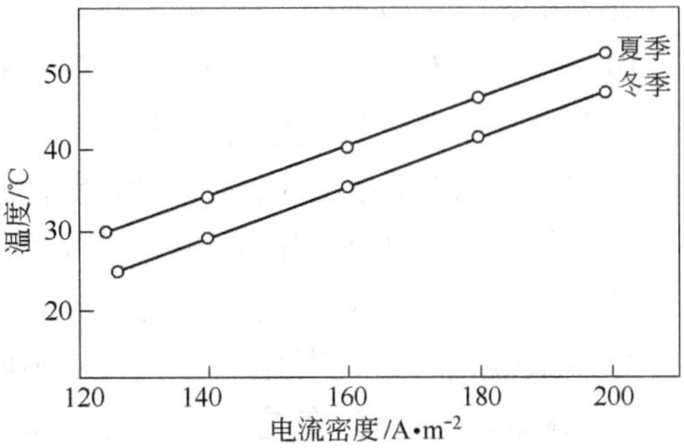

图 2－11 电流密度对电解液温度的影响

从图 2－11 可见，夏季尽可能采用较低的电流密度，冬季则反之。但由于市场变化，如在夏季需求旺盛或售价高，就应该提高电流密度多产铅，这时应在循环槽、高位槽设置蛇形管通水冷却。在冬季才通蒸汽加温。夏季也可以用空气冷却塔使电解液降温，但要有较好的捕收泡沫措施，以防止酸雾污染和酸损失增加。

2.7.4.3 电解液循环

为了消除阴阳极的浓差极化，使槽内电解液成分尽可能均匀，必须使电解液循环流动。由于 Pb^{2+} 的密度较大和阳极上附着泥层，所以循环的作用和循环量的控制对铅电解有特别重要的作用。当阳极含锑偏低时，不宜采用较大的循环量，以防止冲掉阳极泥。当电流密度高时，因浓差极化增大，应保持较大的循环量。当电解槽容积较大时，也应有较大的循环量，通常循环量为 15～25L/min，或每更换一槽电解液需 1.5～2.0h。通过调整设在每槽或每列供液管道上的阀门以控制其循环量。

电解液的循环方式是上进下出，这样有利于悬浮的阳极泥颗粒沉降。原来的两阶或多阶电解槽循环现在大多都改为一阶循环。

2.7.4.4 电流密度

电流密度是控制电解过程最重要的技术条件之一，它不仅影响产品质量，也是生产能力的决定因素。各项技术条件，如电解液温度与循环量、电解周期、阳极成分、添加剂等的调整控制都要适应电流密度的要求。在生产中，在保证产量的前提下，应尽可能保持较低的电流密度生产，这样各项技术条件容易掌握，析出铅结晶致密平整，产品质量高，电力消耗低，各项指标都能达到较好的水平。国内各厂近期的电流密度为 140～200A/m^2。

2.7.4.5 电解周期与极间距离

在残极刷洗未实现机械化之前，阴阳极的电解周期是相同的，都是 2～3 天，阳极较薄，每块重在 70g 以下，同极中心距为 80mm，在残极刷洗机械化和阳极铸型机械化以后，阳极周期比阴极周期长 1 倍，多是阴极周期 2～3 天，阳极周期 4～6 天，极距也增加到 90～100mm。

当电流密度低，阳极杂质含量低时，可选用较长的电解周期，减少出装槽次数，节省人工。国外有工厂把阴极周期延长到 5～7 天的。

有人把电流密度与电解周期的乘积即“通电安·时”的概念用做过程控制的条件，相当于以阳极泥层厚度来调整电流密度与周期的关系。随着“通电安·时”的增加，泥层加厚，槽电压升高，析出铅含杂质升高。生产中“通电安·时”一般不超过 15kA·h/m^2，国外个别工厂也有达到 25～30kA·h/m^2 的。

2.7.4.6 添加剂的应用及其作用机理

由于铅的电化当量较大，电解过程中有阳极泥层形成，浓差极化显著；电解液的电阻较大，分散能力差；阴极结晶状态不平整致密，易产生海绵状和树枝状结晶，为此要向电解液中加入较大量的添加剂，常用的是骨胶、木质磺酸钠（钙）和β－萘酚。

骨胶是一种作用平缓的阳离子添加剂，吨铅的加入量为0.5g，单独使用有高达1kg的。它在电解液中被阴极吸附在表面形成一层吸附膜，增加了阴极极化度。由于阴极表面不平滑和阳极之间的距离是不均等的，阴阳极之间电解液各部位或各点的电阻是不同的，所以电流在阴极表面分布是不均匀的。如果没有添加剂，这种不均分布随着过程的进行越来越严重，各点之间的电流密度差别越来越大，造成析出铅结晶恶化。加入胶后电流密度愈高的点，胶的吸附层愈厚，愈密集，阴极极化度愈大，Pb^{2+}的进一步析出就较困难，从而抑制了不均化进程的扩张，使析出结晶趋于平整。虽然，胶量少不足以克服不均化进程，但过多也不宜，胶量太大影响电解液的分散能力。不同的电解条件下，用量有个最佳范围，国内各厂1t铅的胶用量大多在0.5kg左右，但由于搭配有别的添加剂，最佳范围也不尽相同。

木质磺酸钠是一种阴离子表面活性物质，在阳极表面被吸附，对阳极的均匀溶解有促进作用，同时它能凝聚电解液中的悬浮物，对净化电解液、降低析出铅含银是有利的。但它有堵塞循环管道之弊，需要定期清理。它是造纸厂的副产品，价格低廉，一般1t铅的用量为0.3～0.6kg。

β－萘酚是一个极化度很强、很敏感的添加剂，加入少量就可以显著改善阴极结晶。但长期应用，积累量超过适宜范围，极化值过高，会使析出铅生长尖状开花疙瘩，甚至形成明显的树枝状结晶，这时要立即停用。为避免积累达到危害量，有些工厂常用量很少或偶尔使用。

生产上广泛应用联合添加剂，其效果更好，可能是由于优势互补的作用。联合添加剂中胶是必不可少的，可以补充木质磺酸钠或联合β－萘酚，或三者联合，但不用胶而只用木质磺酸钠和β－萘酚两者联合的则很少。

单用胶或β－萘酚或二者联合使用的阴极极化曲线如图2－12所示。

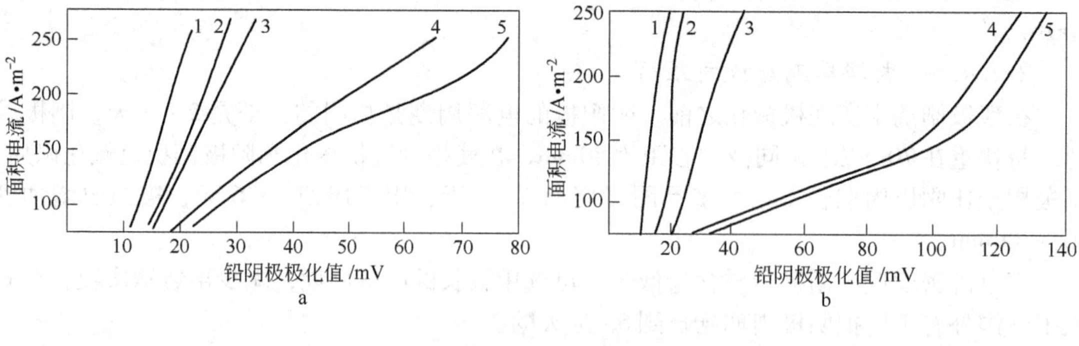

图2－12 使用不同添加剂时的阴极极化曲线

a—老电解液；b—新电解液

1—未加添加剂；2—三级β－萘酚0.01g/L；3—明胶粉0.3g/L；4—明胶粉0.3g/L＋三级β－萘酚0.01g/L；5—明胶粉0.3g/L＋工业纯β－萘酚0.01g/L

从极化曲线可见，当电流密度超过170A/m^2，随电流密度的提高，阴极极化值升高的速度降低，这意味着抑制不均化的能力降低。应该选择具有 $\Delta V/\Delta D_i$ 值大且均衡的联合添加剂配比，这时它的抑制不均匀化能力强，能得到很平整、致密、有金属光泽、呈布纹状结晶的析出铅，含杂质也特别低，如 Ag < 1 × 10^{-6}、Cu < 2 × 10^{-5}；电解槽中极间短路也特别少，电流效率高达95%以上。这种最佳控制要靠车间技术人员根据每天析出铅的结晶状况，精心调整添加剂的用量才能达到。

2.7.5 电解设备

2.7.5.1 电解槽

铅电解槽大多为钢筋混凝土单个预制，壁厚为80mm，长度为2 ~ 3.8m，个别（如日本竹原冶炼厂）槽长达5m，依据每槽极板片数和极间距离，两端各留80 ~ 100mm的距离为进出液用。槽宽视阴极宽度两边各留50 ~ 80mm的空余，以利于电解液循环，槽子宽度波动于700 ~ 1000mm，日本竹原、神冈两厂则宽达1.3m。槽子深度决定阴极长度和阴极下沿距槽底高度，后者一般为200 ~ 400mm，它影响掏槽周期。槽子总深度为1000 ~ 1400mm，竹原、神冈两厂分别为1.5 ~ 1.6m。

电解槽的防腐衬里过去多为烙沥青，现在则为衬5mm厚的软聚氯乙烯塑料。电解槽寿命可达50年以上，关键是制作要保证质量，使用时要精心维护、及时修理。还有整体注塑成的聚乙烯塑料槽，厚5mm，以它作为浇制钢筋混凝土槽体的内模板浇灌混凝土，经脱模后，即成为外部是钢筋混凝土、内部是整体防腐衬里的电解槽。这种电解槽已在我国豫光金铅公司采用，实践证明该槽不漏液，效果很好。

电解槽的配置依照槽与槽之间电路是串联连接，槽内极间是并联连接。有的工厂把8 ~ 16个槽组成一列，也有把全部槽子分成两列或四列的，这要依据厂房的长宽而定。槽子高度最好保证槽底距地面1.8 ~ 2.0m，以便于检查槽子是否漏液和及时修理，同时便于槽下设置贮液槽。

电解槽壁上部放置瓷砖，瓷砖中心放置槽间导电棒，现在有将瓷砖改为硬聚氯乙烯板或橡胶带的，中间导电棒直径为30 ~ 40mm，依电流大小而定，也有用矩形断面钢板，边槽放置的导电板则依据电流强度大小，用2 ~ 5层，宽100(或200)mm、厚10(或20)mm的铜板制成。

2.7.5.2 残极刷洗机

阳极泥附着在残极上，出槽时要把残极上的阳极泥刷掉，这是铅电解与其他电解不同之处。人工刷洗是一件繁重的体力劳动，并且也限制了电解周期的延长，影响劳动生产率的提高，1956年沈阳冶炼厂铅电解车间研制了卧式残极刷洗机，残极刷洗机的行程相当于残极宽度，刷子数目比残极片数多一把，是两面带刷毛的，每片残极均夹在两把刷子之间，刷子长度略长于残极长度，经过一次机械往复就把泥刷掉了。其构造示意图如图2 - 13所示。

2.7.5.3 高位槽、循环槽和贮液槽

高位槽具有稳压和排气的作用，如果夏季要降温则要在槽中放置降温管，槽体为钢筋混凝土或砖砌内衬聚氯乙烯软板，其高度要保证供液管道系统的阻力，其容积为电解液总量的2% ~4%。近来有的工厂研究取消高位槽，由循环泵直接打入供液管道，总管上设

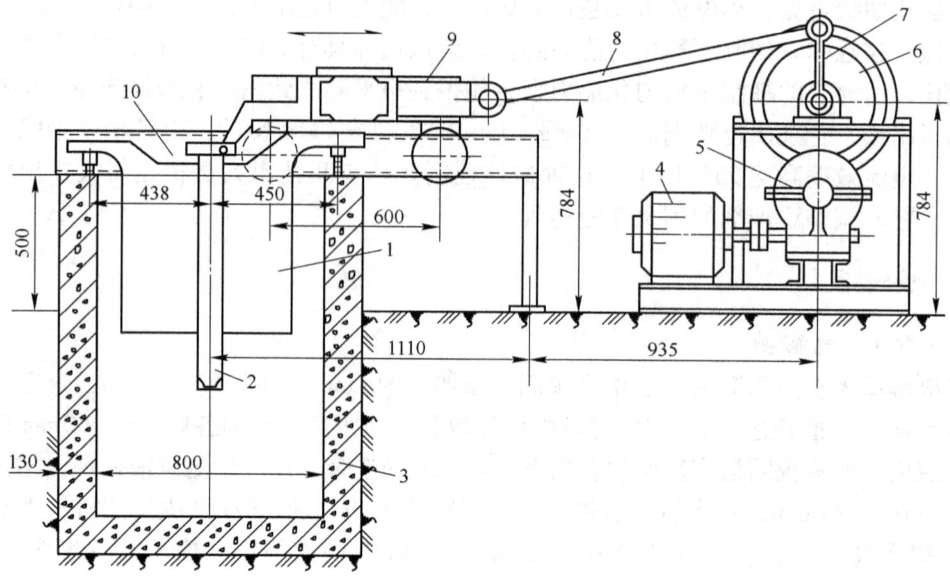

图 2-13 卧式残极洗刷机构造示意图

1—残极；2—条刷；3—残极刷洗机；4—电机；5—减速机；6—大齿轮；
7—曲柄；8—连杆；9—刷架小车；10—刷板支架

排气管，效果很好。

循环槽是供电解液循环用的，在停电时承接循环管道中的电解液，需要降温时可放置蛇形管，其容量为电解液总量的6% ~8%。

贮液槽是用来贮存硅氟酸、电解液和洗液用的。贮酸槽根据供酸厂家远近和供货是否及时决定贮存数量。电解液贮槽主要是贮存待掏槽中的电解液，其总容量约为2列槽的电解液。洗液槽一般设5个，用来贮存阳极泥的过滤和洗涤液。按其含电解液浓度不同，其槽数分为高3、中1和低1配置。3个高浓度洗液槽分别储存阳极泥浆、阳极泥沉清液和把已沉清好的溶液供给循环系统。以上各槽的容积约等于每天最大补加液量的1～2倍。

这些贮液槽槽体多为砌砖内衬软塑料，用钢筋混凝土衬塑料则更好。

2.7.6 阳极泥的洗滤

附着在残极上的海绵状阳极泥，由于极化作用和扩散缓慢，泥层中夹带的电解液含酸、铅都特别高，并且随着电流密度的提高、电解周期的延长和阳极杂质含量的增加而升高，即随阳极泥厚度和致密度的增加而升高，其中总硅氟酸和 Pb^{2+} 均可达 300g/L 以上。所以，充分洗涤阳极泥，并回收其中的酸、铅，对于降低损失和稳定电解液组成均有重要作用。通常阳极泥率为1.5%，实际上因阳极成分的差异而波动于1.2% ~3%。国内外铅厂阳极泥率及其成分见表2-18。

为了保持整个系统的体积平衡，洗涤阳极泥用水量是受到限制的，它应该等于电解液蒸发和机械损失的数量。为了在一定用水量的条件下尽可能多地回收阳极泥带走的酸，采用逆流洗涤，其流程如图2-14所示。

表 2-18 阳极泥率及其成分 (%)

项目名称		原沈阳冶炼厂	株洲冶炼厂	韶关冶炼厂	水口山矿务局	豫光金铅公司	Trail 厂	Oroya 厂	竹原厂	Onsan 厂
阳极泥率		1.8~2	1.3~1.7	1.54	2~2.8	1.8				
阳极泥化学成分	Pb	12~15	8~12	10	<12	<15	7.8	14.31	14.59	8
	Ag	8~12	8~14	15	7~12	8~15	15.5	9.14	2.44	10~12
	Bi	8~13	8~14	5~6	2~6	<10	14	10	2.66	20
	Sb	50	33~45	40	25~35	<40	40	35.01	41.4	35
	Te	0.43	0.2~0.5	—	0.13	—	—	—	—	
	Cu	0.6	1.63	5~7	1.5	1.0	0.16	1.0	2.66	3
	As	12~13	12~13	0.3	16		7.8	4.5	0.5	0.2
	Sn	—	1~2	—	—			—	0.38	
	Au	0.32	0.051	0.0025			0.016	0.103	0.027	

阳极泥的液固分离可以用离心机或压滤机，经过过滤和洗涤的阳极泥送下工序专门处理回收其中的金银铋碲等有价元素。过滤得到的滤液扬至贮液槽澄清后返回电解液循环系统。阳极泥洗液返回刷洗槽，用于刷残极。该流程曾采用自然过滤，由于劳动强度大，劳动条件恶劣，现在大多数工厂改用压滤机过滤，其流程如图 2-15 所示。

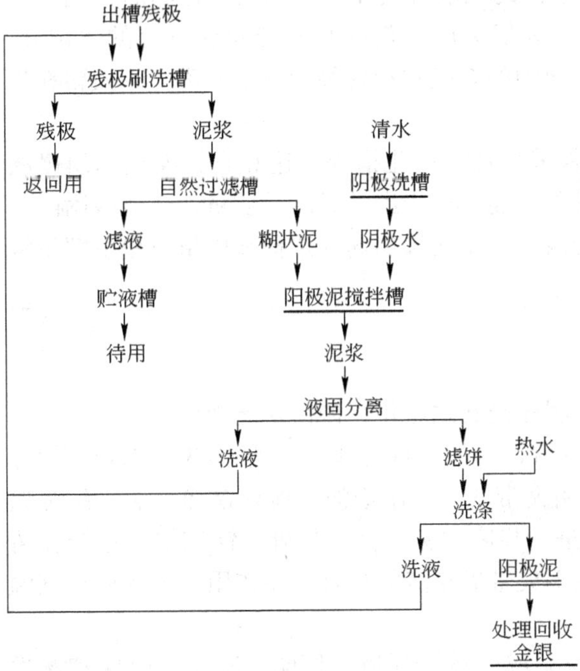

图 2-14 阳极泥洗涤作业流程

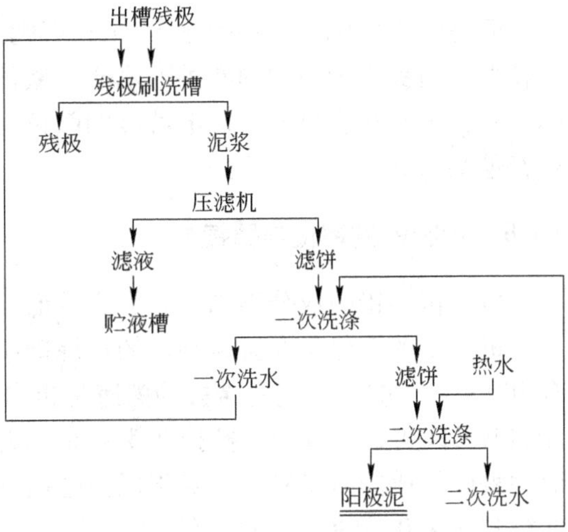

图 2-15 阳极泥压滤作业流程

压滤机过滤的压力为 0.25MPa，压滤速度为 1~1.5$m^3/(m^2 \cdot h)$，压滤时间为 1h，洗涤压滤速度为 0.5$m^3/(m^2 \cdot h)$，阳极泥产量为 1~1.2t/次（压滤面积为 50m^2），阳极泥含水约为42%，含铅为8%～12%。

2.7.7 铅电解液的净化

铅电解精炼和铜电解精炼不同，它没有一个专门的净液工序。这是由于比铅较正电性的杂质如铜、银、铋在电解过程中从阳极溶解的极少，一旦有微量溶解，即能在阴极析出，在电解液中不会造成积累；比铅较负电性的杂质如锌、镉、铁等在阳极中含量通常都很微量，不致造成积累和危害，唯独阳极若含锡较高则能导致电解液和阴极铅含锡升高，为此，上海冶炼厂在含锡高的析出铅熔化铸锭时加氢氧化钠精炼将锡变成锡酸钠产品回收，对含锡高的电解液也不需要净化除锡。阳极中的砷、锑在泥层中可能由于电化学和化学溶解，使电解液含 As 达0.3g/L，含 Sb 达1～1.2g/L，相应地析出铅含砷锑也高。但在熔化铸锭时很容易除去不影响产品质量。在铅电解液中未发现有砷锑的积累，但是铅电解液的长期反复循环使用，特别是添加剂用量控制不当时，会造成电解液中有机物含量的过量积累，使电解液电阻率升高，电化学性能下降，分散性降低，致使槽电压升高，电力消耗增加，析出铅结晶不好，很难产出平整致密的析出铅。如果补入新配制的电解液，控制好添加剂的使用，能减缓或基本消除这种现象。

原沈阳冶炼厂的老电解液呈棕红色，在铅、酸浓度相同时，其电阻率是新配电解液的1.7～1.8倍。日本佐贺关冶炼厂也有类似的情况，老电解液的槽电压高达0.6～0.7V，电耗200kW·h/t，而用新电解液则分别降到0.46V，144kW·h/t。因此，他们曾先后分别用生产 Na_2SiF_6 的方法净化电解液，即将抽出的老电解液加硫酸除铅并过滤后，向溶液中加入 Na_2CO_3（原沈阳冶炼厂）或 NaOH（佐贺关厂）使硅氟酸转变成不溶的 Na_2SiF_6 析出，经过滤、洗涤、干燥后出售，老电解液中的有机物和各种杂质金属离子则残留在母液中弃去。

但是生产历史最长的加拿大 Trail 厂则未采取任何净化措施，这和它长期用木质磺酸钙和少量的胶作为添加剂有关，木质磺酸盐不仅能改善析出的铅结晶质量，也能吸附除去部分有害杂质和有机物，使电解液的颜色变淡，这说明添加剂的选择和用量对铅电解过程有着重要意义。

2.7.8 析出铅的熔化与铸锭

由于析出铅的成分不均匀和强度较低，阴极铅必须熔化、铸锭才能销售。

析出铅的熔化是在铸钢制造的精炼锅中进行。锅的容量在国内一般为30～100t，国外有200～300t的。熔化后捞去的黑渣是析出铅夹带的少量阳极泥，应该捞净，然后按吨铅计加 NaOH 0.1～0.2kg，搅拌0.5～1h，以进一步除去其中微量的砷、锑和锡，这样在铸锭时表面形成的渣量极少，对于保证电铅锭不夹带氧化渣粒具有重要作用。搅拌后铅液温度控制在450～480℃，进行铸锭。

铸锭大都采用专门的直线式铸型机，需完成浇铸、刮渣、打印、脱模、码垛和输送作业。

氧化铅渣率为1%，渣含铅约为90%，含 As + Sb 为0.5%～1%，送浮渣反射炉处理回收铅。按吨铅计过程燃料消耗为20～30kg。

有的加工厂原料含锡高，如上海冶炼厂铅阳极含锡高达1%～2%，电解后析出铅含锡0.7%～1.3%，在熔化精炼过程要除锡使之达到1号铅标准。除锡过程加入为锡量的3～5倍的NaOH和$NaNO_3$（为NaOH量的1/4），搅拌3～5h，产出的碱渣含锡20%～30%，送去生产锡酸钠。铅液含Sn＜0.001%，符合1号铅标准。

铅锭每块重不超过50kg，根据用户要求，也有35kg甚至1t的。

铅电解精炼的主要技术经济指标见表2－19。

表2－19 铅电解精炼主要技术经济指标

项　目	指　标	备　注	项　目	指　标	备　注
铅回收率/%	99	到电铅锭	吨铅的交流电单耗/kW·h	160～180	
铜回收率/%	90	到商品锍	吨铅的酸耗/kg	3～5	
银回收率/%	98.5	到电银锭	吨铅的燃料单耗/MJ	2936	重油70kg
金回收率/%	98.6	到金锭	吨铅的劳动生产率/人·h	6	
铋回收率/%	53	到金属铋			

2.8 镍的电解精炼

20世纪初，粗镍阳极电解精炼工艺在工业上获得应用，该工艺具有阳极杂质含量低（杂质总量为6%～8%，含硫约1%，主金属大于85%），电耗低，阳极液的净化流程简单等优点。但由于粗镍阳极的制备需要进行高镍锍的焙烧与还原过程，造成整个工艺流程复杂，建设投资大。

缓慢冷却、选矿分离高镍锍和镍的硫化物阳极电解是20世纪五六十年代镍冶金技术的重大发展。最早采用此工艺的是加拿大国际镍公司的汤普森精炼厂，此后该工艺被广泛使用。我国的金川公司和成都电冶厂也应用了这项技术。目前，我国的镍产量90%以上是用该工艺生产的。在北美和西欧许多国家，硫化镍电解法已经取代了传统的粗镍阳极电解工艺。

镍的硫化物阳极电解相对粗镍阳极电解来讲是一大改进，取消了高镍锍的焙烧与还原熔炼过程，从而简化了流程，减少了建厂投资和生产消耗。但硫化镍阳极含硫较高（一般含硫20%～25%，含镍65%～75%），尚存在有电耗大，残极返回量大，阳极板易破裂等缺点。

对于镍电解精炼过程，由于阴极过程本身脱除杂质的能力有限，阳极中的杂质元素在硫酸盐和氯化物体系中，进入溶液中的杂质种类很多，如铜、铁、钴、铅、锌等，因此，阴极液必须预先经过净化处理，以控制杂质元素的含量，同时采用隔膜电解槽，使阴极液和阳极液分开，这种电解槽的构造较为复杂。

由于镍电解精炼的电解液的酸度比较低，一般控制pH值为4～5。这是因为在镍阴极上氢的析出超电压较低，属于中等超电压的镍的析出电势与氢相近，因此在镍电解过程中常有少量氢气析出。这不仅使电流效率降低，而且影响产品质量，因为镍能吸收氢气。为了防止和减少氢的析出，工业上采用弱酸性溶液进行电解。同时，为了维护电解液在适当的酸度范围内，在电解液中需要加入少量硼酸作为缓冲剂。

粗镍阳极电解精炼与硫化镍阳极电解精炼两种工艺的共同特点是：（1）溶液需要深度净化；（2）采用隔膜电解；（3）电解液为弱酸性。

2.8.1 镍电解精炼过程

在镍电解溶液中存在着 Ni^{2+}、SO_4^{2-}、Cl^-、Na^+、OH^-、H^+ 和少量 Cu^{2+}、Fe^{2+}、Co^{2+} 等杂质。在外电场作用下，带正电的主金属 Ni^{2+} 向阴极移动，在阴极上还原为 Ni。

$$Ni^{2+} + 2e = Ni$$

粗镍阳极反应为：

$$Ni - 2e = Ni^{2+}$$

对于硫化镍阳极，阳极反应为：

$$Ni_3S_2 - 6e = 3Ni^{2+} + 2S$$

硫化镍阳极反应较为复杂，它包括硫化物氧化成元素硫进入阳极泥，伴随着释放出金属镍离子进入溶液及电子进入阳极而移向外电路。

在镍电解过程中，为了防止阳极溶解下来的 Co^{2+}、Cu^{2+}、Fe^{2+} 等杂质离子在阴极上析出，用隔膜袋将电解槽分为阴极区和阳极区两部分，使阴极和阳极隔开（图 2－16）。经过净化的纯净电解液从高位槽流入隔膜袋（即阴极区），袋内的液面始终高于阳极区的液面，并保持一定的液面差，使阴极液依靠静压差通过隔膜袋微孔渗入到阳极区的速度大于在电流作用下杂质离子从阳极移向阴极的速度，阻止阳极液进入阴极区，从而维持了隔膜内电解液的纯净，保证了电镍的质量。从电解槽溢流出来的阳极液送往净化工序；阳极泥送去回收钴、铜及贵金属。对于硫化镍直接电解，从阳极泥中副产大量元素硫。

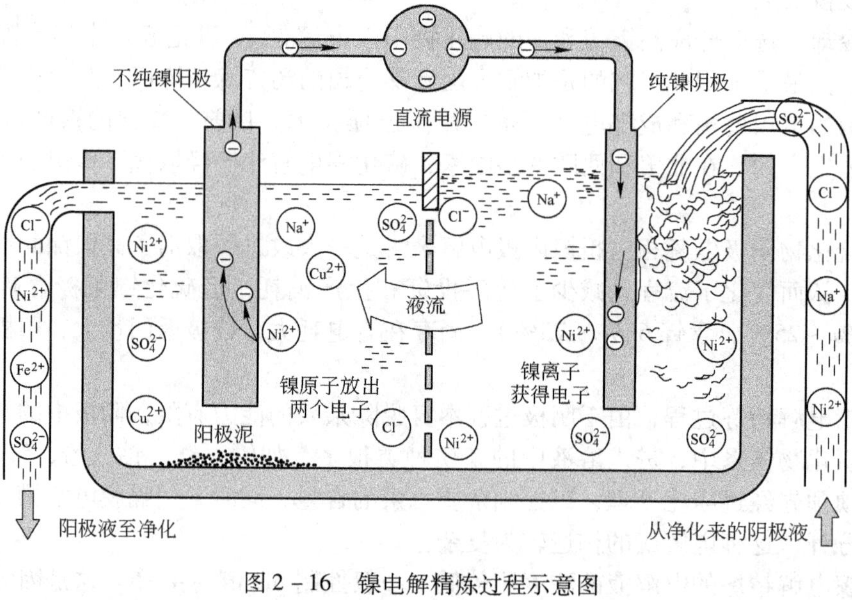

图 2－16 镍电解精炼过程示意图

2.8.2 硫化镍（镍锍）阳极电解精炼的电极反应

2.8.2.1 阳极反应

硫化镍阳极主要组成为 Ni_3S_2 及部分 Cu_2S，FeS 等硫化物，其化学组成约为 Ni >

40%，Cu<25%，S 19%~23%，在电解阳极发生如下的溶解反应：

$$Ni_3S_2 - 2e = Ni^{2+} + 2NiS \tag{2-1}$$

$$NiS - 2e = Ni^{2+} + S \tag{2-2}$$

$$Ni_3S_2 - 6e = 3Ni^{2+} + 2S \tag{2-3}$$

上述溶解反应中，反应(2-3)可由反应(2-1)+2×反应(2-2)得到。反应(2-3)阳极溶解反应平衡电势为：

$$\varphi = 0.104 + 0.030\lg a_{Ni^{2+}}$$

Cu，Fe 等杂质也发生溶解：

$$Cu_2S - 4e = 2Cu^{2+} + S \tag{2-4}$$

$$FeS - 2e = Fe^{2+} + S \tag{2-5}$$

硫化镍阳极溶解时，因控制的电势比较高，S^{2-}已氧化成为单体硫，可进一步氧化成为硫酸：

$$Ni_3S_2 + 8H_2O - 18e = 3Ni^{2+} + 2SO_4^{2-} + 16H^+ \tag{2-6}$$

同时，也可能发生反应：

$$H_2O - 2e = \frac{1}{2}O_2 + 2H^+ \tag{2-7}$$

式（2-6）和式（2-7）是电解造酸反应，因此，电解时阳极液的 pH 值会逐渐降低。在电解生产过程中取出的阳极液，其 pH 值在 1.8~2.0 左右，所以在返回作为阴极液时，除了要脱除溶液中的杂质外，还需要调整酸度。造酸反应所消耗的电流约为 5%~7%，使阳极电流效率低于阴极电流效率。这是造成硫化镍直接电解中，阴、阳极液中 Ni^{2+}不平衡的原因之一。

2.8.2.2 镍还原的阴极反应

当镍电解精炼采用硫酸盐-氯化物混合体系时，溶液呈弱酸性，pH=4~5。当控制阴极电势一定时，主要为 Ni^{2+}在阴极还原，即

$$Ni^{2+} + 2e = Ni$$

如前所述，氢在镍电极上析出的超电压较低，致使镍和氢的析出电势相差较小。因此，在电解过程中，溶液中的氢离子可能在阴极上析出：

$$2H^+ + 2e = H_2$$

在生产条件下，氢析出的电流一般占电流消耗的 0.5%~1.0%，同时，镍能吸收氢而影响产品的质量。因此，为了保证镍电解精炼的经济技术指标和产品质量，防止和减少氢的析出是很重要的。

由于金属析出电势的影响，对于镍来说，阴极析出电势不是-0.25V，镍阴极在硫酸镍溶液中的析出电势约为-0.57~0.60V，在这样低的阴极电势下溶液中的杂质 Fe^{2+}、Cu^{2+}、Co^{2+}、Pb^{2+}、Zn^{2+}等都可能在阴极上析出，影响电镍质量。因此，输入的阴极新液必须经过预先净化处理，以控制溶液中的杂质在允许的范围内。

2.8.3 镍电解阳极液的净化

硫化镍直接电解的阳极化学成分是复杂的，由于熔铸阳极的原料是二次镍精矿，因此不可避免含有大量的杂质，如铁、铜、钴、铅、锌等。杂质在硫酸盐和氯化物体系的电解

液中，与镍一道溶解进入溶液。由于镍电解的阴极过程本身脱除杂质的能力有限，为了防止杂质元素在阴极上析出，产出合格电镍，在生产上采用隔膜电解槽，将阴极液和阳极液分开，同时，阳极液必须经过净化处理，除去杂质，得到相当纯净的电解液（阴极液）才能送去电解。硫化镍阳极电解精炼的阳极液和阴极液的化学成分见表2－20。

表2－20 硫化镍直接电解的阳极液和阴极液的化学成分 (g/L)

工 厂	电解液	Ni	Cu	Fe	Co	Zn	Pb	pH
Ⅰ工厂	阳极液	>70	0.4～0.8	0.2～0.6	0.1～0.25	0.001～0.0015	0.001～0.002	1.5～2
	阴极液	>70	≤0.003	≤0.004	≤0.02	≤0.00035	≤0.0003	4.6～5.0
Ⅱ工厂	阳极液	>60	0.6～1.0	0.1～0.3	0.1～0.6	<0.0015	0.002～0.004	2.5～3
	阴极液	60～65	0.0003	0.0006	0.0015	0.0003	0.00008	2～2.5
Ⅲ工厂	阳极液	>60	0.4～0.6	0.06～0.1	0.06	0.0004～0.0006	0.007～0.008	1.5～2
	阴极液	60～70	<0.0003	<0.0005	<0.001	<0.0003	<0.00005	2～2.5

工业上使用的电解液净化方法有离子沉淀法、置换法、有机溶剂萃取法和离子交换法等。我国某些镍厂镍电解阳极液净化工艺流程分别如图2－17和图2－18所示。

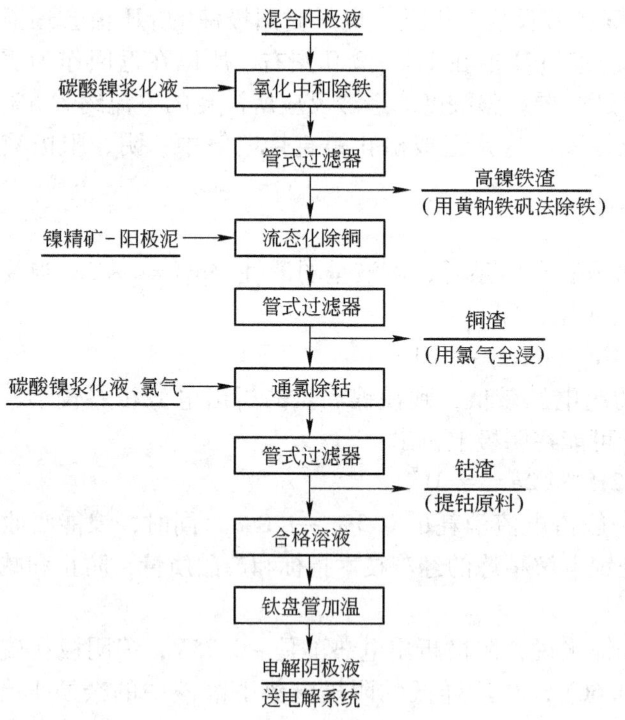

图2－17 工厂镍电解阳极液净化工艺流程Ⅰ

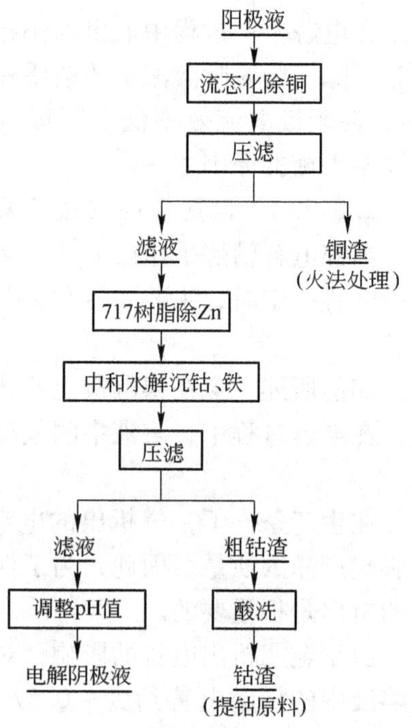

图2－18 工厂镍电解阳极液净化工艺流程Ⅱ

2.8.3.1 镍电解液净化除铁

在镍电解生产中，阳极液含铁量一般为100～500mg/L，净化后要求溶液含铁量降至

0.5 ~4mg/L，通常采用水解沉淀法除铁。

工业生产上常用的水解沉淀除铁方法有中和水解法、黄钠（钾）铁矾法、针铁矿法和赤铁矿法。

A 中和水解法

通常所说的中和水解法是用碱调节溶液 pH 值，在确保待提取的主金属离子不发生水解沉淀时，杂质金属离子以氢氧化物 $M(OH)_n$ 的形态析出，故也称为氢氧化物沉淀法。

金属离子水解按下式进行：

$$M^{n+} + nOH^- = M(OH)_n \downarrow$$

OH^- 离子来源于水的离解反应。如果以［M^{n+}］表示溶液中的金属离子在水解反应达到平衡时的浓度，则［M^{n+}］与 pH 值的关系可用图 2 – 19 示出。当金属离子浓度一定时，［M^{n+}］发生水解沉淀的 pH 值见表 2 – 21。

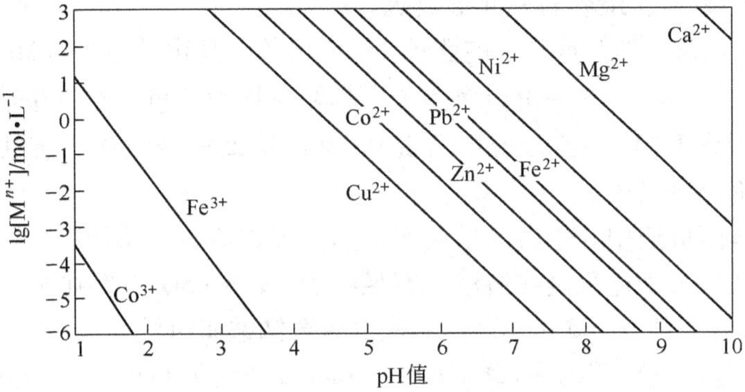

图 2 – 19 某些金属离子在水溶液中的平衡浓度与 pH 值的关系（25℃）

表 2 – 21 氢氧化物沉淀时，M^{n+} 的平衡 pH 值（25℃）

M^{n+}		Ca^{2+}	Mg^{2+}	Ni^{2+}	Fe^{2+}	Pb^{2+}	Zn^{2+}	Co^{2+}	Cu^{2+}	Fe^{3+}	Co^{3+}
平衡 pH 值	［M^{n+}］= 1mol/L	11.37	8.37	7.1	6.35	6.22	5.65	5.1	4.37	1.53	-0.2
	［M^{n+}］= 10^{-6}mol/L	14.37	11.37	10.1	9.35	9.22	8.65	8.1	7.37	3.53	1.8

从图 2 – 19 和表 2 – 21 可得如下结论：

（1）在离子浓度相同的情况下，位于图左边各种离子的平衡 pH 值小，故它们在较小的 pH 值下便可沉淀，或者说它们的盐类容易水解，而碱土金属的盐类难于水解。

（2）对照 Fe^{2+}、Fe^{3+}、Co^{2+}、Co^{3+} 的水解平衡线可知，对变价金属而言，同一金属其高价离子比低价离子容易水解。因此在镍电解液净化时，为使溶液中的 Fe^{2+} 也优先水解沉淀，则鼓入空气使 Fe^{2+} 氧化成 Fe^{3+}，进而成 $Fe(OH)_3$ 沉淀。同样的道理，用氯气将 Co^{2+} 氧化成 Co^{3+}，以 $Co(OH)_3$ 沉淀。

氢氧化物沉淀法为提取冶金中应用最广的除铁方法，但是这种方法的主要缺点是 $Fe(OH)_3$ 具有胶体性质，不仅沉淀速度慢，澄清过滤困难，而且使主金属和其他有价金属被吸附而损失。因此，当 Fe^{3+} 浓度较大时，从溶液中分离 $Fe(OH)_3$ 是很困难的。生产实践表明，该法只适宜于用来净化处理低浓度（如铁离子质量浓度在 1g/L 左右）的溶液。

B 黄钠（钾）铁矾法、针铁矿法和赤铁矿法

如何从铁离子浓度较高的溶液中除去 Fe^{3+} （或 Fe^{2+}），常规的水解沉淀法因生成大量 $Fe(OH)_3$ 胶状沉淀导致沉铁过程液固分离困难。经长期的研究和实践，在20世纪六七十年代，先后有黄钾（钠）铁矾法、针铁矿法和赤铁矿法三种新的除铁方法在湿法冶金中推广应用。三种方法的共同特点是控制一定的沉铁条件，使溶液中的铁离子以人造矿物（如铁矾、针铁矿和赤铁矿等）沉淀，这些人造矿物沉降物呈结晶状，易于沉降、过滤和洗涤。

（1）黄钠（钾）铁矾沉铁法。在自然界，有些矿物具有相似的组成、相同的结构和相同的结晶形态，这就是地球化学上所称的类质同晶。所谓矾就是一系列类质同晶矿物的总称，而一价金属离子（如 K^+、Na^+、Ag^+、NH_4^+ 等）和三价金属离子（如 Al^{3+}、Fe^{3+}、Cr^{3+} 等）的硫酸盐最容易一起形成矾。

黄钾铁矾类的铁矾，如钾铁矾、钠铁矾、铵铁矾等，其化学通式为 $MFe_3(SO_4)_2(OH)_6$。M 可以是 K^+、Na^+、NH_4^+ 等一价金属离子，其颜色均为黄色。在湿法冶金上，考虑试剂的经济成本（其中含 K^+ 的碱或盐价格昂贵），常以纯碱或液氨作为沉铁试剂，以提供形成铁矾所需的一价金属离子。

在处理镍电解阳极液中和水解除铁所产出的高镍铁渣时，采用硫酸溶解—氯酸钠氧化—黄钠铁矾法除铁。沉铁过程是在溶液中有足够的 Na^+ 和 SO_4^{2-} 存在时，在90～95℃的温度下，控制适当的pH值（1.5～1.8），就能生成黄钠铁矾沉淀。

$$3Fe_2(SO_4)_3 + Na_2SO_4 + 12H_2O = Na_2Fe_6(SO_4)_4(OH)_{12}\downarrow + 6H_2SO_4$$

铁矾类复盐呈黄色或淡黄色斜方结晶，成分稳定，在酸性溶液中溶解度小，沉降、过滤和洗涤性能好，液固分离易于进行，所以除铁效果好。

（2）针铁矿沉铁法。针铁矿沉铁法又称空气氧化除铁法。它是在80～90℃时，在低酸浓度（pH = 3～3.5）的硫酸盐溶液中，通入分散空气使溶液中的 Fe^{2+} 氧化成 Fe^{3+}，并形成与天然针铁矿（如纤铁矿，化学式为 $\gamma-FeOOH$）在晶形和化学成分上相似的化合物沉淀：

$$4Fe^{2+} + O_2 + 6H_2O = 4FeOOH\downarrow + 8H^+$$

该反应形成的针铁矿为 $\gamma-FeOOH$，系棕色针状结晶。针铁矿法除铁的重要条件是溶液中 Fe^{3+} 浓度应小于1g/L，因而需要增设一道还原工序，将 Fe^{3+} 还原成 Fe^{2+}。

（3）赤铁矿沉铁法。赤铁矿是一种炼铁原料。人们研究发现，在高温（约200℃）、高压（2MPa）条件下，当硫酸浓度不高时，溶液中的 Fe^{3+} 便会发生加水分解反应，得到 $\alpha-Fe_2O_3$ 沉淀：

$$2Fe^{2+} + \frac{1}{2}O_2 + 2H_2O = \alpha-Fe_2O_3\downarrow + 4H^+$$

从化学式所表示的化学成分可知，赤铁矿沉淀渣中铁的含量（约60% Fe）比黄钠（钾）铁矾法和针铁法铁渣中铁的含量都高，因此该法的铁渣量少，可作为炼铁原料，但需要昂贵的高压釜作为沉铁设备，同样要预先将 Fe^{3+} 还原成 Fe^{2+}，该法的建设投资大。目前该方法还只有在国外湿法炼锌工厂有生产应用。

湿法冶金中的氧化水解除铁方法比较见表2－22。

表 2-22 氧化水解除铁方法比较

方法	适用铁的浓度范围	起始铁离子形态	沉淀物形态	过程条件			
				pH 值	温度/℃	压力	预处理
常规法	低铁溶液 (Fe < 1g/L)	Fe^{3+}	$Fe(OH)_3$	3.5 ~ 4.5	60 ~ 80	常压	Fe^{2+}需氧化
铁矾法	高铁溶液	Fe^{3+}	$M_2Fe_6(SO_4)_4(OH)_{12}$	1.5 ~ 1.8	90 ~ 95	常压	Fe^{2+}需氧化
针铁矿法	高铁溶液	Fe^{2+}	FeOOH	3 ~ 3.5	80 ~ 90	常压	Fe^{3+}需还原
赤铁矿法	高铁溶液	Fe^{2+}	$\alpha-Fe_2O_3$	40 ~ 50g/L H_2SO_4	180 ~ 200	高压	Fe^{3+}需还原

2.8.3.2 镍电解液净化除铜

在镍电解阳极液中，铜是主要杂质之一，其含量一般在 0.1 ~ 1g/L 之间。阳极液净化过程要求除铜将其降至 0.0003 ~ 0.003g/L。基于铜在镍电解液中的诸多金属元素中，铜属电势较正的金属，且铜的硫化物在一般弱酸性溶液中其溶度积很小，化学性质很稳定，因而在生产上一般都采用置换法或硫化沉淀法除铜。

A 置换沉淀法除铜

置换沉淀的原理是在金属盐水溶液中，用较活泼金属（电势较负）将较不活泼的金属（电势较正）还原成金属而沉淀的溶液净化方法。在由硫酸盐和氯化物组成的镍电解阳极液中，Ni^{2+} 的标准电极电势（-0.25V）较待净化除去的杂质 Cu^{2+}（+0.34V）更负，因而可用金属镍粉将铜从溶液中置换出来，发生如下反应：

$$Ni + Cu^{2+} = Ni^{2+} + Cu\downarrow$$

然而，铁粉的电势（-0.44V）比镍更负，为什么不用铁粉作置换剂呢？这是因为用镍粉置换铜，既除铜，又补镍，且不会给溶液再带入杂质铁。

在生产上，当镍粉活泼性较差，则添加硫磺来加速除铜过程：

$$Cu^{2+} + Ni + S = CuS + Ni^{2+}$$

国外镍电解厂较多采用加镍粉除铜。为了得到满意的除铜效果，操作时应遵循下列要求：

（1）镍粉应具有较高的活性。通常在比较低的温度下，用氢还原氧化镍粉的方法能得到适合这种要求的镍粉。

（2）阳极液的温度应保持在 80℃，pH 值应低于 3.5。提高液温可加快镍粉的置换反应速度，维持溶液的 pH 值低于 Fe^{3+} 的水解值，可消除胶状的氢氧化铁沉淀包裹镍粉的危害。

（3）设备应密封，减少空气进入净化槽，防止已经置换出来的海绵铜氧化重溶。

20 世纪 50 年代末，苏联北方镍公司研制成功用流态化置换槽代替机械搅拌槽除铜。实践证明，当阳极电解液含 Cu 0.40 ~ 0.56g/L、流量为 160m^3/h，经流态化置换槽处理后，溶液中残留铜为 1.2 ~ 4.0mg/L。与机械搅拌槽相比，流态化槽的除铜后液残铜浓度低，镍粉利用率高。该厂用两个容积为 25m^3 的流态化置换槽可代替 5 ~ 6 个容积为 80m^3 的机械搅拌槽。

加拿大汤普森厂为了加速镍粉除铜反应，在加入镍粉的同时，还添加硫磺粉。反应沉淀产物为 CuS。该法的优点是对镍粉的活性无严格的要求。

我国某研究院曾采用液相加压氢还原所得到的镍粉进行除铜研究。所用镍粉含镍大于99.8%，粒度小于0.074mm。研究结果表明，当镍粉用量为理论量的1.4倍时，除铜后液含铜可降至0.4mg/L以下，除铜率达99%以上。降低镍粉用量，除铜率明显下降，但可得到含铜品位比较高的铜渣。加入硫磺粉可以提高镍粉的活性，镍粉用量即使降至理论量，也可以获得较好的除铜效果。

B 硫化沉淀法除铜

硫化物沉淀法是基于许多元素的硫化物难溶于水，因此，当溶液中有 M^{n+} 存在，加入 S^{2-} 则将产生以下沉淀反应：

$$2M^{n+} + nS^{2-} = M_2S_n \downarrow$$

其溶度积 $k_{sp} = [M^{n+}]^2[S^{2-}]^n$，某些硫化物的溶度积见表2－23。

表2－23 某些硫化物的溶度积

硫化物	温度/℃	k_{sp}	$\lg k_{sp}$	硫化物	温度/℃	k_{sp}	$\lg k_{sp}$
MnS	25	2.8×10^{-13}	-12.25	CdS	25	7.1×10^{-27}	-26.15
FeS	25	4.9×10^{-18}	-17.31	PbS	25	9.3×10^{-28}	-27.03
$NiS_{(\alpha)}$	25	2.8×10^{-21}	-20.55	As_2S_3	18	4×10^{-29}	-28.4
$CoS_{(\alpha)}$	25	1.8×10^{-22}	-21.74	Sb_2S_3	18	1×10^{-30}	-30
SnS	25	1×10^{-23}	-23	CuS	25	8.9×10^{-36}	-35.05
ZnS	25	8.9×10^{-25}	-24.05	Cu_2S	18	2×10^{-47}	-46.7

常用的硫化剂有 H_2S 和 Na_2S。

硫化氢气体在水中的溶解度不大，在通常情况下每一体积水中能溶解4.7体积的 H_2S 气体，浓度约为0.1mol/L。H_2S 在水溶液中有如下的电离作用：

$$H_2S \rightleftharpoons H^+ + HS^- \qquad K_1 = 5.7\times10^{-8}$$

$$HS^- \rightleftharpoons H^+ + S^{2-} \qquad K_2 = 1.2\times10^{-15}$$

许多金属离子能和 H_2S 或 S^{2-} 作用，生成溶解度很小的硫化物（见表2－23）。溶液中氢离子浓度和硫离子之间的关系是 $[H^+]^2[S^{2-}] = 6.8\times10^{-23}$，在酸性（$[H_2S] = 0.1$mol/L时）溶液中通入 H_2S 只能供给低浓度的 S^{2-}，只能从溶液中沉淀那些溶度积小的金属硫化物；而在碱性溶液中通入 H_2S（生成碱金属硫化物），则能供给较高浓度的 S^{2-} 离子，可以把溶度积大或小的金属硫化物都沉淀出来。所以在控制的酸度下，可以用 H_2S 把溶液中不同金属离子分别沉淀下来。

对于同一种金属离子，溶液pH值增加，则金属离子的残留浓度降低。25℃时，S^{2-} 浓度为0.1mol/L时，某些金属离子的残留浓度与pH值的关系如图2－20所示。

从表2－23和图2－20可知，在镍电解液的各种元素中，以铜的硫化物溶度积为最小，且与镍、钴等主金属硫化物的差别较大，故采用硫化沉淀法来分离铜镍，是比较可靠的方法。

2.8.3.3 镍电解液净化除钴

镍电解液中的杂质元素钴，其性质与镍相近，而金属镍中含一定量的钴对镍的性质并

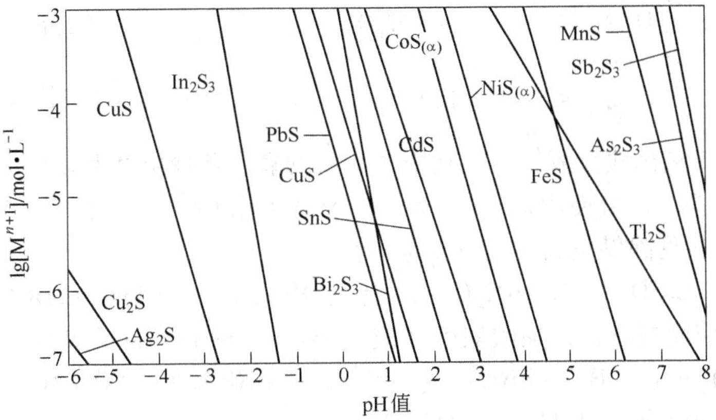

图 2-20 当溶液中 S^{2-} 浓度为 0.1mol/L 时，某些金属离子的残留浓度与 pH 值的关系（25℃）

无太大的影响，因此，世界各国在计算金属镍的品位时，大多是把钴视同镍一样合并一起计算的。但是由于钴是一种比镍更昂贵的稀少金属，应尽可能单独回收作为产品。为了提高钴的回收率，一般在镍冶金中先将钴富集起来，为下一步提钴创造条件。

在镍电解体系中，除钴方法一般有中和水解法、溶剂萃取法及“黑镍”氧化水解除钴法等。

A 中和水解法除钴

如前所述，在镍电解液中的杂质往往多以低价存在，例如 Fe^{2+}、Co^{2+}、Ni^{2+} 等离子，用简单水解的办法是不能将它们分离的，而必须将其氧化成高价离子而进行氧化水解净化。

Fc^{2+} 和 Co^{2+} 被氧化成三价的氧化还原电势为：

$$Fe^{3+} + e = Fe^{2+} \qquad \varphi^{\ominus}_{Fe^{3+}/Fe^{2+}} = 0.771V$$

$$Co^{3+} + e = Co^{2+} \qquad \varphi^{\ominus}_{Co^{3+}/Co^{2+}} = 1.842V$$

Fe^{3+} 和 Co^{3+} 水解平衡 pH：

$$Fe^{3+} + 3H_2O = Fe(OH)_3 + 3H^+ \qquad pH = 1.617 - \frac{1}{3}\lg a_{Fe^{3+}}$$

$$Co^{3+} + 3H_2O = Co(OH)_3 + 3H^+ \qquad pH = -0.349 - \frac{1}{3}\lg a_{Co^{3+}}$$

可见，中和水解法除 Co 的基本原理与除 Fe 虽然相似，但 Co^{2+} 较 Fe^{2+} 难氧化，而 Co^{3+} 比 Fe^{3+} 又难水解沉淀，因此除 Co 比除 Fe 要困难，需要比空气更强的氧化剂，沉淀 pH 值也较高。当采用氯化物电解质或氯化物-硫酸盐混合电解质时，常用氯气作为氧化剂。当采用纯硫酸盐体系作为电解质时，则常用黑镍（NiOOH）氧化除钴。

B 氯气氧化中和水解法除钴

氯气是一种强氧化剂，它比空气重 2.5 倍。氯在水中的溶解度很小，随着温度的升高，其溶解度更小，例如，在 25℃ 时，100g 水中溶解氯 0.6411g；在 80℃ 时，溶解氯仅 0.2226g。

在湿法冶金中，氯和氧（空气）都常作为氧化剂使用，它们的氧化还原电位分别为：

$$\frac{1}{2}O_2 + 2H^+ + 2e \longrightarrow H_2O \qquad \varphi = 1.229 - 0.0591pH$$

$$Cl_{2(溶解)} + 2e \longrightarrow 2Cl^- \qquad \varphi = 1.395 - 0.0295\lg\frac{[Cl^-]^2}{[Cl_{2(溶解)}]}$$

可见，氯气的氧化性较氧气强，利用钴和镍的氧化还原电势和水解 pH 值的差异（见图 2－19 和表 2－21），可使用氯气将 Co^{2+} 优先氧化成 Co^{3+}，并使 Co^{3+} 水解生成难溶的 $Co(OH)_3$ 沉淀，达到除钴的目的，其反应式为：

$$2CoSO_4 + Cl_2 + 6H_2O \longrightarrow 2Co(OH)_3\downarrow + 2H_2SO_4 + 2HCl$$

为了促进反应向右进行，加碳酸镍（或 Na_2CO_3）中和水解反应所产生的酸：

$$2H_2SO_4 + 2HCl + 3NiCO_3 \longrightarrow 2NiSO_4 + NiCl_2 + 3H_2O + 3CO_2\uparrow$$

综合上述两个反应，则除钴过程总反应为：

$$2CoSO_4 + Cl_2 + 3NiCO_3 + 3H_2O \longrightarrow 2Co(OH)_3\downarrow + 2NiSO_4 + NiCl_2 + 3CO_2\uparrow$$

在除钴的同时，残留在溶液中的铁也会发生类似反应：

$$2FeSO_4 + Cl_2 + 3NiCO_3 + 3H_2O \longrightarrow 2Fe(OH)_3\downarrow + 2NiSO_4 + NiCl_2 + 3CO_2\uparrow$$

在除钴后期，当 pH 值提高到 4.5 ~ 5.0 时，溶液中的其他杂质铜、锌、铅等也会水解沉淀：

$$ZnSO_4 + 2H_2O \longrightarrow Zn(OH)_2\downarrow + H_2SO_4$$

$$CuSO_4 + 2H_2O \longrightarrow Cu(OH)_2\downarrow + H_2SO_4$$

$$PbCl_2 + 2H_2O \longrightarrow Pb(OH)_2\downarrow + 2HCl$$

此外，部分铅还会被氧化成过氧化铅沉淀析出：

$$PbCl_2 + 2H_2O + Cl_2 \longrightarrow PbO_2\downarrow + 4HCl$$

在除钴过程中，虽然 Ni^{2+} 的氧化还原电位比 Co^{2+} 略高，但由于溶液中 Ni^{2+} 的浓度远远大于 Co^{2+} 的浓度，所以在 Co^{2+} 水解的同时，部分 Ni^{2+} 也相应地会发生与 Co^{2+} 相类似的反应：

$$2NiSO_4 + Cl_2 + 3NiCO_3 + 3H_2O \longrightarrow 2Ni(OH)_3\downarrow + 2NiSO_4 + NiCl_2 + 3CO_2\uparrow$$

因此会造成镍的损失，使钴渣含镍量升高，但又由于下列反应：

$$Ni(OH)_3 + CoSO_4 \longrightarrow Co(OH)_3\downarrow + NiSO_4$$

在一定程度上能减少镍的损失。

影响除钴效率的因素较多，主要有通氯气方式、pH 值的控制以及中和剂的使用。

镍电解液中钴的含量较低，一般为 0.1 ~ 0.3g/L，所以用气态氯通入溶液中氧化钴时，氯气的利用率较低。因此，氯气在溶液中的分散度必将影响除钴效率，氯气在溶液中的分散愈好，则钴氧化得愈完全。故选择适宜的通氯方式具有重要意义。通氯方式有以下几种：

（1）球室反应。此法是让氯气和溶液通过文丘里管混合后立即进入球室再进行反应，球室体积根据流量大小而定，为通过喷嘴的溶液充分接触创造了条件。

（2）缸体闭路循环。在缸体外侧单独设一台泵和一条管路，与缸体内溶液形成一闭路循环系统，氯气从泵的出口处通入，泵的出管伸入到反应缸内液面以下，通氯气时将泵开动，使缸内溶液通过循环管不停地闭路循环，使氯气与溶液得以充分混合。

（3）管道反应。加长氯气入口和除钴槽之间的管道，根据流量计算可加长至 80 ~ 100m，使氯气和溶液在这一段管道中进行充分混合，以提高氯气的利用率。某厂正是采用此种方法，效果良好。

在除钴过程中，调整好 pH 值对提高除钴效率也很重要。除钴前液 pH 值一般控制为 4.5～5.0，其目的在于中和其反应所产生的酸，使氯气尽可能被溶液多吸收，使低价钴被氧化完全。净化前液如果 pH 值过低，将影响氯气的吸收，出现溶液通不进氯气的现象。通氯气后的溶液，其 pH 值一般维持在 3.5～4.0。反应终了时，为了使 Cu、Pb、Zn 等杂质进一步产生水解沉淀，仍需将 pH 值再提高到 4.5～5.0。

除钴过程所用中和剂为 $NiCO_3$ 或 Na_2CO_3，考虑生产系统中镍、钠及溶液体积平衡的需要，使用 $NiCO_3$ 较好。由于除钴所使用的氯气是强氧化剂，为了防止镍大量被氧化水解，应尽量避免集中加入中和剂，以防溶液因局部 pH 值过高而造成镍的损失。

除钴是净化的最后一道工序，为了保证电解液的净化质量，溶液自管道反应器出来后，又进入 4 个串联的 $75m^3$ 的帕秋卡或空气搅拌槽中继续反应。表 2－24 为净化除钴技术操作条件。

表 2－24 氯气氧化中和水解净化除钴技术操作条件

项 目	单 位	技 术 条 件
反应温度	℃	60～70
通氯前溶液 pH 值		4.5～5.0
氧化还原电位	mV	1050～1100
除钴终点 pH 值		4.5～5.0
除钴后液含钴	g/L	产品牌号为 Ni9990，电镍时： Co≤0.02 Cu≤0.003 Fe≤0.004 Zn≤0.00035 Pb≤0.0003 产品牌号为 Ni9999，电镍时： Co≤0.001 Cu≤0.0003 Fe≤0.0003 Zn≤0.0003 Pb≤0.00007

C 黑镍氧化中和水解法除钴

在铁族元素（包括 Fe、CO 和 Ni）的三价氢氧化物中，其中以 $Ni(OH)_3$ 的氧化性最强，$Co(OH)_3$ 次之，$Fe(OH)_3$ 的氧化性最弱。用 $Ni(OH)_3$ 可使 Co^{2+} 氧化成 Co^{3+}。

在工业生产上，黑镍（NiOOH）是 $Ni(OH)_3$ 的稳定形态。由于氢氧化亚镍 [$Ni(OH)_2$] 的颜色为暗绿色，而氢氧化镍 [$Ni(OH)_3$ 和 NiOOH] 为黑色，故得名“黑镍”。黑镍像 Cl_2 一样，它可作为氧化剂用于中和水解除钴。其反应如下：

$$NiOOH + Co^{2+} + H_2O = Ni^{2+} + Co(OH)_3$$

作为电解液净化沉钴所需的黑镍是用电解法制取的。电解阳极氧化 $Ni(OH)_2$ 法的基本过程是，从电解液净化系统抽出部分净化后液，加入氢氧化钠沉淀出 $Ni(OH)_2$，将 $Ni(OH)_2$ 矿浆放入电解槽内通入直流电，$Ni(OH)_2$ 在阳极上发生氧化反应：

$$Ni(OH)_2 - e \Longrightarrow NiOOH + H^+$$

$Ni(OH)_2$ 电解氧化成 NiOOH 的机理目前还不完全清楚。但一般认为氧化过程发生在固相，即 Ni^{2+} 无需进入溶液就可以发生氧化，也就是说在 $Ni(OH)_2$ 颗粒接触到阳极时才能氧化。电解氧化槽必须加强搅拌，促使 $Ni(OH)_2$ 颗粒与阳极碰撞。电解氧化槽的阳极材料为镍始极片，阴极材料可用镍铬丝或不锈钢网，用鼓入空气的方法搅拌电解氧化槽中的矿浆。表 2－25 为电解氧化槽技术操作条件。

表 2－25 "黑镍"电解氧化槽技术操作条件

项　目	单　位	技 术 条 件
电解液成分		NaOH 0.1～0.15mol/L，Ni 30g/L
电解液温度	℃	50
槽电压	V	2.3
阳极电流密度	A/m^2	20
电流效率	%	约 50

芬兰哈贾伐尔塔精炼厂采用"黑镍"氧化水解除钴，是在两个容积为 $120m^3$ 的空气搅拌槽中以两段逆流方式进行的。在第一段净化除钴的过程中，溶液与已经部分起反应的 NiOOH 接触，溶液中 50% 左右的钴发生沉淀。矿浆送自动压滤机过滤，滤渣经酸洗后送另外厂回收钴，滤液送第二段净化除钴。在第二段反应槽内加入新的 NiOOH。

用 NiOOH 除钴，由于它的反应产物是镍离子，与电解液主成分一致，不会污染所处理的溶液。此外，用 NiOOH 除钴，由于它的氧化能力强，因而能同时除净溶液中残留的微量杂质，如铜、铁、锰、砷等，起到深度净化的作用。

2.8.3.4 镍电解液净化除微量铅锌

在硫化镍阳极电解时，阳极所含的微量铅、锌也会随镍一起溶解进入溶液。例如，根据金川公司的实测，硫化镍阳极含 Pb 0.03%～0.05% 时，阳极电解液含 Pb 4.5～8.0mg/L。

镍电解除去微量铅锌的工艺有共沉淀法、离子交换法及溶剂萃取法。

A 共沉淀法除铅锌

在沉淀过程中，某些未饱和组分随难溶化合物的沉淀物而发生沉淀，这种现象称为"共沉淀"。共沉淀分为吸附共沉淀和结晶共沉淀两种类型。结晶共沉淀也叫共晶沉淀法。在电解质溶液中，当有两种物质能与电解质共存，并且它们的晶格结构又相同时，则在适当的条件下，它们可以形成晶形结构相同的沉淀从溶液中一起沉淀下来，这种现象称为共晶共沉，采用共晶共沉淀法除杂质要考虑所加试剂对下道工序的影响。镍钴冶炼中多采用吸附共沉淀除杂质。

在氯气氧化中和水解除钴过程中，钴被氧化的同时，铅和部分镍也被氧化，产生 PbO_2 和 $Ni(OH)_3$ 并形成共沉淀。这是由于 PbO_2 被 $Ni(OH)_3$ 沉淀吸附而除去。另外，在氯气除钴过程中，将除钴终点 pH 值提高，锌也能与镍的水合物以同晶形共沉淀的方式从溶液中除去。共沉淀法除铅锌工艺的优点是不增加工序，除铅、锌与除钴在一个工序内完成。缺点是渣量大，渣含镍高。

B 离子交换法除铅锌

离子交换法是从含有有价金属的电解质溶液中提取金属的方法之一。在料液与离子交换剂（固态物质）接触过程中，离子交换剂上的活性离子以离子交换的形式，从溶液中吸附同符号（同性）的离子。吸附了离子的离子交换剂经水洗、淋洗剂洗涤后，吸附在离子交换剂上的欲提取的离子转入淋洗液中，离子交换剂经再生后供循环使用。

离子交换与吸附有某些相似之处，而其区别在于：离子交换是按化学计量的置换，即离子交换剂对每个等量的被吸附离子要还给溶液一个等量的同符号的离子，而吸附则只是吸收溶质。离子交换剂有无机离子交换剂、离子交换树脂两大类。离子交换树脂是人工合成的、具有活性基因的三维交联不溶性有机高分子聚合物，一般由高分子部分、交联剂和官能团组成。交联的作用在于使聚合体（即骨架）在水溶液中成为具有不定期溶胀度的不溶性固体。官能团是决定树脂化学活性的主要组成部分，它是由固定基团（如—SO_3^-、—COO^-等）和带相反电荷的活动离子（即可交换离子，也称反离子，如H^+）组成的。固定基团牢牢地固定于惰性骨架上，不能活动。活动离子使树脂本身呈电中性，在发生离子反应时，可进行定向移动。

各种离子交换树脂都具有一定的交换容量，所以交换到一定的时间，树脂就达到“饱和”而不能再进行交换，此时树脂就必须进行洗脱“再生”。所谓再生是将它吸附的离子洗下来，使树脂恢复其原来状态，返回使用。不难看出，交换树脂在交换过程中反作用某些离子的暂时贮藏所，而树脂本身不起变化。

离子交换树脂的交换容量是离子交换树脂的一个重要特性。它是由制取树脂时引入的官能团数量决定的。通常以单位数量（或单位体积）的树脂所能交换吸附离子的数量来表示。

离子交换过程主要包括两个阶段，即吸附（或交换）和解吸（洗脱再生）。

（1）吸附（交换吸附）。吸附是离子交换过程的主要工序，待交换的原液以一定的流量进入交换柱，在柱内与树脂进行离子交换作用，通过交换后的溶液从交换柱出口流出，其出口液为被交换后的溶液，应定时取样分析。当出口液中需交换的离子达到饱和时，停止进液，树脂将准备洗脱再生。树脂在洗脱再生前必须用清水或其他淋洗剂淋洗干净，以除去柱内树脂间夹带的溶液。淋洗剂只能淋洗柱内树脂夹带的残余溶液，而不会使已被树脂吸附的金属离子洗脱下来。淋洗剂一般采用清水。

（2）洗脱再生。“饱和”树脂淋洗干净后，从柱内的进液处往柱内通入少量洗脱剂，将被树脂交换吸附上去的金属离子洗脱下来，待全部树脂得到再生后，再用纯水洗去柱中树脂间的残余洗脱剂，此时树脂又可进行下一轮的离子交换操作。洗脱下来的金属，按其交换的目的和金属的价值回收或弃去。

离子交换法是一种无渣新工艺，它不仅能较彻底地分离、提纯和富集金属，而且操作简单，易实现自动化，为简化操作、改善劳动条件、提高金属回收率提供了条件。但它只适合于处理离子浓度小于10^{-6}mol/L的稀溶液。当金属离子质量分数大于1%时，用这种方法分离效果不好。

在高氯根溶液中，铅、锌能与Cl^-结合成$ZnCl_4^{2-}$、$PbCl_4^{2-}$络合阴离子，而镍不形成络合阴离子，采用阴离子交换树脂可将杂质铅、锌除去。在镍的生产中我国某些镍厂采用离子交换除铅、锌的净化工艺，选用701树脂除铅、717树脂除锌。

701树脂是带有伯胺基团RNH_3^+的弱碱性阴离子交换树脂，Pb^{2+}在高Cl^-溶液中，形

成 $PbCl_4^{2-}$ 络阴离子，这种络阴离子和转型后的701树脂上的阴离子 Cl^- 发生交换反应：

$$2RNH_3Cl + PbCl_4^{2-} \xlongequal{\quad} (RNH_3)_2PbCl_4 + 2Cl^-$$

而 Ni^{2+} 和 Cl^- 不形成络阴离子，故不和树脂发生反应。吸附 $PbCl_4^{2-}$ 的饱和树脂经水或稀盐酸处理后，就可破坏 $PbCl_4^{2-}$ 存在的条件，即可将树脂吸附的铅洗脱下来，从而达到除铅的目的。树脂再生后可继续使用。

701树脂也能除锌，但酸度要求较高，其除锌的交换容量比717树脂小。

717树脂是带季胺基团 $(R_4N)^+$ 的强碱性阴离子交换树脂，它能吸附和交换溶液中带负电荷的离子，Zn^{2+} 在高 Cl^- 溶液中极易形成 $ZnCl_4^{2-}$ 络阴离子，这种络阴离子和转型后的717树脂上的阴离子 Cl^- 发生交换反应而被吸附在树脂上，从而降低溶液中的锌含量，用水或酸反洗饱和的树脂，达到除锌的目的。其反应为：

$$2R_4NCl^- + ZnCl_4^{2-} \xlongequal{\quad} (R_4N)_2ZnCl_4 + 2Cl^-$$

吸附 $ZnCl_4^{2-}$ 的树脂经水或稀盐酸再生后可继续使用。

离子交换除锌后液含锌可降至0.3mg/L以下。717阴离子交换树脂除锌工艺对溶液中的微量铜和铅的除去也有一定效果。

2.8.4 硫化镍阳极电解精炼主要工艺

硫化镍阳极是将高镍锍经缓冷和选矿分离后所得的二次镍精矿再熔铸而成，阴极始极片是用钛板或不锈钢板作为阴极在种板槽中析出来的纯镍片，以剥离、剪切、冲压后，始极片悬挂于用帆布嵌于木（钢）框架内构成的阴极室中进行电解。在阴极室隔膜外为阳极室，在这里发生硫化镍阳极溶解，从阳极室溢流出来的阳极液被送往净液，除去铜、铁、钴等杂质，得到纯净的阴极液返回电解槽阴极室，于是镍从阴极液中沉积在阴极上。图2-21为硫化镍电解工艺流程图。

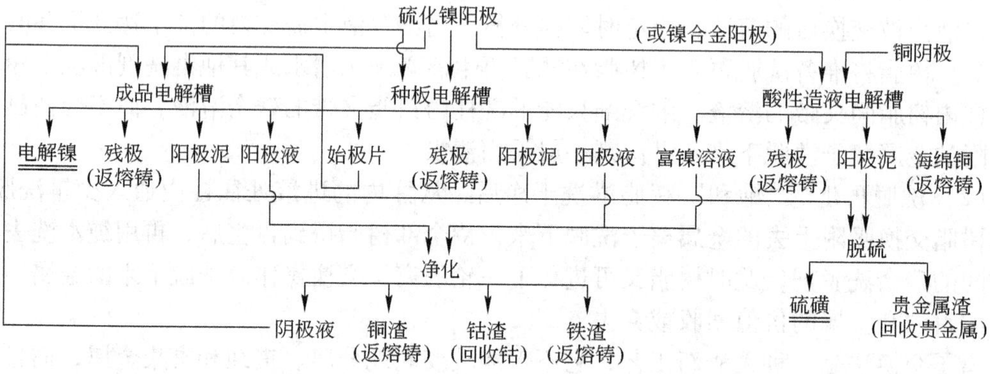

图2-21 硫化镍电解工艺流程图

硫化镍阳极电解时，由于阴、阳极电流效率差和阳极液净化过程产出各种净化渣带走镍，因此必须给电解镍生产补充足够的镍量。一般采用酸性造液电解以获得富镍溶液来补充电解液中的镍。酸性造液电解槽的阳极可用硫化镍制作，也可用镍合金作为阳极，阴极为铜片；电解液为各种渣的洗水或其他车间排出的含镍溶液，配入一定的硫酸或盐酸而成。

生产电镍的成品电解槽和制造始极片的种板电解槽均采用相同的隔膜电解槽，其结构比较复杂；造液电解槽采用无隔膜电解槽，比较起来其结构要简单。

2.8.4.1 硫化镍阳极和始极片阴极的制备

A 硫化镍阳极的制备

制备硫化镍阳极时，首先将高镍锍浮选产出的硫化镍二次精矿，经反射炉熔化、浇铸、缓冷等工序制成具有一定物理规格的阳极板，供电解精炼生产电镍，同时也除去大约10%的杂质。图2-22为二次镍精矿熔铸生产工艺流程。

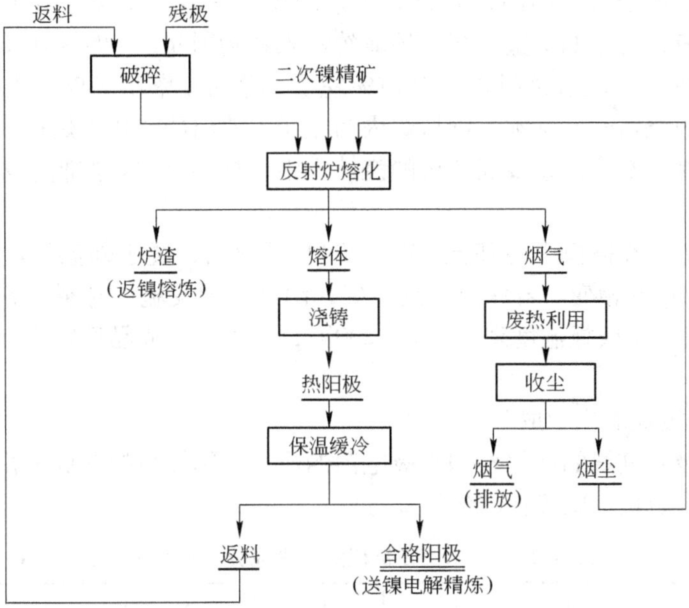

图2-22 二次镍精矿熔铸生产工艺流程

a 熔铸硫化镍阳极的原料

熔铸硫化镍阳极板的主要原料为二次镍精矿，此外还有电解残极板及熔铸返回物，其主要化学成分见表2-26。

表2-26 熔铸硫化镍阳极板的原料成分（质量分数） （%）

原　料	Ni	Cu	Fe	Co	S
二次镍精矿	63	3.5	1.8	0.9	26
阳极碎片	68	4.0	1.7	1.0	24
烟　尘	20	1.4	3.5	0.5	8.4

硫化镍电解的残极率约为25%。电解时残极表面附有阳极泥及一些电解液，为防止炉内发生“放炮”事故，残极也须自然干燥。

返回物料主要为加工镍精矿时产生的烟尘、浇铸包上的结壳或浇铸时产生的不合格阳极、喷溅物以及撒落在地面上的金属硫化物，从炉渣中捡出的金属物料等。

b 燃料

熔化反射炉可用烟煤、粉煤、重油、煤气和天然气等燃料供热。由于熔化反射炉容量小，炉温较高且系间断作业，故要求燃料的发热值高、水分少，这样升温速度快，易于控制和调节。金川公司镍熔铸反射炉采用重油供热，燃料率为每吨阳极板耗重油165kg。

c 熔铸生产操作

熔化反射炉的炉料有粉料和块料。块状物料有残极和经人工破碎为30～50mm的块状不合格阳极。粉状物料是经自然干燥后的二次镍精矿和烟尘。二者按一定比例配料混合后经圆盘给料机和皮带运输机加入反射炉内。原则是先加粉料，后加块料。

炉料熔化在高温及微氧化性气氛下进行。炉膛温度一般为1350℃，压力控制为微负压。炉料熔化后，由于密度不同，原料夹带来的少量炉渣、泥沙等渣子浮于镍锍熔体表面，形成熔铸炉渣，需定期扒渣。熔铸炉渣约占入料物料量的6%～10%。烟尘量占入炉物料量的3%～4%。镍的直接回收率为97%左右，总回收率在98%以上。

在硫化镍阳极浇铸时，基本上维持炉内为零压。放出的硫化镍熔体，经流槽流入中间浇铸包，人工控制间断注入直线浇铸机的浇铸模中，浇铸时主要控制熔体温度、模子温度和阳极板的冷却速度。

浇铸后的阳极板在铸模中冷却至650～700℃后取出，置于保温坑内缓慢冷却，以完成$\beta Ni_3S_2-\beta' Ni_3S_2$的相变。若保温控制不好，阳极板则发脆、易裂，影响电解生产。经48h的缓慢冷却后，阳极板温度降至150～200℃，此时已完成晶型转变，方能在空气中冷却至室温。

d 硫化镍阳极板的化学成分

为了保证阳极有良好的溶解性和阴极电镍的质量，阳极板的各成分都应控制在一定范围内。表2-27为硫化镍阳极板的化学成分。

表2-27 硫化镍阳极板的化学成分（质量分数） （%）

工厂	Ni	Cu	Co	Fe	S	Zn	Pb
Ⅰ工厂	>65	<5	0.8～1.0	<1.9	<25	<0.004	<0.005
Ⅱ工厂	65～70	<5	0.6	1.5	20～22	0.01～0.05	微量
Ⅲ工厂	62～65	3～5	0.6～0.8	2.5～3.0	22～23	0.025～0.05	0.03～0.05

阳极板的含硫量对阳极过程有很大影响，$S<20\%$时，阳极板在凝固时会析出金属相。在阳极反应中，金属相会优先溶解，产出大量含Ni很高的阳极泥；当含$S>25\%$时，阳极板发脆易碎，而且阳极造酸反应严重，也不利于生产。

铜是硫化镍阳极的主要有害杂质。铜以Cu_2S形态存在于阳极板中，当阳极板含铜低时，对硫化镍阳极溶解速度影响很小；当含铜高于10%时，因Cu_2S优先于Ni_3S_2溶解，对硫化镍阳极溶解和电镍质量都有极不利的影响。

阳极板含铁低时对电解影响很小，但含铁高时会造成阳极极化明显加剧，槽电压迅速上升，阳极造酸反应相应加强，严重时会引起阳极钝化。

阳极板还含有一定量的钴及微量的铅、锌等，它们由于含量很少，对阳极溶解影响不大，主要是对溶液净化及阴极沉积物的影响。

B 始极片的制作与加工

a 种板生产

种板槽的生产目的是向生产槽提供作为初始阴极的镍始极片。种板槽除阴极为钛种板外，其电解设备和技术操作条件与成品电解槽相同。种板电解槽数量一般为生产电解槽数量的1/10，阴极周期为12～24h，阳极周期为5～6d。刮完阳极泥后的高锍板转入生产槽继续进行电解，这主要是由于在阳极后期槽电压上升幅度较大，容易造成阳极钝化，甚至造成阳极冒烟。

种板生产应考虑母板与被沉积金属的晶格参数和热膨胀系数的差异。种板槽的阴极（母板）原用3mm厚的不锈钢板，但由于在不锈钢板表面易发生“烧板”和“粘板”的麻烦，故现被钛材料代替，因为钛材耐腐蚀性能好，热膨胀系数大，在一定的温差条件下，始极片易从母板上脱落分离，并且使用周期长，不易发生上述不良现象，一旦发生，经处理后仍可继续使用。

为了防止爆皮、粘板现象发生，必须去掉母板表面的油污、灰尘等脏物。因此钛母板每次下槽前要用65℃以上的热水处理。对于使用了1个月以上的母板必须进行专门的处理后方可使用。具体办法是在含400～700g/L的H_2SO_4溶液中浸泡0.5～1min，然后用热水冲洗干净表面即可。

为了防止析出镍包住母板周边，造成始极片难于从母板上剥离下来，必须对种板两侧边缘及底边进行包边处理。目前的办法是用刨有凹槽的木条夹底边，用橡胶条夹侧边，虽然操作简单，但作业过于频繁，且木条消耗大，有待寻求更为适宜的包边方法和包边材料。

b 始极片加工

从钛母板上剥离下来的始极片，由于沉积时间短，厚度薄，刚度差，装电解槽后易于变形，因此下槽前必须进行适当的机械加工及表面处理。

剥离始极片的工作是首先在热水槽中烫洗，除去表面黏附的溶液，剥离下来的始极片再经过对辊压纹机进行平压，然后在剪板机上被剪成880mm×860mm的规格尺寸，再用钉耳机铆上双耳。为了保证下槽后不易翘曲变形，还需经过二次压纹以提高其刚度，最后在浓HCl（32%～35%）溶液中浸泡3～5min以除去表面脏物，再用冷水冲洗后即可下槽。

2.8.4.2 硫化镍电解槽的结构

A 槽体

硫化镍阳极电解主要设备为电解槽。电解槽壳体为钢筋混凝土制成，内衬防腐材料。我国曾采用过的防腐衬里有：衬生漆麻布、耐酸瓷板、软聚氯乙烯塑料板、环氧树脂等。生漆麻布衬里的防腐效果较好，但漆膜需要的干燥时间较长，生漆的毒性又较大，现在已较少采用。软聚氯乙烯塑料板衬里的防腐效果也较好，但由于衬里面积大，焊缝质量不易保证。目前采用较多的是环氧树脂，用它作衬里强度高，整体性好，防腐蚀性能良好。其施工方法为手工贴衬。防腐蚀效果主要取决于配方的选择、基层表面处理、环氧树脂布排列和树脂渗透程度、热处理条件是否合理等。金川公司施工的电解槽环氧树脂内衬，铺贴环氧树脂5～7层，使用寿命长达十余年。

在电解槽（图2-23）底部的防腐蚀衬里之上，砌上一层耐酸瓷砖以保护槽底免受腐蚀。槽底设有一个放出口，用于排放阳极泥。电解槽安装在钢筋混凝土横梁上，槽底四角垫以绝缘板。

B 隔膜架

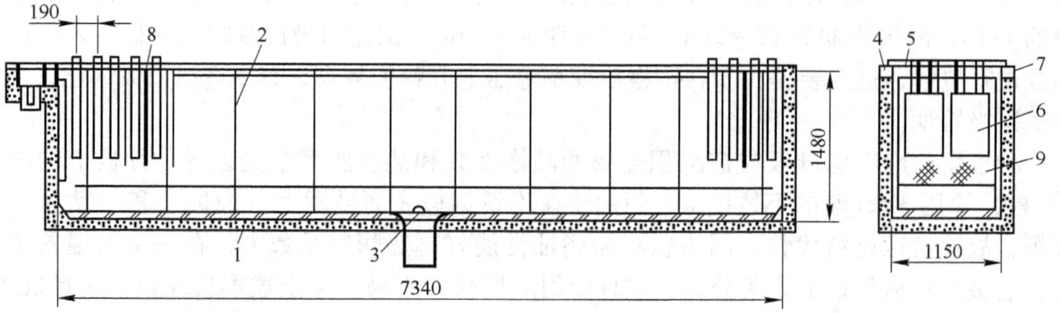

图 2-23 硫化镍阳极电解槽

1—槽体；2—隔膜架；3—塞子；4—绝缘瓷板；5—阳极棒；6—阳极；7—导电板；8—阴极；9—隔膜袋

镍电解精炼使用的隔膜是由具有一定透水性能的涤棉制成的隔膜袋，套在形状为长方形、上方开口的隔膜架上，以便放入阴极和盛装净化后的电解液。隔膜固定在隔膜架上，以往隔膜架都采用木材制作，使用寿命仅 3 个月。现在都采用圆钢作为骨架，外包环氧树脂或橡胶作为防腐层的组装式隔膜架。

C 酸性造液电解槽

酸性造液电解槽的壳体材料、尺寸和防腐衬里都与成品电解槽完全相同，不同的是它不用隔膜袋，也就不放置隔膜架，属无隔膜电解槽。

2.8.4.3 电解液的主要成分

用于硫化镍电解的电解液须有足够高的镍离子浓度和很低的杂质离子浓度；为了避免阳极钝化，还必须含有氯化盐类。因此，采用硫化镍电解工艺的工厂都采用含有硫酸盐和氯化物的混合电解液。

在硫化镍阳极电解过程中，选择合适的电解液组成是非常重要的。不同的电解液组成，不仅影响产品的化学成分和物理规格，同时还影响阳极和阴极电位，影响电耗及各种试剂消耗等指标。

A 镍离子

镍的析出电位与电解液中镍离子浓度有关。在电解液中镍是主金属，为了得到纯产品电镍，不仅要求电解液中的杂质含量低于规定范围，而且对主金属离子浓度也有一定要求。因为根据法拉第定律，当电流密度一定时，单位时间内通过的电量是一定的，所以析出的金属量也是一定的。若镍离子浓度太低，在阴极表面由于镍离子贫化，将促使氢气析出，使得阴极区局部电解液 pH 值急剧上升，镍发生水解形成碱式盐，严重影响产品质量。当然过高的镍离子浓度也是不经济和不必要的，镍离子浓度与电流密度之间的关系可依下面的经验公式粗略计算：

$$D_k = \frac{25G - 625}{3.9}$$

式中 D_k——极限电流密度，A/m^2。

G——电解液中镍离子浓度，g/L。

在电解过程中，提高阴极液镍离子浓度或阴极液循环速度是提高阴极区镍离子浓度的有效办法。生产中一般控制镍离子质量浓度在70～75g/L。

B 氯离子

电解液中氯离子的存在对整个电解过程来讲是有利的。首先氯离子可以降低电解液电阻，提高溶液的导电性，使得槽电压降低，电耗减少。例如，在60℃的$NiSO_4-NiCl_2$水溶液体系中，溶液的比电导随着$NiCl_2$的加入成比例地增大。而浓度为2mol/L的$NiCl_2$溶液的电导比同浓度的$NiSO_4$溶液的电导高2.5倍。

其次氯离子可以减轻以至消除电极的钝化现象。因为氯离子能吸附在电极与溶液之间的界面上，从而改变了电极表面的双电层结构，降低电极反应的活化能，使电极过程容易进行，从而加快阴阳极反应速度。

氯离子还可以使镍离子的析出反应比氢离子容易，从而减少氢气的析出，改善了电镍质量。

由于$NiCl_2$溶解度比$NiSO_4$大得多，因而可以提高溶液中镍离子浓度，从而提高电流密度，强化生产，保证电镍质量，为提高电流效率创造了条件。在考虑贵金属回收率的前提下，采用高氯离子或纯氯化物电解液是有利的。一般控制氯离子的浓度在50～90g/L。

C 钠离子

在硫化镍电解液的净化过程中，特别是采用化学沉淀法时，由于采用碳酸钠作为中和剂，还有的工厂采用硫化钠除铜，因此，会将钠离子带入电解液中，并且随着电解过程的进行，钠离子逐渐积累。

有资料认为，电解液中的Na^+和Cl^-虽然都只带有一个电荷，但由于它们在电解液中的迁移速率大，且在电解液中有较高的浓度，因此，Na^+和Cl^-一样都分别负载着通过电解液的30%的电流。在电解过程中，钠离子能够提高电解液的导电性，降低溶液的电阻，使电耗降低。但钠离子浓度过高会增大阴极镍的内应力，引起镍板爆皮、弯曲，还可能促使电极极化现象更为严重。此外，还将增大溶液的黏度和隔膜袋的阻力，影响过滤性能，极易产生结晶，堵塞管道和阀门，影响正常生产。

为了维持溶液体系的钠离子平衡，在生产上常抽取一部分溶液制作$NiCO_3$，在进行液固分离时钠离子留存于液相之中，通过外排而达到排钠的目的。因此Na^+的浓度高于45g/L。

D 电解液pH值

如前所述，当溶液pH值较低时，氢的析出电位较正，氢优先于镍在阴极上析出，使电流效率降低，并在电镍表面上形成大量气孔；当pH值较高时，在阴极表面上Ni^{2+}发生水解，产生$Ni(OH)_2$沉淀，因而得不到致密的阴极镍。一般阴极液的pH值控制在4.6～5.0之间。

E 硼酸

硼酸（H_3BO_3）并不是三元酸，而是一元酸，属于一种弱酸。H_3BO_3在溶液中只电离成H^+和$B(OH)_4^-$两种离子，如果电解液中pH值下降（即酸度增加），则过多的H^+就发生下列反应：$H^+ + B(OH)_4^- \rightleftharpoons H_3BO_3 + H_2O$，从而降低了溶液中$H^+$浓度，使pH值尽可能维持原来数值不变；如果溶液中pH值上升（即酸度降低），则进行如下反应：$OH^- + H_3BO_3 \rightleftharpoons B(OH)_4^-$，从而降低了$OH^-$浓度，使pH值尽可能保持不变。

在电解过程中为了提高产品质量，常往电解液中加入硼酸作为缓冲剂。加入硼酸后，可使阴极表面电解液的 pH 值在一定程度下维持稳定，这就有可能减少镍的水解和碱式盐的生成，有利于电流效率的提高。另外，硼酸的存在还可以减小阴极电解镍的脆性，使电解镍表面平整光滑。为了保持电解液的 pH = 4.6 ~ 5.2，H_3BO_3 的加入量一般为 5 ~ 20g/L。

F 杂质离子

Cu、Pb 的电位比 Ni 正，Fe、Co 的电位虽比 Ni 负，但其超电压比 Ni 小，因此它们有可能和 Ni 共同放电析出，影响电镍质量。考虑到生产上深度净化的难度及其生产成本，一般以控制不影响电镍化学成分合格为准。

某镍厂曾根据电解镍产品的等级不同，对 1 号镍和 0 号镍（按原先的 GB 6516—86 规定的标准）所要求的阴极液成分有不同的要求，见表 2 - 28。

表 2 - 28 某镍厂对生产 1 号镍和 0 号镍所要求的阴极液成分 (g/L)

阴极液	Ni	Cu	Fe	Co	Zn	Pb	Na^+	Cl^-	H_3BO_3
生产 1 号镍	70	<0.003	<0.004	<0.01	<0.00035	<0.0003	<45	>50	6
生产 0 号镍	70	<0.0003	<0.0003	<0.001	<0.0001	<0.00007	<45	>50	6

G 有机物

有机物的来源是多方面的，如机油、有机萃取剂等。当电解液中有机物超过一定值时，对电解过程是不利的。首先，由于有机物的存在会使阴极表面成为疏水性，从而在阴极上析出的氢气泡牢固地滞留在阴极表面上，影响镍的正常沉积，造成阴极表面长气孔，影响电镍的外观质量。另外，有机物的存在会导致沉积物内应力增大，严重时使沉积物变黑并发生碎裂。所以必须尽量防止有机物进入电解系统。一般控制电解液中有机物含量低于 1g/L。

2.8.4.4 影响镍电解沉积的主要因素

A 电解液的循环

隔膜电解溶液循环方式是阴极液以一定的速度流入阴极室，经电解沉积后的贫化液，则通过隔膜渗入阳极室，阳极液送往净化工序进行除杂处理。

电解液循环的目的是：(1) 不断向阴极室内补充镍离子，以满足电解沉积对镍离子的要求；(2) 促使阴极室内溶液流动，增大离子扩散速度，降低浓差极化。

电解液的循环速度与电流密度、电解液含镍离子浓度和电解液的温度等因素有关。

在电解液含镍离子浓度及温度不变的条件下，电流密度越大，要求电解液的循环速度越快。因此在不同的电流密度及不同的溶液成分条件下，电解液循环量应适当调整。电解液循环量过小，影响电镍质量；循环量过大，则加大材料消耗，成本上升。因此，阴极液循环速度一般控制为 380 ~ 420mL/(袋 · min)。亦可用单位时间内通过的电流强度来计算循环量，以 mL/(A · h) 表示。

B 电流密度

电流密度是指单位（阴极）电极面积上通过的电流强度。电解槽的生产能力几乎随电流密度的提高而成比例地增加，所以提高电流密度时，单位面积阴极沉积镍所负担的固定资产折旧费、维护费和基建投资将相应减少。但是，过高的电流密度可使氢析出，导致产生疏松状沉积物。硫化镍阳极电解工艺的阴极电流密度一般为 $200A/m^2$。适当控制操作条件，电流密度可提高到 $220A/m^2$ 以上。

在硫酸盐-氯化物混合体系中，当在低 pH 值条件下（$pH<2.5$）、电流密度 $D_k=110A/m^2$ 时，电镍产品结晶较粗，肉眼可以看出粗粒结构，但表面平整，无金属结粒；当 $D_k=170A/m^2$ 时，结晶较细，表面光泽比 $110A/m^2$ 时为好。但当 $D_k=200A/m^2$ 时，结晶明显变坏，呈疤状结构，表面有金属结粒。然而当 pH 值提高到 4.5 以上时，尽管 D_k 提高到 $220\sim280A/m^2$，仍可得到结晶细腻、金属光泽好的电镍。所以提高电流密度后，溶液的 pH 值应相应提高，同时电解液温度也应适当地提高，电解液温度最好保持在 60～70℃之间。当然随着电流密度的提高，槽电压也会相应增加，所以电耗也随之增加，对于用提高电流密度来提高电解槽生产能力的问题，必须进行经济分析，不能一概而论。

C　电解液温度

正确控制镍电解液的温度，是改进电解过程技术经济指标，保证产品质量的重要因素。提高电解液温度可以降低电解液的黏度，减少电耗。加快离子扩散速度，减少电解过程的浓差极化及阴极附近的离子贫化现象，减少氢气和杂质离子在阴极上的析出而影响产品质量。

温度过高，将加大溶液的蒸发量，不仅恶化了劳动条件，而且使溶液浓缩，阴极沉积物变粗。过高的温度也增加了能源消耗，增加了成本。

一般当电流密度为 $150\sim200A/m^2$ 时，电解液温度为 55～60℃；当电流密度提高到 $220\sim280A/m^2$ 时，电解液温度相应提高，控制在 65～70℃。

D　阴、阳极液面差

阴、阳极液面差是指隔膜袋内阴极液面与隔膜袋外阳极液面高度之差（见图 2-24）。利用液面差所产生的静压力使溶液由阴极室向阳极室渗透，以阻止阳极液的反渗透而污染阴极液。一般控制位差 $H=30\sim50mm$。

E　同极中心距

同极中心距（L）是指电解槽中两个相邻阳极（或阴极）中心之间的距离（见图 2-24）。

极间距离对电解过程的技术经济指标和产品质量都有影响。缩小极间距离可能减小电解液的电阻，降低槽电压，从而降低电耗。此外，还可以增加槽内极片数以提高设备的生产能力，增加产量。但过小的极间距给操作带来麻烦，电极粘袋和极间接触短路的可能性增大。

硫化镍阳极电解工艺采用隔膜电解，槽内阴、阳极用隔膜架隔开，因此同极中心距比无隔膜电解大得多，一般同极中心距保持在 180～200mm。

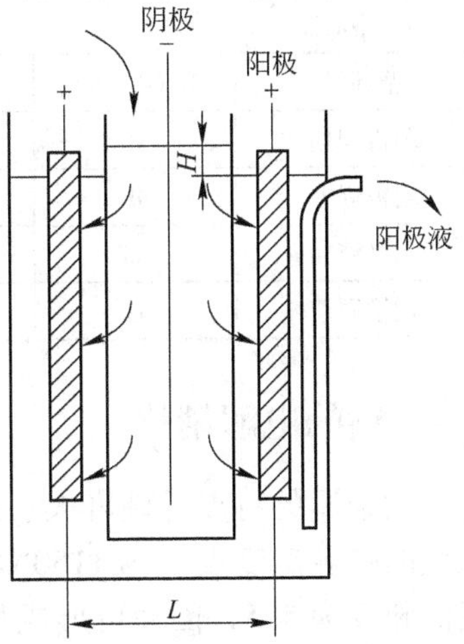

图 2-24　隔膜电解槽的液面差和极间距

L—同极间的距离；

H—阴极区与阳极区的液面差

F　阴、阳极周期

镍电解阳极周期取决于阳极板厚度、电流密度和残极率大小。一般阳极周期为 8～10d。阴极周期除与电流密度、阴极产品表面质量有关外，还与劳动组织等有关，一般为阳极周期的二分之一。

G 掏槽周期

硫化镍阳极在进行一定时间的电解后，就会在其表面形成阳极泥层。阳极泥率随阳极含硫量的多少而波动在6% ~25%之间，硫化镍阳极的阳极泥率远高于粗镍阳极的阳极泥率。

为了防止在电解槽底部由于阳极泥的堆积而使得阴极隔膜下部的电解液循环恶化，以及发生阴、阳极短路，一般根据电流强度的大小，在3 ~6个月之内进行一次掏槽清理。

硫化镍阳极电解的技术操作条件见表2 -29。

表2 -29 硫化镍阳极电解精炼生产的技术操作条件

项目		单位	Ⅰ工厂	Ⅱ工厂	Ⅲ工厂	汤普森冶炼厂（加拿大）
阴极液组成	Ni	g/L	>70	60 ~65	60 ~70	75
	Cu	mg/L	<3	0.3	<0.3	
	Fe	mg/L	<4	0.6	<0.5	
	Co	mg/L	<20	1.5	<1	
	Zn	mg/L	<0.35	0.3	<0.3	
	Pb	mg/L	<0.3	0.08	<0.05	
	Cl^-	g/L	>70	70 ~90	120 ~130	45 ~50
	Na^+	g/L	<40	45 ~60	<50	65
	H_3BO_3	g/L	4 ~6	>5	8 ~15	20
	有机物	g/L	<0.7	<1	1	
	pH值		4.6 ~5.0	2 ~2.5	2 ~2.5	3.5
电流		kA	13.5 ~13.8	4.1	5	10
电流密度		A/m^2	250	180 ~210	170 ~200	240
电解液温度		℃	65	60 ~65	65	63
同极中心距		mm	190	190	190 ~200	197
循环量		L/(A·h)	0.065	0.08	0.085	0.08
阳极周期		d	9 ~10	9 ~10	6 ~9	21
阴极周期		d	4 ~5	3	6 ~7	10
阴阳极液面差		mm	30 ~50	30 ~50	50 ~60	20 ~25
掏槽周期		月	4 ~5	2 ~3	3	

2.9 钴的电解精炼

钴金属的特点是硬度大、熔点高（1459℃），因而它具有耐热性。钴的居里点（失去磁性的临界温度点）为1150℃，比铁和镍都高，因而具有永磁性。钴的相对密度为8.89，莫氏硬度为5.5，因而可形成很坚固的晶格。钴的这些优良的物理化学性质决定了它是生产耐热合金、耐腐蚀合金、各种硬质合金、磁性材料以及各种有特殊用途盐类的重要原料。

大约有75% ~80%的钴用于制造各种合金和磁性材料，20% ~25%的钴用于化学工业。据美国地质调查所的统计，目前世界上金属钴和氧化钴的冶炼能力约50kt/a。其中钴产量最大的国家是非洲的刚果（金）和赞比亚，其他钴产量较大的国家有加拿大、挪威、芬兰、美国、俄罗斯、中国和法国等。

钴矿物的赋存状态复杂，矿石品位低，故提取工艺复杂，回收率低。一般先用火法将钴富集或转化为可溶性状态，然后再用湿法使钴进一步富集和提纯，最后得到钴化合物或金属钴。

伴生于硫化铜镍矿中的钴是我国主要的钴矿资源，其中金川镍矿居全国首位。各地硫化铜镍矿中伴生钴的储量及品位见表2-30。

表2-30 各地伴生于硫化铜镍矿中的钴资源工业储量与品位

矿山名称	矿石量/万吨	钴品位/%	钴含量/t
甘肃金川镍矿	51500	0.03	158800
吉林磐石镍矿		0.048	4532
云南墨江、元江镍矿	4689	0.03	14067
云南金平镍矿	312.6	0.036~0.182	2072

硫化铜镍矿中钴主要以硫化物的形态存在，由于其品位比较低，一般含钴在0.03%~0.05%之间，无法直接从矿石中提取，而选矿方法也不能将其中的钴单独分离出来。因此，在生产中钴是作为提炼镍矿的副产品被提取的。

硫化铜镍矿一般含4%~5% Ni，0.1%~0.3% Co。在镍的火法熔炼过程中，由于钴对氧和硫的亲和力介于铁镍之间，在转炉吹炼高镍锍时，可控制镍锍中铁的氧化程度使钴富集于高镍锍或富集于转炉渣。（1）吹炼过程中，控制的镍锍含铁量大于3%时，钴较少氧化，留于镍锍中，得到富钴高镍锍。镍锍吹炼—缓冷—磨浮分离得二次镍精矿，在处理二次硫化镍精矿进行电解精炼时，钴和镍一起进入阳极液。在电解液净化过程中，钴以高价氢氧化钴的形态进入钴渣。钴渣含6%~7% Co，25%~30% Ni。（2）当镍锍吹炼到含铁量低于2%时，钴大量被氧化，进入渣中，得到富钴转炉渣，钴和镍的含量一般为0.25%~0.35%和1%~1.5%。因此，从硫化铜镍精矿中提钴有镍电解净液钴渣提钴和含钴转炉渣提钴两种工艺。目前我国大部分厂家都是将钴富集于电解过程中产出的净化钴渣中，再从净化钴渣提钴。

以镍电解液净化过程产出的钴渣为原料，首先将钴渣浆化，加适量的硫酸，并通入二氧化硫进行还原溶解。待溶解完全后，进行黄钠铁矾法除铁，除铁后液加入次氯酸钠进行一次沉钴，产出一次氢氧化钴。一次氢氧化钴含镍高，其 $w(\mathrm{Co})/w(\mathrm{Ni})\geqslant 10:1$，须经过淘洗后再进行二次溶解和二次沉钴，二次氢氧化钴中 $w(\mathrm{Co})/w(\mathrm{Ni})\geqslant 350$，$w(\mathrm{Co})/w(\mathrm{Cu})\geqslant 200$，$w(\mathrm{Co})/w(\mathrm{Fe})\geqslant 100$。

二次氢氧化钴经反射炉焙烧和电炉还原熔炼，浇铸成阳极板。在氯化物介质中，通过可溶阳极电解精炼产出电解钴。钴电解阳极液净化采用硫化钠除铜和通氯气氧化中和除铁工艺。

某厂钴车间采用粗钴阳极板隔膜电解的方法生产电解钴。经过净化的纯净的阴极液流入隔膜内，使隔膜内的液面始终高于阳极液的液面，保持一定的液面差。这样阳极液不能进入隔膜内，从而保证了隔膜内阴极液的化学成分，达到产出合格阴极钴的要求。

该公司从二次氢氧化钴生产电解钴的工艺流程如图 2-25 所示。

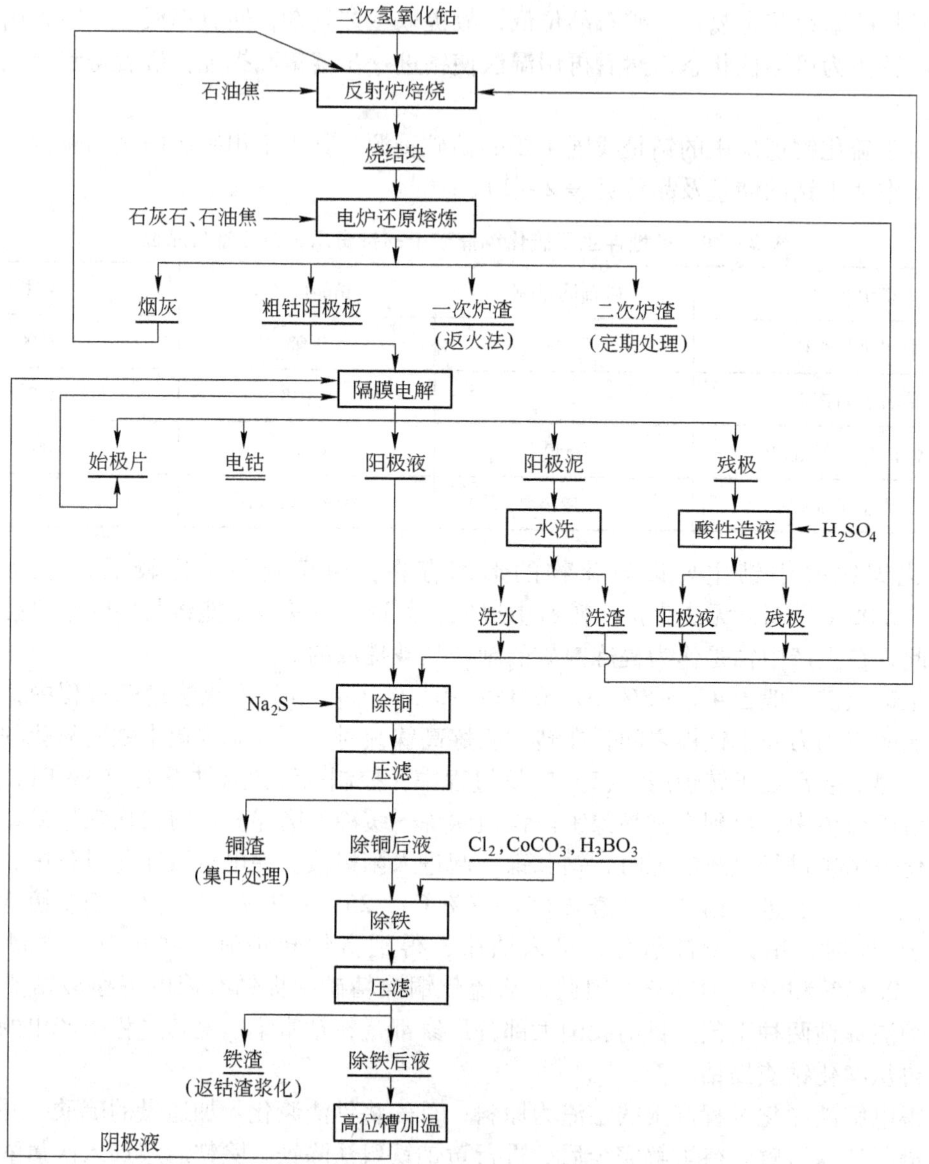

图 2-25 某厂电解钴生产工艺流程

镍电解净化钴渣，经过提纯除杂质，两段镍钴分离，得到二次氢氧化钴，含水在50%左右。将湿氢氧化钴配入少量的石油焦，在反射炉焙烧成疏松多孔的氧化钴烧结块，以满足电炉还原熔炼的要求。再将这些含有少量铅、锌、锰硫化物杂质的烧结块，在电炉内于高温下加入各种脱硫剂（如 CaO）、还原剂（石油焦）、造渣剂（SiO_2），并插湿木进行还原和搅拌，使铅、锌蒸气逸出，锰被造渣，而氧化钴则还原成金属钴，然后浇铸得到含 Co 95%的粗钴阳极板，满足电解精炼生产电钴的要求。

2.9.1 钴电解精炼过程的电极反应

钴的电解精炼和镍一样采用隔膜电解，经过净化的纯净的阴极液流入隔膜内，使隔膜内的液面始终高于阳极液的液面，并保持一定的液面差。这样阳极液不能进入隔膜内，从而保证了隔膜内阴极液较纯的化学成分，达到产出合格阴极钴的要求。

钴电解精炼时，$CoCl_2$ 酸性溶液会发生如下主要电离反应：

$$CoCl_2 = CO^{2+} + 2Cl^-$$

$$HCl = H^+ + Cl^-$$

$$H_2O \rightleftharpoons H^+ + OH^-$$

上述正负离子在通电电解时，分别向两极移动，发生相应的电极反应。

2.9.1.1 阳极反应

溶液中带负电荷的 Cl^-、OH^- 离子有可能在阳极上放电发生氧化反应，但 Cl^-、OH^- 在钴阳极上放电有一定的超电压。故在阳极上主要是钴和负电性金属的溶解。在阳极主要发生钴的溶解过程，即

$$Co - 2e = Co^{2+}$$

标准电位低于钴的杂质金属 M′（如锰、锌、铁等）可被溶解，其反应通式如下：

$$M' - 2e = M'^{2+}$$

标准电位与钴接近的金属 M″（如镍、铅等）杂质也可溶解：

$$M'' - 2e = M''^{2+}$$

铜的电极电位比钴正，在含铜小于 10% 的阳极中，由于铜与钴生成固溶体，在钴电化学溶解的同时，铜也将进入溶液，但随即被钴所置换，而进入阳极泥中：

$$Cu - 2e = Cu^{2+}$$

$$Cu^{2+} + Co = Cu + Co^{2+}$$

阳极中的碳化物在阳极溶解时将发生分解，碳以极小的碳粉形式分散悬浮于阳极液中。当阳极含碳高时，会有氯离子放电产生氯气的现象。阳极中的硫化物由于电位较正，故不发生电化学溶解而进入阳极泥中。

2.9.1.2 阴极反应

在阴极上为还原沉积过程，电解液中的二价钴离子获得电子在阴极放电析出，其反应为：

$$Co^{2+} + 2e = Co$$

也可能发生

$$2H^+ + 2e = H_2$$

H^+ 具有比 Co^{2+} 更高的正电性，根据标准电位判断，应当是 H^+ 优先在阴极上放电析出，但在实际中，由于 H^+ 在各种不同金属的阴极上析出时有不同的超电势。因此，它的析出电势比它的平衡电势更负。H^+ 在阴极钴上析出的超电压不很大，在阴极上的析出电势比钴稍负。因此，必须严格控制 H^+ 浓度，保证钴离子比氢离子优先放电析出。

钴溶液中的 Cu^{2+}、Zn^{2+}、Pb^{2+} 离子浓度很小，阴极沉积物中的这类杂质含量与它们在电解液中的浓度成正比。因此，为了获得优质电钴应严格控制电解液中的杂质含量。

2.9.2 粗钴阳极的制备

2.9.2.1 氢氧化钴物料的反射炉焙烧

氢氧化钴［$Co(OH)_3$］可视为氧化物的水合物——$Co_2O_3\cdot 3H_2O$，在265℃温度下，脱水转化为中间氧化物 Co_3O_4，在还原气氛 900～1000℃下进一步脱氧，生成高温下稳定的 CoO。

在反射炉中，由于石油焦的还原作用，CoO 与其中的碳发生下列反应：

$$2CoO + C = 2Co + CO_2$$

因此，烧结块中可见瘤状的单体金属钴。

反射炉焙烧的目的为：(1) 氢氧化钴粉末粒度很细，入电炉时飞扬损失很大，烧结成块后大大减少了钴的扬尘损失，且提高了炉料的透气性；(2) 石油焦为半还原烧结；(3) 在高温下，氢氧化钴分解、脱水，并脱去部分硫。

反射炉的燃料可以用煤、煤气、重油、石油液化气和天然气等。金川公司反射炉焙烧采用重油。燃烧装置采用低压喷嘴，其特点是能量消耗低，雾化质量较好，过程易于调节，火焰短而软；但其缺点是燃烧能力低。用预热空气对重油进行雾化，雾化质量好，使重油的油温升高，炉内燃烧更完全，同时采用高压风辐射热交换器，充分利用余热，以提高反射炉的热效率。

反射炉进料前严格按照配料比进行配料，其配料比是二次氢氧化钴原料：石油焦 = 100：8，并加适量的水，在搅拌槽内搅拌均匀后再入炉内。炉温为 1000～1100℃。焙烧过程中至少翻料 4～5 次，翻后摊平。焙烧好的炉料呈灰黑色，为疏松多孔的烧结块，而没有烧结“过死”或“夹生”的现象。

钴电解产出的阳极泥和电炉、反射炉产出的烟灰，一般在反射炉中、小修前集中处理，单独焙烧成烧结块，然后加工成二次粗钴阳极板。

2.9.2.2 氧化钴烧结块的还原熔炼

反射炉产出的氧化钴烧结块，含钴 76% 左右，经配料后在电炉还原熔炼成粗金属钴，然后浇铸成阳极板供下一步电解精炼。炉内的主要反应为 CoO 被碳还原为金属钴。同时炉料中的氧化钙与硫化钴生成 CaS 进入炉渣，从而达到脱硫的目的：

$$CoS + CaO + C = Co + CaS + CO$$

炉料中的铅、锌等一些挥发性的金属氧化物被炉料中的碳还原成金属蒸气而挥发除去。氧化锰在还原熔炼时生成氧化亚锰进入炉渣。

电炉进料前先进行配料，配料比为氧化钴烧结块：石油焦：石灰石 = 100：(8～9)：(5～7)。单独处理残极时要求残极：石油焦：石灰石 = 100：(4～5)：(2～4)。由于电炉炉膛小，需分三批进料，第一批进料后扒平，再铺少量粗钴残极，便于送电起弧。控制炉温在 1550～1650℃为宜。还原熔炼过程顺序为：进料—熔化—扒渣—造渣—扒渣—提温—浇铸粗钴阳极板。在提温前进行除杂质过程。钴电解阳极泥和烟灰单独焙烧，产出的烧结块与电炉的一次炉渣，还配入萤石，单独进行还原熔炼，产出物称为二次粗钴阳极板。二次阳极板含杂质较高，一般用于钴电解的酸性造液，以补充钴离子。

还原熔炼过程中锰的脱除，与其在钴熔体中的含量及碳含量有关，可依试样的表面和断面来判断含碳量，从而判断锰的脱除情况。脱锰采用吹风氧化法，每次吹 5～10min，吹一次，扒一次渣，直到锰含量降到0.5%左右为止。

由于铅、锌沸点低，在电炉熔炼的高温和插木操作时，产生大量碳氢化合物、氢气、二氧化碳、水蒸气等，使熔体沸腾，促使Pb、Zn蒸气从熔体中逸出。铅、锌蒸发结束后应把渣扒净。

除杂质结束后，加入少量石油焦，同时下降电极提高温度，使氧化除杂质过程中生成的CoO还原，控制钴阳极板含碳小于0.2%。

还原熔炼设备一般采用三相圆形电弧炉，根据生产能力大小选择炉子功率。电炉主要由炉体、倾动装置、电极升降装置、炉盖旋转装置、安全装置及控制系统组成。

为了保证阳极板的物理规格，需采用立模浇铸，粗钴阳极冷却后钻孔送往电解工序。粗钴阳极板的化学成分及尺寸规格见表2-31。

表2-31 粗钴阳极板的化学成分及尺寸规格

化学成分	Co	Ni	Cu	Fe	Pb	Zn	S	C	阳极板尺寸/mm×mm×mm
质量分数/%	>95	<0.45	<0.65	<1	<0.0003	<0.002	<0.6	<0.05	530×230×40

2.9.3 钴电解过程中主要杂质的行为

杂质在钴电解过程中的行为归纳如下：

镍：钴和镍的性质十分接近，但在钴电解中，由于电解液中镍离子浓度比钴低得多，因而钴比镍优先在阴极上析出。阴极钴析出物中的含镍量由溶液中的钴、镍比决定。当电解液中钴镍比为30∶1时，阴极钴含镍量达到0.3%（2号钴）。阴极隔膜内的电解液钴质量浓度比进液中钴质量浓度低15~18g/L。

铁：钴电解时，铁也可能在阴极上析出。但是阴极液中铁浓度比钴低得多。阴极析出钴中的铁量与它在溶液中的浓度成正比。铁含量过高时，其水解渣将导致隔膜透气性不好，易黏附在阴极上，破坏钴的正常析出。

锌：锌的析出电位比钴负得多，但在钴电解的阴极隔膜袋内，随着钴离子逐渐贫化，杂质锌也可能在阴极上析出。锌的含量高时能使钴表面产生条纹或树枝状析出物，影响产品质量。

铜和铅：铜和铅在阴极钴中含量与其在阴极液中的浓度成正比。实践证明，阴极钴中铜、铅含量与钴的比值比溶液中铜、铅含量与钴的比值大3~4倍。

锰：两价锰离子的标准电极电位为-1.05V，比钴离子要负得多，锰在阴极上不容易析出。在钴的电解精炼过程中，对进槽阴极液中锰离子质量浓度一般不严格控制，低于8~10g/L即可。

有机物：在生产实践中发现，有机物主要影响产品物理性能。因为有机物会使钴析出物变硬，或者发生爆裂。因此，工厂对用有机萃取法净化产出的电解液，都要用粒状木炭或活性炭吸附除去有机物或者添加氧化剂破坏有机物结构并经多次过滤除去。

2.9.4 钴电解精炼主要技术条件的控制

合理地选择电解精炼的技术条件，是保证获得所要求质量的阴极钴以及提高电流效率减少电能消耗的必要措施。

2.9.4.1 电解液成分及钴的含量

某厂钴车间钴电解采用氯化物系统，其阴极液（新液）的化学成分见表2-32。

表2-32 钴电解阴极新液成分 (g/L)

成分	Co^{2+}	Ni^{2+}	Cu^{2+}	Fe^{2+}	Pb^{2+}	Zn^{2+}	Mn^{2+}	Na^{+}
含量	95~110	≤1.5	≤0.002	≤0.01	≤0.002	≤0.007	≤2.5	≤35

在生产上通常使用$CoSO_4$溶液或$CoCl_2$溶液作为钴电解液。但由于用氯化物电解液时可采用较大的电流密度，可以消除钴阳极钝化现象，从而避免溶液贫化，强化电解过程。并且还可用离子交换法从电解阳极液中除去微量锌、铅，从而可提高电解钴质量和降低电能消耗。目前，大多数工厂使用$CoCl_2$溶液作为电解液。

电解液中钴离子浓度大，有利于生成致密的阴极沉积物，有利于提高电流密度，防止氢离子放电。使用氯化物电解液时钴浓度可比硫酸电解液高。但是，电解液中钴浓度过大，会得到暗色的海绵状阴极沉积物。因此，一般电解液含钴为80~120g/L。

2.9.4.2 电流密度

电流密度是电解精炼过程中的最重要的技术条件之一。电流密度越大，通过的电流强度越大，电解沉积时间就越短，阴极出槽周期越短，产量越多，所以，提高电流密度是强化生产的一种有效手段。但是，提高电流密度使槽电压升高，电耗增加，成本上升，还会加速电解液离子浓度的贫化，若金属离子得不到迅速补充必然造成杂质离子在阴极上析出。同时，高电流密度受到种种条件的限制，要根据其他生产条件，把电流密度控制在适当的范围内，工业上一般采用的电流密度为300~500A/m^2，而且电流密度必须稳定，否则阴极钴将会卷边。

2.9.4.3 电解液的酸度

电解液的酸度不仅影响电流效率，而且影响钴沉积的结构。

电解液的酸度越大，氢就越容易在阴极上析出。电解液的酸度对电流效率的影响在电解液$pH<2$时，得到晶粒较细的钴沉淀物，这是因为在低pH值时，氢离子放电使结晶的长大过程变得困难。当电解液$pH>2.5$时，在阴极上会生成一种使用X射线分析是$Co(OH)_2$的沉积物。同时，产出的阴极钴硬度大，弹性差，且易分层。而且不同pH值所得电钴的表面活性不一，在低pH值下所得电钴的表面活性小，溶解性能也差。

生产中$CoCl_2$溶液电解的进槽阴极液pH值一般控制在4~4.5。电解制备始极片时，为获得致密钴片，控制进槽阴极液pH值为1~1.5。

2.9.4.4 电解液的温度

提高温度能促进电解液中钴离子的扩散，减少浓差极化，加快阴极沉淀物晶粒成长的速度，析出较大结晶的沉淀物。提高温度使电流效率提高，槽电压下降。但是温度过高，一方面需另行加热电解液，另一方面会降低氢超电压，从而有利于氢的析出，使溶液的酸度减少，从而出现碱式盐沉淀。若降低电解液温度，则带来相反的结果，并使阴极钴发黑，出现爆裂等现象。在生产中一般控制电解液的温度为55~65℃左右。还要求电解过程温度稳定，因为温度波动会使阴极钴发生卷边或生成网状结构。

2.9.4.5 电解液中添加硼酸

在电解过程中为了改善技术经济指标，通常向电解液中加入一些表面活性物质——添加剂。实践证明，加入适量的添加剂是获得结构致密，表面光滑，杂质含量少的电解产品的有效措施之一。

在生产中添加硼酸能改善电钴质量，这是因为在电解过程中，阴极总要析出一些氢气，使得靠近阴极表面的电解液 pH 值上升，导致金属离子水解，形成碱式盐沉淀，并被吸附在阴极表面而影响产品质量。当电解液中加入硼酸后，由于它是一种弱酸，在溶液中存在电离平衡，若溶液的 pH 值升高时，它便电离出 H^+ 离子，使 pH 值不致升高，因此，硼酸是作为一种缓冲剂加入电解液的，加入量为 5 ~ 50g/L。

2.9.4.6 阴极隔膜和液面位差

在生产实践中，将始极片放在阴极隔膜袋内，利用隔膜袋把阴、阳极分开，纯净的电解液不断流到阴极隔膜袋内，并使阴极室内液面高出 30 ~ 50mm。在这种位差下，阴极电解液通过隔膜袋的滤过速度大于在电流作用下铜、铁等杂质从阳极向阴极的移动速度，从而保证阴极室不增加杂质。

阴极隔膜袋的材料可用帆布、微孔塑料、涤纶布、尼龙等耐酸材料做成。隔膜材料的选择应考虑保持阴、阳极区的电解液的液面位差，在保证足够的电解液加入速度下，电解液能从阴极室过滤到阳极区，并且隔膜使用寿命应长、电阻尽可能小。当采用微孔塑料材料时，其槽电压要比帆布的高 1V 左右。

阴、阳极室液面位差过高虽然保证阳极区杂质离子不进入阴极室，但阳极导电面积减少；位差过低，阳极区杂质在电流作用下会进入阴极室，造成阴极钴质量变坏，因而适当地选择隔膜材料和控制液面位差是钴电解精炼中重要的技术条件。

2.9.4.7 电解液的循环

在电解过程中，为了消除或尽量减少电解液的浓差极化现象，除维持电解液的必要温度外，还必须对电解液进行适当的搅动，通常采用电解液循环流动的办法来达到这个目的。电解液循环会使电解槽各部位电解液成分一致，温度均匀，并使添加剂在电解液中均匀分散。

电解液循环速度与电流密度、电解液中主金属离子浓度、电解液温度及电解液的体积有关。当电解液中主金属离子浓度一定时，电流密度越高，循环速度也应越大，因为电流密度高金属离子沉积速度就快，需要补充的金属离子就多。若电流密度一定而提高金属离子浓度时，可适当降低电解液循环速度。某厂钴电解液的循环速度为 160 ~ 220mL/(min·袋)。

2.9.5 钴电解精炼的主要设备

与镍电解精炼一样，粗钴电解精炼也采用隔膜电解槽。在电解车间除电钴成品槽外，同样安排有造液槽和始极片制造槽，这些电解槽的结构基本上都相同。

2.9.5.1 钴电解槽

钴电解槽为长方形。其材质为钢筋混凝土内衬防腐材料。防腐材料可用聚氯乙烯或环氧树脂。槽体外壁也贴 1 ~ 2 层环氧树脂。目前，厂家一般使用整体玻璃钢槽。钴电解槽实例见表 2 - 33。

表 2-33 钴电解槽实例

项 目	实例 1	实例 2
槽内尺寸/mm		
长	2750	2100
宽	600	800
高	820	790
电解槽容积/m^3	1.353	1.327
电解槽材质	钢筋混凝土	整体玻璃钢
槽内衬材质	聚乙烯	
内衬厚度/mm	6~8	
槽中阴极数/块	14	10
槽中阳极数/块	15	22
极间距/mm	180	160~180
电解槽数/个	18	18

2.9.5.2 阳极

钴电解精炼的阳极为粗钴板，其长度和宽度一般比阴极小 20~50mm，阳极厚度为 30~40mm。阳极上部有两个用作穿线的导电铜丝，使用时则挂在紫铜电棒上。某厂钴电解阳极尺寸为：长×宽×厚=400mm×380mm×(35~40)mm。每块阳极重为 30kg。

2.9.5.3 阴极

钴电解精炼的阴极由始极片制成。始极片的长、宽均比阳极大 20~50mm，厚度为 0.2~0.5mm。阴极导电棒为紫铜棒，阴极挂耳是用始极片剪成的宽为 20~30mm 的钴条。生产钴始极片，种板用不锈钢板，其长×宽×厚为（420~600)mm×(400~440)mm×(2~5)mm。种板吊耳及导电棒均为铜材。为便于从种板上剥落钴始极片，通常在种板的底边和两侧边夹上橡胶或软聚氯乙烯条。

2.9.5.4 电解槽的配置和供电系统

钴电解槽的配置和供电系统与镍电解精炼相同。

我国某厂有 18 个钴电解槽。为便于操作，每两个电解槽构成一列，共 9 列。在每列电解槽内，槽间依靠阳极导电头与相邻的一槽的阴极导电片搭接实现导电。因此，在一个供电系统中，列与列、槽与槽之间是串联电路，而每个电解槽内的阴阳极则分别各自构成并联电路。

2.9.6 钴电解精炼的阳极液净化

在粗钴阳极精炼时，其中的一些杂质元素也随钴一起溶解进入阳极液中，为保证阴极钴的质量，阳极液必须净化，除去镍、铜、铅等杂质。在生产上，钴电解液净化一般采用硫化沉淀法和氧化水解中和等化学沉淀方法，其基本原理与镍电解液净化相同。

2.9.6.1 除镍

目前一般都采用加硫磺及钴粉的方法除镍，其过程大致如下：把阳极液加入到搪瓷反应釜中，调整 pH 值到 2~2.5，用蒸气间接加热至 80~90℃，在 60~90r/min 的机械搅拌下，按镍含量的10~30倍添加钴粉，并按钴粉的3倍量加入硫磺粉和硫化钠溶液（密度1.06g/cm^3）。加硫磺粉的目的是改善除镍效果并有利于过滤，过滤溶液的pH值控制在3~3.5，并搅拌3.5h。取样分析净化后液，合格后出槽。试剂分三次加入，每次间隔0.5h。净化终点要求溶液成分（g/L）为：Ni<0.03、Cu<0.003、Co>100。

也可采用控制二次氢氧化钴中的钴镍比，保证粗钴阳极板中含镍，从而达到控制电解液中的Ni^{2+}<1.5g/L，即可满足A-1号阴极钴的要求。

2.9.6.2 除铜、铅

国内有的工厂除铜和除镍是在同一工序中进行的，即在搪瓷反应釜中加入硫化钠溶液和钴粉，在除镍的同时，铜也被除去，有的工厂将10%的硫化钠溶液加入反应釜中，加热至40~50℃并搅拌，使铜、铅以硫化物的形态沉淀除去。硫化钠用量视溶液中含铅量而定。当溶液中含铅为0.02~0.003g/L时，该溶液中Na_2S的加入量为0.8~1kg/m^3。反应釜装入溶液后，在搅拌的情况下，加入硫化钠，加完后仍须搅拌10~15min然后进行过滤。除铜、铅后液成分（g/L）为：Co>100、Pb≤0.0003、Cu<0.0001~0.0003。

用硫化钠除铜产出的铜渣，含钴25%~30%，含铜9%~10%，采用通氯气进行浸出，使钴、铜等溶解进入溶液，然后加硫磺粉并通SO_2将铜沉淀，得到含钴30g/L、铜<0.5g/L的溶液，并入阳极液中送除铜工序，同时得到含钴<6%，铜>25%的二次铜渣，返回镍反射炉配料熔铸成硫化镍阳极板，送镍电解进一步回收钴。

2.9.6.3 除铁

一般都采用氯气氧化中和水解除铁方法。除铁前液pH值为1~2，加入反应釜后，通入氯气，用蒸汽加热到80~85℃，通氯气氧化1h左右，使含Fe^{2+}的黄色溶液氧化成含Fe^{3+}的深黄色溶液。然后驱赶氯气5~10min，再从高位槽加入$CoCO_3$浆化液，将溶液中和至pH=4~4.5，Fe^{3+}形成$Fe(OH)_2Cl$沉淀，而不形成$Fe(OH)_3$沉淀。然后进行两次压滤，以保证铁渣分离完全。滤液成分（g/L）为：Co>100、Fe<0.001、Cu≤0.0003、Pb<0.0003、Zn<0.007，加热后作为电解阴极液。含钴铁渣返回，与镍电解钴渣一起进行浆化、还原溶解。

2.10 锡的电解精炼

2.10.1 概述

电解精炼一次作业能除去粗锡或粗焊锡中大部分杂质，并产出纯度很高的精锡或精焊锡，特别适于处理含铋和贵金属高的粗锡。与火法精炼相比，锡的直接回收率高，有价杂质元素的富集比高，易于回收处理。但电解精炼的投资费用大，在电解过程中有大量金属被积压，故其发展受到限制，国内外炼锡厂采用电解精炼法的不多。

锡电解精炼采用的电解液种类繁多，概括起来可分为酸性电解液与碱性电解液。由于酸性电解液性质比较稳定，生产费用比用碱性电解液低许多，电解过程的电耗也低，容易控制阴极产品的纯度，所以，各炼锡厂均乐于采用酸性电解液。

在酸性电解液中，被工厂广泛采用的有硫酸-硫酸亚锡电解液和硅氟酸电解液。锡的电解精炼可分为粗锡电解精炼与粗焊锡电解精炼，前者产出精锡，后者产出精焊锡。两者的差别主要是使用的电解液不同，前者可使粗原料中的铅进入阳极泥而不污染精锡，后者使铅与锡一道在阴极析出，得到较纯的阴极锡铅合金——精焊锡。

2.10.2 粗锡电解精炼

粗锡电解精炼可以采用酸性电解液和碱性电解液。前者使用较多，其电解液又有硫酸溶液和硫酸-硅氟酸溶液两种；后者使用较少，仅用于处理高铁粗锡（主要来自再生锡），其电解液也有氢氧化钠溶液和碱性硫化钠溶液之分。下面以硫酸电解液为例叙述粗锡电解精炼，其生产工艺流程如图 2-26 所示。

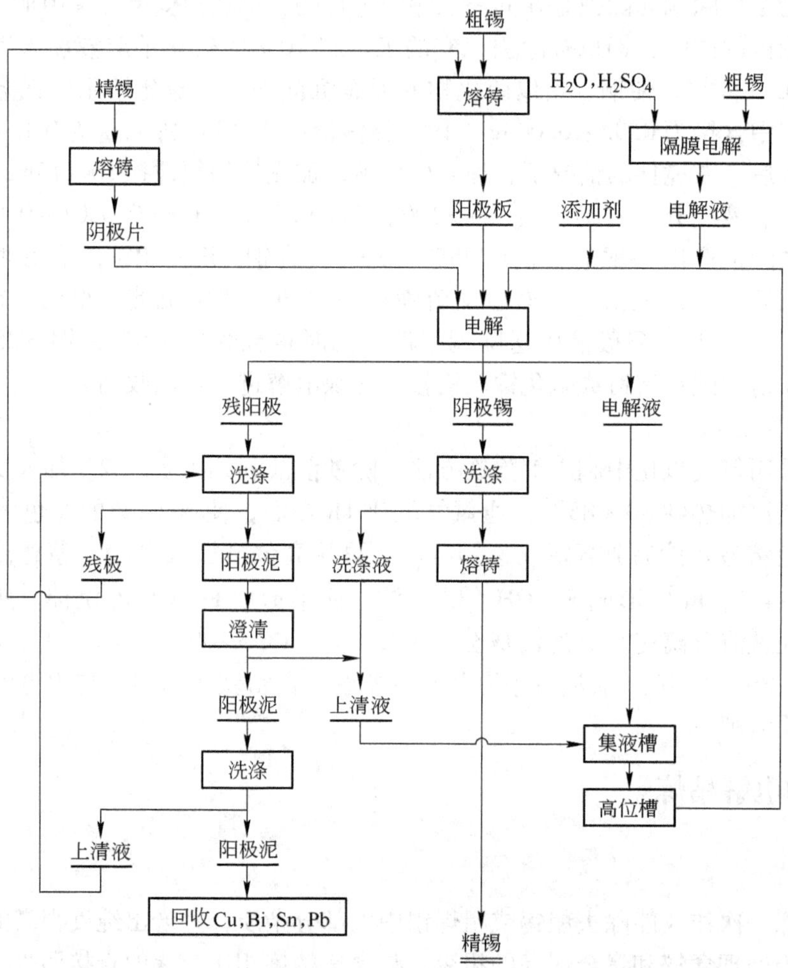

图 2-26 粗锡硫酸盐水溶液电解生产工艺流程

2.10.2.1 粗锡电解精炼的基本原理

以硫酸电解液进行粗锡电解精炼的电化体系为：

$$粗锡阳极|H_2SO_4，SnSO_4，H_2O|精锡阴极$$

电解液的组成（g/L）：$SnSO_4$ 90~120，Sn 10~28。在水溶液中发生以下电离：

$$H_2SO_4 = 2H^+ + SO_4^{2-}$$

$$SnSO_4 = Sn^{2+} + SO_4^{2-}$$

$$H_2O = H^+ + OH^-$$

当通以直流电之后，将在阴阳极上发生电化析出与电化溶解反应。粗锡中除金属锡外，还含有少量杂质元素铟、铅、铋、铁、砷、锑等，它们在电极上究竟会发生什么变化，可根据各元素的标准电极电位来判断。对锡电解精炼有关的元素的标准电极电位见表2－34。

表2－34 锡电解精炼有关元素标准电极电位（$\varphi^\ominus$）

元素	Zn^{2+}/Zn	Fe^{2+}/Fe	In^{3+}/In	Sn^{2+}/Sn	Pb^{2+}/Pb	$2H^+/H_2$	Sb^{3+}/Sb	Bi^{3+}/Bi	As^{3+}/As	Cu^{2+}/Cu	Ag^+/Ag
$\varphi^\ominus$/V	－0.763	－0.44	－0.335	－0.136	－0.126	0	＋0.1	＋0.2	＋0.247	＋0.337	＋0.799

A 阴极反应

锡电解精炼过程中，任何得到电子的还原反应，都可能在阴极发生。在硫酸与硫酸亚锡为主的电解质水溶液中，阴极可能发生的主要反应有：

$$Sn^{2+} + 2e = Sn \qquad \varphi^\ominus = -0.136V$$

$$2H^+ + 2e = H_2 \qquad \varphi^\ominus = 0$$

由于氢离子还原析出 H_2 的标准电极电位比锡正，H^+ 理应优先在阴极还原析出。但生产实践表明，阴极上主要发生的是 Sn^{2+} 的还原析出反应。这是由于 H^+ 在阴极锡上析出时有很大的超电势，使其析出电位由零变负，并且其负值远大于锡的标准电极电位，从而使 Sn^{2+} 能优先于 H^+ 在阴极上还原析出。常温（25℃）下，氢在锡上析出的超电压数据见表2－35，并随电流密度升高而增大。

表2－35 常温（25℃）下氢在锡上析出的超电势

电流密度/$A \cdot m^{-2}$	10	50	100	500	1000
氢在锡上析出的超电势/V	－0.856	－1.025	－1.076	－1.85	－1.223

B 阳极反应

粗锡电解精炼过程中，任何失去电子的氧化反应都可能在阳极上进行。在电解质硫酸水溶液中锡电解过程可能发生的主要阳极反应有：

$$Sn - 2e = Sn^{2+} \qquad \varphi^\ominus = -0.136V$$

$$2H_2O - 4e = O_2 + 4H^+ \qquad \varphi^\ominus = +1.229V$$

$$4OH^- - 4e = O_2 + 2H_2O \qquad \varphi^\ominus = +0.401V$$

氧在阳极析出的电位比锡正，加上 O_2 在金属上析出的超电势，故在阳极下不会发生 O_2 的析出，而主要发生粗锡的氧化溶解。

C 粗锡中的主要杂质在电解过程中的行为

Pb、Sb、As、Bi、Cu、Ag 等的电位序在锡之后，电解时在阳极不易氧化进入溶液而以不溶的合金或化合物形态残留于阳极，或者虽有电化溶解但随即生成难溶性的盐附着于阳极而成为阳极泥。这些杂质的存在是造成阳极钝化的原因，因此，必须控制它们在阳极中的含量。这些杂质的影响如下。

a 铅

标准电位与锡接近，能电溶生成 Pb^{2+}，与 SO_4^{2-} 作用生成难溶的 $PbSO_4$，部分铅氧化为棕色的氧化铅。当阳极含铅量超过1% ~1.5%时，阳极上生成难溶的铅的硫酸盐、碱式盐或氧化物薄膜，覆盖于阳极表面，使阳极电位升高，升到一定程度时，即发生下列反应：

$$4OH^- - 4e = O_2 + 2H_2O$$

$$2SnSO_4 + O_2 + 2H_2SO_4 = 2Sn(SO_4)_2 + 2H_2O$$

$$Sn(SO_4)_2 + 3H_2O = SnO_2 \cdot H_2O \downarrow + 2H_2SO_4$$

生成的碱性盐沉淀包围阳极表面，使阳极趋于全面钝化，迫使锡的溶解停止，而阳极反应则按 $4OH^- - 4e = O_2 + 2H_2O$ 继续进行，析出氧气。

当阳极粗锡含铅较高时，如果槽电压升至0.4 ~0.5V以上仍不及时处理，则槽电压会迅速升至1V以上，于是有大量氧气析出，电解液产生沸腾现象，阳极全部变黑，阴极产品严重污染。所以，即使阳极含铅为1% ~1.5%，也必须采取有效措施和加入适当的添加剂以抑制铅的危害。

b 锑、砷

可能发生电化溶解。溶液中砷、锑以不同价态的化合物存在时会生成 As_2O_3、Sb_2O_3、As_2O_5 及 Sb_2O_5 类型的沉淀物，粒度极细，呈悬浮状态。电解液中存在NaCl可抑制这类氧化物的生成，降低其危害作用。此外，砷易与锡酸共沉淀而落入阳极泥。实践表明，砷对阴极的污染主要是由于机械夹杂；阳极含锑高于3%时，阳极泥出现硬化现象。

c 铋

可能电溶而生成硫酸铋，呈黏稠的胶体覆盖于阳极表面，阻碍锡的溶解，引起阳极钝化。此外，电解液中的 Bi^{3+} 与 As^{3+} 会生成砷酸盐类，其溶解度很小，倾向于形成过饱和溶液，电解液酸度越高则过饱和倾向越大。生产中发现，酸度高时阴极锡含铋略升高；电解液中加入重铬酸钾时，阴极锡含铋略有下降，这可能是由于下列反应

$$Cr_2O_7^{2-} + 2Bi^{3+} + 2H_2O = 4H^+ + (BiO)_2Cr_2O_7 \downarrow$$

生成铬铋络合物沉淀而减少了铋对阴极的污染。电解液中铋的积累不明显，大多数铋进入阳极泥。须注意的是，当槽电压控制不当阳极含铋又较高时，铋在阴极电化析出的可能性增加，往往导致阴极含铋偏高。对于阴极而言，铋是一个关键性的杂质元素。

d 铜、银

可认为银一部分进入阳极泥；铜也主要进入阳极泥，电解液中含铜极微。阳极含铜超过0.29%时，阳极钝化周期大大缩短，这可能是由于Sn与Cu在232℃形成难溶的Cu - Sn合金。熔融状态的Cu - Sn在不同的含量与温度下能生成 $Cu_{31}Sn_8$，Cu_3Sn 和 Cu_6Sn_5，这些金属间化合物均对钝化影响极大。

电化序处于锡之前的杂质In、Fe、Zn在阳极上比锡先氧化，在阴极上比锡后还原而保留在电解液中。值得注意的是铁的行为，Fe^{2+} 进入电解液后，在阳极氧化为 Fe^{3+}，Fe^{3+} 在阴极又还原为 Fe^{2+}。这种氧化 - 还原反应循环进行的结果使电流效率降低，当阳极含铁高时极为有害。但是阳极含铁量在0.01% ~0.20%时，在含有重铬酸钾的电解液中可控制含铁不超过1g/L而对电流效率影响不大。实践证明，阳极中的铁有90%进入阳极泥，加之生产系统中的电解液有一定数量的损失，须定期补充酸和水，实际上使电解液得到缓慢的更新，故阳极含铁少时，电解液中铁的积累很缓慢。粗锡电解精炼时，主要杂质在电解产物中的分布见表2 - 36。

表 2-36 粗锡电解精炼时主要杂质分布（质量分数） （%）

电解产物	Pb	Bi	Cu	Fe	As	Sb
阴极锡	0.6	0.7	0.8	5.0	4.7	9.0
阳极泥	97.0	97.0	95.0	81.0	93.0	83.0
电解液	1.0	0.05	0.5	10.0	0.3	6.0
其 他	1.4	2.25	3.7	4.0	2.0	2.0
合 计	100.0	100.0	100.0	100.0	100.0	100.0

2.10.2.2 粗锡电解精炼的生产实践

A 电解槽与阴、阳极

工业生产上用的电解槽为矩形，槽体为钢筋混凝土结构，内衬塑料防腐层。某些工厂使用的电解槽尺寸见表 2-37。

表 2-37 某些工厂使用的电解槽尺寸

工 厂	1	2	3
电解槽内部尺寸/mm × mm × mm	2850 × 1220 × 1370	4200 × 960 × 1270	1750 × 750 × 970

粗锡阳极中的杂质对电解过程影响很大，对阳极的化学成分（%）要求如下：

Sn > 98%，Pb < 1%，Bi < 0.5%，Cu < 0.1%，Fe < 0.1%，（As + Sb）< 1%。

浇铸成型的阳极表面要求平直，厚薄均匀，无飞边毛刺，无孔洞，每片重量接近，以减少残极率，这就要求严格控制浇铸温度为 247 ~ 287℃。

阴极亦称始极片，用同级精锡制作，外形要求同阳极。

电解车间的电解槽分组列布，以长边相邻。电解车间的电路连接为复联法，即电解槽之间电路连接为串联，槽内电极为并联。

B 电解液的组成及制备

我国炼锡厂常用的硫酸亚锡 - 甲酚磺酸 - 硫酸电解液的成分见表 2-38。

表 2-38 我国炼锡厂常用的硫酸亚锡 - 甲酚磺酸 - 硫酸电解液的成分

成 分	Sn^{2+}	Sn^{4+}	H_2SO_4	Cr^{6+}	甲酚磺酸	乳 胶	β - 萘酚
含量/$g \cdot L^{-1}$	20 ~ 30	< 4	60 ~ 70	2.5 ~ 3	18 ~ 22	0.5 ~ 1	0.04 ~ 0.06

除了主成分 Sn^{2+} 和 H_2SO_4 外，其他组分也是必需的添加剂。在粗锡电解精炼作业中，除了要求阳极钝化周期较长、阴极锡能顺利析出并且杂质含量符合标准外，还要求电解液中 Sn^{2+} 稳定，析出的阴极锡平整致密。为此，须在电解液中加入相应的添加剂。

硫酸溶液中的 Sn^{2+} 有氧化为 Sn^{4+} 的趋势。为了抑制这种趋势，工业生产中行之有效的添加剂是甲酚磺酸（$CH_3 \cdot C_6H_3OH \cdot SO_3H$）、苯酚磺酸（$C_6H_4OH \cdot SO_3H$）。磺酸又是表面活性剂，对阴极起平整作用。

为了保证阴极平整而加入的添加剂还有 β - 萘酚 + 乳胶，甲酚 + 芦荟素 + 动物胶，甲苯基酸 + 动物胶的各种组合。

$SnSO_4 + H_2SO_4$ 电解液中各种添加剂的作用如下：

（1）苯酚磺酸，甲酚磺酸：稳定 Sn^{2+} 离子，同时对阴极起平整作用。

（2）乳胶和动物胶、甲酚、芦荟素、甲苯基酸：均为表面活性剂，可使阴极平整致密。乳胶是用牛胶：甲酚：水 =1：(0.7~0.75)：18（质量比），通蒸汽加温至60℃经搅拌制成。

（3）β－萘酚：表面活性剂，能增强阴极沉积物的附着力，又能使结晶致密，表面平滑，还能使阳极泥变得疏松，延长钝化周期。

（4）NaCl，HCl：能增加电解液的电导率，有利于降低槽电压。Cl^- 是优良的去极剂，有利于克服阳极钝化。

（5）$K_2Cr_2O_7$：与附着于阳极上的致密 $PbSO_4$ 作用，逐渐转化为 $PbCr_2O_7$，因而使阳极泥变得疏松，在有 NaCl 存在时这种转化作用加速，还可减少铋对阴极的污染。

C 电解液中几种组成的配制方法分述

a 硫酸亚锡溶液的配制

我国炼锡厂多采用隔膜电解法制备硫酸亚锡溶液。以较纯的粗锡作为阳极，用精锡作为阴极，在硫酸水溶液中，通入直流电后，锡发生电化溶解而进入溶液中，借助于阴极隔膜套的阻挡，使锡离子停留在溶液中，H_2 从阴极析出，反应如下：

$$Sn + H_2SO_4 \longequal SnSO_4 + H_2\uparrow$$

先配成 90~100g/L 的 H_2SO_4 水溶液，再将其倾入电解槽中，用较纯的粗锡作为阳极，用素烧陶瓷作为隔膜套，将阴极片置于套中，套口露出液面，保持隔离良好。电解槽容积和生产用槽一样；硫酸亚锡溶液制备的技术操作控制条件见表 2－39。

表 2－39 硫酸亚锡溶液制备的技术操作控制条件

名　称	槽电压/V	阳极电流密度/$A\cdot m^{-2}$	电解液循环量/$L\cdot min^{-1}$
指　标	8~10	300~400	40

此法的优点是生产率高，$SnSO_4$ 溶液纯度高，过程简单，制作原始电解液和补充电解液都很方便；缺点是槽电压高，电耗大，过程放出大量氢气。过去用锡粉与硫酸在耐酸瓶中加热制取硫酸亚锡溶液，但溶解速度慢，溶解效率低。也有采用锡粉置换硫酸铜溶液的方法，置换渣含锡高，分离困难，现在已不应用。

b 甲酚磺酸的制备

由甲苯酚作用于纯浓硫酸（密度 1.84g/cm^3）而制成。反应式如下：

$$C_6H_4CH_3OH + H_2SO_4 \longrightarrow C_6H_3CH_3OHSO_3 \cdot H_2O$$

硫酸按上式计算理论量，并过量40%，在衬有铅皮的桶（40L）中进行磺化，用电炉外加热。先将硫酸 22L 倒入铅皮桶中加热至 57~67℃，在不断搅拌下缓慢加入甲苯酚 18L，维持磺化反应温度 87~97℃，继续搅拌 2h，取出趁热倒入耐酸缸中，冷却后便成为棕黑色的甲酚磺酸。

c 乳胶的制备

由牛胶和甲苯酚作用制成。配料比(质量比)，牛胶：甲苯酚：水 =1：(0.7~0.75)：18。将牛胶放入 700mm×800mm 的乳化桶内通入蒸汽加热至 47~57℃，待牛胶完全溶解后，在不断搅拌下缓慢均匀地加入甲苯酚，便得乳白色的乳胶。配制量不宜超过 5 天的用量，以免变质。

d 电解液的配制和补充

把制好的硫酸亚锡、硫酸溶液注入集液池，再加入添加剂，甲酚磺酸要在不断搅拌下缓慢地加入。$K_2Cr_2O_7$ 先用50℃热水溶解，在不断搅拌下呈细股注入，切勿过快，以免局部氧化。NaCl 用水溶解后加入搅匀。如果电解液含 Sn^{2+}，SO_4^{2-} 浓度过高，可加水稀释至所需成分的溶液。β－萘酚和乳胶可在电解液加温时加入。配好的电解液静置1～2天，用蒸汽间接加热至35～37℃，注入电解槽应用。

D 电解技术条件及生产作业中应注意的事项

在硫酸水溶液中进行粗锡电解精炼主要控制的技术条件见表2－40。

表2－40 硫酸水溶液中进行粗锡电解精炼主要控制的技术条件

名 称	电流密度/$A \cdot m^{-2}$	槽电压/V	电解液温度/℃	电解阴极周期/d	电解阳极周期/d
指 标	100～110	0.2～0.4	35～37	4	8

a 阳极钝化

在硫酸盐溶液中电解粗锡，阳极钝化是最常见的故障。阳极板上的铅生成 $PbSO_4$ 和一些其他不溶物紧密地黏附在阳极表面，形成一层薄膜，随着电解的进行，这层薄膜逐渐加厚，隔离了电解液与阳极新鲜表面的接触，造成阳极溶解困难。随着钝化的加剧，槽电压升到0.4V以上，产生如下反应：

$$2OH^- - 2e = H_2O + \frac{1}{2}O_2 \uparrow$$

$$2SO_4^{2-} + 2H_2O - 4e = 2H_2SO_4 + O_2 \uparrow$$

在阳极放出氧气，使阳极溶解趋于停止，在阴极放出氢气。

$$2H^+ + 2e = H_2 \uparrow$$

而且使一些电位接近锡的元素，如 Pb、Sb、Bi 等也在阴极沉积，影响阴极锡质量。处理阳极钝化的方法有：

(1) 缩短阳极使用周期；

(2) 定期取出阳极，清除表面阳极泥。如果槽电压超过0.5V即取出清除；

(3) 加溶剂破坏阳极泥结构，在电解液中加入 NaCl、$K_2Cr_2O_7$ 破坏阳极泥形成的薄膜层，有利于阳极电化溶解。

b 电能无功消耗和提高电流效率

电能消耗与输电线路布线、接触电阻、分解电压等有关，因此，要降低电能消耗和提高电流效率，必须加强槽面管理，认真除去导电棒上的污垢和铜绿，降低接触电阻，加强电解液的循环，减少浓差极化和分层现象。加入的有机物要经过实验，加入量过多，增大溶液电阻，适量加入才能改善阴极结构。

阴极结晶致密，沉积物不溶，不剥落，具有提高电流效率的直接作用。阴极结晶不致密，当出现针状结晶时，可发生阴、阳极直接接触短路，这是电流效率提不高的主要原因。生产上，至少每2h检查一次槽电压，发现某处槽电压急剧下降，找出其短路的阴极片，将长针状的结晶打掉或压平。如果是阳极板变形，取出平整后再用。

c 原料成分的变化

含高铅、高铋的粗锡（含 Pb 2%～4%，Bi 0.5%～1.0%）。不能按上述技术条件处理。在标准电位次序上，铅、铋同锡接近，因此，硫酸电解粗锡，使铅、铋和锡分离存在困难，要克服以上困难，只有控制较低的槽电压（0.16～0.25V），使铅、铋不易从阳极溶解下来，保留在阳极泥中要维持0.16～0.25V的槽电压，首先要解决阳极钝化对槽电压的影响，具体做法是：

（1）降低电流密度至90～95A/m^2；

（2）控制槽电压在0.3V以下，达到0.35V应马上取出阳极板刮去阳极泥。否则，在1h内槽电压可升到0.5V以上，大量的杂质从阳极溶解下来，并在阴极沉积使之变黑。这样的阴极含铋高达0.0375%，比Sn 99.99的含铋标准0.003%高十多倍。电解这种高铅、高铋粗锡，最佳槽电压值为0.16～0.25V。

E 粗锡电解精炼的主要技术经济指标

粗锡电解精炼的主要技术经济指标见表2－41。

表2－41 粗锡电解精炼的主要技术经济指标

名　称	电流效率/%	阳极泥率/%	残极率/%	冶炼回收率/%	直流电耗/kW·h
指　标	70～80	2.5～3.5	35～40	99.5	140～180

产出的阴极锡（电锡）成分见表2－42。

表2－42 阴极锡（电锡）化学成分（质量分数） （%）

编　号	Sn	Pb	Bi	Fe	Cu	As	Sb
1	99.984	0.0063	0.0023	0.0025	0.0011	0.0008	0.0008
2	99.95	0.0075	0.0093	0.0019	0.001	0.006	0.004
3	99.98	0.01	0.001	0.005	0.002	0.0005	0.0008

2.10.3 焊锡电解精炼

焊锡电解精炼的目的是将含铋、砷、锑、铁等杂质含量高的粗焊锡经电化过程精炼，产出含杂质少、锡和铅含量高达99%以上的精焊锡。与粗锡电解精炼产出含铅也低的精锡不同，在电化过程中不仅不除铅，还要使铅与锡共同在阴极析出。故焊锡的电解精炼不能采用粗锡电解精炼所用的硫酸水溶液，否则铅会以$PbSO_4$形态沉入阳极泥而不在阴极析出。所以焊锡的电解精炼是使用硅氟酸（H_2SiF_6）电解质水溶液，这样便可以使铅、锡同时电溶于电解液中，并同时在阴极上析出，产出铅、锡含量均高，杂质含量少的精焊锡。

焊锡电解精炼的电化体系为：

$$\text{粗焊锡阳极}|SnSiF_6,\ PbSiF_6,\ H_2SiF_6,\ H_2O|\text{精焊锡}$$

阳极发生的主要反应是铅、锡同时电化溶解，因为其电位相近，反应式为：

$$Pb - 2e = Pb^{2+}$$

$$Sn - 2e = Sn^{2+}$$

阴极发生的反应则为：

$$Pb^{2+} + 2e = Pb$$

$$Sn^{2+} + 2e = Sn$$

粗焊锡中铋、铜、银、砷、锑、铁等杂质的行为均与粗锡电解精炼相近似。除铁外，它们大都会进入阳极泥中。粗焊锡硅氟酸电解精炼工艺，在我国许多炼锡厂已得到成功应用，取代了盐酸电解精炼工艺。其生产工艺流程如图2-27所示。

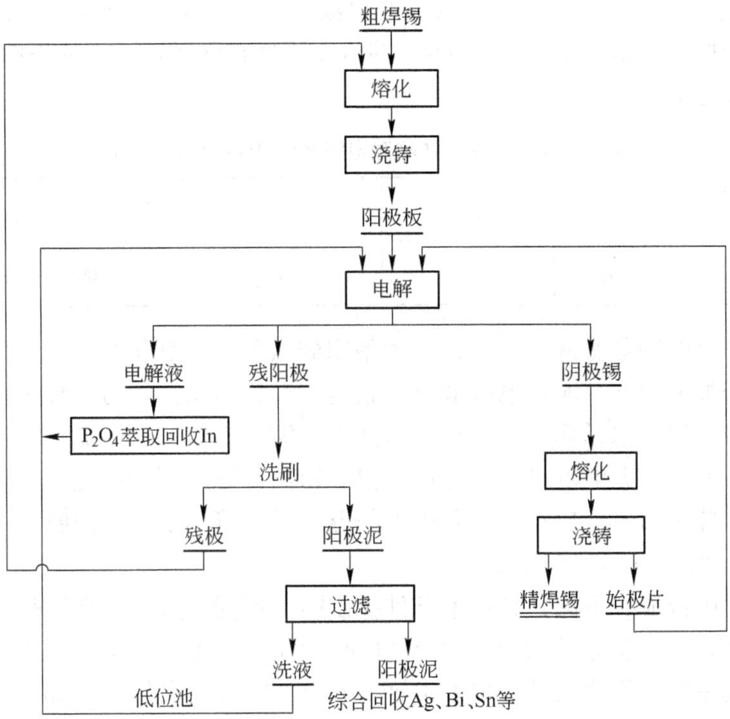

图2-27 粗焊锡硅氟酸电解生产工艺流程

2.10.3.1 阳极和阴极

硅氟酸电解工艺对原料适应的范围广，对粗焊锡成分无特殊要求。炼锡厂处理锡铅精矿、锡铅共生矿、其他高铅锡物料等产出的锡铅合金，其中常见杂质砷、锑、铋、铜、铁、银等均能很好地除去。含锡、铅不等的粗合金，经电解后，均可得到优质焊料合金。一般对含Sn 10%~30%的低锡高铅粗合金，经电解后得到的低锡优质合金产品，用来配制低锡焊锡或合金；对含Sn 40%~65%的粗焊锡，电解后得到的高锡优质合金，用来配制高锡牌号焊锡；对含Sn 80%以上的粗焊锡，电解后，再经连续结晶机分离锡、铅，产出精锡和精焊锡，也可以经真空蒸馏分离锡和铅，视各厂设备情况而定，灵活应用。硅氟酸电解液处理的粗焊锡阳极成分见表2-43。

表2-43 粗焊锡阳极化学成分

样 序	主要金属含量（质量分数）/%		杂质含量（质量分数，小于）/%						
	Sn	Pb	Cu	As	Sb	Bi	Fe	In	Ag
1	62~67	29~36	0.01	0.14	0.09	0.98	0.003	0.01	0.078
2	63~67	32~37	0.1~0.2	0.07~0.17	0.02~0.58	0.5~1.5	0.001~0.12	0.01~0.03	0.02~0.2

2.10.3.2 电解液的组成与制备

电解液由 $SnSiF_6 - PbSiF_6 - H_2SiF_6 - H_2O$ 溶液组成。

由于硅氟酸电解的粗焊锡成分波动范围大，含锡、铅高低不同，电解液中 Sn^{2+}、Pb^{2+} 离子浓度会受阳极成分的影响，调节电解液中 Sn^{2+}、Pb^{2+} 浓度可以控制阴极锡、铅的含量比例。因此，电解液中 Sn^{2+}、Pb^{2+} 的浓度不作特殊规定，随处理的阳极成分而变，一般的电解液成分见表 2－44。

表 2－44 一般的硅氟酸电解的粗焊锡电解液成分

名 称	Sn^{2+}	Sn^{4+}	Pb^{2+}	总 H_2SiF_6	游离 H_2SiF_6
成分/$g \cdot L^{-1}$	20～30	4～5	10～20	60～100	20～30

生产中电解液的制备有两种方法，一种是用硅氟酸溶解氧化亚锡和氧化铅制取。此法简单易行，只需加温搅拌。所得电解液成分较纯，但成本略高。另一种是用硅氟酸浸出锡氧化渣制取。浸出液用水稀释至 H_2SiF_6 约为 60～100g/L，（$Sn^{2+} + Pb^{2+}$）30～50g/L，即可作为原始电解液。随着电解过程的进行，锡、铅离子浓度不断调整，一昼夜便可形成正常电解液成分。此法简单，成本低，利用中间返回品，有利于综合回收。

2.10.3.3 电解技术条件控制

由于处理的阳极成分不同，其技术条件控制略有不同。这里只作一般简介。

（1）电流密度。电流密度过高（$D_k > 140A/m^2$），阴极结晶变得稀疏、针状丝状结构增长快，易造成短路，恶化工艺。电解高锡（60%以上）、高铅（30%以上）的焊锡时，电流密度取 80～100A/m²；电解低锡（60%以下）、低铅（30%以下）电流密度取 100～120A/m²，可获得较好的和稳定的阴极产品。

（2）电解温度。硅氟酸电解虽为常温作业，但温度过低，阴极结晶不均匀。实践表明，电解液温度控制在 27～37℃ 比较好：考虑地区和季节性影响，可考虑适当外加热和冷却措施。

2.10.3.4 电解液循环量

由于电解液中 Sn^{2+}、Pb^{2+} 浓度受阳极成分影响，随着电解过程的进行，其成分逐渐接近阳极含锡、铅量的比例，因此主要靠电解液循环进行调整。电解液循环采用下进上出方式，循环速度为 10～20L/(min·槽)。

2.10.3.5 电解周期

阴极周期与电流密度有关。阳极周期与阳极厚度和主金属品位高低有关，一般 4～5 天。同时出槽或装槽在不影响阴极质量和经济指标的前提下，可适当采用较长的电解周期。电解过程中，有少量阳极泥沉积于槽底。积累过多，易造成短路，影响电流效率和阴极质量，须及时清理，通常与出槽同时进行。

2.10.3.6 合理适量的添加剂

为了获得平整、致密的并有一定强度的阴极结晶，须加入牛胶＋β－萘酚（也称为乙－萘酚）添加剂，1t 产品加入量：牛胶 0.4～0.5kg、β－萘酚 0.04～0.05kg。电解阴极产物的成分见表 2－45。电解主要技术经济指标见表 2－46。

表 2-45 电解阴极产物的成分（质量分数） （%）

Sn	Pb	As	Sb	Cu	Bi	Fe	Ag
60~68	余量	<0.001	<0.001	<0.002	<0.003	<0.001	<0.008

表 2-46 电解主要技术经济指标

名　　称	指　　标
槽电压/V	0.12~0.5
电流效率/%	80~90
产品的电耗/kW·h·t^{-1}	300~350
锡直接回收率/%	95.0~96.5
铅直接回收率/%	96~98
锡冶炼回收率/%	96.5~97.8
铅冶炼回收率/%	96.5~98.5
锡金属平衡率/%	99~99.5
铅金属平衡率/%	98.8~99.6

复习与思考题

1. 什么叫湿法电冶金，它与金属电解精炼有何不同？
2. 铜的电解精炼中用何电解液，主要有哪几类杂质，电解液如何再制，阳极泥渣如何处理？
3. 金属的电解精炼可用何种电解槽，各有何特点？
4. 银的电解精炼用何种电解液，它所用电解槽与铜电解槽有何区别？
5. 电解精炼金属通常用何种电解液，从金矿中提取金可用何种电解液？
6. 在金电解精炼时用非对称交流电有何作用？
7. 锌的湿法电冶金与铜的湿法电冶金比较有何特点？
8. 如何用电解法制取金属粉末，它与一般的金属电解精炼有何不同？
9. 写出锡电解精炼的工艺过程和电极反应。

3 金属电镀

电镀发明至今已有一百余年的历史，现今电镀制品到处可见。电镀制品不仅有精致的外观，而且具有原金属所没有的功能性质，也增加了使用寿命。如今电镀不仅可镀单金属，也能镀二元合金或三元合金。我们已能镀铜、镍、铬、锌、金、银、锡、铁、钴等30多种单金属镀层和铜锡、铜锌、锌铁、铁镍、镍钴、锌镍铁、铜锌锡、锡锌铁、锡锌钴等100多种二元合金或三元合金镀层。

除了通过电解实现电镀以外，还有非电解镀也称化学镀，是在无外加电流的状态下，借助合适的还原剂，使镀液中金属离子还原成金属，并沉积到零件表面上的一种镀覆方法。它又可分为以下几种方式。

（1）置换镀。通过化学置换，活泼金属溶解，不活泼金属析出来实现，也称浸镀。

（2）接触镀。指大的金属制件其金属较活泼，浸入较不活泼的金属离子溶液中时，制件金属表面溶解后溶液中较不活泼金属离子在制件表面还原沉积，接触镀简称接镀。

（3）非催化镀。如银镜反应，溶液中银离子被甲醛或葡萄糖还原，在玻璃表面沉积。银沉积时，只要表面干净，在表面各部位都能沉积，无选择性。

（4）催化镀。是有催化剂存在下的金属还原沉积过程，它有选择性，只有在含有催化剂的表面部位，金属离子才能还原沉积。

与电镀类似的还有干法镀，包括热浸镀、金属喷镀、真空镀和气相镀，都能在金属（或非金属）表面镀上一层金属层。

（1）热浸镀。将低熔点金属（如Zn、Sn、Al、Pb）加热熔化后，再把基体金属浸入其中，然后取出。当低熔点金属在基体金属表面凝固后，便在表面形成一层低熔点金属镀层。

（2）金属喷镀。将金属加热熔化，用压缩空气将此熔融金属微粒喷射到基体金属表面形成金属镀层。它又可分为以下3种方式。

1）火焰喷镀。将喷镀材料（线材或粉末）在可燃气体（一般为乙炔）和氧的火焰中，或在电弧中熔化，再用压缩空气将其喷射到被镀物体表面形成金属镀层。

2）等离子镀。通过电弧放电，使一些高熔点金属和其氧化物、碳化物、氮化物、硼化物等无机化合物形成高温等离子气体，喷镀到物体表面上形成镀层。

3）爆炸喷镀。是使氧气和乙炔的混合气体点火爆炸，并使其能量向指定物体方向集中，以吹出金属或物质粉末，这些粉末在高温下熔化并黏附于物体表面形成镀层。这可用于大件物体的喷镀。

（3）真空镀。又称物理气相沉积，缩写为PVD。是在真空状态下，使金属或化合物气化，这些气体到达物体表面凝结后，形成镀层。它又分为：

1）真空喷镀法。在$1.33\times10^{-5}\sim1.33\times10^{-2}$Pa（$10^{-7}\sim10^{-4}$mmHg）的真空中，用电阻加热、高频感应、电子束或辐射等加热方法，将金属或化合物加热蒸发变成气体，这些气体在被镀物体表面凝结后，形成薄膜覆盖层。

2）阴极溅射法。用氩等惰性气体保护，在1.3～13Pa（10^{-2}～10^{-1}mmHg）的真空中，放置一对电极，输入直流或交流电压，使产生辉光放电，利用离子撞击使阴极的金属原子飞出，并黏附在被镀物体表面上形成镀层。

3）离子镀法。这是将真空喷镀和阴极溅射方法相结合，使被镀物体有较负的电势，部分蒸发的金属原子被离子化，并被加速电迁移到物体表面形成镀层。此法可以喷镀硬质的氮化钛等化合物，用于眼镜框、钟表外壳等的表面喷镀。

（4）气相镀。又称化学气相沉积，缩写为CVO，将化合物（主要是金属卤化物）变为蒸气，借助于载流气体输送到镀室内保持高温的被镀物体周围，然后通过热分解或用氢气还原方法，使金属卤化物中金属离子还原析出，在物体表面形成镀层。

此外，还有其他镀覆方法，如刷镀、高速电镀、弥散电镀等。

对金属镀层有不同的分类方法，主要有以下几种。

（1）按镀层的作用分类。

1）防护性镀层。这是指在大气或其他环境条件下能保护基体金属不受腐蚀的镀层，如铁制品镀锌、镀镉等。

2）防护装饰性镀层。这是指镀层既具有防护性能又具有漂亮的外观。通常为复合镀层，如铁制品上镀铜、镍和铬或铁制品上镀铜锡合金后再套镀铬等。

3）修复性镀层。这通常应用于易磨损零件的修复，如轴承、轧辊等的局部磨损，通过电镀加厚磨损部位，使其恢复原状，如镀硬铬等。

4）特殊功能性镀层。这包括具有耐磨性能镀层，如镀硬铬；减摩性能镀层，如镀锡；反光性能镀层，如镀铬；防反光性能镀层，如镀黑镍、镀黑铬；导电性能镀层，如镀银、镀金；导磁性能镀层，如镀镍－铁合金、镀镍－钴合金、镀镍－钴－磷合金；防渗碳镀层，如镀铜；防渗氮镀层，如镀锡；抗氧化镀层，如镀铬、镀铂－铑合金；耐硫酸镀层，如镀铅等。

（2）按镀层与基体金属的电势大小分类。

1）阳极性镀层。镀层金属电势低于基体金属电势，如铁制品上镀锌。这类镀层既能起机械保护作用，又能起电化学保护作用，主要用于防护性镀层。

2）阴极性镀层。镀层金属电势高于基体金属电势，如铁制品上镀铜。这类镀层只能起机械保护作用，防护性能差。在镀层足够厚，并且孔隙尽量少的情况下，才有较好的防护作用，一旦镀层磨损、碰缺，由于微电池的作用，基体金属会加速受到腐蚀。

3.1 电镀铜

由于铜在电位次序表中位于正电性金属之列，因此金属铁表面上的铜镀层属于阴极性镀层，只能起机械保护作用。当表面铜镀层有孔隙或受损伤，裸出基体金属铁时，铜与铁之间构成腐蚀电池，铁先被腐蚀。因此铜镀层的存在加速了铁的腐蚀。同时，铜在空气中很快变暗，不能用于装饰性镀层。古代铜镜有的在地下保存几千年仍不锈蚀，甚至能照出人影，经近代分析检测发现是由于铜表层有一层锡汞齐薄膜保护。

在某些情况下，镀铜的钢铁件可用来代替铜零件，以节约有色金属铜。镀铜主要用于钢铁零件镀镍、镀铬的底层电镀或中间镀层，这样不但可以减少镀层孔隙，而且可以节约镍的耗用量，通常先镀较厚的铜层，再镀薄镍层。此外，镀铜也用于钢铁件的防止渗碳、印刷电路、塑料电镀和电铸模等方面。

镀铜电解液种类很多，目前生产中应用的主要有4种：硫酸盐酸性镀铜液、氰化物镀铜液、焦磷酸盐镀铜液和HEDP镀铜液。其他还有柠檬酸－酒石酸盐镀铜、氨三乙酸盐镀铜、乙二胺镀铜、氟硼酸盐镀铜和三乙醇胺镀铜等，这些工艺在生产上应用较少。

3.1.1 硫酸盐镀铜

硫酸盐镀铜有普通酸性硫酸盐镀液和光亮镀液两类。普通酸性硫酸盐镀铜在工业生产上应用已有140多年的历史了。光亮镀液是近期发展起来的工艺。普通镀液成分简单，稳定性好，电流效率高，沉积速度快，但镀液的极化作用不大，分散能力较差，镀层结晶较粗，通常是无光泽的镀层。光亮镀液是在普通镀液中加入某些光亮剂配制成的，在这类镀液中，不但可以获得高整平、全光亮的镀层，而且镀液的分散能力和镀层的结晶组织都有改善。同时电镀的工作电流密度上限提高，沉积速度更快，镀层的韧性亦好，废水处理也比较容易，成本又低，所以在工业上广泛应用。但是，在钢铁零件上用这类镀液直接镀铜至今没有成功。

这类镀铜常用作防护装饰性电镀和塑料电镀的中间镀层。

3.1.1.1 普通酸性硫酸盐镀铜

虽然酸性电镀液可镀铜，但用此镀液不能在铁表面直接镀上铜。因为铁比铜电势负，会发生接镀现象，镀层呈粉末状。铁制件必须先在氰化物溶液中镀一薄层铜或镀一层镍，而后在酸性溶液中再覆盖较厚的镀铜层。

铜电镀液与铜精炼过程中所用的电解液相似，但酸度较小。主要成分是硫酸铜和硫酸。

A 镀液成分和工作规范

这类镀液成分（表3－1）比较简单，配制也比较方便，只要将计算量的硫酸铜用热水溶解后，稍加冷却就可慢慢加入计算量的硫酸，再加水至规定的体积。若原料杂质较多，可以用双氧水－活性炭处理后使用。

表3－1 普通硫酸盐镀铜镀液配方及工艺条件

配方组成及工艺条件	配方1	配方2	配方3
硫酸铜 $CuSO_4 \cdot 5H_2O$ 质量浓度/$g \cdot L^{-1}$	175～250	180～200	175～250
硫酸（相对密度1.84）质量浓度/$g \cdot L^{-1}$	45～70	35～50	40～70
明胶质量浓度/$g \cdot L^{-1}$	—	0.1～0.2	—
酚磺酸 $C_6H_4(OH)SO_3H$ 质量浓度/$g \cdot L^{-1}$	—	—	1.0～1.5
温度/℃	18～25	15～35	20～30
阴极电流密度/$A \cdot dm^{-2}$	1～1.5	1～1.5	1～2

B 电极反应

(1) 阴极反应。据研究二价铜离子同时得到两个电子直接还原为金属的可能性不大，较大的可能是分为两步还原：

$$Cu^{2+} + e \Longrightarrow Cu^{+}(慢)$$

$$Cu^{+} + e \Longrightarrow Cu(快)$$

由于形成 Cu^+ 后很容易再得到一个电子还原成金属铜，因此在阴极区几乎检测不出有 Cu^+ 存在。

（2）阳极反应。铜阳极主要发生如下反应：

$$Cu \Longrightarrow Cu^{2+} + 2e$$

有时也发生不完全氧化：

$$Cu \Longrightarrow Cu^{+} + e$$

形成的 Cu^+ 有可能进一步被氧化为 Cu^{2+}，也可能被水解形成氧化亚铜（俗称铜粉）。

$$2Cu^{+} + 2H_2O \longrightarrow 2CuOH + 2H^{+} \longrightarrow Cu_2O\downarrow + H_2O$$

氧化亚铜的生成使得阴极镀层粗糙，有时甚至出现海绵状的镀层，影响镀层质量。可加入少量双氧水使氧化亚铜氧化为二价铜，以改善镀层质量。

前已叙述极化曲线性质对沉积物结构和分散能力有重大的影响。由图 3－1 可知，在酸性溶液中铜阴极极化不大，加入胶体后，可使极化增加，但使沉积物脆性增大，因此只能加入一定量的胶体。

电镀过程机理与精炼铜时无区别。加酸有利于得到更细小结晶，并能提高溶液电导率和防止碱式亚铜盐的析出。但硫酸过量能引起阴极铜的溶解。提高温度能使铜的晶体增大，然而提高电流密度能增大极化，有利于细结晶生成，减弱温度的影响。一般是在 35～50℃ 下工作，温度不得低于 20℃。

实验发现，电流密度低于 $0.3A/dm^2$ 时，电流效率急剧降低，在加热和强制循环时可提高到 $7A/dm^2$。提高溶液酸度和加强溶液循环时，也可提高到 $20A/dm^2$，然而此时有引起析氢的危险，得到的沉积物也成疱状。

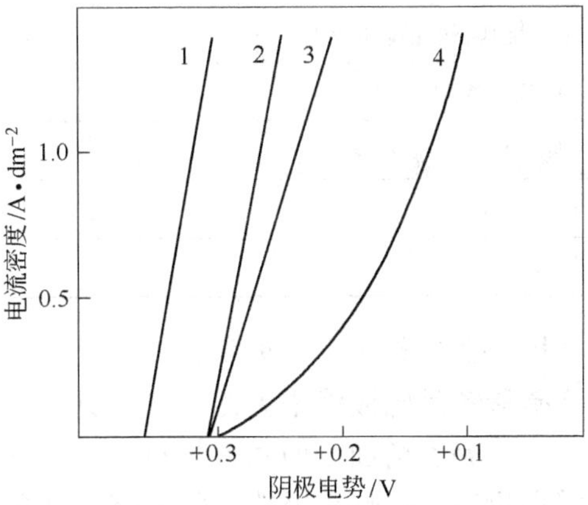

图 3－1 铜在不同镀液中的阴极极化曲线

1—0.5mol/L $CuSO_4$ + 0.05mol/L H_2SO_4，60℃；
2—0.5mol/L $CuSO_4$ + 0.05mol/L H_2SO_4，25℃；
3—0.5mol/L $CuSO_4$ + 0.5mol/L H_2SO_4，21℃；
4—0.5mol/L $CuSO_4$ + 0.05mol/L H_2SO_4 + 1g/L 动物胶，21℃

酸性铜电解液分散能力很小，在电镀复杂阴极件时，必须采用防护板、辅助阴极等。

在酸性铜电解液中电流效率接近理论值，与电流密度关系较小。酸性槽主要优点是可用大的电流密度，电镀速度快，有利于电镀较厚的铜镀层。主要缺点是沉积物晶粒大，镀层粗糙，不能用于钢铁件表面直接镀铜。由于电铸对产品表面状况要求低，因此酸性电镀液常用于制造铜铸件。

3.1.1.2 光亮硫酸盐镀铜

在硫酸盐镀铜液中可直接得到光亮的镀铜层，是近代镀铜工业中重要的进步。光亮硫酸盐镀铜成本低，电流效率高，沉积速度快，又可省去繁重的机械抛光，减少用镍，降低电镀成本。

A 镀液配方及工艺条件

光亮硫酸盐镀铜镀液配方及工艺条件见表3－2。

表3－2 光亮硫酸盐镀铜镀液配方及工艺条件

配方组成及工艺条件	配方1	配方2
$CuSO_4 \cdot 5H_2O$ 质量浓度/$g \cdot L^{-1}$	150～220	80～120
H_2SO_4（相对密度1.84）质量浓度/$g \cdot L^{-1}$	50～70	180～220
四氢噻唑硫酮质量浓度/$g \cdot L^{-1}$	$5 \times 10^{-4} \sim 1 \times 10^{-3}$	—
聚二硫二丙烷磺酸钠质量浓度/$g \cdot L^{-1}$	0.01～0.02	—
聚乙二醇（M=6000）质量浓度/$g \cdot L^{-1}$	0.03～0.05	—
SH_{110}质量浓度/$g \cdot L^{-1}$	—	0.005～0.02
OP－21质量浓度/$g \cdot L^{-1}$	—	0.2～0.5
甲基紫（三苄甲烷）质量浓度/$g \cdot L^{-1}$	—	0.01
十二烷基硫酸钠质量浓度/$g \cdot L^{-1}$	0.05～0.2	—
Cl^- 质量浓度/$g \cdot L^{-1}$	0.02～0.08	0.02～0.12
温度/℃	10～25	7～40
D_k/$A \cdot dm^{-2}$	2～3	1～2.5
阳极	磷铜板含P 0.1%～0.3%	含P 0.04%

B 镀液成分的作用和影响

硫酸铜是电镀液中主盐，提高其含量可提高电镀的电流密度上限，同时镀层的孔隙率减小，光亮度增加。但其含量过高，会降低镀液的分散能力，尤其是在较低温度下，会使硫酸铜析出，影响阳极的正常溶解。在冬季，硫酸铜含量控制在150～200g/L之间，而在夏季，可在180～220g/L之间。

硫酸在镀液中提高溶液的电导和降低铜离子的活度，改善镀层的结晶组织，同时防止铜盐的水解，减少铜粉产生。因此提高硫酸含量可以提高镀液的分散能力，使镀层结晶细致，阳极溶解改善。但是如果其含量过高，将会降低镀层的光亮度。用于装饰性电镀时，其含量控制在50～70g/L之间。用于要求有良好分散能力的印刷线路板时，硫酸含量可提高至200g/L左右，由于硫酸含量提高会使硫酸铜的溶解度降低，所以在提高硫酸含量的同时，必须降低硫酸铜的含量，否则溶液中硫酸铜有结晶的危险。

四氢噻唑硫酮是良好的整平剂，它的整平作用随其质量浓度而变化，在$5 \times 10^{-4} \sim 1 \times 10^{-3}$g/L效果最好。单独使用它时只能使镀层细化，然而与其他光亮剂配合使用时，可使镀层的光亮度显著提高，并且使镀层的光亮范围向低电流密度区方向扩展，使零件凹下部位镀层的光亮度提高。

聚二硫二丙烷磺酸钠（代号SP）单独使用时不但对镀层不起光亮作用，反而对整平性不利，即起负整平作用，但能使镀层细化。它对镀层的细化与其含量有关，其含量在0.01～0.02g/L之间时，对镀层细化作用最好，含量低于0.01g/L时，作用不明显，高于0.02g/L时，不但细化作用减弱，还会使镀层出现麻点。

聚乙二醇［$CH_2OH(CH_2CH_2O)_nCH_2OH$］是非离子型表面活性剂，电镀中使用相对分子质量范围为4000～6000的效果最好。单独使用时不起光亮作用，可使镀层细化并有一定的整平作用。它与四氢噻唑硫酮和聚二硫二丙烷磺酸钠组合使用时能获得全光亮的镀铜层，用量在0.03～0.1g/L为宜，太少时镀层不亮，过多时会使镀层表面形成增水膜，影响铜镀层与其他镀层之间的结合力，同时还影响镀层的光亮度。

十二烷基硫酸钠（$C_{12}H_{25}SO_4Na$）是阴离子表面活性剂，起润湿剂作用，能降低镀件与镀液之间的界面张力，减少针孔，扩大工作电流密度范围，使镀件电流密度区镀层的光亮度更好，其用量在0.05～0.2g/L最好。含量过低，使镀层出现花斑；用量过多，会使镀层发雾，影响镀层的光亮度。

Cl^-适量加入镀液中能提高镀层的光亮度和整平性，还能降低镀层的内应力。但其含量过多会使镀层的光亮度明显下降，甚至出现条纹，而且过多的氯离子处理极为困难。

C 工艺条件的影响

（1）温度。提高温度可以使用较高的电流密度，可提高镀层的光亮度和整平性，而且韧性亦好。但温度过高，镀层的光亮度和整平性下降，电流密度范围缩小，镀件在低电流密度区的镀层呈暗红色。

（2）电流密度。它与铜盐含量、镀液温度和搅拌速度等有关。当铜盐含量高，温度高，搅拌速度快时可以使用较高的电流密度。提高电流密度可以加快沉积速度，使镀层的光亮度和整平性提高。但电流密度过高，反而使整平作用下降。一般D_k在2～4A/dm^{2}之间。

（3）搅拌。可以提高电流密度上限，减少针孔和毛刺。

（4）阳极。在其他镀铜工艺中用电解铜板作阳极，但在此工艺中若用电解铜作阳极会出现较多的“铜粉”，消耗过多的光亮剂，镀液寿命降低。在这类镀液中要求用磷铜板作为阳极，其磷含量多少对阳极过程有较大的影响，含磷过高时，阳极易钝化，溶解性能差；含磷过少时，则阳极上溶解下来的一价铜多，使“铜粉”增多，光亮剂消耗快，这样不但容易使镀层不光亮，而且还会造成镀层粗糙有毛刺。合适的含磷量为0.04%～0.3%之间。正常的磷铜阳极在电镀过程中会形成一层棕黑色的膜，这也是其磷含量正常的标志。若黑膜过厚，导致阳极严重钝化则表明阳极中含磷量偏高。若在电镀过程中，铜阳极表面不能形成棕黑色薄膜，则这种阳极通常不能使用。

为了防止磷铜阳极上的不溶性杂质进入阴极区，可以用涤纶布做成阳极框或袋，将阳极装在其中，以减少镀层上的粗糙和毛刺。

镀液在使用一段时间后，由于有机物的分解产物积累，使镀层的光亮范围缩小，光亮度下降，需及时进行净化处理，处理方法是加入1～2mL/L 30%的双氧水，加热至50～60℃，搅拌60min，再加入3～50g/L的活性炭搅拌30min，静止过滤，再向过滤后的镀液中补充适量的各种光亮剂，再继续电镀。

3.1.2 氰化物镀铜

氰化物镀铜也将近有一百年的历史了，主要用作铜铁件等的预镀铜，也可作为加厚镀铜，既可吊镀也可以滚镀。在铜的氰络合物中铜是以一价形式存在的，络合剂用氰化钠或氰化钾。一价铜与CN^-可形成3种络合物：$Na[Cu(CN)_2]$、$Na_2[Cu(CN)_3]$、$Na_3[Cu(CN)_4]$，其不稳定常数分别为1×10^{-24}、2.6×10^{-28}、5.0×10^{-32}，含量最多的

是 $Na_3[Cu(CN)_4]$ 或 $Cu(CN)_3^{2-}$。当镀液中游离氰化钠含量偏低时，它会转化为 $Cu(CN)_2^-$；而当游离氰化钠含量过高时，它会转化为 $Cu(CN)_4^{3-}$。这样都将会导致阴极电流效率降低。

在氰化物溶液中，Cu 的析出电位为 -0.9~1.5V，它已不能被铁置换，因而铁制品在氰化物溶液中就能直接镀铜。图 3-2 为铜在氰化物溶液中的阴极极化曲线，可看到阴极极化曲线斜率是很大的。

增加溶液中的 KCN 含量，可使铜的析出电势向负方向移动，即增大极化。升高温度会减小极化。极化增强有利于细结晶沉积和提高镀液的分散能力。

其电流效率与 KCN 含量、温度及电流密度均有很大关系，提高电流密度和增加 KCN 含量会降低电流效率。升高温度以及增加铜的浓度，则能提高电流效率（图 3-3）。

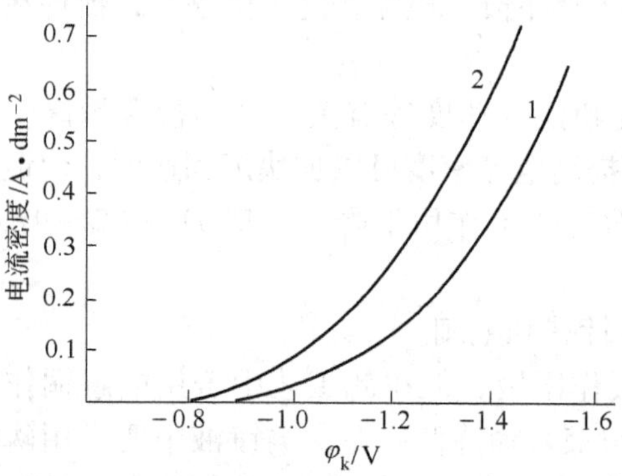

图 3-2 铜在氰化物溶液中的阴极极化曲线

1—18℃时，0.25mol/L 的 CuCN + 0.5mol/L KCl；
2—43℃时，0.25mol/L 的 CuCN + 0.5mol/L KCl

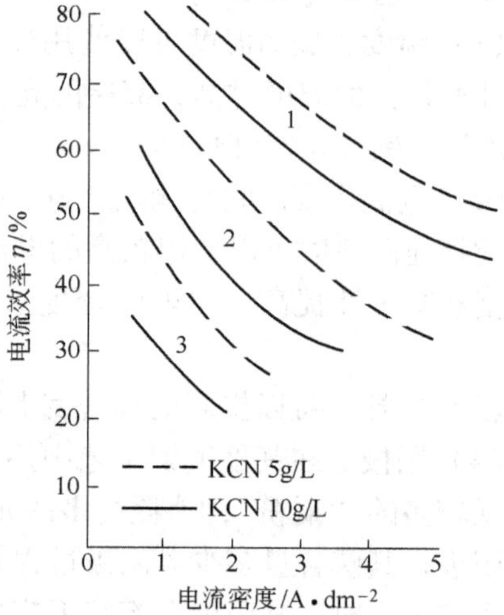

图 3-3 铜的浓度与电流效率的关系

1—KCN + Cu 50g/L；2—KCN + Cu 25g/L；
3—KCN + Cu 15g/L

虽然升高 KCN 的浓度对电流效率有不良的影响，但适当增加溶液中 KCN 的含量，有利于铜阳极的溶解，可防止在阳极上生成难溶的 CuCN 膜，此膜可导致阳极钝化。

当游离氰化钠含量不高时，主要是 $Cu(CN)_2^-$ 在阴极上放电：

$$Cu(CN)_2^- + e \longrightarrow Cu + 2CN^- \qquad \varphi^\ominus = -0.43V$$

当游离氰化钠含量较高时，也可能是 $Cu(CN)_3^{2-}$ 在阴极上放电：

$$Cu(CN)_3^{2-} + e \longrightarrow Cu + 3CN^-$$

除了上述阴极反应还有副反应：

$$2H_2O + 2e \longrightarrow H_2\uparrow + 2OH^-$$

用电解铜作为阳极，且有足够氰化钠时，阳极反应：

$$Cu + 2CN^- \longrightarrow Cu(CN)_2^- + e$$

$$Cu(CN)_2^- + CN^- \longrightarrow Cu(CN)_3^{2-}$$

或

$$Cu + 3CN^- = Cu(CN)_3^{2-} + e$$

当镀液中游离氰化物含量偏低，且阳极电位较正时，生成 CuCN 难溶的膜使铜阳极发生钝化，此时析出氧气：

$$4OH^- + 4e = O_2\uparrow + 2H_2O$$

氧气及 CO_2 会促使 NaCN 分解，并能造成碳酸盐的积累：

$$2NaCN + CO_2 + H_2O = Na_2CO_3 + 2HCN$$

$$2NaCN + 2NaOH + 2H_2O + O_2 = 2Na_2CO_3 + 2NH_3\uparrow$$

由此可见，加 Na_2CO_3 有利于平衡左移。因此，常在镀液中加入 Na_2CO_3，以增加镀液的稳定性。

氰化物镀铜镀液配方与工艺条件见表 3-3。

表 3-3 氰化物镀铜镀液配方及工艺条件

配方组成及工艺条件	配方 1（预镀铜）	配方 2（一般镀铜）	配方 3（滚镀铜）	配方 4（光亮镀铜）
CuCN 质量浓度/$g\cdot L^{-1}$	8～35	30～50	35～45	50～58
NaCN 质量浓度/$g\cdot L^{-1}$	12～54	40～65	50～72	67～80
酒石酸钾钠质量浓度/$g\cdot L^{-1}$	—	30～60	30～40	20～25
KCNS 质量浓度/$g\cdot L^{-1}$	—	—	18～20	10～15
NaOH 质量浓度/$g\cdot L^{-1}$	2～10	10～20	8～12	12～15
Na_2CO_3 质量浓度/$g\cdot L^{-1}$	—	20～30	20～30	—
$MnSO_4\cdot 5H_2O$ 质量浓度/$g\cdot L^{-1}$	—	—	—	0.05～0.08
温度/℃	18～50	50～60	50～65	55～58
$D_k/A\cdot dm^{-2}$	0.2～2	1～3	0.5～2	1.5～2

氰化亚铜是镀液中的主盐，市售的氰化亚铜含铜量 69% 左右，当镀液中游离氰化钠含量和温度不变时，降低镀液中的铜含量可以获得较为细致的镀层，并能使镀液的分散能力和覆盖能力提高，但阴极电流效率和电流密度上限将会降低，所以在预镀铜时一般采用低浓度的铜盐，用作快速镀铜时，常用高浓度的铜盐。

游离氰化钠是铜的络合剂，提高其含量可以促进阳极溶解，提高阳极电流效率，增大阴极极化，保持镀液稳定，使镀层结晶细致，并使镀液的分散能力和覆盖能力提高。但是游离氰化钠含量过高时，阴极电流效率降低，甚至会使阴极上得不到镀层。所以控制游离氰化钠的含量极为重要。在用作一般底层电镀时，铜与游离 NaCN 的比例为 1：(0.5～0.8)；在含有酒石酸盐或硫氰酸盐的镀液中，铜与游离 NaCN 的比例为 1：(0.3～0.4)；在周期换向的镀液中铜与游离 NaCN 的比例为 1：(0.25～0.3)。

NaOH 能优先吸收二氧化碳，减缓二氧化碳对氰化钠的分解作用，使镀液保持稳定。其次它也起增加镀液导电能力的作用，保证镀液具有较高的分散能力，改善镀层质量。

Na_2CO_3 的存在将促使反应平衡向左移动，从而减缓和抑制了氢氧化钠和氰化物吸收二氧化碳的反应，起了稳定镀液的作用。碳酸钠仅在新配镀液时加入，一般不予补充。当碳酸盐过量时（超过 60g/L）铜镀层色泽暗红，有时长毛刺，甚至呈海绵状。

酒石酸盐和硫氰酸盐是阳极活化剂，或称阳极去极化剂，有降低阳极极化、促进阳极溶解作用。它们能与一价或二价铜离子络合，也是氰化钠的辅助络合剂，可防止阳极表面生成氢氧化铜或氰化亚铜等沉淀，这些沉淀黏附在阳极表面使阳极导电性能降低，导致阳极钝化。因而这些辅助络合剂的存在改善了阳极的溶解性能，并使镀层更加细致，增加镀层光泽。在加厚镀铜或快速镀铜时，为了提高阴极电流效率，加快沉积速率，必须适当降低游离氰化钠含量，这就使阳极可能生成 CuCN，发生钝化的危险。为了防止钝化，可加入适量的酒石酸盐或硫氰酸盐改善阳极溶解性能。酒石酸钾钠还能与金属杂质起络合反应，降低镀液中杂质金属离子活度，减少或抑制杂质离子在阴极还原析出，因此它对镀液中金属杂质有掩蔽作用。

硫酸锰是氰化物电镀液的光亮剂，但只有在与酒石酸盐或硫氰酸盐联合使用，并且配合周期换向电镀，才能获得光亮镀层。硫酸锰用量太少，作用不明显，不能获得光亮镀层；用量太多，会使镀层发脆。也可加硫代硫酸钠（1g/L），同样可以获得细致光亮镀层。

镀液的温度升高，可使离子运动速度加快，阴极极化降低，电流效率提高。在加厚镀铜和快速镀铜时需升高镀液的温度在 50～65℃，预镀铜镀液的温度可低些，一般控制在 30～40℃。

提高阴极电流密度，会增大阴极极化，电流效率降低，镀层呈玫瑰色。降低电流密度，沉积铜层呈暗红色，结晶细致。

氰化物电镀沉积物非常细致，气孔少，电镀液分散能力强，在非贵金属上能直接镀铜，因此氰化物电镀得到广泛的应用。其主要缺点是电流密度小，电流效率低（一般为 60%～70%），电镀液不稳定，以及有剧毒，操作时要特别小心，车间应有可靠通风装置，并备有解毒液，以防万一。

3.1.3 焦磷酸盐镀铜

该法几乎在一个半世纪以前即已发明，但由于成本较高，直到 20 世纪 50 年代以后才在工业上得到应用。该法优点是镀液分散能力好、无毒、腐蚀性小、镀层韧性很好，但存在成本高污水处理比较困难，镀液黏度大等缺点。

3.1.3.1 基本原理

A 焦磷酸根与铜离子的络合作用

该镀液中焦磷酸铜是主盐，焦磷酸钾是络合剂。在镀液中的络合反应可写为：

$$Cu_2P_2O_7(s) + 3[P_2O_7]^{4-} \longrightarrow 2[Cu(P_2O_7)_2]^{6-}$$

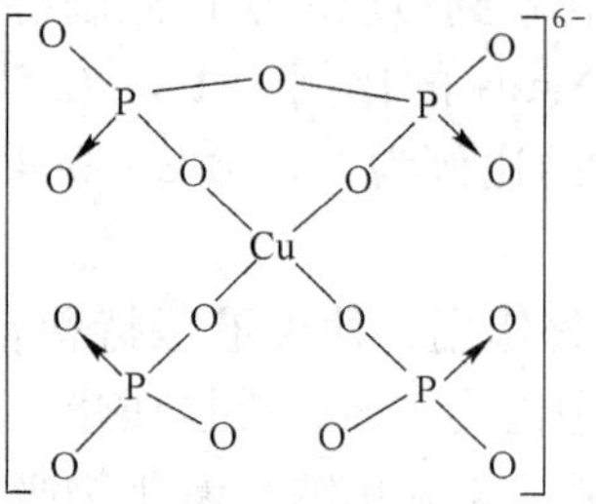

图 3－4 $[Cu(P_2O_7)_2]^{6-}$ 结构形式

生成的络合物 $[Cu(P_2O_7)_2]^{6-}$ 具有螯合物结构，如图 3－4 所示。

据文献报道，焦磷酸根与铜形成络合物的结构形式在溶液 pH 值发生变化时，也随之变化。

pH 值 <5.3 时，主要存在形式为：

$$[Cu(HP_2O_7)_2]^{4-}$$

pH 值在 5.3～7 时，主要存在形式为：

$$[Cu(HP_2O_7)P_2O_7]^{5-}$$

pH 值在 7～10 时，主要存在形式为：

$$[Cu(P_2O_7)_2]^{6-}$$

pH 值 >10 时，主要存在形式为：

$$[Cu(OH)(P_2O_7)_2]^{3-}$$

一般焦磷酸盐镀铜液的 pH 值在 8 ~ 9 之间，所以主要的络合物结构形式为$[Cu(P_2O_7)_2]^{6-}$。

这种结构是上述几种络合物形式中较为稳定的一种，它的不稳定常数为：

$$K_{不稳} = \frac{[Cu^{2+}][P_2O_7^{4-}]^2}{[Cu(P_2O_7)_2]^{6-}} = 1.0 \times 10^{-9}$$

有些镀液中，同时加入氨水或柠檬酸铵，它们与焦磷酸盐形成混合配体络合物，但其浓度不高，氨水与柠檬酸铵主要作为缓冲剂及辅助络合物使用。

B　电极反应

a　阴极反应

焦磷酸盐镀铜属络合物镀液，镀液中有多种离子存在，由于低配位数的络离子体积小，稳定性差，放电的障碍小，放电时所需要的活化能低，容易在阴极上放电，所以在多数情况下，主要是低配位数的络离子在阴极放电，但随溶液 pH 值变化和络合剂浓度的增减，在电极上放电反应的络合离子也可能变化，情况比较复杂，其极化曲线如图 3 -5 所示。

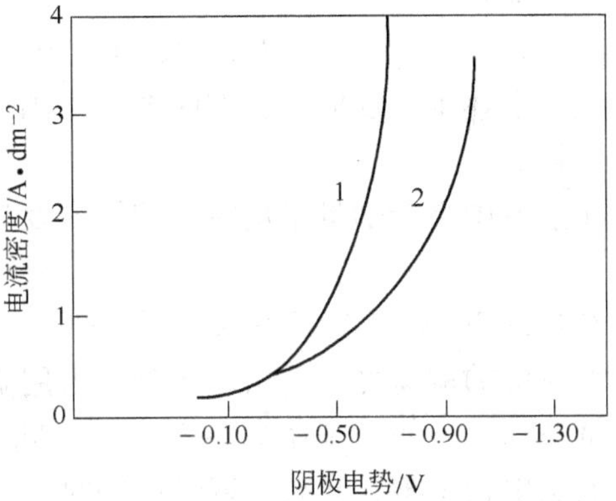

图 3 -5　在焦磷酸盐溶液中铜的阴极极化曲线

1—$CuSO_4 \cdot 5H_2O$ 90g/L + $K_4P_2O_7 \cdot 3H_2O$ 350g/L + NH_4NO_3 20 ~ 30g/L；2—上述溶液中不含 NH_4NO_3

在焦磷酸盐镀铜溶液中，据文献报道，当镀液中游离 $(P_2O_7)^{4-}$ <0.09mol/L 时，阴极上主要是 $[Cu(P_2O_7)]^{2-}$ 放电：

$$[Cu(P_2O_7)]^{2-} + 2e = Cu + P_2O_7^{4-}$$

当游离 $P_2O_7^{4-}$ >0.18mol/L 时，阴极上主要放电的络离子为 $[Cu(P_2O_7)_2]^{6-}$，它分为两步进行：

第一步：$[Cu(P_2O_7)_2]^{6-} \xrightleftharpoons{慢} (CuP_2O_7)^{2-} + P_2O_7^{4-}$

第二步：$[Cu(P_2O_7)]^{2-} + 2e = Cu + P_2O_7^{4-}$

总反应：$[Cu(P_2O_7)_2]^{6-} + 2e = Cu + 2P_2O_7^{4-}$

焦磷酸盐镀液的阴极电流效率较高，当镀液中游离焦磷酸根含量较低时，$\eta_k \approx 100\%$。但当镀液中正磷酸盐含量和游离焦磷酸根含量增高时，阴极电流下降，阴极上也会发生析氢反应：

$$2H_2O + 2e = H_2\uparrow + 2OH^-$$

在镀液中加入硝酸根离子，以提高电镀电流密度上限，但硝酸根在阴极还原降低了阴极电流效率：

$$NO_3^- + 7H_2O + 8e = NH_4^+ + 10OH^-$$

在银的电解精炼时，还有其他的硝酸根还原产物，反应中生成的铵离子能与铜离子结合，能促进阳极溶解，使镀层结晶细化并有光泽，但是铵离子过多，将产生铜粉，镀层结合力下降。铵也能在阳极再被氧化为 NO_3^-。

b 阳极反应

在这类镀液中，一般采用可溶性的电解铜作为阳极，它在足够量的焦磷酸盐存在的情况下，主要发生如下反应：

$$Cu + P_2O_7^{4-} = [Cu(P_2O_7)]^{2-} + 2e$$

$$[Cu(P_2O_7)]^{2-} + P_2O_7^{4-} = [Cu(P_2O_7)_2]^{6-}$$

总反应：

$$Cu + 2P_2O_7^{4-} = [Cu(P_2O_7)_2]^{6-} + 2e$$

除了上述主要反应外，有时会发生阳极的不完全氧化，生成一价铜离子，其水解后又产生铜粉。

在溶液中络合剂量不足时，阳极会发生钝化，并发生析氧反应：

$$4OH^- = O_2\uparrow + 2H_2O + 4e$$

3.1.3.2 电镀液成分及工艺条件

镀液中的铜盐可以用焦磷酸铜也可用硫酸铜。一般光亮镀铜时，用焦磷酸铜。镀液中铜含量稍高，一般控制在 25～35g/L 之间。镀液中铜含量高时，可以使用较高的电流密度，镀层也较平整、光亮。普通镀铜时，镀液中铜含量一般控制在 20～25g/L 之间。镀液中铜含量过高时，阴极极化降低，镀液分散能力下降，镀层变粗糙。镀液中铜含量过低时，允许使用的电流密度下降，镀液整平能力下降，镀层光亮度差。

焦磷酸钾是铜离子的络合剂，按化学计量计算，络合 1g 铜需 10.4g 焦磷酸钾，但实际生产中，一般控制总焦磷酸根浓度与铜浓度的比值在 7～8 之间。此比值过低，阳极溶解性差，镀层结晶粗糙。此比值增大时，络合物稳定性增加，阴极极化增强镀层细致。此比值过高时，可使电流效率降低，镀层会出现针孔。

柠檬酸铵、酒石酸钾钠和氨三乙酸是辅助络合剂，能促进阳极溶解，改善镀液的分散能力，提高电镀电流密度上限，增加镀液 pH 缓冲作用和提高镀层光亮度。以柠檬酸铵效果最好，酒石酸盐或氨三乙酸盐对镀层整平性和光亮度稍差。铵离子也能与铜络合，并能起调节镀液 pH 值的作用，对镀层质量也有明显影响。铵离子浓度过低，镀层粗糙，色泽变暗。铵离子含量过高时，镀层为暗红。氨易挥发，应注意经常补充。

2－巯基苯并咪唑和 2－巯基苯并噻唑均为焦磷酸盐镀液的光亮剂。以 2－巯基苯并咪唑效果最好。二氧化硒、亚硒酸钠或亚硒酸钾、亚硒酸、亚硒酸铜等为辅助光亮剂，与光亮剂配合使用效果最佳。除此之外，焦磷酸盐镀铜液的光亮剂还有丙二酰硫脲、硫代苯基巴比妥酸等。这些光亮剂大都稳定性较差，应注意及时补充光亮剂的消耗。

焦磷酸盐镀液的成分和工艺条件见表 3－4。

pH 值对焦磷酸盐镀铜有重要的影响。前已叙述镀液 pH 值影响络合离子的存在形态，因而影响电极过程。在通常情况下 pH 值应严格控制在 8～8.8 范围内。若 pH 值过高，镀液的分散能力低，工作电流密度下降，阴极电流效率降低，阳极易钝化，镀液稳定性差，结晶粗糙疏松，镀层光亮范围狭小，色泽暗红。若 pH 值太低，焦磷酸易水解变成正磷酸，镀层颜色不均匀，零件深凹处发暗，易生毛刺，阴极电流效率下降。

表3－4 焦磷酸盐镀液成分及工艺条件

组成 \ 编号	1	2	3	4	5	6	7
焦磷酸铜($Cu_2P_2O_7$)/g·L^{-1}	70～100	70～100	60～70	—	70～100	50～100	60～80
硫酸铜($CuSO_4$)/g·L^{-1}	—	—	—	37～43	—	—	—
焦磷酸钾($K_4P_2O_7$)/g·L^{-1}	300～400	300～400	280～300	175～185	300～400	300～350	300～400
柠檬酸铵[$(NH_4)_3C_6H_7O_7$]/g·L^{-1}	20～25	10～15	10～15	—	—	—	—
酒石酸钾钠($KNaC_4H_4O_6 \cdot 4H_2O$)/g·L^{-1}	—	—	—	—	25～30	—	15～20
氨三乙酸[$N(CH_2COOH)_3$]/g·L^{-1}	—	—	20～25	—	20～30	20～30	—
磷酸氢二钠(Na_2HPO_4)/g·L^{-1}	—	—	—	20～30	—	—	—
硝酸钾(KNO_3)/g·L^{-1}	—	—	—	—	15～20	—	—
硝酸铵(NH_4NO_3)/g·L^{-1}	—	—	—	10～14	—	—	20～30
浓氨水($NH_3 \cdot H_2O$)/mL	—	—	—	—	2～3	2～3	—
二氧化硒(SeO_2)/g·L^{-1}	—	0.008～0.02	—	—	0.008～0.02	0.008～0.02	—
2－巯基苯并咪唑/g·L^{-1}	—	0.002～0.004	—	—	0.002～0.004	0.002～0.004	0.005
pH值	8～8.8	8～8.8	8～8.8	7.2～7.8	8～8.8	8.5～9	7～7.5
温度/℃	30～50	30～50	30～40	35～45	30～50	30～40	65～70
电流密度/A·dm^{-2}	0.8～1.5	2～4	0.6～0.8	0.8～1.2	2～4	0.6～1.2	4～6
阳极移动频率/次·min^{-1}	25～30	25～30	20～25	10～20	25～30	滚镀	空气搅拌

镀液的温度对电镀液性能有很大影响。一般镀铜，应控制温度为30～40℃。光亮性镀铜液控制温度为40～45℃。在正常温度范围内，提高温度，电镀使用的电流密度范围增大，并可改善镀层外观色泽。温度过高时，会使镀液受到破坏，镀层质量严重下降。

前已提到电源波形对焦磷酸盐电镀铜质量的影响甚大。现已发现，用单相半波、单相全波和间歇直流等几种整流波形电镀时，可得到光亮镀层。

电流密度对电镀层的质量也有明显的影响，在正常的电流密度范围以外，电镀层质量将显著变坏。

阴极移动和搅拌不仅能增加镀层光亮度，而且能扩大电镀的工作电流范围。在光亮性镀铜时，阴极每分钟移动25～30次，行程10cm。普通镀铜时，阴极只需每分钟移动15～25次。

3.1.4 有机磷酸盐镀铜——HEDP镀铜

3.1.4.1 常见的几种有机磷酸结构式及其性质

常见的几种有机磷酸结构式见表3－5。表中化合物分为两大类：一类是不含氮的，以HEDP为代表，可直接由脂肪羧酸与三氯化磷反应制备；另一类是含氮的，含有亚甲基磷酸基团，它们由相应的胺类同甲醛和三氯化磷通过曼尼奇（Mennich）反应直接接上亚甲基磷酸基团制备。

表3－5 几种有机磷酸结构式

化合物名称	代号	结构式
羟基亚乙基二膦酸	HEDP	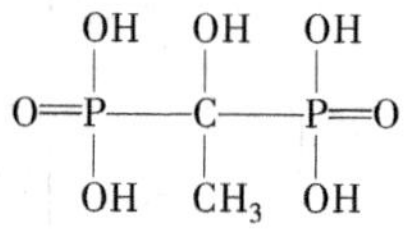 （五元酸）
氨基三亚甲基膦酸	ATMP	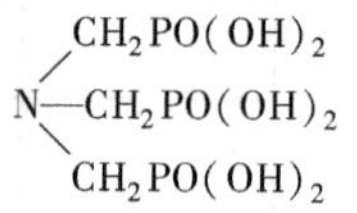 （六元酸）
乙二胺四亚甲基膦酸	EDTMP	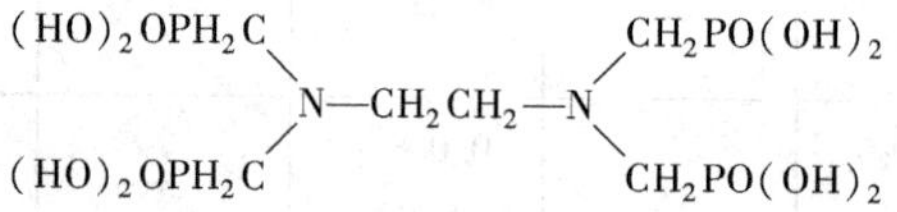 （八元酸）
二亚乙基三胺五亚甲基膦酸	DETDMP	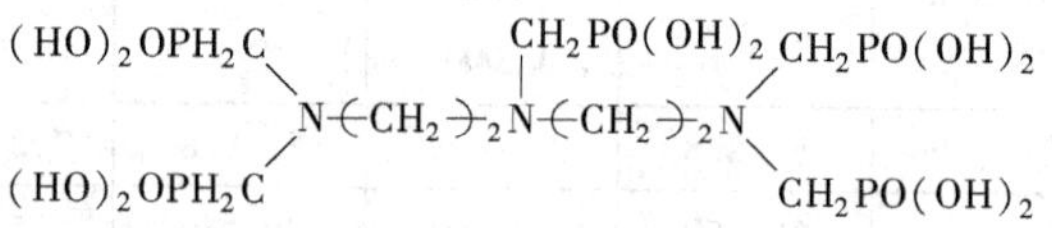 （十元酸）

这类有机磷酸（或盐）具有一定的表面活性，水溶性好、在水中稳定，不易水解，其分子中的磷酸基有较大的诱导效应和较强的配位能力，可与金属离子形成单一型酸式络合物和多核络合物，它们是Ca^{2+}、Mg^{2+}、Fe^{3+}、Cu^{2+}、Ni^{2+}、Zn^{2+}、Cd^{2+}、Mn^{2+}等多价金属离子良好的络合剂。在石油化工、化肥生产等化工设备的循环冷却水中，加入微量的有机磷酸，可以防止或减缓水中有害物质对设备器材的腐蚀和结垢，提高设备的利用效率，延长设备的使用寿命。正是由于这类有机磷酸的缓蚀和消垢作用，所以把它们叫做

“水质稳定剂”。它们在无氰电镀、缓蚀剂、除草剂、洗涤剂、牙膏和制药等方面都得到了应用。已用有机磷酸盐配制无氰电镀溶液，用于镀铜、镀锌、镀金、镀铁、镀镍、镀镉和镀铜-锡合金等。目前由于货源关系，其中HEDP率先得到应用。

3.1.4.2 HEDP镀铜

HEDP是一种多元有机酸，简式可写为$C_2H_8P_2O_7$。它能与铜、锌、镍、镉、钙、镁的离子及三价铁离子起络合反应，随着溶液pH值的升高，5个羟基上的5个氢离子能逐级解离，相当于五元酸，可用H_5L表示，其逐级离解常数pK值分别为1.70、2.47、7.28、10.29和11.13。它与Cu^{2+}有不同的络合形式。HEDP对Cu^{2+}的络合形式不但与溶液的pH值有关，还与HEDP和Cu^{2+}的相对含量有关。

在pH=2~8时，其主要络合形式为：

$$[Cu(C_2H_5P_2O_7)]^- \quad 和 \quad [Cu(C_2H_5P_2O_7)_2]^{4-}$$

在pH=8~10时，其主要络合形式为：

$$[Cu_2(C_2H_4P_2O_7)]^0 \quad 和 \quad [Cu(C_2H_4P_2O_7)]^{2-}$$

在pH=10.5~12时，其主要络合形式为：

$$[Cu(C_2H_3P_2O_7)_2]^{8-}$$

在pH=8~10时，当镀液中有足够量的HEDP存在的情况下，它们可形成如图3-6所示结构的螯合物。此结构为六原子环，它是螯合物中较为稳定的一种结构。

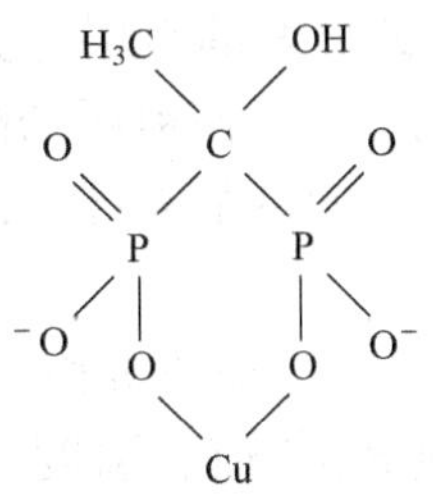

$[Cu(C_2H_4P_2O_7)]^{2-}$

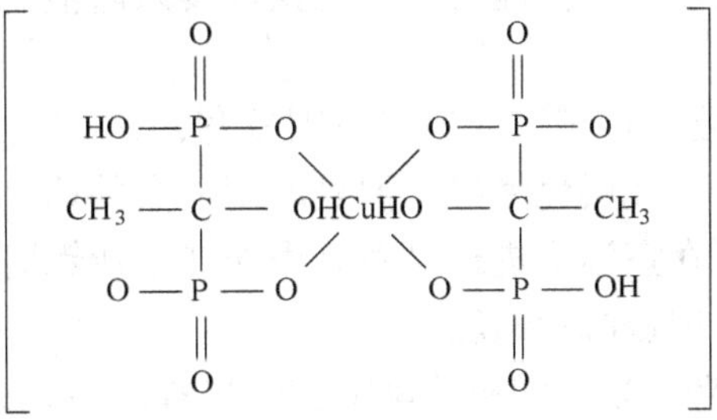

$[Cu(C_2H_5P_2O_7)_2]^{4-}$

图3-6 螯合物结构

HEDP镀铜可以作为钢铁零件或黄铜零件上的预镀铜，也可作为加厚镀铜。但用途不同，镀液成分也不同。它们的镀铜镀液配方及工艺条件见表3-6。

表3-6 HEDP镀铜镀液配方及工艺条件

镀液配方及工艺条件	配方1（预镀铜）	配方2（加厚镀铜）	配方3（加厚镀铜）
硫酸铜（$CuSO_4 \cdot 5H_2O$）质量浓度/$g \cdot L^{-1}$	15~20	40~50	40~50
HEDP（含量60%左右）体积分数/$mL \cdot L^{-1}$	100~120	100~120	100~120
KNO_3质量浓度/$g \cdot L^{-1}$	—	—	10~15
pH值（用KOH调节）	8.5~9.5	8.5~9.0	8.5~9.0
温度/℃	10~55	10~55	10~55
$D_k/A \cdot dm^{-2}$	0.6~1.2	1.4~1.8	3.5~4.5

工业 HEDP 的酸度很高，需要用较多的碱进行中和，由于 HEDP 的钾盐溶解度大，溶液透明清晰，镀层光滑，色泽较好，因此常用 KOH 中和。

3.1.4.3 镀液成分及工艺条件的影响

（1）硫酸铜。硫酸铜是镀液中的主盐，提高硫酸铜的含量，可以使镀层结晶细致，镀液分散能力提高，镀层与基体之间结合牢固。但是硫酸铜含量降低会使阳极电流效率下降，电流密度上限缩小。所以在用作预镀铜时，可以选用低含量的硫酸铜。而在加厚镀铜时，应适当提高硫酸铜的含量，使电流密度上限和阴极电流效率提高，以加快镀铜的沉积速度。

（2）HEDP 含量。当镀液中铜含量固定时，提高 HEDP 含量可以使镀层与基体之间结合牢固，镀层细致，镀液分散能力提高，而且阳极溶解好。但是 HEDP 含量太高，不但成本高，而且阴极电流效率下降。HEDP 含量太低时，阳极上有绿色的铜盐析出，镀层与基体之间的结合力下降。所以预镀铜溶液中，HEDP 应保持有足够的含量。

（3）硝酸钾含量。预镀铜溶液不加硝酸盐，只在加厚镀铜加快沉积速度时加少量硝酸盐。加入硝酸钾，可扩大电流密度范围。

（4）工艺条件。

1）pH 值。该工艺的 pH 值范围较宽，在 pH 值为 7 ~ 10 之间都能进行电镀，且能获得结合力良好的镀层。当镀液 pH 值偏高时，电流密度范围窄，镀层色泽暗。镀液 pH 值偏低时，镀液的分散能力差，钢铁件浸入溶液时容易产生置换镀层。因此以控制在 pH = 9 左右为好。

2）温度。该工艺的温度范围较宽，在 10 ~ 55℃之间都得到良好的镀层。温度高电流密度范围大，镀层色泽好。但是温度太高的话，由于阴极极化降低，使镀层结晶变粗。在预镀铜时可在室温下进行电镀。用作加厚镀铜时，可以适当提高镀液的温度，以提高电流密度上限，加快沉积速度。

3）搅拌。采用阴极移动或空气搅拌，可以提高电流密度上限，加快沉积速度。

4）电流密度。镀液的电流密度范围与溶液中主盐的浓度、pH 值、温度和搅拌速度等因素有关。主盐浓度高、pH 值低、温度高、搅拌速度快，则电镀可使用的电流密度范围大，反之则电镀可使用的电流密度范围小。用作预镀时，溶液的铜含量较低，在室温下镀液不搅拌，操作电流密度只能控制在 0.6A/dm^2 左右。若采用加温和搅拌，电流密度可升至 1A/dm^2 左右。当镀液中硫酸铜的含量提高至 50g/L，温度升高至 50℃时，阴极移动为 4 ~ 6 次/min。同时加入 15g/L 硝酸钾的情况下，操作电流密度可达 4A/dm^2 左右。

5）阳极。该镀液中的阳极，可以用电解铜或压延铜，也可以用磷铜（含磷量为 0.1% ~ 0.3%）。只要镀液中有足够量的 HEDP，铜阳极就溶解良好。在预镀铜的溶液中，由于游离 HEDP 含量较高，铜阳极的溶解性能很好。当发现镀液中铜离子有上升趋势时，可以减少铜阳极的面积，挂入部分不锈钢板作为不溶性阳极以保持铜含量的稳定。生产实践表明，采用含磷 0.1% ~ 0.3% 的磷铜板作为阳极，可以减少阳极表面上的铜粉。

3.2 电镀银

银是银白色的金属，银的电化摩尔质量为 4.024g/(A·h)，标准还原电势为 0.799V。银在大气、水、碱液和某些有机酸中十分稳定但易溶于硝酸和微溶于硫酸中。在含有氯化物和硫化物的空气中或溶液中其表面很快变色，尤其是遇到硫或硫化物，表面生成褐色至黑色的硫化银。银的导热、导电和反光性能极好。镀银是最古老的工艺之一，早在一个世纪以前就已应用于装饰工艺美术，近代它也还是以装饰为主。其导电性好，25℃时为 $63.3\times10^{6}/(\Omega\cdot m)$，广泛应用于无线电工业通讯设备和仪器仪表制造工业及电器产品的零部件上，以减少接触电阻。银的器皿对碱液稳定，采用电镀银基合金，以提高镀银层的硬度和耐磨性，从而提高产品的质量和使用寿命。目前能镀出光亮银层，硬质光亮银层，光亮厚银等镀层以提高抗磨性和防变色性能，降低成本。

镀银液有氰化镀银和无氰镀银两类。氰化镀银已有一百多年历史，该溶液分散能力好，覆盖能力高，镀层细致，但有剧毒。近年来发展了无氰镀银，已在生产中应用的有：硫代硫酸盐镀银、亚硫酸盐镀银、磺基水杨酸镀银和亚氨基二磺酸盐镀银等。

由于银的还原电势很正，因此在铜、铜合金及大多数金属基体或底层上直接镀银，很易发生“接镀”，故银层结合力极差。因此镀银前一定要进行预处理，预处理的目的是改变基体或底层金属的电极电势，使不发生接镀现象，从而保证镀银层的质量。

3.2.1 镀银预处理方法

3.2.1.1 汞齐化

将镀件浸入含有汞盐及络合剂的溶液中，使其表面生成一层薄而致密的金属汞齐层，金属汞齐是一种以汞为主体的金属溶液，其电极电势比银正，因此与镀银镀液接触不发生接镀现象。常用的汞齐化溶液如下。

A 氰化物镀液及其工艺条件

氰化物镀液及其工艺条件见表 3-7。

表 3-7 氰化物镀液及其工艺条件

氧化汞（HgO）质量浓度/g·L⁻¹	5~10	温　度	室　温
氰化钾（KCN）质量浓度/g·L⁻¹	5~100	时间/s	3~5

B 酸性溶液及工艺条件

酸性溶液及工艺条件见表 3-8。

表 3-8 酸性溶液及工艺条件

氯化汞（$HgCl_2$）质量浓度/$g\cdot L^{-1}$	100	温　度	室　温
盐酸（HCl）质量浓度/$g\cdot L^{-1}$	120	时间/s	2~5

3.2.1.2 浸银

镀件浸入含低浓度银盐和高浓度络合剂的溶液中，沉积上一层致密且结合力好的银层。浸银处理的溶液及工艺条件见表 3-9。

表 3-9 浸银处理的溶液及工艺条件

$AgNO_3$ 质量浓度/$g\cdot L^{-1}$	15~20	温度/℃	15~30
硫脲（饱和）质量浓度/$g\cdot L^{-1}$	200~220	时间/min	1~2

3.2.1.3 预镀

在镀前，将镀件镀上一层薄而结合力好的镀层，称预镀。预镀常采用高浓度络合剂，低浓度金属盐镀液。预镀层厚度要求不高，而覆盖能力要求良好。可采用预镀铜、银和镍的方法。

A 预镀铜

对于钢铁件、镍合金件、磷青铜件、铍青铜件、黄铜铸件、精度要求高的铜及其合金件、多种金属组装件或焊接件，要预镀一层铜，再预镀银，而后镀银。铜及其合金零件，也可以预镀铜后带电下槽，于氰化镀溶液中镀银。

预镀铜的溶液成分及工艺条件见表3-10。

表3-10 预镀铜的溶液成分及工艺条件

CuCN 质量浓度/g·L^{-1}	10~20	D_k/A·dm^{-2}	1.5~3
KCN 质量浓度/g·L^{-1}	70~90	时间/min	1~2
温度/℃	20~30		

B 预镀银

(1) 有色金属如铜及铜合金、镍及镍合金零件预镀银，也适用于预镀铜后的各种零件的第二步预镀，其溶液成分及工艺条件见表3-11。

表3-11 预镀银的溶液成分及工艺条件

AgCN 质量浓度/g·L^{-1}	1~2	温 度	室 温
KCN 质量浓度/g·L^{-1}	60~120	D_k/A·dm^{-2}	2~3
时间/s	5~10		

(2) 钢铁零件预镀银。

第一次预镀，其溶液成分及工艺条件见表3-12。

表3-12 第一次预镀银的溶液成分及工艺条件

氰化银（AgCN）质量浓度/g·L^{-1}	2	时间/s	5~10
氰化铜（CuCN）质量浓度/g·L^{-1}	11	温度/℃	20~30
氰化钾（KCN）质量浓度/g·L^{-1}	75	D_k/A·dm^{-2}	1.5~2.5

第二次预镀，其溶液成分及工艺条件见表3-13。

表3-13 第二次预镀银的溶液成分及工艺条件

氰化银（AgCN）质量浓度/g·L^{-1}	1~2	D_k/A·dm^{-2}	2~3
氰化钾（KCN）质量浓度/g·L^{-1}	60~120	时间/s	5~10
温 度	室温		

C 预镀镍

预镀镍可提高镀层硬度，增加耐磨性。为防止镍的钝化，将零件用盐酸活化，即使镍表面在50%（体积分数）的盐酸中浸渍10～30s，用水清洗后再进行预镀镍。

预镀镍溶液成分及工艺条件见表3－14。

表3－14 预镀镍溶液成分及工艺条件

$NiCl_2 \cdot 6H_2O$ 质量浓度/$g \cdot L^{-1}$	240	阴极电流密度/$A \cdot dm^{-2}$	5～15
HCl 体积分数/$mL \cdot L^{-1}$	125	时间/min	1～2
温　度	室温		

3.2.2 氰化物镀银

氰化物镀银溶液的主要成分是银的氰络盐和一定量的游离氰化物。银的氰络盐可以由银的单盐与氰化物作用制备

$$AgCN + KCN = K[Ag(CN)_2]$$

或

$$AgCl + 2KCN = K[Ag(CN)_2] + KCl$$

银的氰络盐在溶液中离解平衡：

$$K[Ag(CN)_2] = K^+ + [Ag(CN)_2]^-$$

$$[Ag(CN)_2]^- \rightleftharpoons Ag^+ + 2CN^- \qquad K_{不稳定} = 8 \times 10^{-12}$$

其阴极反应为：

$$[Ag(CN)_2]^- + e = Ag + 2CN^- \qquad \varphi^\ominus = -0.31V$$

阳极反应：

$$Ag + 2CN^- = [Ag(CN)_2]^- + e$$

阳极钝化时有：

$$4OH^- = 2H_2O + O_2\uparrow + 4e$$

由表3－15可以看出银在氰络合物中平衡电位低得多，特别是在KCN过量的情况下，为镀银提供了条件。图3－7为银在氰化物镀液中的阴极极化曲线。

表3－15 25℃时不同镀液中银的平衡电势

溶　液　名　称	平衡电势/V
1mol/L $AgNO_3$	0.799
0.25mol/L $K[Ag(CN)_2]$	0.15
0.25mol/L $K[Ag(CN)_2]$ + 0.025mol/L KCN	－0.217
0.25mol/L $K[Ag(CN)_2]$ + 0.25mol/L KCN	－0.369

电镀液的配方及工艺条件见表3－16。

表3－16 氰化物镀银镀液配方及工艺条件

镀液配方及工艺条件	配方1（预镀银）	配方2（一般镀银）	配方3（光亮镀银）
AgCl 质量浓度/$g \cdot L^{-1}$	12～15	25～35	45～55
KCN（总量）质量浓度/$g \cdot L^{-1}$	60～70	—	70～80

续表 3－16

镀液配方及工艺条件	配方 1（预镀银）	配方 2（一般镀银）	配方 3（光亮镀银）
KCN（游离）质量浓度/$g \cdot L^{-1}$	—	35～45	—
K_2CO_3 质量浓度/$g \cdot L^{-1}$	—	30～80	—
$Na_2S_2O_3$ 质量浓度/$g \cdot L^{-1}$	—	0.5～1	—
1，4－丁炔二醇质量浓度/$g \cdot L^{-1}$	—	—	0.5
C_7H_4SNSH 质量浓度/$g \cdot L^{-1}$（M 促进剂）	—	—	0.5
温度	室温	室温	室温
D_k/$A \cdot dm^{-2}$	0.3～0.5	0.2～0.4	1～2
移动阴极频率/次·min^{-1}	—	—	20～30

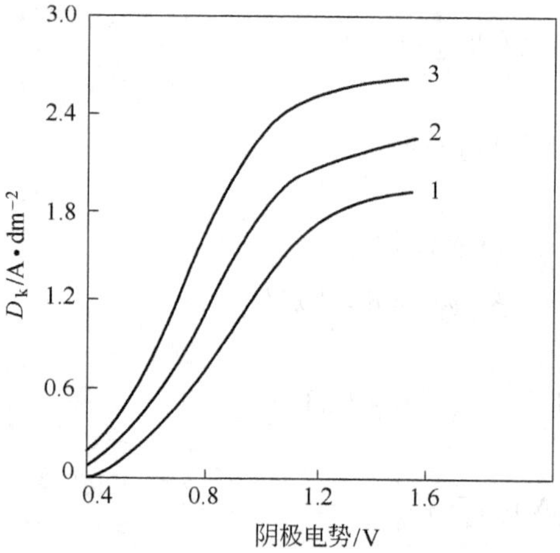

图 3－7 银在氰化物镀液中的阴极极化曲线
Ag 29g/L，NaCN（总）50g/L，Na_2CO_3 21g/L
1—25℃；2—32℃；3—40℃

电镀液中的 AgCl 是电镀液的主盐，是银氰络合物中银离子的来源。电镀液中 AgCl 含量的高低对镀液的导电性、分散能力和沉积速度都有一定的影响。溶液中应保持一定量的 AgCl，但也不能太高，否则会使银与 KCN 络合不稳定，阴极极化作用减弱，分散能力降低，镀层也不够细致。

KCN 是络合剂，KCN 与 Ag^+ 的络合能力很强，为保证 $[Ag(CN)_2]^-$ 络离子有足够的稳定性，要求电镀液中有一定数量的游离 KCN 存在，才能提高阴极的极化作用，使镀层结晶细致，覆盖能力好，同时使阳极不易钝化，使其溶解正常。一般游离的 CN^- 含量比 Ag^+ 含量高 2～3 倍。

K_2CO_3 主要起稳定镀液的作用，能抑制空气中氧与二氧化碳对 KCN 的分解作用，同时增加镀液的导电能力。K_2CO_3 一般在新配镀液时加入，含量不超过 80g/L。

镀液中的 $Na_2S_2O_3$、1，4－丁炔二醇、M 促进剂加入能增大阴极极化并使银的结晶定向排列，使镀层出现光泽，而一般的氰化镀银得到的镀层是银白色的无光泽，需进行磨光增加光泽，有时在银沉积物外加一层镉使表面光泽。光亮剂不能加得太多，太多了会导致镀层出现脆性。

配方 3 的光亮镀银，可用较高的电流密度，以提高沉积速度，但为了提高电流密度，就必须采用阴极移动。

保护装饰性镀银的覆盖物厚度通常为 10～25μm 之间。钢制品镀银最好是在钢或黄铜底层上进行，当然为了避免接镀，需进行预镀处理。

3.2.3 硫代硫酸盐镀银

以硫代硫酸根作为络合剂的无氰镀银电解液，有的用硫代硫酸的钠盐，有的用它的铵盐作为络合剂，但不论是它的钠盐或铵盐，都是硫代硫酸根与银离子结合形成硫代硫酸银络离子。如：

$$[Ag(S_2O_3)]^- \qquad K_{不稳} = 1.5\times10^{-9}$$

$$[Ag(S_2O_3)_2]^{3-} \qquad K_{不稳} = 3.5\times10^{-14}$$

在酸性条件下，硫代硫酸根不稳定会发生如下反应，分解出 S。

$$S_2O_3^{2-} + H^+ = HSO_3^- + S$$

当有亚硫酸根存在时，硫代硫酸根的稳定性可以提高，这主要是亚硫酸根在酸性条件下，会形成亚硫酸氢根：

$$SO_3^{2-} + H^+ = HSO_3^-$$

这样，由于同离子效应，就抑制了 $S_2O_3^{2-}$ 的分解，使电解液较为稳定。因此，在硫代硫酸盐的无氰镀银电解液中，通常加入亚硫酸盐或焦亚硫酸盐，以抑制络合剂在酸性条件下的分解。这种镀液成分简单，配制方便，均镀能力好，电流效率高，镀层较细致，可焊性好。但镀液不稳定，工作电流密度范围窄。

3.2.3.1 硫代硫酸铵镀银

A 镀液成分及工艺条件

镀液成分及工艺条件见表 3－17。

表 3－17 镀液成分及工艺条件

金属银（以 AgBr 形式加入）质量浓度/$g\cdot L^{-1}$	25～30	硫代氨基脲质量浓度/$g\cdot L^{-1}$	0.5～0.8
		pH 值（用 25% 乙酸调节）	6.0～6.4
硫代硫酸铵质量浓度/$g\cdot L^{-1}$	200～250	阴极电流密度/$A\cdot dm^{-2}$	0.2～0.3
亚硫酸钠质量浓度/$g\cdot L^{-1}$	80～100	温度/℃	15～35
醋酸铵质量浓度/$g\cdot L^{-1}$	20～30	阴极面积：阳极面积	1：(2～3)

B 镀液配制方法

（1）将硫代硫酸铵用近 40℃的温水溶解，若溶液浑浊或有悬浮物应予过滤。

（2）将亚硫酸钠直接溶解在硫代硫酸铵溶液中，由于亚硫酸钠的溶解速度较慢，因此宜逐步加入，若一次加入过多将造成亚硫酸钠结块，使溶解困难。

（3）将溶解好的硫代硫酸铵和亚硫酸钠溶液以 25% 乙酸溶液进行调整，使溶液的 pH 值在 6.2～6.4。

（4）在已调整好 pH 值的溶液内，加入溶解好的乙酸铵。

（5）在剧烈搅拌下，将溴化银缓缓地加入上述溶液，使其完全溶解。

（6）将硫代氨基脲直接溶解在部分镀液中，将镀液合并后，使镀槽内的溶液达到所需的体积，电解 4h 后过滤，待分析调整后即可电镀使用。

配制镀液的银盐需自己制备，制备时，在红灯光下进行，容器宜用聚氯乙烯、软塑料、搪瓷等材料，配制最好当天完毕。银盐的制备方法如下所述。

取硝酸银 45g 溶于 450mL 40～50℃的蒸馏水中，另取溴化钠 27g 溶于 110mL 40～50℃的蒸馏水中。（硝酸银：溴化钠＝1：0.6）趁热将溶解好的溴化钠溶液倒入硝酸银溶液中并不断搅拌，然后静止片刻，此时，即产生黄色的溴化银沉淀。以溴化钠溶液试验沉淀是否完全。待沉淀完全后，用蒸馏水倾泻法洗涤沉淀数次，直至洗液 pH 值为 6.4，这样所得的溴化银沉淀即可供配制镀液用。其制备反应如下：

$$AgNO_3 + NaBr = AgBr\downarrow + NaNO_3$$

3.2.3.2 硫代硫酸钠镀银

A 镀液成分及工艺条件

镀液成分及工艺条件见表3－18。

表3－18 镀液成分及工艺条件

硝酸银/g·L^{-1}	40～60	搅拌方式	机械搅拌或磁力搅拌
硫代硫酸钠/g·L^{-1}	200～300	时间/min	10
焦亚硫酸钠/g·L^{-1}	60～84	温度/℃	10～40
硫酸钠/g·L^{-1}	10～20	pH值	4.12～4.18
硼酸/g·L^{-1}	22～35	施镀电流	脉冲或直流

B 镀液配制方法

（1）将焦亚硫酸钾和硝酸银分别溶解于常温的蒸馏水中。

（2）在常温下用蒸馏水溶解硫代硫酸钠。

（3）将焦亚硫酸钾和硝酸银溶液混合，搅拌，此时生成白色的焦亚硫酸银沉淀。并在不断搅拌下，迅速加入到硫代硫酸钠的溶液中使白色沉淀完全溶解。这时的反应是：

$$2AgNO_3 + K_2S_2O_5 = Ag_2S_2O_5\downarrow_{\text{白色}} + 2KNO_3$$

$$Ag_2S_2O_5 + 4Na_2S_2O_3 = 2Na_3[Ag(S_2O_3)_2] + Na_2S_2O_5$$

（4）加蒸馏水至规定体积，并置溶液于日光下照射数小时，或将槽液敞开放置1～2d，此后，加0.5～1g/L活性炭搅拌，静置过滤，即得澄清的镀液。

配制溶液时，特别应该注意的是：切不可将硝酸银直接加入硫代硫酸钠溶液中。因为两者作用时，先生成白色的硫代硫酸银沉淀，然后逐渐水解，会生成黑色的硫化银，使溶液中沉淀的颜色由白色变黄，变棕，最后变成黑色。其反应是：

$$2AgNO_3 + Na_2S_2O_3 = Ag_2S_2O_3\downarrow_{\text{白色}} + 2NaNO_3$$

$$Ag_2S_2O_3 + H_2O = Ag_2S\downarrow_{\text{黑色}} + H_2SO_4$$

由于上述原因，当需要向镀液中补充银盐时，也应先把硝酸银与焦亚硫酸钾（硝酸银与焦亚硫酸钾的配比量为1：1）在槽外分别用少量水溶解，然后混合沉淀，再将带有沉淀的混合液加入到有足够量的硫代硫酸钠的镀液中。否则会使镀液变色、变坏。同时在配制镀液时，各种器皿和搅拌棒也应各自分开切勿混用，避免产生上述现象。

新配的镀液有时可能会显现微黄色，或有极少量的沉淀物。这种现象过滤后能消除，对镀液无妨碍。

镀液中焦亚硫酸钾含量太低时，镀液不稳定，容易产生黑色沉淀物。因此，必须定期分析其含量，当发现其含量偏低时，应及时补充。镀液pH值不宜太低，注意在调pH值时不宜用高浓度酸，以免局部镀液pH值太低而导致银络合物分解，使镀液中出现黄褐色胶体或黑色的硫化银沉淀，其反应式如下：

$$4Na_3[Ag(S_2O_3)_2] + 4H^+ = 2Ag_2S\downarrow + 7S\downarrow + 4Na_2SO_4 + 3SO_2 + 4Na^+ + 2H_2O$$

因此，宜用稀酸调pH值，并应在搅拌下缓慢地加入。

3.2.4 烟酸镀银

烟酸又名维生素 B_5，分子式为 $C_6H_5O_2N$，相对分子质量为 123.11，熔点为 326℃。它是无色针状结晶，能溶于水，在水溶液中比较稳定。

烟酸镀银层外观细致，光亮度和韧性较好，镀液的主要性能接近氰化物镀银。现将该工艺简单介绍如下。

3.2.4.1 镀液成分及工艺条件

镀液成分及工艺条件见表 3－19。

表 3－19 镀液成分及工艺条件

硝酸银质量浓度/$g\cdot L^{-1}$	40～50	氨水（浓）体积分数/$mL\cdot L^{-1}$	32
烟酸质量浓度/$g\cdot L^{-1}$	90～110	pH 值	9.0～9.5，用乙酸或氢氧化钾调节
氢氧化钾质量浓度/$g\cdot L^{-1}$	45～55		
碳酸钾质量浓度/$g\cdot L^{-1}$	70～82	温 度	室 温
乙酸铵质量浓度/$g\cdot L^{-1}$	77	$D_k/A\cdot dm^{-2}$	0.2～0.4

3.2.4.2 镀液配制方法

（1）将计算的烟酸和氢氧化钾用少量蒸馏水溶解，再加入计算量的乙酸铵和氨水，搅拌使完全溶解。

（2）将计算量的硝酸根，用蒸馏水溶解后，加入到上述烟酸溶液中，并稀释至接近规定体积，再加碳酸钾总量的 1/2（约 35～40g/L）搅拌使其溶解。

（3）加入 1～3g/L 活性炭，搅拌半小时，静置后过滤。

（4）加蒸馏水至规定体积，调 pH 值至 9.0～9.5。

（5）根据试镀情况，再加入余量的碳酸钾。

为了使镀液有较好的稳定性、分散能力、覆盖能力和电流效率，烟酸与硝酸银的比值应控制在（1.5～3）:1 为好。为了防止铜杂质进入镀液，阴极和阳极的铜导杆和铜挂钩，最好先镀一层厚银，铜零件落入槽内应立即取出，因铜比银活泼，易发生取代反应，铜进入溶液将恶化镀液。由于烟酸对银的络合能力不强，镀液中不宜带入 Cl^-，零件电镀前，须用蒸馏水清洗后入槽。同时为了防止镀好的镀层发花，零件出槽时须先用蒸馏水清洗干净。

除了以上方法外，还有亚氨基二磺酸铵镀银（简称 N－S，无氰镀银）、磺基水杨酸镀银、碘化物镀银及焦磷酸盐镀银等镀液。有些镀液还在试验，详细内容请参见其他相关书籍。

3.2.5 防止镀银层变色的措施

已研究出了许多种防银变色的工艺，归类起来有下列 4 类。

（1）在银层上造成一层保护膜（如化学钝化、电解钝化、电泳法等）。这是目前生产上普遍采用的方法。

（2）在银层上沉积一薄层贵金属（如镀金、铑、钯等）。

（3）在银层上覆盖有机材料、薄膜。

（4）电镀具有一定抗变色的银基合金镀层（如银－金合金等）。

不管采用哪一种防银变色工艺，经过处理后的银层总的要求必须达到一定的抗变色能力，可以焊接，具有较低的接触电阻，并具有银的本色，外观颜色保持不变或只有微变。

目前国内在生产上常用的防银变色处理工艺有下列几种。

（1）化学钝化法。用化学方法使银层表面上生成一层钝化膜，这样就可防止银层与硫化物发生作用。具体工艺过程为：铬酸处理→氨水脱膜→浸稀盐酸→化学钝化。

1）铬酸处理。银层首先在下述溶液中生成一层疏松的黄膜，这层膜是由 $AgCl$、Ag_2CrO_4 和 $Ag_2Cr_2O_7$ 组成。

铬酸处理液为：铬酐（CrO_3）质量浓度为 80～85g/L，NaCl 质量浓度为 18～21g/L，在室温下浸 5～10s。

2）氨水脱膜。在浓氨水中将黄膜溶解，使膜层原来的金属晶格裸露出来，此时银层显细致而有光泽。处理时间至黄膜去尽为止。

3）浸稀盐酸。使银层更为光亮。所用盐酸质量分数为5%～10%，在室温下浸 10～15s。

4）化学钝化。使银层表面生成钝化膜。

钝化液组成和使用条件：重铬酸钾 $K_2Cr_2O_7$ 质量浓度为 10～15g/L，硝酸 HNO_3（浓）体积分数为 10～15mL/L，在室温下浸 10～20s。

（2）电解钝化法所用钝化溶液及工艺条件如下。

1）钝化溶液一（见表 3－20）：

表 3－20 钝化溶液

重铬酸钠（$Na_2Cr_2O_7$）质量浓度/g·L^{-1}	25～35	温 度	室 温
氢氧化铝［$Al(OH)_3$］胶体质量浓度/g·L^{-1}	0.5	时间/min	1～2
电流密度/A·dm^{-2}	0.1～0.5	阳极材料	不锈钢板
pH 值	6～8		

在电解钝化液中加入 $Al(OH)_3$ 胶体粒子，在电流作用下，电泳作用于阴极零件表面，对钝化膜孔隙起了填充作用，提高了钝化膜的密实性，因而能显著增强抗硫效果。

电解钝化时镀银零件作为阴极，在表面上形成由 $Al(OH)_3$、$Cr(OH)_3$、$Cr_2(CrO_4)_3$ 等物质组成的钝化膜，这种钝化膜经试验证明其防变色能力比化学钝化膜要强得多。这是目前工业生产中应用较多的一种方法。

2）钝化溶液二（见表 3－21）：

表 3－21 钝化溶液

重铬酸钾（$K_2Cr_2O_7$）质量浓度/g·L^{-1}	55～66	时间/min	3～5
硝酸钾（KNO_3）质量浓度/g·L^{-1}	10～14	温度	室温
电压/V	1.4	阳极材料	不锈钢板
pH 值	5～6		

3）钝化溶液三（见表 3－22）：

表 3－22 钝化溶液

铬酸钾（K_2CrO_4）质量浓度/g·L^{-1}	30～50	时间/min	3～5
氢氧化钾（KOH）质量浓度/g·L^{-1}	30～50	温度	室温
电流密度/A·dm^{-2}	0.2～2	阳极材料	不锈钢板

（3）镀氢氧化铍［$Be(OH)_2$］法。这种方法是利用电泳作用使银层表面镀上一层带浅彩虹色的氢氧化铍［$Be(OH)_2$］薄膜，能显著提高银层抗硫性能。但这种方法的缺点是镀盐具有毒性以及镀后焊接性能很差，因此需要焊接的镀银零件，必须采用局部镀铍（即需焊接处不镀）。

溶液成分及工艺条件见表3－23。

表3－23 溶液成分及工艺条件

硫酸铍质量浓度/$g \cdot L^{-1}$	2.5～3.5	pH值	5.2～5.4
钼酸铵质量浓度/$g \cdot L^{-1}$	0.01	时间/min	20～30
温　度	室温	阳极材料	不锈钢板
阴极电流密度/$mA \cdot dm^{-2}$	8～12		

（4）覆盖有机材料薄膜法。这种方法是在镀银层上覆盖一层薄而透明的有机材料，使银层与空气隔离开来，防止银层变化。覆盖方法有以下几种。

1）涂料成分一：透明聚苯乙烯（粒状）含量30%，634环氧树脂含量25%，工业用松香含量25%，合成地蜡含量20%。将松香研成粉末，地蜡切成小碎块，与称好的环氧树脂混合加热至90～95℃，待均匀熔化后在搅拌下逐渐加入粒状聚苯乙烯，使熔化温度逐步升高至125～130℃保温10min，使其全部均匀熔化，冷却后即得浅黄色固体涂料半成品。

再将上述配好的固体涂料切成小块研细，溶解在丙酮：二甲苯：甲苯＝1：1：1（体积比）的混合液中，使其含量为3%～5%，过滤后即可使用。镀银零件浸涂有机材料溶液后，需在空气中晾干20min，然后在100℃烘箱中干燥1h，使银层上均匀覆盖一层透明的薄膜。

2）涂料成分二：B01－3丙烯酸清漆（用己酮稀释）。将镀银零件浸入丙烯酸清漆中取出后，立即放入离心机中甩去多余溶液，然后在空气中或低温50℃烘箱中干燥至不粘手为止。

3）涂料成分三：医用白色凡士林50g/L，工业汽油1L。将白色凡士林溶解于汽油中，即可使用。将镀银零件浸入含有凡士林的汽油中，取出后放入离心机中甩去多余溶液，然后在空气中自然干燥。

若采取电解钝化法与覆盖法联合使用，则银层抗硫效果更佳。

3.3 电镀金

金是一种金黄色贵金属，密度为19.38g/cm^3，熔点为1063℃。金较软，硬度低，处于锡与锌之间，有极好的延展性及可塑性，易抛光。金化学稳定性好，不溶于一般酸，只溶于王水和氰化物溶液中。金镀层耐蚀性强，导电性好，能耐高温和容易焊接。在普通镀金溶液中，加入少量锑、钴等金属离子，可以获得硬度大于130HV的硬金镀层，金与铜的合金镀层硬度可达300HV以上，具有一定的耐磨性。金镀层抗变色性能好，常作为银镀层的防变色镀层。金镀层已广泛应用于通讯设备、宇航工业、电器设备和精密仪器等设备的制造之中。另外，由于金合金镀层色调丰富、光泽良久，常代替纯金制品用在首饰、艺术品加工工业之中。

目前使用的镀金溶液配方较多，但主要有氰化物镀金、柠檬酸盐酸性镀金和亚硫酸盐碱性镀金3种类型。

3.3.1 氰化物镀金

3.3.1.1 镀液配方及工艺条件

镀液配方及工艺条件见表3-24。

表3-24 镀金镀液配方及工艺条件

组成及条件	配方1	配方2	配方3	配方4
金（以氰化金钾形式加入）质量浓度/$g \cdot L^{-1}$	4~5	8~12	4	12
KCN 质量浓度/$g \cdot L^{-1}$	15~25	—	—	90
KCN（游离）质量浓度/$g \cdot L^{-1}$	—	30	16	—
K_2CO_3 质量浓度/$g \cdot L^{-1}$	10~15	15~30	10	—
K_2HPO_4 质量浓度/$g \cdot L^{-1}$	—	30	—	—
$KCo(CN)_3$ 质量浓度/$g \cdot L^{-1}$	—	—	12	—
$KNi(CN)_3$ 质量浓度/$g \cdot L^{-1}$	—	—	—	5
pH值	8~9	—	8~9	11~12
温度/℃	60~70	25~60	70	25~65
$D_k/A \cdot dm^{-2}$	0.1~0.3	0.2~1.0	2	0.2~0.5
阳极材料	纯金、铂	不锈钢	纯金	纯金

氰化物镀金工艺比较成熟，深镀能力和均镀能力良好，还可以添加镍、钴等金属离子来提高镀层的耐磨性，也可以加入少量氰化亚铜或氰化钴钾，以得到粉红或绿色的镀层，满足丰富多彩的装饰要求。但氰化物镀金溶液配制复杂，溶液剧毒，镀层软而孔隙多，其应用受到一定限制。

在此镀液中金以一价络合离子的形式存在，例如 $KAu(CN)_2$ 络盐电镀液，溶解度比钠盐高，不易发生阳极钝化现象。金络离子解离平衡与电极反应如下：

$$Au(CN)_2^- \rightleftharpoons Au^+ + 2CN^-$$

阴极反应：

$$Au(CN)_2^- + e \rightleftharpoons Au + 2CN^- \qquad \varphi^\ominus = -0.61V$$

阳极反应：

$$Au + 2CN^- \rightleftharpoons Au(CN)_2^- + e$$

阳极钝化时有：

$$4OH^- \rightleftharpoons 2H_2O + O_2 \uparrow + 4e$$

$$Au + CN^- \rightleftharpoons AuCN \downarrow + e$$

金在氰化物（曲线1~3）和氰化物-柠檬酸盐（曲线4~6）溶液中的阴极极化曲线如图3-8所示。

3.3.1.2 镀液成分及工艺条件的影响

金含量偏低时，镀层结晶细致，但颜色较浅，允许的阴极电流密度范围上限值较小；金含量过高时，镀层发红，颜色变暗，结晶较粗。金通常以氰化金钾络盐［$KAu(CN)_2$］的形式加入，钠盐不易溶解，容易引起钝化。

KCN是主络合剂，可以促进阳极正常溶解。其含量偏低时，阳极溶解不良，镀层颜色加深，结晶变粗；其含量偏高时使溶液中金含量提高，镀层颜色较浅。K_2CO_3 主要起抑制溶液中KCN的分解，保持镀液稳定和增加溶液导电能力等作用。

K_2HPO_4 是导电盐，可提高镀液的导电能力，又作为pH缓冲剂，保持镀液pH值稳定，并能改善镀层光泽。

氰化镍钾、氰化钴钾为镀液提供镍和钴离子可以改善镀层色泽和硬度。镍只是微量析出或不析出，当镀层含1%～2%镍时，镀层硬度可提高到180HV，为普通纯金镀层的两倍多。有镍存在，金镀层显白色。钴在电镀过程中基本不沉积，但它可改变镀层的结构，使镀层硬度增加一倍，提高耐磨性1～2倍。有钴存在金镀层显红色。

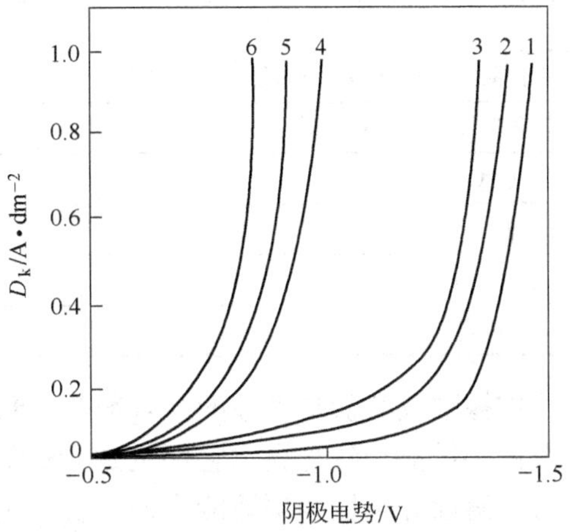

图3－8 金的阴极极化曲线

1，4—20℃；2，5—40℃；3，6—60℃

温度对阴极电流密度上限提高和外观色泽有明显的影响。氰化镀金一般用较低的阴极电流密度。阴极电流密度太高，会使阴极析出氢气，使镀层松软、变粗带赤黄色，还可能有金属杂质的共析。升高温度，能加大电流密度上限，但超过70℃，镀层呈赤黄色发暗，结晶变粗。

镀液中不能含有钠盐，否则少量的钠离子将在阳极表面上形成氰化金钠的覆盖层，容易使阳极钝化，溶液变成褐色。

3.3.2 柠檬酸盐酸性镀金

柠檬酸盐镀金是一种低氰或微氰酸性镀金新工艺，其特点是镀液毒性小，工作温度范围宽，镀层致密平滑，针孔极少，耐蚀性好。当加入一定量的胺类含氮有机物或含镍等金属盐时，可得到更加平滑、致密并带有光泽的镀层。加入微量锑、钴等的金属盐时，可得到硬金属层，硬度可达160～200HV，耐磨性能好，可焊性好，特别适用于印刷线路板电镀。虽然酸性镀金电流效率比较低，一般只有30%～60%，但可使用电流密度为氰化镀金的4倍，因此沉积速度快。

表3－25为镀液的配方及工艺条件。表中金以氰化金钾形式加入，为镀液的主要成分。金含量不足时电流密度上限降低，镀层呈暗红色。适当提高金含量，可以扩大电流密度范围和提高镀层的光泽；金含量过高时，镀层发花。

表3－25 柠檬酸盐酸性镀金镀液配方及工艺条件

组 成 及 条 件	配方1	配方2	配方3
金（以氰化金钾形式加入）质量浓度/g·L^{-1}	4～10	10～20	10～15
柠檬酸氢铵［$(NH_4)_2HC_6H_5O_7$］质量浓度/g·L^{-1}	110～120	—	—
酒石酸锑钾（$KSbOC_4H_4O_6$）质量浓度/g·L^{-1}	0.06～0.3	—	—
柠檬酸钾（$K_3C_6H_5O_7$）质量浓度/g·L^{-1}	—	30～70	50～70

续表 3-25

组 成 及 条 件	配方 1	配方 2	配方 3
柠檬酸（$H_3C_5H_5O_7$）质量浓度/$g \cdot L^{-1}$	—	30~50	30~70
氰化钴钾［$KCo(CN)_3$］质量浓度/$g \cdot L^{-1}$	—	30~50	30~70
温度/℃	30~45	30~50	30~40
pH 值	5.2~5.8	4.5~5.0	3.5~4.5
D_k/$A \cdot dm^{-2}$	0.2~0.5	0.5~1.0	0.5~1.0
阳极材料	铂，石墨，不锈钢	铂，石墨	铂，石墨

柠檬酸及其盐是镀液的络合剂与金形成络合物，增加阳极溶解，提高阴极极化作用，使金镀层结晶细致光亮。它们也是 pH 缓冲剂兼有缓冲作用保持镀液 pH 值稳定。其含量低时，溶液导电性和均镀能力差，含量过高时，阴极电流效率下降，并容易使镀液老化。

酒石酸锑钾和氰化钴钾是增加镀层硬度的添加剂，锑与钴离子微量析出与金共沉积，可改变镀层结构，大大提高镀层硬度，使镀层光亮、耐磨。其含量对镀层硬度影响很大，需适度使用。

镀液的温度主要影响电流密度范围，与其他电镀情形类似。

pH 值对镀层外观和结构均有明显的影响，过高或过低都会使镀层外观不佳，硬度降低。

杂质的影响和处理：铜、银等金属离子和有机物都会影响镀层结构、外观和可焊性等。镀液中氯离子过多会降低镀层的结合力。有机杂质可用活性炭吸附、过滤而除去。其他金属离子应尽量避免带入。

3.3.3 亚硫酸盐碱性镀金

该方法属无氰镀金新工艺，是目前研究最多，应用比较成熟的镀金新工艺。镀液无毒，比较稳定，均镀能力和深镀能力好，镀层细致光亮。镀层与铜、镍、银等金属底层结合牢固，耐酸，抗盐雾比较好，加入锑或钴盐还可以镀硬金。

镀液的配方及工艺条件见表 3-26。

表 3-26 亚硫酸盐碱性镀金镀液配方及工艺条件

组 成 及 条 件	配方 1	配方 2	配方 3
金（Au^+）质量浓度/$g \cdot L^{-1}$	5~25（以氯化金形式加入）	10~15（以氯化金形式加入）	10（以雷酸金形式加入）
亚硫酸铵［$(NH_4)_2SO_3$］质量浓度/$g \cdot L^{-1}$	150~200	—	—
柠檬酸钾（$K_3C_6H_5O_7 \cdot 7H_2O$）质量浓度/$g \cdot L^{-1}$	80~120	80~120	—
亚硫酸钠（$Na_2SO_3 \cdot 7H_2O$）质量浓度/$g \cdot L^{-1}$	—	140~180	80~100
KCl 质量浓度/$g \cdot L^{-1}$	—	60~80	—
NH_4Cl 质量浓度/$g \cdot L^{-1}$	—	—	40
乙二铵四乙酸二钠（$EDTANa_2$）质量浓度/$g \cdot L^{-1}$	—	40~60	20~30

续表 3-26

组 成 及 条 件	配方 1	配方 2	配方 3
硫酸钴（$CoSO_4 \cdot 7H_2O$）质量浓度/$g \cdot L^{-1}$	—	0.5~1	—
酒石酸锑钾（$KSbOC_4H_6O_6 \cdot \frac{1}{2}H_2O$）质量浓度/$g \cdot L^{-1}$	0.1~0.3	—	—
pH 值	8.5~10	8~10	9~10
温度/℃	45~65	40~60	室温
D_k/$A \cdot dm^{-2}$	0.1~0.8	0.2~0.8	0.2~0.8
阳极材料	金板	金板	金板

镀液中金以一价金形式存在。可以氯化金或络合物形式加入，在溶液中被亚硫酸离子还原成一价金。镀液中金离子含量较高时，允许电流密度较高；金含量过低时，允许电流密度范围窄，镀层色泽也差。

亚硫酸钠或亚硫酸铵是还原剂，可把三价金还原成一价金。同时它又是一种络合剂，和一价金离子生成亚硫酸铵双络合物，从而提高阴极极化，改善镀液的均镀能力和深镀能力。

柠檬酸钾是络合剂也是 pH 缓冲剂，可以改善金镀层和底层金属的结合力。pH 值对镀液的稳定性影响较大，pH<6.5 时，溶液将出现浑浊，一般严格控制 pH>8，pH 值一般用氨水调节。

加温可提高电流密度上限值，加快电镀速度。但加温时要防止局部过热，否则镀液分解析出硫化金沉淀。

3.4 电镀锌

锌是一种银白色的两性金属，氢在锌上析出有很大的超电势，同时锌与潮湿空气及含二氧化碳与氧的水接触，表面生成一层主要由碱式碳酸锌组成的薄膜，因此本身具有防腐功能。镀锌主要用于铁等黑色金属的保护，铁上镀锌是最有效并且最早采用的防腐方法，镀锌后的铁皮可在 10~20 年期间经得住大气的腐蚀。由于锌的电势比铁负，当镀层与铁基体金属形成原电池时，锌先受腐蚀，因此锌是阳极性保护层。

锌镀层在铬酸溶液中钝化后，表面产生一层光亮而美观的彩色钝化膜，使锌的防护性能比原来提高许多倍。由于这种特性，锌镀层在机械工业、电子工业、仪表工业和轻工业等方面得到了广泛的应用，但镀锌不宜作摩擦零件镀层。据估计全世界几乎有一半锌用于锌镀层。

镀锌方法分氰化物镀锌和无氰镀锌两类。其中无氰镀锌方法有：酸性硫酸盐镀锌、焦磷酸盐镀锌、乙二胺四乙酸镀锌、氨三乙酸铁盐镀锌、氨三乙酸氯化铁镀锌、柠檬酸氯化铵镀锌、甲胺环氧系合成物为添加剂的碱性锌酸盐镀锌和弱酸性氯化钾镀锌等。在我国目前的镀锌工艺方法中，以氰化镀锌、酸性镀锌和碱性锌酸盐镀锌应用最广。

3.4.1 氰化物镀锌

氰化物镀锌根据氰化钠（钾）含量的高低分为高氰、中氰和低氰三种。氰化物镀锌的优点是镀层结晶细致，镀液的分散能力和深镀能力较好，对钢铁设备无腐蚀作用。缺点是镀液剧毒，容易对人及环境造成危害。

3.4.1.1 氰化物镀锌溶液组成及工艺条件

氰化物镀锌溶液组成及工艺条件见表3－27。

表3－27 氰化物镀锌溶液组成及工艺条件

镀液组成及工艺条件	高氰镀液	中氰镀液	低氰镀液
ZnO 质量浓度/$g \cdot L^{-1}$	35～45	7～10	7～10
NaCN 质量浓度/$g \cdot L^{-1}$	80～90	15～30	10～15
NaOH 质量浓度/$g \cdot L^{-1}$	80～85	8～12	70～80
Na_2S 质量浓度/$g \cdot L^{-1}$	0.5～5	—	—
甘油质量浓度/$g \cdot L^{-1}$	3～5	—	—
HT 光亮剂体积分数/$mL \cdot L^{-1}$	—	—	0.5～1
温度/℃	10～35	10～35	10～35
D_k/$A \cdot dm^{-2}$	1～3	1～2	1～3

3.4.1.2 镀液各成分的作用及工艺条件影响

氰化镀锌的主盐为锌氰化钠［$Na_2Zn(CN)_4$］和锌酸钠 Na_2ZnO_2［或 $Zn(OH)_4$］，它们是由氧化锌、氰化钠和苛性钠作用生成，其反应如下：

$$2ZnO + 4NaCN = Na_2Zn(CN)_4 + Na_2ZnO_2$$

$$ZnO + 2NaOH = Na_2ZnO_2 + H_2O$$

锌氰化钠和锌酸钠在镀液中离解过程如下：

第一步：

$$Na_2ZnO_2 = 2Na^+ + ZnO_2^{2-}$$

$$Na_2Zn(CN)_4 = 2Na^+ + Zn(CN)_4^{2-}$$

第二步：

$$ZnO_2^{2-} + 2H_2O = Zn^{2+} + 4OH^- \quad K_{不稳} = 3.6 \times 10^{-16}$$

$$Zn(CN)_4^{2-} = Zn^{2+} + 4CN^- \quad K_{不稳} = 1.3 \times 10^{-27}$$

氰化物镀锌的浓度范围比较宽，生产时主要控制好 NaCN 与 Zn 和 NaOH 与 Zn 的比例，它们的一般含量比为 NaCN（总）：Zn＝2：3.2，NaOH：Zn＝2：2.5。NaOH(总)：NaCN(总)＝0.9：1.1。氰化钠与氢氧化钠均为络合剂。

Na_2S 为光亮剂，促进镀层光亮，同时它又可沉淀镀液中对镀层有害的重金属离子杂质，含量过多时会使镀层发脆。

甘油用于提高阴极极化作用，有利于获得均匀细致的镀层。

阳极采用纯锌片。电镀时温度不宜超过35℃，否则会加速氰化钠的分解、降低阴极极化作用及均镀能力。

在氰化物镀锌电解液中的极化曲线如图3－9所示。

3.4.2 酸性镀锌

酸性镀锌分为强酸性镀锌与弱酸性镀锌两种。强酸性镀锌有硫酸盐镀锌，弱酸性镀锌有弱酸性氯化钾镀锌，氮三乙酸氯化铵镀锌等。

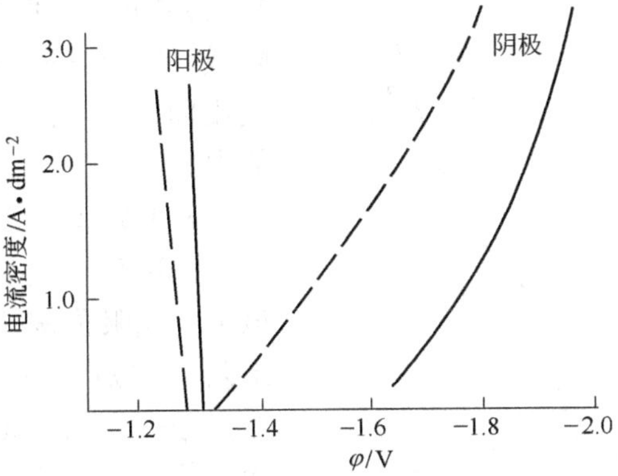

图 3－9 在氰化物镀锌电解液中的阴极和阳极极化曲线

——0.5mol/L Zn^{2+} +4.3mol/L NaCN； ----0.5mol/L Zn^{2+} +2.6mol/L NaCN+1.7mol/L NaOH

3.4.2.1 酸性硫酸盐镀锌

该法成本低，镀液稳定，电流效率高，电流密度上限高，沉积速度快。但均镀能力和深镀能力较差，镀层结晶较粗，只适用于镀外形简单的线材和带材等。镀液对钢铁设备有腐蚀作用。镀液成分及工艺条件见表 3－28。

表 3－28 镀液成分及工艺条件

$ZnSO_4\cdot 7H_2O$ 质量浓度/g·L^{-1}	215～500	H_3BO_3 质量浓度/g·L^{-1}	200～250
$Al_2(SO_4)_3\cdot 18H_2O$ 质量浓度/g·L^{-1}	1～30	糊精质量浓度/g·L^{-1}	10
$KAl(SO_4)_2\cdot 12H_2O$ 质量浓度/g·L^{-1}	45～50	葡萄糖质量浓度/g·L^{-1}	2～3
$Na_2SO_4\cdot 10H_2O$ 质量浓度/g·L^{-1}	50～250	pH 值	3.8～5.5
2，6－萘二磺酸钠或 2，7－萘二磺酸钠质量浓度/g·L^{-1}	2～3	温度	室温
$C_{10}H_6(SO_3Na)_2$ 质量浓度/g·L^{-1}	20～60	D_k/A·dm^{-2}	1～2

锌在酸性镀锌电镀液中的阴极极化曲线如图 3－10 所示。酸度条件控制对电镀过程很重要，酸度高时电流效率急剧降低，同时锌阳极自溶增加。而当 pH 值超过 6 时，得到粗结晶沉积物，在阴极有生成氢氧化锌的危险，海绵状锌使氢超电势降低，氢就开始析出。为了保持一定的 pH 值，通常加缓冲剂，如硼酸、乙酸等弱酸或适当的盐类（氰化铵、乙酸钠等）。有时用氯化铝或硫酸铝作为缓冲剂。当 pH >4.5 时，有胶状 $Al(OH)_3$ 沉淀生成，沉淀的出现标志着溶液组成的破坏，可加酸以增加溶液酸度。此外，阴极不凝结的胶状氢氧化铝在 pH 值较低时起着像胶体一样的作用，能改善锌沉积物的质量。

硫酸锌主盐含量为 200～400g/L，滚镀时，浓度还可提高，但结晶粗糙。

溶液电导率的增加有利于产生细结晶沉积物，故通常加入硫酸钠、硫酸铵或锌、钠、铵的氯化物，可大大提高溶液的电导率，提高溶液的分散能力。

糊精、葡萄糖和 2，7－萘二磺酸钠或 2，6－萘二磺酸钠是添加剂，起增加阴极极化、使镀层结晶细致、改善镀液的均镀能力作用。

电流密度 1～2A/dm^2，在剧烈搅拌下可达 5A/dm^2。减少电流密度和提高温度则由于

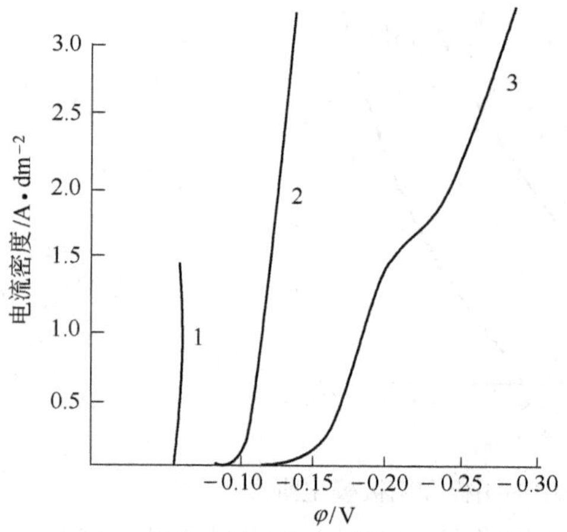

图 3-10 在酸性镀锌电解液中的阴极极化曲线
1—0.75mol/L $ZnSO_4$；2—0.75mol/L $ZnSO_4$ + 30g/L $Al_2(SO_4)_3 \cdot 18H_2O$；3—0.75mol/L $ZnSO_4$ + 30g/L $Al_2(SO_4)_3 \cdot 18H_2O$ + 10g/L 糊精

超电势的降低使氢易析出，并使电流效率降低。电流密度减小与电流效率降低以及极化曲线陡峭，造成电解质的不良分散能力。

3.4.2.2 弱酸性氯化钾镀锌

该法是 20 世纪 80 年代镀锌新工艺，该工艺克服了铵盐镀锌和碱性锌酸盐镀锌工艺的缺点，以及氰化物镀液剧毒性缺点，是一种无氰无铵弱酸性镀液。该镀液深镀能力强，分散能力好，色泽光亮鲜艳，镀层质量相当于氰化镀锌工艺。其镀液成分简单、稳定、设备成本低、电流效率高、沉积速度快、生产效率高，适用于铸铁零件、高碳钢零件镀锌。镀层光亮、细致、整平性好。缺点是镀液对钢铁设备有腐蚀作用。

镀液成分及工艺条件见表 3-29。

表 3-29 镀液成分及工艺条件

$ZnCl_2$ 质量浓度/g·L^{-1}	50~70	YDZ-1 光亮剂体积分数/mL·L^{-1}	10~15
KCl 质量浓度/g·L^{-1}	180~220	温度/℃	5~40
H_3BO_3 质量浓度/g·L^{-1}	25~35		
柠檬酸钾（$K_3C_6H_5O_7 \cdot H_2O$）质量浓度/g·L^{-1}	40~70	pH 值	5 左右
		D_k/A·dm^{-2}	0.8~3

$ZnCl_2$ 为镀液中的主盐，使用前用锌粉处理除去贵金属杂质。当其含量高时，允许阴极电流密度大，但分散能力差；其浓度低时，高电流密度处有烧焦现象，但分散能力较好。以钾盐为导电盐的工艺中，$ZnCl_2$ 含量控制在 50~100g/L，以钠盐为导电盐的工艺中 $ZnCl_2$ 含量控制在 50~70g/L。

KCl 是镀液中的导电盐，又是锌离子的弱配体氯离子的来源。也可用钠盐代替，此时温度不得高于 35℃，否则 YDZ 组合光亮剂便分解析出。在有大量氯离子时与 Zn^{2+} 可形成络离子 $[ZnCl_3]^-$、$[ZnCl_4]^{2-}$、$[ZnCl_6]^{4-}$ 等。锌离子浓度低，氯离子浓度高，可生成高配位数的络离子，有利于镀液分散能力的提高和阴极极化作用增强。含量过高时应防止冬天达过饱和析出 KCl 结晶。

柠檬酸钾是辅助络合剂，有利于改善镀液分散能力和深镀能力。

YDZ 光亮剂提高阴极极化作用，并使镀层结晶细致平滑光亮。

电镀时温度不能超过 35℃，否则镀层质量降低。电流密度大，沉积速度快，深镀能力和光亮度也得到提高。对于镀层厚度要求薄和白色钝化时，可以适当加大电流密度。对于镀层要求较厚和彩色钝化时，电流密度应小些，以减少镀层的应力和提高钝化膜的抗蚀能力。

pH 值高低对该工艺性能影响较大。$pH>6$ 时，会产生氢氧化锌沉淀，镀层局部出现黑色条纹；pH 值偏低时，镀层阴极极化作用、电流效率、分散能力和深镀能力均降低。

该镀液十分稳定，关键是控制 pH 值，每生产 3 个月左右，用 2g/L 活性炭处理一次即可。

3.4.3 氨三乙酸－氯化铵镀锌

镀液呈弱酸性，以氯化铵和氨三乙酸为络合剂。由于氨三乙酸对锌的络合能力较强，显著增大了锌沉积时的阴极极化作用，镀液的分散能力和覆盖能力较好，镀层比较光亮，但镀液对钢铁设备腐蚀严重。

镀液成分及工艺条件见表 3－30。

表 3－30 氨三乙酸－氯化铵镀锌镀液配方及工艺条件

配方组成及工艺条件	配方 1	配方 2	配方 3
NH_4Cl 质量浓度/$g \cdot L^{-1}$	200～270	220～270	220～270
氨三乙酸质量浓度/$g \cdot L^{-1}$	30～40	30～40	20～30
$ZnCl_2$ 质量浓度/$g \cdot L^{-1}$	40～45	18～20	30～35
ZnO 质量浓度/$g \cdot L^{-1}$	—	18～20	—
硫脲质量浓度/$g \cdot L^{-1}$	1～1.5	1～2	1.5
聚乙二醇质量浓度/$g \cdot L^{-1}$	1～1.5	1～1.5	2
H_3BO_3 质量浓度/$g \cdot L^{-1}$	30～40	—	25～30
海鸥洗涤剂质量浓度/$g \cdot L^{-1}$	0.1～1.5	0.2～0.4	0.5
$D_k/A \cdot dm^{-2}$	1～2	1～1.5	0.5～0.8
温度/℃	15～35	15～35	15～30
pH 值	5.6～6.2	5.8～6.2	5.4～6.2
用途	吊镀	吊镀	吊镀

3.4.3.1 氨三乙酸和氯化铵与锌的络合作用

氨三乙酸和氯化铵都能与锌离子络合，其中氯化铵对 Zn^{2+} 的络合形式有：

$$[ZnNH_3]^{2+} \qquad K_{不稳}=4.26\times10^{-3}$$

$$[Zn(NH_3)_2]^{2+} \qquad K_{不稳}=1.54\times10^{-5}$$

$$[Zn(NH_3)_3]^{2+} \qquad K_{不稳}=4.87\times10^{-8}$$

$$[Zn(NH_3)_4]^{2+} \qquad K_{不稳}=3.46\times10^{-10}$$

其中以 $[Zn(NH_3)_4]^{2+}$ 最稳定，它是主要的络离子。而在与氨三乙酸的络合形式中以 $[ZnN(CH_2COO)_3]^-$ 形式最稳定，其 $K_{不稳}=3.5\times10^{-11}$。从不稳定常数来看，氨三乙酸对锌的络合比氯化铵强许多倍，而且 $[ZnN(CH_2COO)_3]^-$ 是阴络离子，阴极极化作用较强，因此它应是主络合剂。锌的阴极极化曲线如图 3－11 所示。可看出氨三乙酸－氯化铵镀锌溶液比单独的氯化铵镀锌溶液的阴极极化及极化度要大些。所以氨三乙酸－氯化铵镀锌溶液的分散能力和镀层结晶一般比单独的氯化铵镀锌要好。但氯化铵镀锌溶液比简单盐的镀锌溶液的阴极极化强。简单盐镀锌当氯化锌浓度为 0.38mol/L，电流密度为 0.5A/dm² 时，阴极沉积电势为 －0.81V；但氯化铵镀锌溶液中当氯化铵含量为 4.8mol/L，电流

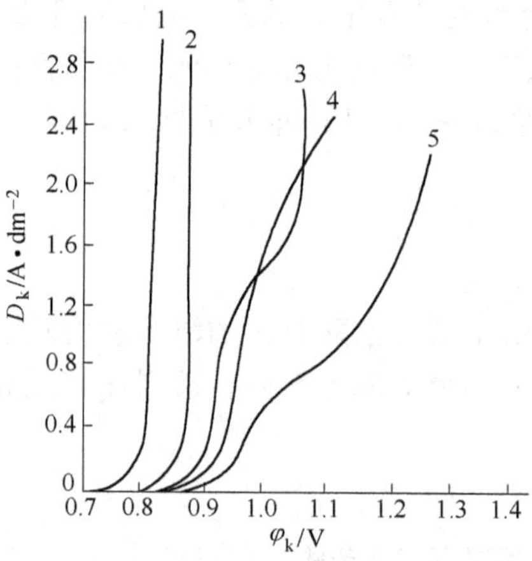

图 3-11 锌在几种镀液中的阴极极化曲线

1—$ZnCl_2$ 0.38mol/L；2—$ZnCl_2$ 0.38mol/L + NH_4Cl 4.8mol/L；3—$ZnCl_2$ 0.38mol/L + NH_4Cl 4.8mol/L + 氨三乙酸 0.21mol/L；4—$ZnCl_2$ 0.38mol/L + NH_4Cl 4.8mol/L + 硫脲 2g/L + 聚乙二醇 2g/L；5—$ZnCl_2$ 0.38mol/L + NH_4Cl 4.8mol/L + 氨三乙酸 0.21mol/L + 硫脲 2g/L

密度为 0.5A/dm^2 时，阴极沉积电势为 -0.87V。在同样的电流密度下电势变负了，所以氯化铵镀锌层的结晶要比简单盐的镀锌层好。

3.4.3.2 电极反应

能在阴极放电的有 $[ZnN(CH_2COO)_3]^-$、$[Zn(NH_3)_4]^{2+}$、Zn^{2+} 和 H^+ 等。

$$[ZnN(CH_2COO)_3]^- + 2e \xlongequal{} Zn + N(CH_2COO)_3^{3-}$$

$$4H_2O + [Zn(NH_3)_4]^{2+} + 2e \xlongequal{} Zn + 4NH_4^+ + 4OH^-$$

$$2H^+ + 2e \xlongequal{} H_2 \uparrow$$

这类镀液的阴极电流效率一般在 85% ~95% 之间。由于有氢的放电使阴极扩散层中镀液的 pH 值升高，有利于氨对锌的络合。但是氢的析出，有可能渗入金属或吸附于镀层，造成氢脆或产生针孔。在氯化铵镀液中加入氨三乙酸后阴极极化增大了。同时加入聚乙二醇和硫脲，阴极极化更强。再加上镀液中有大量的氯化铵，溶液的导电性也较好，所以这类镀液的分散能力较好，镀层也比较细致。

阳极反应为锌的溶解：

$$Zn + N(CH_2COO)_3^{3-} \xlongequal{} [ZnN(CH_2COO)_3]^- + 2e$$

$$Zn + 4NH_4^+ \xlongequal{} [Zn(NH_3)_4]^{2+} + 4H^+ + 2e$$

如果锌阳极钝化，将发生氢氧根离子放电，析出氧气：

$$4OH^- \xlongequal{} 2H_2O + O_2 \uparrow + 4e$$

在氯化铵-氨三乙酸镀锌溶液中，阳极溶解是比较好的，所以阳极效率较高，析氧反应较少。由于锌自溶解显著，因此这类镀液的阳极电流效率比阴极的高。

3.4.3.3 镀液各组分及工艺条件的影响

锌含量过高会降低阴极极化作用，使镀层粗糙；锌含量偏低时虽然镀液的分散能力较好，但电流密度范围降低，沉积速度慢，易析出氢气。由于锌阳极溶解较好，不通电时也会发生溶解，使锌含量上升。一般应控制阳极面积与阴极面积之比为 1∶(2~2.5)，若锌阳极面积太小，会影响电流分布，可挂入少量石墨板阳极，以代替锌阳极导电作用。

NH_4Cl 含量偏低会使镀液分散能力差，镀层粗糙并会使锌镀层钝化膜的光亮度差。含量太高，不但会使阳极溶解太快，而且氯化铵易结晶析出，以致使电镀层质量恶化。

氨三乙酸对锌的络合能力比氯化铵强，所以氨三乙酸的加入，可以提高阴极极化，使镀层结晶细致，分散能力好。但氨三乙酸含量增加时，会使阴极电流效率下降，沉积速度减慢。含量过高时，还会使阳极溶解太快，镀液中锌含量不断上升，同时还容易造成钝化膜变色；含量太低时，镀液分散能力差，镀层粗糙。

聚乙二醇是非离子型表面活性剂，它能提高阴极极化，使镀层细致光亮，并能扩大电流密度范围。当相对分子质量范围为 4000~6000 时，效果更好。聚乙二醇含量太低，镀层光泽差，电流密度范围小；含量太高容易引起钝化膜变色。

硫脲是一种含硫基的有机增光剂，它能增大阴极极化，使镀层细致光亮。含量太高会使镀层内应力增加，含量太低时，作用不明显。

海鸥洗涤剂是一种表面活性剂，在镀液中起润湿作用，防止镀层产生针孔，并能保持镀液清洁，其含量不宜太多。

硼酸为 pH 值缓冲剂，由于镀液中有大量的氯化铵也有缓冲作用，因此可以不加 H_3BO_3。有的工厂控制 pH 值较低（4.2～5.2），提高 pH 值时镀液的分散能力较好，阴极电流效率高，但阴极电流密度范围减小，镀层光泽较差，甚至发黑；pH 值低时，电流密度范围宽，但易析出氢气，同时锌阳极溶解加快。

在电镀过程中，因产生焦耳热，镀液的温度逐渐升高，使络合剂络合能力降低，因而阴极极化作用降低，使镀层变粗糙。温度升高也加快阳极溶解，使镀液中 Zn^{2+} 含量升高，扩散增加，也降低阴极极化作用。

阴极电流密度适当增大，可以提高阴极极化作用使镀层结晶细致。但阴极电流密度过大会引起阴极扩散层中 Zn^{2+} 浓度急剧下降，H^+ 大量放电，pH 值上升，造成镀层烧焦。

3.4.4 碱性锌酸盐镀锌

早期镀液很简单，只用氧化锌和氢氧化钠两种成分配制镀液，无别的添加剂。由于这类镀液极化作用不大，因此镀层粗糙，甚至是海绵状的疏松镀层，而且电流密度范围很小，因此该法一直未被工业推广应用。近年来发现在这类镀液中添加一些有机胺与环氧氯丙烷合成物，可得到细致光亮的镀层，电流密度范围扩大，镀液的分散能力和覆盖能力改善因而使该镀液得到广泛应用，获得了新生。

这些添加剂合成物有 DPE（DPE－Ⅰ、DPE－Ⅱ、DPE－Ⅲ）、DE、EQD、GT、ADEP 等，这些添加剂各有优缺点，采用 DPE 和 DE 的较多。

3.4.4.1 镀液的配方及工艺条件

镀液的配方及工艺条件见表 3－31。

表 3－31 镀液的配方及工艺条件

配方组成及工艺条件	DE 型配方	DPE 型配方
ZnO 质量浓度/$g \cdot L^{-1}$	10～15	8～13
NaOH 质量浓度/$g \cdot L^{-1}$	100～140	110～130
DE 体积分数/$mL \cdot L^{-1}$	4～6	—
香草醛体积分数/$g \cdot L^{-1}$	0.05～0.15	—
茴香醛混合剂体积分数/$mL \cdot L^{-1}$	0.1～0.3	—
EDTA 体积分数/$mL \cdot L^{-1}$	0.5～1.5	—
DPE－Ⅰ体积分数/$mL \cdot L^{-1}$	—	4～8
DPE－Ⅲ体积分数/$mL \cdot L^{-1}$	—	4～8
三乙醇胺体积分数/$mL \cdot L^{-1}$	—	10～20
温度/℃	15～40	10～40
$D_k/A \cdot dm^{-2}$	0.5～4	0.5～4

3.4.4.2 简单原理

（1）络合反应。在碱性锌酸盐镀液中的络合剂是 NaOH，它与锌可以生成 3 种可溶性络离子：

$$[Zn(OH)]^{+} \quad K_{不稳} = 4.0 \times 10^{-5}$$

$$[Zn(OH)_3]^{-} \quad K_{不稳} = 4.3 \times 10^{-15}$$

$$[Zn(OH)_4]^{2-} \quad K_{不稳} = 3.6 \times 10^{-16}$$

其中以 $[Zn(OH)_4]^{2-}$ 形式为主，其络合反应为：

$$ZnO + 2NaOH + H_2O \rightleftharpoons Na_2[Zn(OH)_4]$$

镀液中三乙醇胺在适当 pH 值时也能与 Zn^{2+} 络合，由于 NaOH 含量很高，使三乙醇胺对锌的络合能力降低。实验证明，镀液中的三乙醇胺含量不同，它们的静态电位差异不大。基础溶液成分为 ZnO = 5g/L，NaOH = 120g/L 时，溶液参数见表 3－32。

表 3－32 溶液参数

三乙醇胺体积分数/$mL \cdot L^{-1}$	Zn 的静态电位/V	三乙醇胺体积分数/$mL \cdot L^{-1}$	Zn 的静态电位/V
0	－1.529	10	－1.531
1	－1.529	120	－1.530

说明锌与三乙醇胺在镀液中的络合作用不明显。

（2）电极反应阴极反应为：

$$[Zn(OH)_4]^{2-} + 2e = Zn + 4OH^-$$

$$2H^+ + 2e = H_2\uparrow$$

这类镀液的电流效率一般在 70% 左右，主要有氢析出使电流效率大大降低。

阳极反应为：

$$Zn + 4OH^- = [Zn(OH)_4]^{2-} + 2e$$

阳极钝化时有：

$$4OH^- = O_2\uparrow + 2H_2O + 4e$$

3.4.4.3 镀液成分及工艺条件影响

镀液中锌含量高时，允许的电流密度范围大，电流效率高，沉积速度快。但锌含量过高时会引起镀层发暗、粗糙、镀液的分散能力和覆盖能力差。锌含量低时，镀层结晶细致光泽均匀，镀液分散能力好。但是锌含量过低时，会使电流密度范围狭小、电流效率低。

氢氧化钠除了与锌起络合作用外，还能促使阳极溶解，提高溶液导电性。其含量过高时，促使锌阳极溶解过快，镀层质量恶化。其含量过低时，溶液导电性差，槽电压上升，阳极容易钝化，电流密度范围狭小，镀层发暗、粗糙。

加入一定量的三乙醇胺可使镀层细致光亮。但过量时，电流效率下降，电阻增大，温度容易升高。

DPE 是镀液中重要的添加剂，起到扩大电流密度范围，改善镀液的分散能力和覆盖能力，形成细致光亮结晶的作用。但加过量时，会使镀层脆性增大，容易起泡。其中

DPE－Ⅱ和DPE－Ⅰ比EDE－Ⅲ更为明显。DE的表面活性不如DPE－Ⅲ，对镀层无增光作用，但稳定性好，消耗慢，使用寿命长，容易配制，价格低，对镀层脆性影响很小，电流密度范围宽。DEP－Ⅲ的表面活性比DE强，有增光作用，与三乙醇胺配合使用，可获得光亮细致的镀层，镀液的电化学性能好，但不能多加，否则镀层脆性增加。DE型镀锌液必须加光亮剂才能获得光亮细致的镀层。

混合光亮剂由茴香醛、乙醇胺及三乙醇胺混合而成。其中起光亮作用的主要成分是茴香醛，由于它难溶于水，需与乙醇胺、三乙醇胺混合后才能加入镀液中。实际上相互有化学反应发生，生成席夫碱与三乙醇胺以氢键结合。

反应结果茴香醛周围有了更多的亲水基团，这就大大增加了它的溶解度。采用DE型镀液，需加一定量的混合光亮剂，才能获得光亮的镀层。混合光亮剂含量低时，镀层的光亮度差。含量高时，镀层脆性增加。一般控制在0.1～0.3g/L为宜，平时少加勤加，避免一次加得太多，而造成脆性增大。

香草醛又称香豆素，香豆素难溶于水，易溶于稀碱或酒精中。在DE型镀液中，添加香豆素能提高镀液的阴极极化作用和镀层的光亮度。单独使用时，含量要提高到0.3g/L以上，而且消耗快。同少量的EDTA配合使用则用量减少到0.05～0.1g/L，而且高低电流密度区光泽均匀，使用寿命延长。

茴香醛、乙醇胺、席夫碱、三乙醇胺的结构形式如图3－12所示。

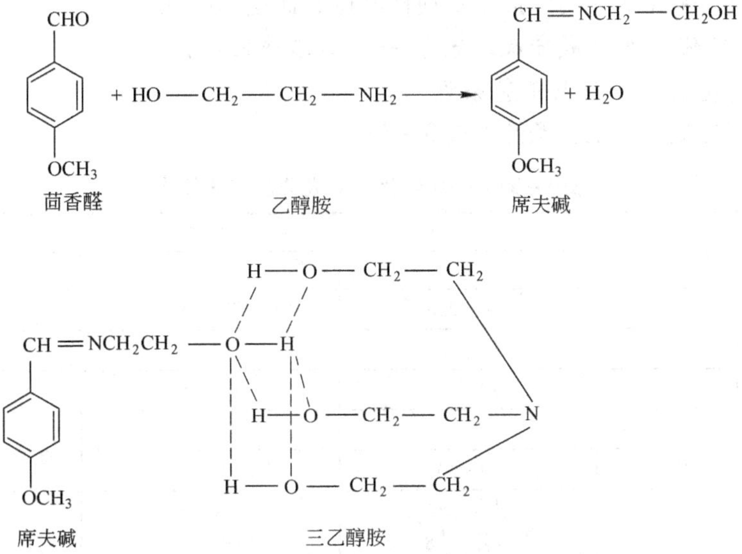

图3－12 茴香醛、乙醇胺、席夫碱、三乙醇胺结构形式

镀液温度低时，电流密度范围小，电流效率低，沉积速度慢，而且容易导致镀层起泡。镀液温度太高时，会使光亮剂破坏，镀层粗糙，镀液分散能力和覆盖能力下降。

这类镀液的电流密度范围宽，一般在1～4A/dm^2，提高电流密度，电流效率降低。一般可以增大阳极面积来降低阳极电流密度促使阳极正常溶解。

除了以上无氰电镀液外尚有氯化铵镀锌、柠檬酸－氯化铵镀锌、乙二胺四乙酸盐镀锌及焦磷酸盐镀锌等电镀液镀锌。

3.4.5 锌镀层的钝化和漂白处理

3.4.5.1 钝化原理

锌镀层需进行“三酸（铬酸、硫酸、硝酸）”钝化处理，以提高镀层的表面光亮度和美观，更重要的是使其表面生成一层组织致密的钝化膜，增加锌层的耐蚀性，延长产品的使用寿命。

目前电镀厂通常采用高铬钝化工艺、低铬钝化工艺与钛盐钝化工艺三种钝化工艺。高铬钝化有抛光性能好、槽液较稳定和使用寿命较长等优点，但钝化后镀层中含较多的 Cr^{6+}，毒性大危及环境。因此研究成功低铬钝化工艺。钛盐钝化工艺属无铬酸的钝化工艺，避免了铬对环境的污染。

锌镀层表面经“三酸”处理后发生了锌的溶解、钝化膜的生成及膜的部分溶解等过程。其中以膜的生成为主。钝化膜的组成比较复杂，难以用分子式表述，主要由三价铬和六价铬的化合物组成。它的结构大致是：

$$Cr_2O_3 \cdot Cr(OH)CrO_4 \cdot Cr_2(CrO_4)_2 \cdot ZnSO_4 \cdot Zn_2(OH)_2CrO_4 \cdot Zn(CrO_4) \cdot xH_2O$$

不溶解的三价铬化合物是膜的主要成分，其本身具有较高的稳定性，对镀层有良好的机械保护。可溶的六价铬化合物由于夹附、吸附或化学键的缘故分布于膜内部，起填充空隙作用，它在潮湿的大气中会慢慢从膜中渗出，溶解于膜表面的凝雾水中，并离解出铬酸，具有使镀层再钝化的作用，抑制受损伤部位锌镀层的腐蚀。

3.4.5.2 钝化溶液的成分及工艺条件（高铬钝化液）

A 一次钝化液的成分及工艺条件

一次钝化液的成分及工艺条件见表 3-33。

表 3-33 一次钝化液的成分及工艺条件

配方组成	一次钝化		
	1	2	3
铬酸酐/g·L⁻¹	200~250	150~180	180~250
浓硫酸/mL·L⁻¹	10~15	5~10	8~10
浓硝酸/mL·L⁻¹	10~25	10~15	10~30
锌粉/g·L⁻¹	2~3	2~3	2~3
温度/℃	10~30	10~30	10~30
时间/s	浸入 2~5 空停 5~8	浸入 2~5 空停 5~8	浸入 2~5 空停 5~8

B 二次钝化溶液的组成及工艺条件

氨三乙酸-氯化铵镀锌如果采用二次钝化工艺，钝化膜色泽均匀，五彩鲜艳，膜层细致，膜与镀锌层结合力好，耐蚀性也比一次钝化好（见表 3-34）。

表 3-34 二次钝化溶液的组成及工艺条件

二次钝化溶液组成及工艺条件	甲槽	乙槽
铬酐质量浓度/g·L⁻¹	170~200	40~50
硫酸体积分数/mL·L⁻¹	6~7	2

续表 3-34

二次钝化溶液组成及工艺条件	甲 槽	乙 槽
硝酸体积分数/mL·L^{-1}	7~8	5~6
硫酸亚铁质量浓度/g·L^{-1}	8~10	6~7
锌粉质量浓度/g·L^{-1}	1~2	6~8
温度	室温	室温
时间/s	20~40	20~30

经甲槽钝化后不经过清洗，直接投入乙槽，乙槽钝化液有时还要冲淡使用。

3.4.5.3 钝化膜的漂白

将已经钝化的膜层投入下列溶液中形成白色钝化膜的过程称为钝化膜的漂白。

（1）铬酸液漂白配方。铬酸 150~200g/L，碳酸钡 1~2g/L，在室温下浸 20~30s。用铬酸液漂白，锌层表面不易变色和泛点，但成本较高。

（2）碱液漂白配方。氢氧化钠 30~50g/L，在室温下浸 20~30s。

3.4.5.4 军绿色钝化

这种钝化是由 5 种酸组成的钝化液，钝化膜呈军绿色，耐蚀性比前述几种钝化膜强，与油漆结合力很好。但成分易变动较难掌握。钝化液配方及工艺条件如表 3-35 所示。

表 3-35 钝化液配方及工艺条件

铬酸质量浓度/g·L^{-1}	30~35	硝酸质量浓度/g·L^{-1}	5~8
磷酸质量浓度/g·L^{-1}	10~15	盐酸质量浓度/g·L^{-1}	5~8
硫酸质量浓度/g·L^{-1}	5~8	温度	室温

3.4.5.5 低铬钝化

钝化液的配方及工艺条件如表 3-36 所示。

表 3-36 钝化液的配方及工艺条件

铬酐 CrO_3 质量浓度/g·L^{-1}	4~5	无水硫酸钠质量浓度/g·L^{-1}	0.6~1.2
硫酸质量浓度/g·L^{-1}	0.3~0.5	pH 值	1~1.8
硝酸体积分数/mL·L^{-1}	3	温度/℃	10~35
NaCl 质量浓度/g·L^{-1}	2.5~5.0	浸渍时间/s	10~40
冰醋酸体积分数/mL·L^{-1}	4~6		

其中 NaCl 和 Na_2SO_4 为活化剂，硫酸、盐酸也是活化剂。没有活化剂存在时，不可能在铬酸盐溶液中获得彩色的钝化膜。

3.5 电镀镍

3.5.1 镍镀层概论

镍镀层具有漂亮的银白色光泽，硬度高，有很高的化学稳定性，有很强的耐蚀性及高的力学性质，在常温下能很好地抗水、大气和碱的浸蚀，抛光后的镍层能在长时间内保持其最初的光泽。从普通镀镍溶液中沉积出来的镍镀层不光亮，但容易抛光。光亮镀镍能得到镜面光亮的镍层，是最重要的镀层之一。

镍的可逆电势为 -0.25V，而铁是 -0.44V，因此在钢铁零件上镀镍属于阴极性镀层，不能起电化学保护作用。镍层的保护作用是由于本身易生成氧化膜，使基体与外界隔绝，从而起着机械保护作用。镍镀层孔隙率较高，只有当镀层厚度达 25μm 以上时才是无孔的，所以单层镍保护作用不好，常用多层镀层或双层镍、三层镍来提高镀层的耐蚀性和力学性能。镍镀层常作为多层电镀的中间层，最常见的工艺为镀铜/镍/铬。铜上可直接镀铬，为什么镀镍层后要加镀铬呢？一是铜层孔隙率较高，装饰性铬镀层很薄（0.2～0.3μm），铜上直接镀铬耐蚀性差，加镀镍层可降低孔隙率，提高镀层的耐蚀性；二是加镀镍后镀铬有利于提高镀层的结合力。因为镍与铬的标准可逆电势更接近，镀层结合力强；三是为了提高镀层的表面亮度，达到装饰性要求，可利用亮镍增加镀层亮度和光泽。

现在镀镍已广泛用于汽车、自行车、钟表、医疗器械、仪器仪表、缝纫机、文教用品和日用五金等方面防护装饰性镀层，一般作中间层居多。在印刷工业中，也用镀镍来提高铅板表面的硬度。

镀镍溶液根据溶液成分可分为：硫酸盐低氯化物镀液、硫酸盐高氯化物镀液、全氯化物镀液、柠檬酸盐镀液、氨基磺酸盐镀液、氟硼酸盐镀液和焦磷酸盐镀液。其中以硫酸盐低氯化物镀液应用最普遍，它又分普通镀液、半光亮镀液和光亮镀液。高氯化物和全氯化物镀液用在不锈钢基体上镀镍，柠檬酸盐镀液用于锌制品上镀镍。焦磷酸盐镀液和氟硼酸盐镀液极少使用。

3.5.2 镀镍过程的电极反应和极化曲线

在镀镍溶液中，阳离子有 Ni^{2+}、Na^{+}、H^{+}、Mg^{2+} 等，阴离子有 SO_4^{2-} 和 Cl^{-}、$H_2BO_3^{-}$ 和 OH^{-} 等。镍的标准可逆电势为 -0.25V。镀镍时溶液 pH 值不能高于 6，否则会形成氢氧化镍沉淀。对硫酸镍质量浓度为 350g/L，25℃时其有效浓度为 0.0492mol/L，镍的可逆电势为 -0.29V，电流密度为 5A/dm^2 时镍的超电势为 0.34V，故镍的析出电势为 -0.63V，氢在镍上超电势为 0.42V，pH = 6 时，氢的可逆电势为 -0.36V，pH = 3 时其可逆电势为 -0.18V，故算得 pH = 6 时氢的析出电势为 -0.78V，pH = 3 时析出电势为 -0.60V，已接近镍的析出电势了。故镍镀液的 pH 值下限为 3，上限为 6。在 pH = 3～6 之间，阴极主要是镍离子放电，此时电流效率很高，说明析氢很少。而当 pH 值小于 3 时阴极电流效率降低，主要是氢开始析出了。

阳极反应，正常情况下为金属镍溶解：

$$Ni \xlongequal{} Ni^{2+} + 2e$$

镍很易钝化，此时放出氧气：

$$2H_2O \xlongequal{} 4H^{+} + O_2\uparrow + 4e$$

为防止镍阳极钝化，常加入阳极活化剂 NaCl、NiCl、KCl 和 NH_4Cl 等。活化的镍阳极表面呈灰白色。

镍阳极极化曲线如图 3-13 所示。曲线 1 氯化物最多，活化强，极化小，曲线 3 不含氯化物，阳极钝化，极化强烈。图 3-14 为阴极极化曲线，随 $NiSO_4$ 浓度减小，极化增强，曲线 3 的极化强也是由于增加了导电盐 Na_2SO_4。

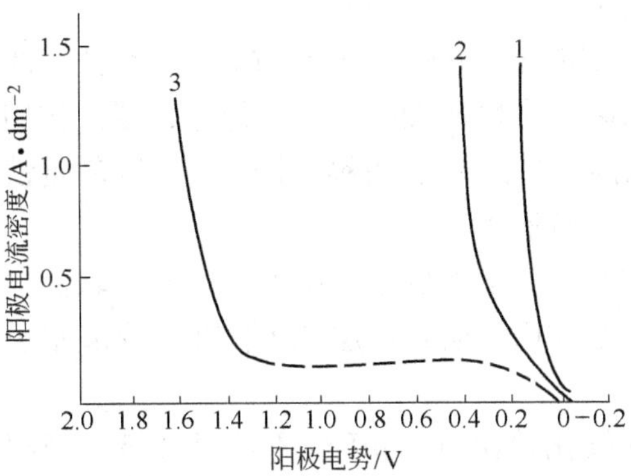

图 3-13 镍阳极的极化曲线

1—含 Cl^- =0.5mol/L；2—含 Cl^- = 0.25mol/L；3—含 Cl^- =0

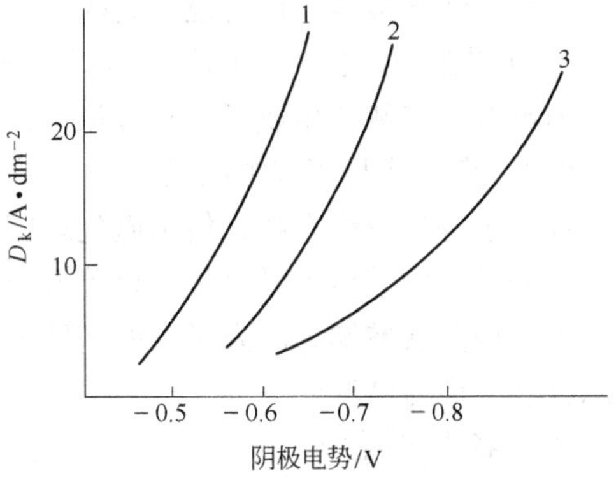

图 3-14 镍阴极极化曲线

1—240g/L $NiSO_4$ +19g/L KCl +30g H_3BO_3；

2—70g/L $NiSO_4$ +19g/L KCl +30g H_3BO_3；

3—70g/L $NiSO_4$ +19g/L KCl +30g H_3BO_3 + 213g/L Na_2SO_4

3.5.3 普通镀镍镀液配方及工艺条件

普通镀镍配方及工艺条件见表 3-37。

表 3-37 普通镀镍镀液成分及工艺条件

配方组成及工艺条件	配方 1	配方 2	配方 3	配方 4
$NiSO_4 \cdot 7H_2O$ 质量浓度/g·L^{-1}	120~140	150~250	250~300	250
$NiCl_2 \cdot 6H_2O$ 质量浓度/g·L^{-1}	—	—	30~60	—
NaCl 质量浓度/g·L^{-1}	10~11	10~11	—	5
H_3BO_3 质量浓度/g·L^{-1}	30~40	30~35	35~40	30
$Na_2SO_4 \cdot 10H_2O$ 质量浓度/g·L^{-1}	50~80	20~30	—	—
$MgSO_4 \cdot 7H_2O$ 质量浓度/g·L^{-1}	—	30~40	—	50
NaF 质量浓度/g·L^{-1}	—	—	—	4
H_2O_2（30%）体积分数/mL·L^{-1}	—	—	—	0.1
十二烷基硫酸钠质量浓度/g·L^{-1}	0.1~0.2	—	0.05~0.1	—
pH 值	5~5.6	5~5.5	3~4	4~4.5
温度/℃	30~35	20~35	45~60	45~50
D_k/A·dm^{-2}	0.8~1.5	0.8~1.5	1~2.5	1~1.5
阴极移动	用或不用	用或不用	用	用
用途	预镀	普通镀	快速镀	普通镀

$NiSO_4$ 为镀液的主盐，市售的有 $NiSO_4 \cdot 7H_2O$、$NiSO_4 \cdot 6H_2O$ 两种，硫酸镍比其他无机镍盐价廉实用。氯化镍的导电性和分散能力虽比硫酸镍好，但大量的氯离子使镍镀层内应力增大。硝酸镍中的硝酸根会参与电极反应使镀层力学性能降低。硫酸镍含量低的电镀液分散能力好，镀层结晶较细，易于抛光。但它的阴极电流效率低，工作电流密度小，沉积速度慢。硫酸镍含量高的电镀液，镀层色泽均匀、无光彩，电流密度上限高，沉积速度

快，适用于快速镀镍。但含量过高时，阴极极化下降，分散能力差。

NaCl 是阳极活化剂。H_3BO_3 是缓冲剂，可保持镀液 pH 值稳定。NaF 可增强缓冲作用，因氟离子与硼酸生成了氟硼酸根，氟硼酸的离解常数比硼酸小，更稳定，缓冲作用更强。但 F^- 离子能与镀液中的钙、镁离子生成沉淀，导致镀层粗糙；同时 F^- 与杂质铁离子、铜离子等生成络合物，使杂质处理困难，一般镀液不用。

硫酸钠，硫酸镁为导电盐，改善镀液的分散能力，使镀层结晶细致、白而柔软。

十二烷基硫酸钠为阴离子表面活性剂，起润湿作用，防止镀层产生针孔。双氧水也能消除针孔，但易破坏光亮剂。

镀镍溶液 pH 值不能高于 6，否则会生成氢氧化镍沉淀，pH 值不能低于 3，否则易析氢。

3.5.4 光亮镀镍镀液配方及工艺条件

光亮镀镍镀液配方及工艺条件见表 3－38。其中糖精、1，4－丁炔二醇、香豆素及 791 光亮剂皆为光亮剂。还有其他的光亮剂。初级光亮剂有糖精、2，7－萘二磺酸钠、对甲苯磺酰胺等。常用的次级光亮剂有甲醛、水合二氯乙醛、1，4－丁炔二醇、香豆素、双丙酮醇等。初级光亮剂使镀层结晶细致、光泽均匀，在电流密度大的地方镀层也显光泽。单独的次级光亮剂只能使电流密度小的地方产生全光亮的镀层，而在电流密度大的区域，光亮度降低。当初级光亮剂与次级光亮剂适当组合时，能在广阔的电流密度范围内获得镜面光亮的镀层。

表 3－38 光亮镀镍镀液配方及工艺条件

配方组成及工艺条件	配方 1	配方 2	配方 3
$NiSO_4 \cdot 7H_2O$ 质量浓度/$g \cdot L^{-1}$	250～300	300～350	300～350
$NiCl_2 \cdot 6H_2O$ 质量浓度/$g \cdot L^{-1}$	30～50	—	—
NaCl 质量浓度/$g \cdot L^{-1}$	—	12～15	12～15
H_3BO_3 质量浓度/$g \cdot L^{-1}$	30～40	35～40	35～40
$Na_2SO_4 \cdot 10H_2O$ 质量浓度/$g \cdot L^{-1}$	—	0～60	0～60
糖精质量浓度/$g \cdot L^{-1}$	0.6～1	0.6～1	—
1，4－丁炔二醇体积分数/$mL \cdot L^{-1}$	0.3～0.5	0.4～0.5	—
香豆素质量浓度/$g \cdot L^{-1}$	0.1～0.2	—	—
791 光亮剂体积分数/$mL \cdot L^{-1}$	—	—	2～4
十二烷基硫酸钠质量浓度/$g \cdot L^{-1}$	0.05～0.1	0.05～0.1	0.05～0.1
pH 值	3.8～4.6	4.8～5.1	4.0～4.5
温度/℃	45～55	40～50	40～50
$D_k/A \cdot dm^{-2}$	2～4	2～3	2～3
阴极移动	用	用	用
用途	光亮整平性镀镍	一般光亮镀镍	791 光亮镀镍

3.5.5 多层镀镍

常用的镀双层镍即镀暗镍/亮镍或半光亮镍/亮镍；镀三层镍即镀半亮镍/高硫镍/亮镍或镀半亮镍/亮镍/镍封闭。

一般的镍镀层容易产生孔隙，在这些孔隙部位易产生点状腐蚀，抗蚀性差。虽然具有一定厚度的暗镍镀层抗蚀性较光亮镍好，但不适应现代轻工业发展对外观的要求。为了保证镀层的光亮，克服镍层多孔性和脆性，提高镀层抗蚀性和力学性能，常采用多层镀镍的方法。

镀多层镍，能够提高抗蚀性能，其机理有两个方面，一方面通过镀多层镍，降低了镀层的孔隙率，减少了点状腐蚀的机会；另一方面，多层镍中各层镍镀层组织结构不同，且各层镍层的含镍硫量也不同，故使各层镍的电极电位也不同，两个镍层之间电位有一个差值，当腐蚀发生时，镍层之间可以组成一个原电池，使腐蚀由纵向发展为横向，从而减缓了对基体的腐蚀速度，提高了耐蚀能力。一般暗镍（或半光亮镍）层含硫量很少，小于0.005%，电位较正，而亮镍层由于光亮剂的加入，使亮镍镀层含硫量达0.05%左右，电位比半光亮镍负，两层镍电极电位相差数十毫伏。当镍镀层的裂纹处的光亮镍层，被腐蚀穿透到它的下层镍（半光亮镍）时，由于两层镍之间存在电位差，故形成原电池，半光亮镍（或暗镍）层电极电位较正作为阴极，而亮镍层电极电位较负作为阳极，因此亮镍层优先腐蚀，这样使腐蚀的方向由原来的纵向转变为横向，减缓了对基体的腐蚀速度，保护了铁基体。如果在铁基体上镀3层镍，中间镀层为高硫镍或光亮镍。对于半光亮/高硫镍/亮镍3层镍，其中高硫镍含硫0.1%～0.2%，因此相对其他两层镍含硫最高，其电势最负，当发生穿孔腐蚀时，高硫镍层为阳极，亮镍层为阴极，作为微电池的阳极首先腐蚀，此时以横向腐蚀为主，保护了表层及铁基体层不受腐蚀。当高硫镍层腐蚀完了剩下半光亮镍层和亮镍层时，此时亮镍的含硫高于半光亮镍层，因此亮镍层的电势比半光亮镍层电势来得负，作为微电池阳极的亮镍层优先腐蚀，使腐蚀再次由纵向转变为横向，从而大大降低了对基体铁金属的腐蚀速度，从而提高了耐腐蚀能力。对于半光亮镍/光亮镍/镍封闭的3层镀镍，中间的光亮镍层含硫量最高，当发生穿孔腐蚀时，亮镍层作为微电池的阳极优先腐蚀，同样以横向腐蚀代替纵向腐蚀，延缓了对基体的腐蚀。剩下半光亮镍层和镍封闭后，此时半光亮镍层作为微电池的阳极优先腐蚀，继续以横向腐蚀代替了纵向腐蚀，保护了基体。通常在镍封闭电镀后再镀铬，形成微孔铬层，其微孔数目多且均匀，当发生腐蚀时，也是横向腐蚀代替纵向腐蚀，使镍镀层腐蚀速度减慢，保护了基体。

3.5.5.1 半光亮镀镍

这是一种以香豆素或1，4－丁炔二醇为添加剂的镀镍，由于它们都是次级光亮剂，镀层呈现半光亮效果。半光亮镀镍镀液配方及工艺条件见表3－39。

表3－39 半光亮镀镍镀液配方及工艺条件

配方组成及工艺条件	配方1	配方2	配方3
$NiSO_4 \cdot 7H_2O$ 质量浓度/$g \cdot L^{-1}$	320～350	240～250	240～250
$NiCl_2 \cdot 6H_2O$ 质量浓度/$g \cdot L^{-1}$	—	44～55	45～50
NaCl 质量浓度/$g \cdot L^{-1}$	12～15	—	—

续表 3－39

配方组成及工艺条件	配方 1	配方 2	配方 3
H_2BO_3 质量浓度/g·L^{-1}	35～40	30～40	30～40
香豆素质量浓度/g·L^{-1}	0.1～0.15	0.05	—
甲醛（36%）体积分数/mL·L^{-1}	0.2～0.3	3	—
1，4－丁炔二醇质量浓度/g·L^{-1}	—	—	0.2
乙酸质量浓度/g·L^{-1}	—	—	3
十二烷基硫酸钠质量浓度/g·L^{-1}	0.1～0.15	0.05～0.1	0.05～0.1
pH 值	3.5～4.0	4	4
温度/℃	50～55	45～50	45～50
D_k/A·dm^{-2}	3～4	3～4	3～4

配方中香豆素及丁炔二醇均为次级光亮剂并有整平效果，其中香豆素的整平作用较强，而丁炔二醇的光亮效果较好。甲醛也起光亮和整平作用，同时能抑制香豆素的分解。

采用配方 3 的半光亮镀镍及采用糖精和 1，4－丁炔二醇为添加剂的全光亮双层镀镍工艺，这双层镍在腐蚀性介质中电位差可达 150mV，光亮镍层作为腐蚀原电池的阳极先受腐蚀。

3.5.5.2 镀高硫镍层

又称镀冲击镍，通常作为镀 3 层镍的中间镀层，其含硫量在 0.1%～0.2%之间，但镍层很薄约 1μm。高硫镍层相对于半光亮镍层（或暗镍层）和亮镍层来说电势最负，对半光亮镍起着很强的电化学保护作用，当高硫镍层被腐蚀掉时，表层的光亮裸层又对底层的半光亮镍层起电化学保护作用，从而提高了镀层的抗蚀能力。作为高硫镍镀液配方及工艺条件如表 3－40 所示。

表 3－40 高硫镍镀液配方及工艺条件

硫酸镍（$NiSO_4 \cdot 7H_2O$）质量浓度/g·L^{-1}	300	pH 值	3～3.5
氯化镍（$NiCl_2 \cdot 6H_2O$）质量浓度/g·L^{-1}	40	温度/℃	40～50
硼酸（H_3BO_3）质量浓度/g·L^{-1}	40	电流密度/A·dm^{-2}	3～4
苯亚磺酸钠质量浓度/g·L^{-1}	0.2	时间/min	2～3

3.5.5.3 镍封闭与复合镀层工艺

所谓镍封闭实属一种复合镀层。它是在半光亮或全光亮镀镍溶液中，添加一定量的不导电且不溶于水的非金属材料微小颗粒，微粒大小在 1～3μm 之间。在电镀时，这些微粒与金属共同沉积在阴极镀层中，形成镍金属与固体微粒的细致而紧密的镀层。这种镀层比通常的镍镀层孔隙少，更耐腐蚀。所用的非金属材料有氧化物（SiO_2、Al_2O_3 等）、硫化物、氯化物、碳化物（SiC）、硫酸盐等。如果在镍封闭后再在其表面镀上一薄层的铬（约 0.25μm），由于非金属微粒不导电，在其表面铬不能沉积，但铬能在镍金属表面沉积，所以镀上的薄铬层具有大量的微孔，称微孔铬，这种铬层如果发生腐蚀，其腐蚀电池均匀地分散于较大的面积上，横向腐蚀代替纵向腐蚀，减缓穿透基底金属的腐蚀，其防护性能好。

镍封闭或复合镀层形成的机理是，镀液中非金属微粒吸附基质金属离子（镍离子），使其表面带正电荷，在搅拌下，被流体传送到阴极表面附近，通过电泳共析或吸附共析在阴极表面沉积，嵌合在镀层中。非金属微粒与金属共沉积的多少与微粒表面带电荷多少、微粒大小、微粒含量、搅拌速度、阴极电流密度、温度、主盐浓度、添加剂、电源波形等因素有关。

镍封闭的镀液配方及工艺条件见表 3 -41。

表 3 -41 镍封闭的镀液配方及工艺条件

配方组成及工艺条件	配方 1	配方 2	配方组成及工艺条件	配方 1	配方 2
$NiSO_4 \cdot 7H_2O$ 质量浓度/$g \cdot L^{-1}$	350 ~380	350 ~380	SiO_2（直径 <0.5μm）质量浓度/$g \cdot L^{-1}$	50 ~70	—
NaCl 质量浓度/$g \cdot L^{-1}$	12 ~18	12 ~16	Al_2O_3（直径 <0.5μm）质量浓度/$g \cdot L^{-1}$	—	40 ~70
H_3BO_3 质量浓度/$g \cdot L^{-1}$	40 ~45	40 ~45	pH 值	4.2 ~4.6	4.2 ~4.6
糖精质量浓度/$g \cdot L^{-1}$	2.5 ~3.0	2.5 ~3.0	温度/℃	50 ~60	55 ~65
1，4 - 丁炔二醇质量浓度/$g \cdot L^{-1}$	0.4 ~0.5	0.4 ~0.5	D_k/$A \cdot dm^{-2}$	3 ~4	3 ~4
聚乙二醇质量浓度/$g \cdot L^{-1}$	0.15 ~0.20	0.15 ~0.20	时间/min	3 ~5	2 ~5
			搅拌	需要	需要

在镍封闭工艺的基础上已发展形成了复合镀层的新兴工艺。通过复合镀层，可以得到抗磨镀层，通常采用添加难溶化合物微粒，如碳化硅、氧化铝、碳化钨、硼化锆、二氧化钛、金刚砂等。基体材料多用镍，其次是铬、铜，有时也用银、锌、镉、锡、钴、金、铅等。这种镀层已用于航空、航天工业中。利用复合镀层可以得到干膜润滑层，是指在镀层中夹带各种层状结构的颗粒润滑材料，例如二硫化铝、云母、石墨等。基体多用镍和铜，也可用其他金属镀层。镀铜或镀镍层中夹带硫酸钡的复合镀层，不仅适用于滑动接触，也可用作装饰，这种镀层的防腐性能极好。近代还发展了夹带各种树脂和塑料颗粒的干膜润滑层，这是在镀层中夹带聚乙烯、聚丙烯、聚四氟乙烯、聚氯乙烯等树脂或塑料，使镀层具有许多新的性能。还有将放射性材料如 UO_2 和 ThO_2 夹带入镍中，作为原子反应堆的材料，夹硼以作中子吸收材料用于原子能工业中，荧光材料用于装饰、信号标志等。利用复合镀层的方法，用于电解生产许多复合材料，其中有些是用其他方法所难于生产的。用复合镀层的方法，还可以通过电铸直接生产异型零件，如电铸生产固溶体合金材料（Ni - Co、Ni - Sn、Cu - Sn、Pb - Sn 等）、纤维复合材料和颗粒复合材料所制成的异型零件。

3.5.6 镀黑镍

黑镍镀层是金属镍、锌和硫化镍、硫化锌及有机物的混合物。镀层呈黑色，具有很强的消光能力，常被用于制造光学仪器及一些军工产品零件。另外，这种含硫的黑镍镀层作为电极时，氢和氧在其上析出时超电位很小，与铂黑电极类似，因此镀黑镍的钢板，又可作为电解水制取氢气、氧气的电极，能降低槽电压，减少电能消耗，降低成本。

黑镍镀层较薄，一般只有 2μm 左右，抗蚀能力差。通常需再涂以漆与浸油处理，以提高其耐蚀性。

为了提高镀层结合力，往往在钢铁零件或铜及铜合金零件上先预镀锌作为中间层再镀黑镍。黑镍镀层可以看做是镍和锌的合金，其中也含有相当量的硫和碳等成分。它的镀层组成，往往随工艺条件变化而有所不同，大致含镍40%～60%，含锌20%～30%，含硫10%～15%，含有机物10%左右。硫化物的形成是由于硫氰酸根在阴极上还原游离出硫离子，从而与镀液中的Ni^{2+}、Zn^{2+}形成ZnS和NiS与镍在阴极上共沉积。有机物可能来源于硫氰化盐的分解产物。

应指出，关于镀层的颜色至今仍不清楚，有人认为是镀层中黑色硫化镍所致，也有人认为黑色是由于镀层结构的作用呈现的颜色。还有人把两种看法结合起来解释。镀黑镍溶液配方及工艺条件见表3－42。

表3－42 镀黑镍镀液配方及工艺条件

配方组成及工艺条件	配方1	配方2	配方组成及工艺条件	配方1	配方2
$NiSO_4 \cdot 7H_2O$ 质量浓度/$g \cdot L^{-1}$	70～100	100～120	NH_4SCN 质量浓度/$g \cdot L^{-1}$	25～35	—
$ZnSO_4 \cdot 7H_2O$ 质量浓度/$g \cdot L^{-1}$	40～50	22～25	$Na_2SO_4 \cdot 10H_2O$ 质量浓度/$g \cdot L^{-1}$	—	20～25
硫酸铵镍［$NiSO_4 \cdot (NH_4)_2SO_4 \cdot 6H_2O$］质量浓度/$g \cdot L^{-1}$	40～60	—	pH值	4.5～5.5	5.8～6.2
H_3BO_3 质量浓度/$g \cdot L^{-1}$	25～35	20～30	温度/℃	30～36	18～30
KSCN质量浓度/$g \cdot L^{-1}$	—	30～35	$D_k/A \cdot dm^{-2}$	0.1～0.4	0.1～0.15

3.6 电镀铬

3.6.1 铬镀层性质与镀铬工艺特点

铬是高熔点金属，熔点为1800～1900℃，可逆标准电势$\varphi^{\ominus}_{Cr^{3+}/Cr} = -0.4744V$、$\varphi^{\ominus}_{CrO_4^{2-}/Cr} = 1.10V$、$\varphi^{\ominus}_{Cr_2O_7^{2-}/Cr^{3+}} = 1.33V$、$\varphi^{\ominus}_{Cr(OH)_3/Cr} = -1.27V$。由于铬表面易生成稳定的氧化膜，因此铬镀层对钢铁基体来说，属于阴极镀层，无电化学保护作用。铬的钝化氧化膜非常稳定，可经受硫化氢、硝酸、稀硫酸及碱的作用。铬镀层的光泽可在潮湿空气中保持数年。铬镀层具有很高的硬度，其硬度仅次于金刚石。铬镀层耐热性好，在500℃以下其颜色和硬度均无明显变化。铬镀层还有摩擦系数低、滑动能力高的特点。铬反射蓝光线的能力比镍强，比镍更有光泽，因此铬镀层的用途很广，五金和家用电器产品广泛应用铬装饰性镀层，机床零件、量具、印染滚子镀硬铬获得极好的机械保护作用而使其得到广泛使用。

由于铬的性质特殊，与其他金属电镀相比镀铬工艺有许多特点，例如其电流密度大，电流效率极低，镀液分散能力很差，采用不溶性阳极，不用络盐配制镀液等。

按镀铬层的工业用途，镀铬分防护装饰性镀铬、镀硬铬、镀黑铬、镀松孔铬、镀微孔铬等。

按镀液成分的性质，镀铬分含有酸酐和硫酸的一般镀铬，含有铬酐、硫酸和氟硅酸的复合镀铬，含有铬酐、硫酸锶和氟硅酸钾的自动调节镀铬、四铬酸盐镀铬和三价铬镀铬。

3.6.2 镀铬电极反应和极化曲线

3.6.2.1 镀铬镀液的组成

镀铬镀液的主要成分是酸酐（CrO_3），其中铬是六价。铬酐易溶于水，在溶液中六价铬以多种形态存在，如四铬酸 $H_2Cr_4O_{13}$、三铬酸 $H_2Cr_3O_{10}$、重铬酸 $H_2Cr_2O_7$、铬酸 H_2CrO_4 和铬酸氢根 $HCrO_4^-$ 等。加上镀铬液中其他离子的共同存在决定了镀铬电极反应过程的复杂性。

一般镀铬镀液的组成是：CrO_3 250g/L，硫酸 2.5g/L，三价铬 3 ~ 7g/L，溶液中的 Cr^{6+} 主要以铬酸和重铬酸两种形式存在。

$$2CrO_3 + H_2O = H_2Cr_2O_7$$

$$CrO_3 + H_2O = H_2CrO_4$$

重铬酸和铬酸处于动态平衡状态：

$$Cr_2O_7^{2-} + H_2O \rightleftharpoons 2CrO_4^{2-} + 2H^+$$

当增加 CrO_3 或降低 pH 值时，平衡向重铬酸方向移动；加水稀释或升高 pH 值，平衡向铬酸方向移动。

3.6.2.2 镀铬电极反应

镀铬采用铅合金不溶性电极，在阳极上的主要反应是析氧反应：

$$2H_2O = O_2\uparrow + 4H^+ + 4e$$

另外，还有三价铬氧化为六价铬的反应：

$$2Cr^{3+} + 7H_2O = Cr_2O_7^{2-} + 14H^+ + 6e$$

阴极反应可能有：

$$Cr_2O_7^{2-} + 14H^+ + 6e = 2Cr^{3+} + 7H_2O \qquad \varphi^{\ominus} = 1.33V$$

以及还有：

$$2H^+ + 2e = H_2\uparrow$$

$$HCrO_4^- + 3H^+ + 6e = Cr + 4OH^-$$

应指出，纯铬酸溶液的电解相当于水的电解，在阴极上既无六价铬还原为三价铬，又无金属铬的析出，只有氢析出，而在阳极上只有氧析出。

放射性同位素实验证实，在有 SO_4^{2-} 等阴离子存在时，铬是直接从六价还原析出金属铬的，参加还原为金属铬的是铬酸根 CrO_4^{2-}，而不是 $Cr_2O_7^{2-}$，这是因为由于 H^+ 放电，阴极区内 pH 值上升，使 $Cr_2O_7^{2-}$ 转化为 CrO_4^{2-}。

溶液中 SO_4^{2-} 的作用是与三价铬生成复杂的硫酸铬阳离子：

$$[Cr_4^{3+}O(SO_4)_4(H_2O)]^{2+}$$

在通电时这种阳离子趋向阴极促使碱式铬酸铬 [$Cr^{3+}(OH)_3Cr(OH)CrO_4$] 的薄膜溶解而露出阴极表面，使 CrO_4^{2-} 离子能在阴极上放电而析出金属铬。三价铬存在对阴极析出金属铬是必需的，没有三价铬就不能生成碱式铬酸铬，SO_4^{2-} 就不能生成复杂的硫酸铬阳离子来促使碱式铬酸铬的薄膜溶解。因此镀液中必须外加硫酸和三价铬。

3.6.2.3 极化曲线

阴极极化曲线走势很复杂，增加电压时，电流密度曲线会波动、断裂，暂时降落，而且极化曲线多次实验难以重现。如图 3－15a、b 为其两种形状，有时经过 a 点上升后会下落（图 3－15b），然后再上升。曲线于 a 点之后六价铬开始还原为三价铬，电势为 φ_1，电流密度沿曲线由 a 点上升至 b 点，此时阴极表面上生成传导不良的不溶性铬的铬酸盐膜，电势变为 φ_2。因此从 b 点开始阴极极化增加，电流密度保持很小变化，或者还可能发生电流密度下降的现象，在曲线 bce 段氢气析出，同时重铬酸根还原为三价铬，两种反应同时进行。当电势升高到 e 点 φ_3 时，由于氢气的析出使阴极附近 pH 值升高，重铬酸根向铬酸根转变，此时铬酸氢根浓度大大增加，铬酸氢根解离成铬酸根并开始在阴极还原为金属铬。

$$Cr_2O_7^{2-} + H_2O \rightleftharpoons 2HCrO_4^-$$

$$2HCrO_4^- \rightleftharpoons 2H^+ + 2CrO_4^{2-}$$

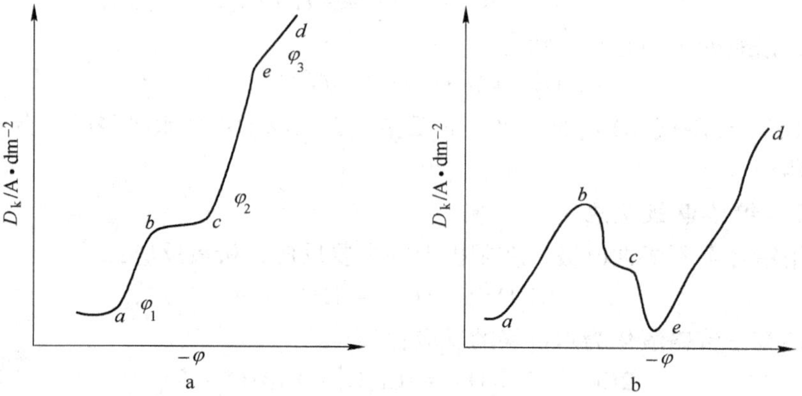

图 3－15 两种形状析出铬阴极极化曲线

随着电极电势向负方向移动，铬析出的反应速度不断增加。但此时在阴极上仍然明显地看到大量氢气泡析出。此时同时进行 H^+ 还原为氢气，铬酸氢根还原为金属铬以及重铬酸根还原为三价铬，只是反应速度不同而已。

根据实验测定，氢还原所消耗的电流约占 65%，铬析出消耗电流约占 20%，重铬酸根还原消耗电流约为 15%，可见镀铬的电流效率低，大部分电流消耗在析氢反应上。

镀铬的槽电压较高约为 10～12V，阴极电流效率约为 13%。若用金属铬作为电镀铬阳极，其溶解的电流效率将大大超过阴极电流效率，镀液中将积累大量铬离子，使镀液不稳定，因此不能用金属铬作为阳极。

3.6.3 几种镀铬镀液配方及工艺条件

3.6.3.1 装饰性镀铬镀液的配方及工艺条件

装饰性镀铬镀液配方及工艺条件见表 3－43。

按装饰性镀铬镀液中铬酐含量高低，可分为低浓度镀铬、标准浓度镀铬和较高浓度镀铬。前已叙述按镀液成分的不同又可分为一般镀铬、复合镀铬及自动调节镀铬。另外还有与吊镀形式不同的滚镀铬。

表3-43 装饰性镀铬镀液配方及工艺条件

配方组成及工艺条件	一般镀铬			复合镀铬			自动调节镀铬	滚镀铬
	配方1 低浓度	配方2 标准浓度	配方3 较高浓度	配方4 低浓度	配方5	配方6	配方7	配方8
铬酐（CrO_3）质量浓度/$g \cdot L^{-1}$	50~80	250	300~350	50~60	120~130	250	250~300	300~350
H_2SO_4 质量浓度/$g \cdot L^{-1}$	1~1.5	2.5	2.4~3.5	0.45~0.55	0.9~1	1.25	—	0.3~0.6
氟硅酸（H_2SiF_6）质量浓度/$g \cdot L^{-1}$	—	—	—	0.6~0.8	0.4	5	—	3~4.5
硫酸锶（$SrSO_4$）质量浓度/$g \cdot L^{-1}$	—	—	—	—	—	—	6	—
氟硅酸钾（K_2SiF_6）质量浓度/$g \cdot L^{-1}$	—	—	—	—	—	—	20	—
温度/℃	63~68	40~50	45~50	53~55	40~50	45~55	50~70	25~35
D_k/$A \cdot dm^{-2}$	90~130	10~20	10~20	30~40	20	25~40	40~100	200~250

标准镀铬镀液指用中等质量浓度的 CrO_3 电镀液（含 CrO_3 250g/L）配成的镀液，不含硫酸锶和氟硅酸钾难溶盐。复合镀铬和滚镀铬的电镀液有硫酸又有氟硅酸 H_2SiF_6，利用了 SiF_6^{2-} 络合离子的络合作用，也可用 Na_2SiF_6 或 K_2SiF_6 来代替，其作用与 SO_4^{2-} 相似，同时有促进铬层表面活化的作用。自动调节镀铬液中除有 SiF_6^{2-} 离子外还有 $SrSO_4$，它与 K_2SiF_6 皆为难溶盐，其溶度积分别为 3×10^{-7}、8.7×10^{-7}，利用这两种盐在溶液中的有限溶解度，自动维持镀铬液内的硫酸根和氟硅酸根的浓度，所谓自动调节镀铬即由此得名。

装饰性镀铬镀层光亮平滑美观，有像镜面一样的银蓝色光泽，铬镀层厚度 0.25~2μm。对电位较负的基体金属（如锌或铁等）必须用多层电镀层（中间镀层一般用铜、镍、锌-铜、铜-锡、铜-锑、锌-铁或锌-镍-铁等），中间镀层应具有一定的厚度和光泽。

铬酐是镀铬镀液中的主要成分，其含量在 50~500g/L 之间，只要控制适当的温度和电流密度，都能在平滑的镀件表面上获得光亮的铬层，在一定范围内，提高铬酐的浓度，溶液的电导率增大，到一定浓度时电导率又下降。当其他条件（硫酸根含量、电流密度、温度）不变时，提高铬酐浓度会降低电流效率。当铬酐与硫酸根的比值固定不变时，电解液分散能力随铬酐浓度的升高而降低。铬酐浓度低时，镀液的分散能力好，但溶液电导小，槽电压升高。浓电解液取得光亮镀层的工作范围比稀电解液狭窄，但浓电解液各组分的含量不像稀电解液那样容易变化。因此，浓的和稀的电解液各有其优点和缺点。很多电镀厂，习惯使用中等浓度的标准镀铬溶液镀铬。近年来，为了减轻对含铬废水的处理，减少环境污染，改用含铬酐 50~60g/L 的溶液进行镀铬。

镀铬溶液中硫酸的用量，不在于其绝对值是多少，而在于铬酐的量与硫酸根之比，称为“硫酸根比”。镀铬溶液硫酸根比的范围在（80～120）：1，最佳的比为100：1（质量比）。由于硫酸的相对分子质量与硫酸根比常可通用。当硫酸根比<100：1时，能提高镀层的光亮度和密实性，但是会降低阴极电流效率和降低镀液的覆盖能力，增大镀层的裂纹；当硫酸根比>100：1时，会降低铬的沉积速度和镀层的光泽；当硫酸根比>200：1时，镀层会出现黑色条纹，或有棕色斑点。

三价铬在镀液中含量为1～3g/L，它能在低电流密度下促进铬的沉积，电解时，阴极上产生三价铬Cr^{3+}，阳极上三价铬氧化成六价铬Cr^{6+}，在一定条件下达到平衡。新配镀液需经“老化”后使用，即用大阴极小阳极进行电解1h左右，或加入适量的旧镀液，才能用于电镀，否则会因为铬液中三价铬含量不足难以获得理想的铬镀层。然而如果镀液中有过多的三价铬也不利，它能缩小光亮范围，降低镀液导电度，甚至使镀层呈暗色。一般不允许超过10g/L。

氟硅酸根离子SiF_6^{2-}在电镀过程中不但能在电流中断或二次镀铬时，仍能获得光亮的铬层，而且能在低温（18～25℃）、低电流密度（2～2.5A/dm²）下获得光亮的铬层。含有SiF_6^{2-}的电镀液工作电流密度范围比仅含SO_4^{2-}离子的电镀液宽。SiF_6^{2-}的主要缺点是腐蚀性大，槽液维护要求高。电镀液中SiF_6^{2-}和SO_4^{2-}含量的比例为：当H_2SO_4含量为0.1～0.3g/L时，H_2SiF_6含量为8～10g/L；当H_2SO_4含量为1～1.5g/L时，H_2SiF_6含量为4～6g/L，一般采用后一种。

镀铬液的温度和电流密度必须严格配合好。固定温度时，阴极电流效率随电流密度的增大而提高；而在电流密度固定时，阴极电流效率随温度的升高而降低，电流效率至少是温度、电流密度、CrO_3浓度和硫酸根比的函数。如图3－16和图3－17所示。

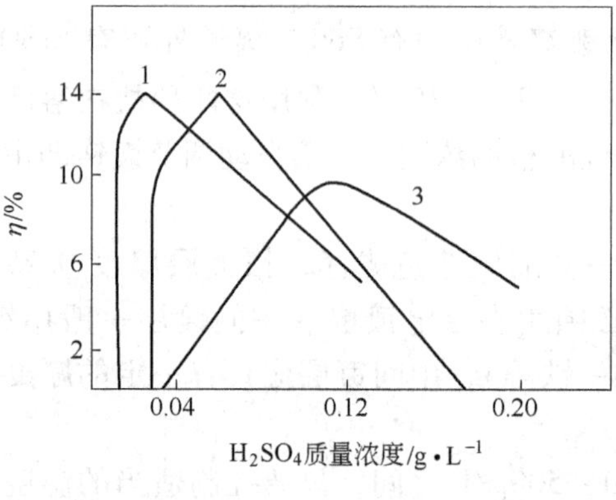

图3－16　CrO_3和H_2SO_4的浓度与电流效率的关系

1—含CrO_3 75g/L；2—含CrO_3 250g/L；3—含CrO_3 500g/L

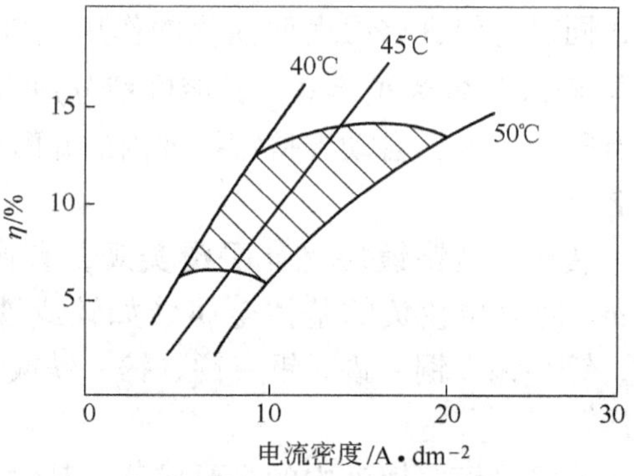

图3－17　镀铬时温度、电流密度与电流效率的关系

在低温和高电流密度时，镀层为暗灰色，这种镀层硬度高，脆性大并有网状裂纹，在高温和低电流密度时，能镀得乳白色的铬层，这种镀层硬度低，塑性好，且没有裂纹。

在中等温度和中等电流密度时，镀层光亮度较好，硬度较高，且有网状裂纹。

当铬镀液中铬酐的质量浓度为250g/L时，温度在45～55℃范围内时，镀取光亮镀层的工作电流密度范围最大。一般的装饰性镀铬大多采用中等温度和中等的电流密度。

3.6.3.2 耐磨性镀铬镀液的配方及工艺条件

耐磨性镀铬又叫镀硬铬，硬铬比通常铬镀层寿命长3～5倍。主要是铬镀层厚，厚度在0.02～0.08mm。镀硬铬可在标准镀铬液中或低铬酐镀液（含铬酐150g/L）中进行，采用电流密度高，电镀时间长（一般镀几小时甚至十几个小时或更长），常用的镀液成分及工艺条件如下：

铬酐（CrO_3）质量浓度：200～250g/L　　温度：50～55℃

硫酸（H_2SO_4）质量浓度：2～2.75g/L　　电流密度：40～50A/dm²

3.6.3.3 松孔镀铬镀液的配方及工艺条件

松孔镀铬是将零件镀一定厚度的硬铬，镀层厚度一般为0.20～0.25mm，磨削后镀层厚度为0.14～0.18mm，经驱氢、精磨、研磨，再进行松孔处理，使铬层的显微网纹溶解、扩大和加深，形成网状、沟状或点状的松孔镀铬层。经松孔处理后的松孔深度一般为0.02～0.05mm，可用100倍的金相显微镜检查，松孔不能太深，否则会造成零件严重磨损。这些松孔可以存贮润滑油，从而降低摩擦系数，增加零件的使用寿命。主要用于内燃机的气缸、气缸套、活塞环、活塞销及曲轴等易磨损零件的电镀。镀液组成及工艺条件如下：

铬酐（CrO_3）质量浓度：200～250g/L　　温度：58～65℃

硫酸（H_2SO_4）质量浓度：1.8～2.3g/L　　电流密度：40～60A/dm²

三价铬（Cr_2O_3）质量浓度：3～5g/L　　时间：视要求厚度而定

松孔处理包括酸性松孔处理和碱性松孔处理两种。酸性松孔处理是在镀铬液中进行阳极电解处理，碱性松孔处理是在电解除油槽中进行阳极电解处理。酸性松孔的镀液温度为50～60℃，阳极电流密度为20～25A/dm²，时间为5～6min。碱性松孔在室温下进行，阳极电流密度为10～15A/dm²，时间为1.5～3min。

3.6.4 三价铬镀液镀铬

三价铬毒性低，对环境污染小，为了减小六价铬的污染，已试验成功三价铬镀液镀铬工艺，其镀铬镀液配方及工艺条件见表3－44。

表3－44 镀铬镀液配方及工艺条件

$CrCl_3 \cdot 6H_2O$ 质量浓度/g·L⁻¹	106	十二烷基硫酸钠质量浓度/g·L⁻¹	0.05～0.2
甲酸铵质量浓度/g·L⁻¹	50～60	温度/℃	室温
NH_4Cl 质量浓度/g·L⁻¹	54～60	D_k/A·dm⁻²	6～10
KCl 质量浓度/g·L⁻¹	10～20	阳极材料	石墨
NH_4Br 质量浓度/g·L⁻¹	30～37	电镀时间/min	<15
H_3BO_3 质量浓度/g·L⁻¹	30～37	阳极面积：阴极面积	（1～2）：1

镀液中三氯化铬为镀液的主盐，供给三价铬离子。甲酸铵是络合剂，一般含有10个碳以内的羧酸或羟基羧酸都可用作络合剂。但以甲酸铵为最佳。

氯化铵和氯化钾为导电盐。凡是碱金属或碱土金属的氯化物和硫酸盐，都可用作三价铬液镀铬的导电盐。不宜用硝酸盐，因为硝酸根能在阴极放电，带来不利影响。

溴化铵能抑制六价铬的生成和氯气的析出。硼酸是pH缓冲剂，稳定镀液的pH值。十二烷基硫酸钠是润湿剂，防止镀层产生针孔。

三价铬镀铬能有效降低环境污染，废水处理容易，电流效率、分散能力和覆盖能力较铬酸镀液都有所提高，可在常温下电镀，节约能源，降低消耗，对电源无特殊要求，一般直流电源即可。缺点是镀层薄，光泽性不好，不能用于镀硬铬；镀液不够稳定，使用一段时间后有沉淀产生；镀液对金属杂质比较敏感，尤其是铜、铁、镍和锌离子。

3.6.5 镀黑铬

黑铬镀层作为防反光的防护装饰镀层主要用于仪器、仪表及照相机等光学仪器零件上。一般先镀铜或镍再镀黑铬。黑铬镀液对杂质金属离子、硫酸根离子很敏感，需用蒸馏水配制镀液，保证镀液清洁。其镀液成分及工艺条件见表3－45。

表3－45 黑铬镀液配方及工艺条件

配方组成及工艺条件	配方1	配方2	配方3
CrO_3（铬酐）质量浓度/$g \cdot L^{-1}$	300	250～300	250
$NaNO_3$（硝酸钠）质量浓度/$g \cdot L^{-1}$	7～11	7～11	—
H_3BO_3（硼酸）质量浓度/$g \cdot L^{-1}$	3～5	20～25	—
Na_3AlF_6（氟铝酸钠）质量浓度/$g \cdot L^{-1}$	—	—	0.2
FeC_2O_4（草酸亚铁）质量浓度/$g \cdot L^{-1}$	—	—	50
$K_4[Fe(CN)_6]$（亚铁氰化钾）质量浓度/$g \cdot L^{-1}$	—	—	3～5
H_2SiF_6（氟硅酸）体积分数/$mL \cdot L^{-1}$	—	0.1	—
温度/℃	25～30	18～35	18～25
$D_k/A \cdot dm^{-2}$	40～50	35～60	15～25

铬酐是镀液中的主要成分，当铬酐含量偏低时，镀液的覆盖能力较差；偏高时，镀层硬度降低，一般控制在250～300g/L之间。

氟硅酸是一种催化剂，它的敏感性大，只要0.1mL/L就能提高镀液的分散能力和镀层的黑度。若其含量太高，会引起镀层的脆性，发生脱壳。

硝酸钠是镀液中的发黑剂，它的含量偏低时镀层不黑，偏高时镀液分散能力和覆盖能力较差。

硼酸的加入，能使镀层细致，提高镀液的覆盖能力。含量太低，镀层粗糙疏松；太高会使镀层出现脆性、脱壳等现象。

镀液温度不能超过35℃，否则镀层就不黑了，因此镀槽应有降温设备。

硫酸根、氯离子和铜离子是镀黑铬的有害杂质。含有硫酸根时，镀层显淡黄色。硫酸根可用适量的碳酸钡除去；镀液中有氯离子将使镀层呈褐黄色。氯离子可用适量的硝酸银除去。镀液中含Cu^{2+}超过1g/L时，镀层出现褐色条纹，因此阳极的铜质挂钩不可浸入镀液内。

铜和铜合金经过适当的前处理后，可以直接镀黑铬。钢铁零件镀黑铬时，最好先预镀铜、镍或铜锡合金，再镀黑铬。

3.7 电镀铜锡合金

3.7.1 概述

铜锡合金镀层又称青铜镀层，是使用最广、生产规模最大的合金电镀之一。根据其含锡量，可分为 3 类：低锡青铜（含锡量为 2% ~15%）、中锡青铜（含锡量为 15% ~40%）和高锡青铜（又称白青铜，含锡量为 40% ~50%）。

合金镀层的外观和性质都与其组成有关，其用途也不相同。合金电势随含锡量增加，电势变负。低锡青铜电势比钢铁正，相对于钢铁基体属阴极性镀层，镀层孔隙率低，因此只有较好的机械防护能力。其外观为粉红色或金黄色，但在空气中易氧化变色，含锡量越低，变色越快，因此其装饰性能差。低锡青铜镀层主要用于钢铁防腐蚀的底镀层或中间镀层，其耐蚀性和耐磨性比铜镀层好，可以直接镀镍和套铬。因此，该镀层广泛用于轻工、机械、仪表、通讯及家用电器等工业部门。

中锡青铜镀层呈金黄色或灰白色。它的硬度和抗氧化性能比低锡青铜镀层高，但套铬困难，因此应用较少。

白青铜镀层，呈银白色，硬度高，在镍和铬之间，经过机械抛光，具有良好的反光性能，不易变色，能耐酸、耐弱碱及食品中的有机酸。同时，也具有良好的钎焊和导电性能，一般用来代替镀银和镀铬，用于仪器仪表、日用餐具等装饰性镀层。其缺点是镀层较脆、机械保护性能较铜差。

锡合金镀液主要有氰化物镀液和无氰镀液两大类。氰化物镀液又分高氰镀液和低氰镀液，以高氰镀液使用最广。在氰化物溶液中镀铜锡合金，其均镀和深镀能力好，镀层的成分和色泽容易控制，镀层结晶细致，结合力好，孔隙率低，抗蚀性强，产品质量稳定。缺点是毒性大，对环境及人体有潜在危险。

无氰铜锡合金镀液主要有焦磷酸盐－锡酸盐、柠檬酸盐－锡酸盐和 HEDP 等。焦磷酸盐镀液具有镀液稳定，维护控制方便，无毒，镀层结晶细致，性能良好等优点，已被广泛使用。但其缺点是，有铜铁件需预镀，镀液镀前处理要求严格使用寿命较短，易产生铜粉。HEDP 镀液是目前较好的无氰镀铜锡合金的新镀液。不需加添加剂就可镀出含锡量 6% ~12% 低锡合金，镀液稳定，无毒，维护方便，电流效率高，沉积速度快，适用于几何形状复杂和铸铁零件的电镀。镀层性能与氰化物镀铜锡合金接近。其缺点是分散能力和深镀能力不如氰化镀液。

3.7.2 氰化物镀铜锡合金

氰化物镀铜锡合金的镀液配方及工艺条件见表 3－46。

表 3－46 氰化物镀铜锡合金镀液配方及工艺条件

镀液配方及工艺条件	低锡合金	中锡合金	高锡合金
氰化亚铜（CuCN）质量浓度/$g \cdot L^{-1}$	35 ~42	10 ~15	18 ~25
锡酸钠（$Na_2SnO_3 \cdot 3H_2O$）质量浓度/$g \cdot L^{-1}$	30 ~40	40 ~50	30 ~40
游离氰化钠（NaCN）质量浓度/$g \cdot L^{-1}$	20 ~25	15 ~18	20 ~30

续表 3-46

镀液配方及工艺条件	低锡合金	中锡合金	高锡合金
游离氢氧化钠（NaOH）质量浓度/$g \cdot L^{-1}$	7~10	20~25	8~10
明胶质量浓度/$g \cdot L^{-1}$	—	—	0.3~0.5
温度/℃	55~60	55~60	60~65
阴极电流密度/$A \cdot dm^{-2}$	1~1.5	2~2.5	1.5~2.5
阳极材料	铜锡合金（10%~12% Sn）	铜板和锡板	铜板和锡板

氰化亚铜是镀液中的主盐，以一价铜形式与氰化物形成稳定的铜氰络离子，在阴极上放电还原析出铜。镀液中铜离子浓度增加时，镀层中铜含量也增加，此时阴极极化减小，分散能力降低，镀层偏红。

锡酸钠也是镀液中的主盐，提供合金镀层中的金属锡。镀液中锡离子浓度增加时，镀层中锡含量也相应增加，镀层色泽偏白。为获得含锡量为10%~15%的低锡青铜镀层，镀液中铜与锡的比例应保持（2~3）:1。

氰化钠是镀液中铜离子的络合剂，它不与锡络合。因此，提高镀液中氰化钠含量时铜氰络离子趋向稳定，在阴极放电还原困难，不利于铜的析出，这就有利于锡的析出，使镀层中锡含量增大，镀层色泽偏白。氰化钠含量过高，阴极电流效率下降，会引起氢在阴极析出。但其含量过低时，镀层中铜含量增加，色泽偏红，镀液中可能出现二价铜，它能氧化氰化钠，破坏镀液稳定，同时使阳极钝化。

氢氧化钠是镀液中四价锡离子的络合剂，与锡离子络合生成稳定的锡酸根络离子。但它不能与铜离子络合。当镀液中氢氧化钠含量增加时，锡酸根离子变得稳定使锡在阴极还原沉积困难，因而镀层中锡含量减少，镀层偏红。镀液中氢氧化钠还起增加电导、防止锡酸钠水解、使合金阳极（或锡板阳极）正常溶解的作用。

明胶加入使镀液分散能力提高，镀层结晶细致光亮，但不能过量。

升高温度有利于提高镀层中铜的含量，但过高的温度使镀液不稳定。温度对镀层成分质量和电流效率都有较大的影响。在65℃左右能获得优质的镀层。温度过低，电流效率低，镀层质量也显著变差。

阴极电流效率随电流密度增加而降低，同时镀层中锡含量增加，色泽偏白，外观粗糙，故不宜采用太高的阴极电流密度。但阴极电流密度过低，沉积速度太慢，生产效率低。

阳极可用铜锡合金或可溶性单金属联合阳极。镀低锡合金常用铜锡合金阳极，中、高锡合金可用单金属联合阳极，铜和锡阳极的回路要分开，并控制阴阳极面积比为1:2。阳极用布袋包起来，防止阳极泥渣污染镀液。

3.7.3 焦磷酸盐-锡酸盐镀铜锡合金

焦磷酸盐-锡酸盐镀铜锡合金镀液的配方及工艺条件见表3-47。

焦磷酸盐-锡酸盐镀铜锡合金，以电镀低锡青铜为主，溶液比较稳定，沉积速度较快，但铜铁件在此镀液中电镀时，镀层结合力差，需要进行预镀。镀层含锡量为6%~8%左右。

表 3-47 焦磷酸盐-锡酸盐镀铜锡合金镀液配方及工艺条件

配方组成及工艺条件	配方 1	配方 2
焦磷酸铜（$Cu_2P_2O_7 \cdot 3H_2O$）质量浓度/$g \cdot L^{-1}$	19~24	28~38
锡酸钠（$Na_2SnO_3 \cdot 3H_2O$）质量浓度/$g \cdot L^{-1}$	60~72	25~30
焦磷酸钾（$K_4P_2O_7$）质量浓度/$g \cdot L^{-1}$	240~280	200~250
硝酸钾（KNO_3）质量浓度/$g \cdot L^{-1}$	40~45	30~45
酒石酸钾钠（$NaKC_4H_4O_6 \cdot 4H_2O$）质量浓度/$g \cdot L^{-1}$	20~25	30~40
明胶质量浓度/$g \cdot L^{-1}$	0.01~0.02	0.03~0.05
苯并三氮唑（$C_6H_5N_3$）质量浓度/$g \cdot L^{-1}$	—	0.003~0.005
pH 值	10.8~11.2	10.8~11.1
温度/℃	30~55	25~45
阴极电流密度/$A \cdot dm^{-2}$	2~3	2~2.5
阴极移动频率/次 · min^{-1}	8~11	10
阳极材料	铜锡合金含锡 6%~8%	铜锡合金含锡 7%~9%
电源波形	—	单相或全相

镀液中含铜主盐是焦磷酸铜，含锡主盐是锡酸钠。铜在镀液中以二价状态存在，锡主要呈四价状态。铜一般控制在 8~12g/L，锡一般在 25~35g/L。镀液中 Cu/Sn 的浓度比增加时，镀层中 $w(Cu)/w(Sn)$ 含量比例也增加，其影响比氰化物合金镀液要大得多。Cu 与 Sn 的浓度比例一般在 1∶(2~3)。

焦磷酸钾是镀液中的络合剂，既络合铜又络合锡可形成各种形态的络合物：

$$[Cu(P_2O_7)]^{2-}、[Cu(P_2O_7)_2]^{6-}、[Cu(P_2O_7)OH]^{3-}、$$

$$[Sn(P_2O_7)_2]^{4-}、[Sn(P_2O_7)_4]^{12-}、[Sn(OH)_2(P_2O_7)_2]^{6-}$$

由于它对两种金属离子皆能络合，因此，增加或降低焦磷酸钾的浓度对镀层的影响不大。提高其含量可以改善溶液的导电能力，使阳极正常溶解。但含量过高，会使金属离子放电，还原发生困难，电流效率降低。镀液中焦磷酸钾与金属铜的比例控制在 1∶(20~25)，焦磷酸钾与金属锡的比例控制在 8~9 之间。

图 3-18 为单金属铜、锡及铜锡合金的阴极极化曲线。在镀液中单金属铜和锡的静态析出电势相差近 0.4V，锡的析出电势比铜的析出电势负得多，锡比铜难于析出。合金的极化曲线靠近铜的极化曲线，与铜金属的极化曲线相交。在镀液中添加某种能降低锡的极化的添加剂，将有助于提高合金中锡的含量。

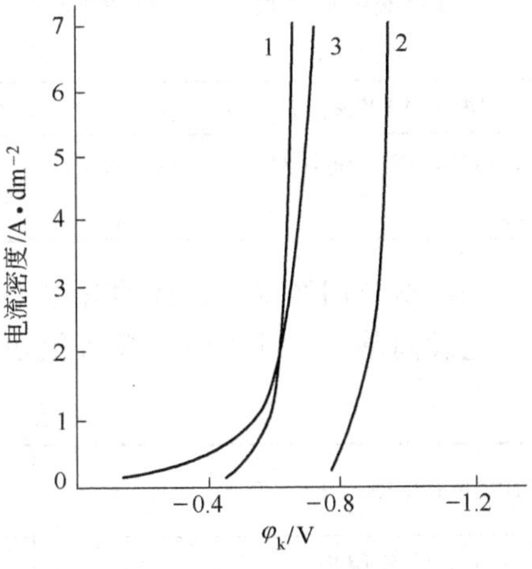

图 3-18 焦磷酸盐-锡酸钠溶液中金属阴极极化曲线

1—金属铜；2—金属锡；3—铜锡合金

酒石酸钾钠是镀液中的辅助络合剂，帮助阳极溶解，防止锡酸盐的水解，防止铜在 pH 值较高时发生氢氧化铜沉淀。但过量时会使镀层发脆。

硝酸钾的作用与其他电镀一样，主要用于提高电流密度上限。此时，由于电流密度增大，镀层中锡含量将增加。它还有帮助阳极溶解和抑制镀层出现针孔的作用。但其使阴极电流效率降低。这类镀液电流效率约为45%~55%。

明胶及苯并三氮唑等添加剂，可使镀层色泽均匀，但过量会使镀层发脆。

镀液的pH值能影响络合物的存在形态，因而影响金属的析出电势，导致合金组成改变。提高镀液的pH值，可能使 $[Sn(P_2O_7)_4]^{12-}$ 向 $[Sn(OH)_2(P_2O_7)_2]^{6-}$ 转化，后者较易在阴极放电，使锡易析出，增加镀层中的锡含量。pH值通常维持在11左右，过高将会有 $Cu(OH)_2$ 沉淀生成，使溶液浑浊，镀层变质。pH值过低时，则会加速焦磷酸钾水解，也会影响络合能力。

阴极电流密度对合金成分有较大的影响，增大电流密度促使镀层中锡含量增高。电流波形对镀层也有一定的影响，在四价锡的铜锡合金电镀中，已发现单相半波或单相全波能扩大电流密度范围并增加镀层的光泽。

增加电镀时搅拌作用，可增加电流密度范围，这将有助于锡的析出。

生产上常用含锡6%~9%的铜锡合金作为阳极，此类阳极溶解情况好。为防止溶解量太多，影响镀液稳定，控制阴极面积与阳极面积的比例为1∶(0.3~0.5)。有时还同时挂入含锡15%的铜锡合金阳极，它基本上不溶，在其上进行析氧反应，溶液中有氧存在可促进二价锡变成四价锡，促进铜粉的溶解，并使硝酸根的还原产物重新氧化成硝酸盐。

3.7.4 HEDP镀铜锡合金

HEDP电镀铜锡合金，溶液稳定性好，深镀能力强，镀层含锡量高（含Sn 8%~12%），与基体金属结合力好，镀液维护方便，已用于工业规模生产。缺点是镀前基体需经严格处理。

镀液成分及工艺条件如表3-48所示。

表3-48 镀液成分及工艺条件

铜（以碱式碳酸铜形式加入）质量浓度/g·L^{-1}	8~12	酒石酸钾钠质量浓度/g·L^{-1}	20~30
		硝酸钾质量浓度/g·L^{-1}	5~25
锡（以锡酸钠形式加入）质量浓度/g·L^{-1}	20~32	pH值	11.5~12.5
		温度/℃	30~45
HEDP（以100%计）质量浓度/g·L^{-1}	65~90	阴极电流密度/A·dm^{-2}	1.5~2.5
磷酸氢二钠 $[Na_2HPO_4·12H_2O]$ 质量浓度/g·L^{-1}	10~30	阳极与阴极面积之比	2∶1
		阴极移动频率/次·min^{-1}	10~16

阳极材料用经退火处理的含锡8%~10%的铜锡合金。

电镀前基体需预先经阴极活化处理，其配方与工艺条件如表3-49所示。

表3-49 配方与工艺条件

HEDP（以100%计）质量浓度/g·L^{-1}	10~25	pH值	9~11.5
		温度/℃	30~50
铜（以碳酸铜形式加入）质量浓度/g·L^{-1}	0.1~0.6	阴极电流密度/A·dm^{-2}	0.5~1.0
		时间/s	20~40
碳酸钠（Na_2CO_3）质量浓度/g·L^{-1}	15~25	阳极	不溶极阳极

镀液中碱式碳酸铜和锡酸钠为主盐，其质量浓度比直接影响镀层中金属的比例。质量浓度高时，允许的电流密度大。要获得含锡量为10% ~12%的合金镀层，镀液中锡含量应在20 ~28g/L之间。

HEDP是镀液金属铜与锡离子的络合剂，都能形成稳定的络合物。由于HEDP与锡离子络合强一些，因此随着HEDP含量增加，镀层含锡量逐渐下降，有利于铜的析出，也有利于阳极溶解。HEDP含量过低时，镀液不够稳定，其含量过高时，镀层锡含量偏低。在基体金属活化时，HEDP含量高一些，有利于钢铁零件的表面活化，以提高镀层的结合力。

磷酸氢二钠是镀液中的辅助络合剂，主要参与铜离子的络合，另外起pH缓冲作用和导电作用。

酒石酸钾钠也是镀液中的辅助络合剂，可与铜离子络合，改善阳极溶解，增加镀层含锡量和提高镀液的稳定性。

硝酸钾是镀液中的导电盐，还能提高阴极电流密度。

络合物电镀液中的pH值条件对镀液的稳定性、镀层合金稳定性都非常重要，HEDP镀铜锡合金也不例外，必须严格控制pH值条件。

在允许的电流密度范围内，增大阴极电流密度，有利于增加镀层中的锡含量。

阴极移动增强镀液中离子对流，使阴极附近离子得到及时补充，这样可以使用较大的阴极电流密度而不致使镀层烧焦。

阳极尽可能不用单金属铜和锡而用铜锡合金。合金阳极事先经退火处理，可使其溶解更加正常，阳极表面呈金黄色或浅红色。

复习与思考题

1. 金属镀层如何分类，何谓功能电镀？
2. 电镀液的化学性质对电镀有何影响？
3. 电镀铜有哪些电镀液，各有何优缺点？
4. 电镀液中主盐浓度对电镀有何影响？
5. 电极极化作用对金属电镀有何影响？
6. 何谓多层电镀，与单层电镀相比有何优点？
7. 阴极电流密度对电镀有何影响？
8. 温度对电镀有何影响？
9. 电镀银为什么要对镀件进行预处理，有哪些预处理方法？
10. 电镀银有哪些镀液，电镀金有哪些镀液？
11. 电镀锌有哪些镀液，各有何优点？
12. 镀液中络合剂如何影响金属电镀？
13. 电镀镍有哪些镀液，各有何优点，镀镍有何特点？
14. 金属镀铬与其他金属电镀相比有何特点？简述镀铬过程机理。

4 金属制品表面处理

金属制品在电镀以前的表面状态及清洁程度是获得优质镀层的重要环节。在选择镀前的表面处理方法及配方时，既要考虑零件的大小、表面粗糙程度、表面污垢的特性和数量，还要考虑金属的性质与预先机械加工情况。金属制品表面处理方法还包括金属表面的氧化、钝化、磷化和着色处理，这既增加了金属防蚀性，又提高了其装饰性。通常金属制品必须经过下列的步骤才可进行电镀：

（1）消除表面的粗糙状态，降低到一定的表面粗糙度值。

（2）除去表面上的油污。

（3）除去表面上的氧化物。

（4）电镀前的活化处理——弱腐蚀。

金属制品表面的加工或清洁处理可用机械法、化学法或电化学法。金属制品电镀前表面处理工序包括磨光、抛光、除油、浸蚀等，对难镀金属还要根据它们各自的特点进行特殊处理。

4.1 磨光

磨光是对金属表面进行整平处理的机械加工过程，用以除去制品表面上的毛刺、沙眼、焊疤、划痕、腐蚀斑、氧化皮以及各种宏观缺陷，提高表面的平整度。磨光是在粘有磨料的磨轮上进行的。

磨光适用于一切金属材料，其磨削效果取决于磨料的特性、磨轮的刚性和转速。使用时应当根据被加工工件材料的性质、尺寸、形状及对磨光后表面平整度的要求，正确地选用磨轮的刚性、圆周速度和磨轮的种类。

磨轮通常采用皮革、棉布、毛毡等缝制而成的弹性轮。其中布质轮因其具有弹性好、适应性强的特点使用最为广泛。

磨轮的硬度和转速由工件材料的性质和形状的复杂程度来决定。对于硬度高而形状简单的工件，应选用较硬的磨轮，转速也要高一些；而对于硬度较低、形状较复杂的制品，则应选用较软的弹性大的磨轮，转速也要低一些。另外，对于表面粗糙度值要求较低、金属切削量要求较小的工件，也应选用较软的弹性磨轮。

磨轮的转速应控制在一定范围内。一般来说，圆周速度越高，磨光的精度越低。通常磨轮的圆周速度控制在 10～30m/s 的范围内。磨轮圆周速度的计算公式为：

$$v = \frac{\pi d n}{60} \tag{4-1}$$

式中 v——磨轮的圆周速度，m/s；

d——磨轮的直径，m；

n——磨轮轴的转速，r/min。

由式（4－1）可以看出，圆周速度取决于磨轮的直径和转速，在生产中可以通过改变其中任一个的数值来选择不同的圆周速度。对于不同金属较适宜的圆周速度见表4－1。

表4－1 不同基体材料磨光时适宜的圆周速度

被加工的材料	磨轮的圆周速度/$m \cdot s^{-1}$
钢、铸铁、镍、铬	18～30
铜及铜合金、银	14～18
铝、锌、锡、铅及它们的合金	10～14
塑　料	10～15

磨光用的磨料有人造金刚砂（碳化硅）、人造刚玉、天然金刚砂、石英砂、硅藻土等，其中人造刚玉的韧性好，脆性较小，粒子的棱面较多，在生产中应用较广泛。

磨料根据其颗粒尺寸分为四组，即磨粒（8～80目）、磨粉（100～280目）、微粉（5～40目）和超微粉（0.5～3.5目）。磨料颗粒尺寸以磨料粒度号数来标志。磨粒和磨粉的粒度用筛分法来测定，号数越大则颗粒越细。微粉和超微粉因粒度极细，只能用显微镜分析法来测定，即以被测颗粒的粒度（μm）来标志。

电镀中选用的磨料及粒度，取决于被加工工件的材料、表面状况及对加工后表面的质量要求。在电镀预处理中，通常使用120～280目的磨料，依次加大磨料的号数，由粗到细分几道工序进行，对粗糙的工件表面，应从较粗的磨料开始，操作工序要相应增加。对较好的工件表面，可从较细的磨料开始，磨光工序也可减少。对于表面粗糙度要求很高的工件，其由粗到细的磨光工序也较多。

4.2 抛光

4.2.1 机械抛光

机械抛光的目的是为了消除金属制品表面上的细微不平，使表面具有镜面般的光泽。机械抛光可以用于工件镀前的表面准备，在磨光的基础上进一步加工，也可用于镀后的精加工，以提高镀层表面的光泽度。

机械抛光是一个占用劳动力多、能源及材料消耗量大的工序。因此，电镀前预处理的机械抛光已逐渐被化学抛光或电化学抛光取代。而且，采用高整平性和高光泽度的电镀工艺，能够直接得到高平整度和高光泽度的金属镀层，从而可以省去镀前与镀后的机械抛光工序。

4.2.2 化学抛光

依靠化学浸蚀作用，对金属制品在特定的条件下进行抛光叫化学抛光。

化学抛光可以用于仪器制造、铝质反光镜的制造以及其他零件或镀层的装饰性加工。

4.2.2.1 化学抛光的基本原理

金属表面微观凸起处在特定溶液中的溶解速度比微观下凹处大得多，这样，便逐步整平而获得平滑、光亮的基体表面。

4.2.2.2 化学抛光溶液

化学抛光液的成分随抛光材料的不同而不同。一般为混合酸液。化学抛光溶液由氧化剂和黏滞剂组成。氧化剂起抛光作用，它们是酸类和过氧化氢。常用的酸类有：正磷酸、铬酸、硫酸、醋酸、硝酸、氢氟酸等。黏滞剂用于控制溶液中的扩散和对流速度，使化学抛光过程均匀进行。

4.2.2.3 化学抛光操作步骤

（1）试样准备：试样经精磨光后清洗。

（2）配置化学抛光溶液。化学抛光溶液应在烧杯中调配，根据试样材料选择化学抛光液配方，配溶液时应用蒸馏水，药品用化学纯试剂。某些不易溶于水的药品需要加热溶液才能溶解。过氧化氢和氢氟酸腐蚀性很强，调配时需注意安全。化学抛光溶液经使用之后，溶液内金属离子增多，抛光作用减弱，如果发现作用缓慢，气泡减少，应更换新药液。

（3）试样用竹夹或者木夹夹住浸入抛光液中，一边搅动并适时取出观察至达到抛光要求后取出。

（4）化学抛光结束之后，试样应立即清洗、吹干。

4.2.2.4 化学抛光的优缺点

（1）优点：操作简便、快速，无需专用仪器。抛光后试样表面无变形层，可抛光经镶嵌后的试样，也可同时抛光试样的纵、横断面。化学抛光时兼有化学侵蚀作用，因此多数情况下能同时显示组织，抛光结束之后可以观察组织，不需再做侵蚀显示。

（2）缺点：抛光液容易失效，溶液消耗快。抛光结果不是太佳，试样的棱角易受蚀损，抛光面易出现微小波纹起伏，高倍观察时受到影响。

4.2.2.5 常见金属制品的化学抛光配方和工艺条件

（1）钢铁制品的化学抛光液配方及工艺条件见表4-2。

表4-2 低碳钢制品化学抛光液配方及工艺条件

配方成分及工艺条件	配方1	配方2	配方3
过氧化氢30%（H_2O_2）质量浓度/$g \cdot L^{-1}$	35~40	35~40	70~80
氟化氢铵（NH_4HF_2）质量浓度/$g \cdot L^{-1}$		10	20
尿素（$(NH_2)_2CO$）体积分数/$mL \cdot L^{-1}$		20	20
苯甲酸（C_6H_5COOH）体积分数/$mL \cdot L^{-1}$		0.5~1.0	1.0~1.5
硫酸（H_2SO_4）体积分数/$mL \cdot L^{-1}$	0.1		
润湿剂体积分数/$mL \cdot L^{-1}$		0.2~0.4	0.2~0.4
pH值		2.1	2.1
温度/℃	15~30	15~30	15~30
时间/min	20~30到光亮	1~2.5	0.5~2
搅拌	可以搅拌	需要	需要

注：润湿剂可用6501、6504洗净剂或聚乙三醇。

现场维护中注意：

1）双氧水分解较快，应及时补加5~10g/L，同时补充氢氟酸4~6g/L，以使溶液pH值保持在2.1左右。

2）溶液中铁离子超过35g/L即需更换。

3）抛光过程是放热反应过程，可冷却降温以保持要求温度。

（2）不锈钢制品的化学抛光液配方及工艺条件见表4-3和表4-4。

表4-3 不锈钢化学抛光液配方1

配方成分及工艺条件	配 方
硫酸（H_2SO_4）体积分数/mL·L^{-1}	227
盐酸（HCl）体积分数/mL·L^{-1}	67
硝酸（HNO_3）体积分数/mL·L^{-1}	40
水体积分数/mL·L^{-1}	660
温度/℃	50~80
时间/min	3~20
搅拌	注意抖动避免气泡停滞于表面，加入甘油，可改善抛光

表4-4 不锈钢化学抛光液配方2

配方成分及工艺条件	配 方
盐酸（HCl）体积分数/mL·L^{-1}	60~77
硝酸（HNO_3）体积分数/mL·L^{-1}	180~200
氢氟酸（HF）体积分数/mL·L^{-1}	70~90
硝酸铁［$Fe(NO_3)_3$］质量浓度/g·L^{-1}	18~25
冰醋酸（CH_3COOH）质量浓度/g·L^{-1}	20~25
柠檬酸（饱和液）体积分数/mL·L^{-1}	60
磷酸氢二钠（饱和液）质量浓度/g·L^{-1}	60
温度/℃	50~60
时间/min	0.5~5

（3）铝及铝合金一般多采用磷酸基溶液进行化学抛光，非磷酸的方法也有。表4-5可供实际参考。

表4-5 铝及铝合金化学抛光液配方及工艺条件

配方成分及工艺条件	配方1	配方2	配方3	配方4	配方5
磷酸（H_3PO_4）体积分数/mL·L^{-1}	77.5	80~85	70	75	75~80
硫酸（H_2SO_4）体积分数/mL·L^{-1}	15.5		25	8.8	10~15
硝酸（HNO_3）体积分数/mL·L^{-1}	6	2.5~5	5	8.8	3~5
冰醋酸（CH_3COOH）质量浓度/g·L^{-1}		10~15			
硫酸铵（$(NH_4)_2SO_4$）质量浓度/g·L^{-1}				4.4	
尿素（$(NH_2)_2CO$）体积分数/mL·L^{-1}				3.1	
硫酸铜（$CuSO_4·5H_2O$）质量浓度/g·L^{-1}	0.5			0.02	

续表 4－5

配方成分及工艺条件	配方 1	配方 2	配方 3	配方 4	配方 5
硼酸（H_3BO_3）质量浓度/g·L^{-1}	0.4				
温度/℃	100～105	90～105	90～115	100～120	95～105
时间/min	1～3	2～3	4～6	2～3	2～3

注：1. 配方 1 可抛光纯铝和含铜量较低的铝合金。
2. 配方 2 适用于纯铝和铝镁、镁铜合金。
3. 配方 3 适用于纯铝。
4. 配方 4 适用于工业纯铝及铝和镁合金。
5. 配方 5 适用于含铜、锌的较高强度铝合金。
6. 经配方 1 或配方 4 抛光的铝件和铝合金件化学抛光后一般应在 400～500g/L 的硝酸或在 100～200g/L 的铬酐溶液中，室温下浸数秒至十秒钟，以除去表面接触铜。

（4）铜及铜合金化学抛光液配方及工艺条件见表 4－6。

表 4－6 铜及铜合金化学抛光液配方及工艺条件

配方成分及工艺条件	配方 1	配方 2	配方 3	配方 4	配方 5	配方 6	配方 7	配方 8	配方 9
磷酸（H_3PO_4）（85%）体积分数/mL·L^{-1}	500～600		54			400～480			
硝酸（HNO_3）（65%）体积分数/mL·L^{-1}	100	45～50	10	50～60	150～180	400	45～50		
冰醋酸（CH_3COOH）质量浓度/g·L^{-1}	300～400		30		30～40		600		
盐酸（HCl）（37%）体积分数/mL·L^{-1}		3				0.8～1.5		3	
硫酸（H_2SO_4）（98%）体积分数/mL·L^{-1}		250～280			100	100～140		250～280	3～5
柠檬酸（$C_6H_8O_7·H_2O$）质量浓度/g·L^{-1}									80～100
过氧化氢（H_2O_2）（30%）质量浓度/g·L^{-1}				430～470	140～160				
乙醇（C_2H_5OH）体积分数/mL·L^{-1}				60～70	40～60				10～15
尿素［$CO(NH_2)_2$］质量浓度/g·L^{-1}				2		32～36			
硫酸铵［$(NH_4)_2SO_4$］质量浓度/g·L^{-1}						150～180			
铬酐（CrO_3）质量浓度/g·L^{-1}		180～200							
OP 或海鸥洗涤剂体积分数/mL·L^{-1}									10～15

续表 4-6

配方成分及工艺条件	配方 1	配方 2	配方 3	配方 4	配方 5	配方 6	配方 7	配方 8	配方 9
氯化铜（$CuCl_2 \cdot 2H_2O$）质量浓度/$g \cdot L^{-1}$							30		
重铬酸钾（$K_2Cr_2O_7$）质量浓度/$g \cdot L^{-1}$							50		
硫脲［$CS(NH_2)_2$］质量浓度/$g \cdot L^{-1}$									8~12
温度/℃	41~60	20~40	55~65	20~45	20~45	20~50	20~25	20~40	50~65
时间/min	3~10	0.2~3	3~5	0.5~1.5	0.5~1.5	5~10s	5~10s	0.2~3	3~5

注：1. 配方 1、配方 3 适用于铜与黄铜。
3. 配方 2 适用于较精密零件。
3. 配方 4、配方 5 中酸浓度低，适用于黄铜，析出有害气体少，工作温度过高应冷却。
4. 配方 6 可降低氮氧化物析出量，改善环境。
5. 配方 7 适应范围广，当抛光含 Sn 量大于 5% 的合金时，可用硫酸代替 1/3 冰醋酸，便可提高抛光质量。
6. 配方 8 和配方 9 适用于表面粗糙度低的零件。

含硝酸的化学抛光液在使用中，若发现析出黄色二氧化氮烟较少，零件表面呈暗红色时，应经常补充硝酸（补充配量的 1/3）。防止过量水带入槽中使槽液浓度稀释，零件抖掉积水或干燥后再入槽抛光。

4.2.3 电化学抛光

电化学抛光（又称电解抛光，简称电抛光）是指在一定电解液中金属工件的阳极溶解，从而使其表面粗糙度下降、光亮度提高，并产生一定金属光泽的表面光整技术。目前，该技术已在金属精加工、金属样品制备及需要控制表面质量与粗糙度的领域获得了极其广泛的应用，显示出机械抛光及其他表面精加工技术无法媲美的一些优点，如效率高、表面无加工硬化层、无内应力作用、耐腐蚀等。电化学抛光涉及的材料有不锈钢、纯金属、碳钢、合金钢、有色金属及其合金、贵金属等几乎所有的金属材料。电抛光常用于钢、不锈钢、铝、铜等零件与铜镍等镀层的装饰性精加工，某些工具的表面精加工，可提高切削刀具的寿命，用于制造高度反光的表面，除去零件的毛刺和制备金铜磨片。

4.2.3.1 电化学抛光的原理

电化学抛光原理现在争论很多，被大家公认的主要为黏膜理论。该理论主要为：工件上脱离的金属离子与抛光液中的磷酸形成一层磷酸盐膜吸附在工件表面，这种黏膜在凸起处较薄，凹处较厚，因凸起处电流密度高而溶解快，随黏膜流动，凹凸不断变化，粗糙表面逐渐被整平的过程。

4.2.3.2 电化学抛光的特点

电化学抛光作为一种金属表面处理方法，它具有以下优点：（1）能够降低表面粗糙度，达到良好的表面抛光效果；（2）抛光效率高，且与被加工材料的力学性能（硬度、韧性、强度等）无关；（3）电化学抛光设备与机械抛光设备相比较为简单和便宜，抛光时工件与刀具（阴极）不接触，无切削力、热、毛刺及切削刀痕，刀具无损耗等。

但它也有一些缺点：（1）所得表面的质量取决于被加工金属的组织均匀性和纯度，金属结构的缺陷被突出地显露出来，对表面有序化组织敏感性较大；（2）较难保持零件尺寸和几何形状精度；（3）表面必须预加工到比较低的粗糙度，很难在粗加工或砂型铸造的零件上获得高的抛光质量。

4.2.3.3 电解抛光过程

（1）试样作为阳极，以不与电解液发生反应的金属（如不锈钢）作为阴极。

（2）将两极放入电解液中，通以直流电。

（3）在适当的电解规则下，使试样有选择的腐蚀，逐渐达到平衡。

4.2.3.4 电解液

（1）电解液的要求：没有电流通过时不腐蚀被抛光的金属。要能很好的溶解阳极的溶解产物，不能使之沉淀在试样表面。溶液容易配置，适用性广、易于保存、操作方便。

（2）电解液的组成：酸类、溶剂（酒精、冰醋酸等）和水。

酸类是电解液的主要成分，其主要作用是钝化试样产生的沉积在阳极的黏稠膜。溶剂用于冲淡酸类抛光过程中的薄膜。电解液长期放置在空气中会吸水或者反复作用之后都会降低抛光作用。

4.2.3.5 常见金属制品的电抛光液配方及工艺条件

（1）碳钢及低合金钢等制件的电抛光液配方及工艺条件见表4-7。

表4-7 碳钢及低合金钢等制件的电抛光液配方及工艺条件

配方成分及工艺条件	配方1	配方2	配方3	配方4	配方5	配方6	配方7
磷酸（H_3PO_4）体积分数/mL·L^{-1}	5~10	65~70	65~70	60~70	72	58	60~62
硫酸（H_2SO_4）体积分数/mL·L^{-1}	15~40	12~15				31	18~22
铬酐（CrO_3）质量浓度/g·L^{-1}		5~6	10~15	12~14	23		
重铬酸钾（$K_2Cr_2O_7$）质量浓度/g·L^{-1}							
明胶质量浓度/g·L^{-1}						2	
硫脲［$(NH_2)_2CS$］质量浓度/g·L^{-1}							8~12
乙二胺四乙酸二钠盐（EDTA-2Na）质量浓度/g·L^{-1}							1
水（H_2O）体积分数/mL·L^{-1}	5~23	12~14	18~20	16~20	5	8	18~20
甘油（$C_3H_8O_3$）质量浓度/g·L^{-1}	12~45						
溶液密度/g·mL^{-1}		1.73~1.75	1.70~1.74	1.70~1.74			1.60~1.70

续表 4-7

配方成分及工艺条件	配方1	配方2	配方3	配方4	配方5	配方6	配方7
温度/℃	50~70	60~70	75~80	75~80	65~75	60~70	室温
阳极电流密度/A·dm^{-2}		20~30	20~30				10~25
阴极电流密度/A·dm^{-2}	20~100			20~30	100~200	10~25	
时间/min	2~8	10~15	10~15	10~15	2~5	10~30	10~30
说明	适用于低碳钢，还可用于不锈钢	适用于含碳量低于0.45%的碳钢	适用于各种类型钢材	适用于碳钢、低合金钢、高合金钢、铸铁等	采用较大电流密度脉冲通电，进一步提高表面光亮度，用于各种类型钢铁	适用于含钨高碳钢和大多数普钢	适用于碳素钢和含锰及含镍模具

（2）不锈钢制件的电抛光液配方及工艺条件见表4-8。

表4-8 不锈钢制件的电抛光液配方及工艺条件

配方成分及工艺条件	配方1	配方2	配方3
磷酸（H_3PO_4）体积分数/mL·L^{-1}	50~60	42	560
硫酸（H_2SO_4）体积分数/mL·L^{-1}	20~30		400
铬酐（CrO_3）质量浓度/g·L^{-1}			50
甘油（$C_3H_8O_3$）质量浓度/g·L^{-1}		47	
明胶质量浓度/g·L^{-1}			7~8
水体积分数/mL·L^{-1}	20	11	
溶液密度/g·mL^{-1}	1.64~1.75		1.76~1.82
槽电压/V	6~8	15~30	10~20
阳极电流密度/A·dm^{-2}	20~100	5~15	20~50
温度/℃	50~60	100	55~65
时间/min	10	30	4~5
阴极材料	铅	铅	铅

注：1. 配方1适用于1Cr18Ni9Ti、0Cr18Ni9Ti等奥氏体不锈钢的电抛光。
2. 配方2抛光质量好，但成本高，使用寿命短，有气味。
3. 配方3抛光的质量较好，寿命长，适用于抛光手表等精密零件。

（3）镍及镍合金电抛光液配方及工艺条件见表4-9。

表4-9 镍及镍合金电抛光液配方及工艺条件

配方成分及工艺条件	配方1	配方2	配方3	配方4
磷酸（H_3PO_4）体积分数/mL·L^{-1}	1130			750
硫酸（H_2SO_4）体积分数/mL·L^{-1}	260	72~75	70	900

续表 4-9

配方成分及工艺条件	配方 1	配方 2	配方 3	配方 4
铬酐（CrO_3）质量浓度/$g \cdot L^{-1}$	105	2~3		
甘油（$C_3H_8O_3$）(98%）质量浓度/$g \cdot L^{-1}$		2~3		
柠檬酸［$C_3H_4OH(COOH)_3$］体积分数/$mL \cdot L^{-1}$				60
柠檬酸铵［$(NH_4)_2C_6H_6O_7$］质量浓度/$g \cdot L^{-1}$				20
水体积分数/$mL \cdot L^{-1}$	余量	18~24	30	
溶液密度/$g \cdot mL^{-1}$		1.62~1.66	1.60~1.62	
槽电压/V	12~18	12~18	12	6~12
阳极电流密度/$A \cdot dm^{-2}$	30~40	30~40	30~40	15~20
温度/℃	室温	室温	35~45	室温
时间/min	0.3~2	0.3~2	0.5~1.5	0.5~1
阴极材料	铅	铅	铅	铅、不锈钢

注：1. 配方 1、配方 2 用于镍镀层和镍基体的抛光。
2. 配方 3 用于镍基体的抛光。
3. 配方 4 用于镍和镍铁合金的抛光。加柠檬酸能改善抛光质量，降低对镍浸蚀，所配液应先经 8~10A·h/L 通电处理后才能使用，每使用 500A·h/L 后应补加柠檬酸 2g/L。

（4）铜及铜合金电抛光液配方及工艺条件见表 4-10。

表 4-10 铜及铜合金电抛光液配方及工艺条件

配方成分及工艺条件	配方 1	配方 2	配方 3	配方 4	配方 5	配方 6
磷酸（H_3PO_4）(85%）质量分数/%	70	700	420	700	670	350
铬酐（CrO_3）质量分数/%			60			
硫酸（H_2SO_4）(98%）质量分数/%					100	
苯三氮唑（$C_6H_5N_3$）质量分数/%				0.5		
乙醇（C_2H_5OH）质量分数/%						620
水（H_2O）质量分数/%	28	350	200	300	300	
溶液密度/$g \cdot mL^{-1}$	1.55~1.60	1.55~1.60	1.60~1.62			
槽电压/V	1.7~2	1.5~2			2.0~2.2	2~5
阳极电流密度/$A \cdot dm^{-2}$	6~8	6~8	30~50	14~25	10	2~7
温度/℃	室温	室温	20~40	25~40	20	20
时间/min	15~30	15~30	1~3	5	15	10~15

续表 4-10

配方成分及工艺条件	配方 1	配方 2	配方 3	配方 4	配方 5	配方 6
阴极材料	铜	铅	铅	铅		
适用范围		适用于纯铜或黄铜、铝青铜、锡青铜、磷青铜及含量低于 3% 的铍、铁、硅青铜或钛青铜	适用于纯铜与黄铜件		适用于含锡量低于 6% 的铜合金及纯铜	适用于含铝量高于 30% 的铜合金

（5）铝及铝合金电抛光液配方及工艺条件见表 4-11。

表 4-11 铝及铝合金电抛光液配方及工艺条件

配方成分及工艺条件	配方 1	配方 2	配方 3	配方 4	配方 5
磷酸（H_3PO_4）体积分数/$mL \cdot L^{-1}$	86 ~ 88	43	34	37 ~ 42	42
硫酸（H_2SO_4）体积分数/$mL \cdot L^{-1}$		43	34	37 ~ 42	
铬酐（CrO_3）质量浓度/$g \cdot L^{-1}$	12 ~ 14	3		43 ~ 49	47
乙醇（C_2H_5OH）体积分数/$mL \cdot L^{-1}$					11
水体积分数/$mL \cdot L^{-1}$	调密度至 1.72 ~ 1.74g/cm^3	11	28		
温度/℃	75 ~ 80	80 ~ 90	85 ~ 90	80 ~ 85	80 ~ 90
阳极电流密度/$A \cdot dm^{-2}$	7 ~ 12	8 ~ 12	20 ~ 30	40 ~ 50	30 ~ 40
槽电压/V	14 ~ 30	10 ~ 15	10 ~ 18	12 ~ 18	
时间/min	3 ~ 5	5 ~ 8	5 ~ 8	1 ~ 3	8 ~ 10
阴极材料	铅或不锈钢	铅或不锈钢	铅或不锈钢		
适用范围	适用于纯铝、铝镁、铝镁硅合金件	适用于纯铝件	适用于纯铝件	适用于纯铝、铝镁和铝锰合金件	抛光质量好，成本高

4.3 除油

送入电镀车间的金属制品，由于事先经过各种处理，如热处理、冲压、研磨、抛光、油封等，往往因沾污而形成一层或厚或薄的油膜。电镀时这层油膜使金属与镀液隔离，影响金属离子沉积，严重的甚至镀不上金属。对覆有较薄油膜的制品即使镀上了表面良好的镀层实际上也是结合不牢固。在一定条件（如镀层的厚度增加、经过机械抛光、镀铬时的高温高电流冲击等）的影响下，镀层就会脱落。因此，制品表面上的油污清除不净，是电镀生产中造成废品的主要原因之一。

除油方法与沾污的油的性质及沾污程度有关。常用的除油方法有有机溶剂除油、化学除油、电化学除油、擦拭除油和滚筒除油等。各种除油方法及特点见表4-12。

表4-12 各种除油方法及特点

除油方法	特 点	适 用 范 围
有机溶剂除油	除油快，对皂化油脂和非皂化油脂均能溶解，一般不腐蚀零件。但除油不彻底，需用化学或电化学方法补充除油，多数有机溶剂易燃、有毒，成本较高	可对形状复杂（有接缝、盲孔）的小零件、有色金属件、油污严重的零件及易被碱溶液腐蚀的金属零件进行初步除油
化学除油	设备简单，成本低，但除油时间较长	一般零件除油
电化学除油	除油快而彻底，能除去零件表面的浮灰，浸蚀残渣等机械杂质，但需直流电源，进行阴极除油时，零件容易渗氢，深孔内的油污去除较慢	一般零件的除油或阳极去除浸蚀残渣
擦拭除油	设备简单，操作灵活、方便，不受零件限制，但劳动强度大，工效低	大型零件或其他方法不易处理的零件
滚筒除油	工效高，质量好，但不适于大型零件和易变形的零件	精度不太高的小型零件

按油的化学性质，可分皂化类和不皂化类两大类。从动植物体制取的油脂属可皂化的油类，它是一种有机化合物的混合物，主要成分是甘油三酸酯（俗称脂肪），约占95%以上，它是甘油与高级脂肪酸合成的酯。这类油脂与碱能起皂化反应，生成能溶于水的脂肪酸盐（肥皂）和甘油。因此，这类油脂可用皂化方法除去，同时还可用有机溶剂溶解及乳化分散作用除去。

矿物油属于石油产品，如汽油、煤油、柴油、润滑油、凡士林等，这类油与碱不起皂化作用，把它归为不皂化油类。这类油能溶于有机溶剂中，也能在乳化剂的作用下与水起乳化作用，达到分散油的目的，因此只能通过有机溶剂清洗及通过乳化分散作用清除。

4.3.1 有机溶剂除油

这种方法是利用有机溶剂能溶解两类油脂的特点除去零件表面的油污。其特点是除油速度快，操作方便，不腐蚀零件。缺点是溶剂易燃、有毒、价格贵，且除油不彻底，需再行补充除油。常用的有机溶剂有：汽油、煤油、丙酮、甲苯、三氯乙烯和四氯化碳等。汽油价廉、毒性小，使用广，但它易燃，只能在室温下浸渍或擦拭刷洗。三氯乙烯、四氯化碳脱脂效率高，不燃烧，可以在较高温度下使用，浸渍、擦拭、蒸汽脱脂均可。

使用有机溶剂脱脂应注意以下事项：

（1）大多数有机溶剂蒸气有毒（三氯乙烯毒性更大），故必须防止蒸气泄漏，并采取必要的通风、防火、防爆等安全措施。

（2）当有机溶剂中油污混入量达25%～30%（体积分数）时，最好更新溶剂，以免沾污零件表面。

（3）三氯乙烯受紫外线照射会分解出剧毒的光气和强腐蚀性氯化氢。因此应避免带水入槽，避免日光直接照射。铝、镁零件不宜采用三氯乙烯脱脂。

4.3.2 化学除油

利用热碱液对油脂的皂化和乳化作用，以除去皂化性油脂；利用表面活性剂的乳化作用以除去非皂化性油脂，统称为化学除油。

4.3.2.1 碱液除油

碱液除油既便宜又易管理，使用广泛。碱液中氢氧化钠含量不宜过高。对钢铁零件除油，碱液含氢氧化钠应小于100g/L；对铜及铜合金件除油，氢氧化钠含量应小于20g/L。而锌、锡、铅、铝及其合金件则不能用浓碱液除油，最好使用碱性盐如碳酸钠、磷酸三钠、硅酸钠、偏硅酸钠等。碱液除油只能除去可皂化的动植物油。加入少量乳化剂如硅酸钠、皂粉、OP乳化剂、海鸥洗涤剂等表面活性剂可以除去矿物油。

硅酸钠有较强的乳化作用和一定的皂化能力，且对铅、锌等金属有缓蚀作用。但其残液难以洗净，带入下道工序中形成不溶性硅酸凝胶，影响镀层结合力。形状复杂，难以清洗的制品不宜采用硅酸盐除油。

常用碱液除油的工艺规范见表4-13。其中NaOH浓度不能超过100g/L，否则在金属表面会形成不溶性氧化膜。除油温度一般在70~100℃，可加速皂化反应，促进乳化过程。除油时还应不断搅拌，提高除油效果。

表4-13 化学碱性除油的配方及工艺条件

基体材料 / 配方组成及工艺条件	钢铁			铜和铜合金		铝和铝合金		锌和锌合金
	配方1	配方2	配方3	配方1	配方2	配方1	配方2	
氢氧化钠质量浓度/g·L^{-1}	30~40	10~30						
碳酸钠质量浓度/g·L^{-1}	30~40	50		40~60	10~20			10~20
磷酸三钠（Na_3PO_4）质量浓度/g·L^{-1}	30~40	70		40~60	10~20	40	10~30	10~20
硅酸钠（正或偏）质量浓度/g·L^{-1}	5		30~50		10~20	10~15	3~5	10~20
表面活性剂（如OP）质量浓度/g·L^{-1}	1~2	3~5	3~5	2~3	2~3		2~3	2~3
温度/℃	90~100	70~100	70~100	70~80	70	65~85	50~60	50~60

4.3.2.2 乳化除油

在煤油、粗汽油等物质中添加一些表面活性剂，并加入适量的水，此溶液便具有乳化性能。这种乳化液除油速度快、效果好，最适于除去大量油脂，尤其是黄油、抛光膏等。但选择表面活性剂是乳化除油液性能好坏的关键。乳化除油液配方及工艺条件见表4-14。

表4-14 乳化除油液配方及工艺条件

溶液成分	配方1	配方2	配方3
硅酸钠/g·L^{-1}	150~200	—	—
OP乳化剂/g·L^{-1}	4~5	—	—
净洗剂6501①/mL·L^{-1}	—	8	20
净洗剂6503②	—	8mL/L	5g/L

续表 4－14

溶 液 成 分	配方 1	配方 2	配方 3
三乙醇胺油酸皂	—	8mL/L	20g/L
苯并三氮唑/$g \cdot L^{-1}$	—	—	0.1～0.2
温度/℃	60～70	70～80	70～80

注：配方 2、配方 3 用于清洗钟表零件，还具有防锈能力，也适用于其他制件清洗。

①上海红卫合成洗涤剂厂出品 6501 为椰子油烷基醇酰胺。

②6503 为椰子油烷基醇酰胺磷酸酯。

4.3.2.3 酸液除油

酸液由有机或无机酸与表面活性剂混合而成。例如硫酸加 OP 乳化剂，其中硫酸（相对密度 1.84）100mL/L，OP 乳化剂 25g/L。主要是通过乳化作用除油。酸性液还可除去金属表面上薄的金属氧化物层。有一种重铬酸钾硫酸溶液可用于耐酸塑料表面除油，其配方是重铬酸钾 15g、硫酸（相对密度 1.84）300mL、水 20mL。

4.3.2.4 金属清洗剂除油

目前市售的金属清洗剂，多为表面活性剂、助洗剂、缓蚀剂及碱性盐或酸等组成，有的还可在常温下使用。

4.3.3 电化学除油

将金属制件作为阴极或阳极，碱性或酸性溶液（不含卤离子）为电解液，镍板或镀镍钢板为对极，进行电解产生气泡（阴极上为氢气泡，阳极上为氧气泡），不断冲刷金属制件表面附着的油膜层使油膜变成油滴，小气泡则黏附在小油滴的表面带着油滴脱离金属表面，漂浮到液面，金属表面的油膜得到清除，此即金属制件的电化学除油。

碱性电解质溶液可用氢氧化钠、碳酸钠、磷酸三钠及硅酸钠等配制，不过浓度比化学除油液低。酸性电解质溶液为稀硫酸溶液。碱性液比酸性液除油效果好，主要还有皂化作用，提高除油效果，应用较普遍。但酸性液有去除金属表面的氧化膜的功效。电化学除油时，电解液中不用高泡表面活性剂，它产生的大量气泡反而会使电极接触不良，产生电火花和爆鸣。

阴极电化学除油速度比阳极电化学除油速度快。这是由于氢气泡小，同时氧的氧化数比氢大，因此通过同样电量时，产生的氢气量多，除油效率高。在阴极由于氢的析出使 pH 值升高，有利于化学除油。但氢气易使钢铁制件渗氢，性质变脆，对弹簧、弹性薄片等极为有害。改进办法是先在阴极电化学除油，然后换到阳极电化学除油。阳极产生的氧气可驱除附着于制件表面的少量氢气。同时采用在较高的电流密度（5～12A/dm^2）下进行短时间除油，尽量减少渗氢。这既可以快速除油，又能防止氢对制件的危害。除油时，电流密度应保证能析出足够的气泡，达到除油的功效。电化学除油液成分及工艺条件见表 4－15，对极为不锈钢。

表 4－15 电化学除油液成分及工艺条件

溶液成分及工艺条件	钢 铁	铜和铜合金	锌和锌合金
烧碱（NaOH）质量浓度/$g \cdot L^{-1}$	50	10～20	—

续表 4-15

溶液成分及工艺条件	钢 铁	铜和铜合金	锌和锌合金
纯碱（Na_2CO_3）质量浓度/$g \cdot L^{-1}$	30	20~30	5~10
磷酸三钠（Na_3PO_4）质量浓度/$g \cdot L^{-1}$	30	—	10~20
硅酸钠（Na_2SiO_3）质量浓度/$g \cdot L^{-1}$	5	5~10	5~10
温度/℃	85	50~80	40~50
时间：在阴极上	—	30s	30s
在阳极上	7.5min	—	—
电流密度/$A \cdot dm^{-2}$	6	6~12	5~7
阳极板	不锈钢		

4.3.4 擦拭除油

用毛刷或抹布蘸水石灰浆、氧化镁、去污粉或洗衣粉在零件表面上擦拭除油。此法主要用于体积大、批量小、形状复杂的，用其他方法难以处理的零件除油。

4.3.5 滚筒除油

此方法适用于批量大、尺寸小而质量轻，用浸渍法除油易互相贴在一起或成团的零件除油。将这些零件放入滚筒内加上适当的磨料和除油液进行除油，效果好、成本低、操作方便。但对于易变形的薄片零件此方法不适用。

最后，鉴别油除净与否，可视金属表面的着水情况，当金属表面完全无油时，则表面有一层连续的水膜存在。反之，在金属表面上的水将集聚成滴。

4.4 侵蚀

侵蚀是将金属零件浸渍在相应的侵蚀液中，利用侵蚀液对金属表面氧化物的溶解作用，除去金属零件表面上的氧化皮、锈蚀产物及钝化薄膜等，使基体金属表面裸露，改善镀层与基体的结合力和外观的处理过程。按其性质可分为化学侵蚀和电化学侵蚀两大类。按其用途又可分为一般侵蚀、强侵蚀、光亮侵蚀和弱侵蚀等几种。应根据零件的材质、表面氧化物及锈蚀状况、电镀质量要求等，来选择侵蚀方法和侵蚀液。常用的侵蚀溶液多由各种酸类组成，对锌、铝等两性金属也可采用碱液侵蚀。

4.4.1 常用侵蚀剂

4.4.1.1 硫酸

室温下，硫酸溶液对金属氧化物的溶解能力较弱。提高溶液浓度，也不能显著地提高硫酸的侵蚀能力。其浓度达到40%以上时，对氧化铁的溶解能力显著降低，达到60%以上时，则氧化皮几乎不能溶解。热硫酸对钢铁基体侵蚀能力较强，对氧化皮有较大的剥落作用。但温度过高时容易造成过腐蚀，并使钢铁基体产生氢脆。故一般只加热至50~60℃，不宜超过75℃，而且还要加入适当的缓蚀剂。钢铁零件一般在10%~25%（体积比）硫酸溶液中侵蚀，温度为40℃。当溶液中含铁量超过80g/L，硫酸亚铁超过215g/L

时，应更换侵蚀溶液。

硫酸溶液广泛用于钢铁、铜和黄铜零件的侵蚀。它与铬酸及重铬酸盐一起用于铝的去氧化剂和去挂灰剂。它与氢氟酸、硝酸或二者之一混合用于不锈钢去除氧化皮。硫酸阳极侵蚀是钢铁除去氧化皮和挂灰的有效方法。

4.4.1.2 盐酸

常温下，盐酸对金属氧化物具有较强的化学溶解作用，而对钢铁基体的溶解却比较缓慢，使用盐酸侵蚀不易发生过腐蚀和氢脆现象。盐酸可在室温下有效地侵蚀多种金属。当浓度、温度相同时，盐酸侵蚀速度比硫酸快 1.5～2 倍。盐酸侵蚀液浓度通常是 20%～80%（体积分数）的盐酸溶液，在室温下进行。有的部门也采用浓盐酸并适当加温。

4.4.1.3 硝酸

硝酸是许多光亮侵蚀液的重要成分。硝酸与氢氟酸的混合液广泛用来去除铅、不锈钢、镍基和铁基合金、钛、锆及某些钴基合金上的热处理氧化皮。硝酸和硫酸混合酸可用于铜及铜合金零件的光泽侵蚀。

4.4.1.4 氢氟酸

氢氟酸能溶解含硅的化合物。对铬、铝的氧化物也有较好的溶解能力。因此，氢氟酸可用于铸件和不锈钢等特殊材料零件的侵蚀。但氢氟酸剧毒，且挥发性强，使用时应小心，防止与人体皮肤接触。

4.4.1.5 磷酸

磷酸广泛用于钢铁件除锈，主要是在钢铁焊接件组合件涂装前除锈。例如 2% 磷酸，在温度为 80℃ 时，用于钢铁件除锈。磷酸与硝酸、硫酸、醋酸或铬酐混合，可用于铝、铜、钢铁等金属的光亮侵蚀。

4.4.1.6 硫酸氢钠

硫酸氢钠是用于大多数干态侵蚀液的酸式盐，可以代替硫酸，使处理更方便。另外，对铝基、锌基零件，可采用碱液侵蚀。

4.4.2 缓蚀剂

侵蚀溶液加入缓蚀剂，可以防止侵蚀时基体过腐蚀，避免产生氢脆现象。但缓蚀剂以薄膜状残留于镀件表面，故侵蚀后要认真清洗，否则镀层结合力差。在电镀自动线上最好不用缓蚀剂。

缓蚀剂大多数是有机化合物，多数是具有不同结构的含氮或含硫有机化合物。例如若丁（主要成分为二邻甲苯硫脲）、硫脲、硫胺、六次甲基四胺等。另外氯化亚锡也有缓蚀作用，若丁和硫脲常用于硫酸侵蚀液，六次甲基四胺（乌洛托品）常用于盐酸侵蚀液。

4.4.3 金属零件侵蚀液举例

表 4－16 列举了黑色金属侵蚀液的成分及工艺条件，由此可见其主要是使用硫酸和盐酸。

表 4－17 列举了铜及铜合金的侵蚀液成分及工艺条件。铜及铜合金的化学侵蚀通常在硫酸、硝酸和少量的盐酸混合液中进行。硝酸具有整平作用，少量盐酸起光亮作用。曾发现在光泽三酸侵蚀液中加入微量的氰化钠能获得光亮的表面，但其机理至今尚不清楚。金属侵蚀前必须经化学除油工序。光泽侵蚀时，温度必须严格控制才能有效。

表 4－16 黑色金属侵蚀液的成分及工艺条件

侵蚀液成分及工艺条件 \ 金属材料	黑皮钢锻件，冲压件		一般具有氧化物的钢件		铸件	合金钢	
	1	2				第一次预蚀	第二次侵蚀
硫酸（相对密度 1.84）质量浓度 /g·L^{-1}	200～250	—	—	80～150	—	230	—
盐酸（相对密度 1.19）质量浓度 /g·L^{-1}	—	150～200	250	—	100	270	450
硝酸（相对密度 1.41）质量浓度 /g·L^{-1}	—	—	30	—	—	—	50
氢氟酸质量浓度/g·L^{-1}	—	—	—	—	10～20	—	—
硫脲质量浓度/g·L^{-1}	2～3	—	—	2～3	—	—	—
磺化煤焦油质量浓度/mL·L^{-1}	—	—	—	—	—	10	10
六次甲基四胺质量浓度/g·L^{-1}	—	1～3	—	—	—	—	—
温度/℃	40～60	30～40	—	40～60	30～40	50～60	30～50
时间/min	直到氧化皮除掉	直到氧化皮除掉	1.5	直到氧化皮除掉	直到氧化皮除掉	60	3～5

表 4－17 铜及铜合金的侵蚀液成分及工艺条件

溶液成分及工艺条件	相对密度	预先侵蚀	光泽侵蚀
硫酸	1.84	50%	50%
硝酸	1.34	20%～25%	25%～30%
盐酸	1.17	微量	0.3%～0.5%
水	—	余量	余量
温度/℃	—	30 左右	<30
时间/s	—	3～5	1～3
溶液密度/Bé	—	40～42	42～44

表 4－18 为电化学侵蚀液成分及工艺条件。经电解处理后的钢铁零件表面应呈现银灰色。

表 4－18 电化学侵蚀液成分及工艺条件

名 称	编 号	
	1	2
盐酸（体积分数）/%	60～70	30
水（体积分数）/%	30～40	70
温度/℃	室温	室温
阳极电流密度/A·dm^{-2}	2.0～2.5	2
时间/min	1～1.5	1.5～2.0

表 4－19 为各种金属制品的化学弱侵蚀与电化学弱侵蚀液成分及工艺条件。

不需电镀的制件，侵蚀后应立即进行钝化处理或浸肥皂水，再行干燥。钝化液的配方如下：铬酸 100 ~ 150g/L，硫酸（相对密度 1.84）1 ~ 2g/L，硝酸 1 ~ 2g/L。

表 4－19 各种金属制品的化学弱侵蚀与电化学弱侵蚀液成分及工艺条件

基体材料 / 配方成分及工艺条件	铁制品			铜及铜制品		锌		铝	
	配方 1	配方 2	配方 3	配方 1	配方 2	配方 1	配方 2	配方 1	配方 2
硫酸（相对密度 1.84）质量浓度/$g \cdot L^{-1}$		10	3 ~ 5	7 ~ 8			3 ~ 5		
盐酸（相对密度 1.19）质量浓度/$g \cdot L^{-1}$	3 ~ 5	5						3 ~ 5	
NaOH 质量浓度/$g \cdot L^{-1}$						3 ~ 5			5 ~ 10
NaCN 质量浓度/$g \cdot L^{-1}$					3 ~ 4				
K_2CO_3 质量浓度/$g \cdot L^{-1}$					2 ~ 3				
电流密度/$A \cdot dm^{-2}$		7 ~ 10			3 ~ 5				
温度/℃	室温	室温	室温	室温	室温	60	室温	室温	室温
时间/min	0.5 ~ 1	0.5 ~ 1	0.5 ~ 1	0.5 ~ 1	0.5 ~ 1	0.5 ~ 1	0.5 ~ 1	0.5 ~ 1	0.5 ~ 1

4.5 金属制件表面除油除锈一步法

钢铁零件在电镀前的除油和除锈过去大多是在碱液中除油，然后在酸液中除锈。即除油、除锈分两步进行。对基体金属表面上的油污及锈斑不太严重的零件，可选用合适的侵蚀剂和乳化剂，配制成一种混合溶液，在这种溶液中，同时进行除油和除锈。简化了镀前处理工艺，减少了设备数量，缩短了镀前的处理时间。表 4－20 为钢铁零件除油除锈一步法溶液成分及工艺条件，一般采用硫酸或盐酸为侵蚀剂，乳化剂一般选用 OP 或平平加 O 等。为了提高乳化效率需在较高温度下操作。为了防止过腐蚀，在溶液中需加适当的缓蚀剂。

表 4－20 钢铁零件除油除锈一步法溶液成分及工艺条件

配方组成及工艺条件	配方 1	配方 2	配方 3	配方 4
硫酸（相对密度 1.84）质量浓度	150 ~ 250g/L			35 ~ 45mL/L
盐酸（相对密度 1.19）质量浓度/$mL \cdot L^{-1}$		900 ~ 1000	867.4	950 ~ 960
OP 乳化剂质量浓度/$g \cdot L^{-1}$		1 ~ 2		1 ~ 2
平平加 O 质量浓度/$g \cdot L^{-1}$	15 ~ 25			
六次甲基四胺质量浓度/$g \cdot L^{-1}$		2 ~ 3		3 ~ 5
十二烷基硫酸钠质量浓度/$g \cdot L^{-1}$	0.5			
烷基苯胺磺酸钠质量浓度/$g \cdot L^{-1}$			48.54	
硫脲质量浓度/$g \cdot L^{-1}$	1 ~ 2		10	
温度/℃	75 ~ 85	90 至沸点	室温	80 ~ 95

4.6 金属制件电镀前表面预处理的一般流程

各种电镀往往没有标准的预处理流程，通常根据零件表面状态不同及零件外观的要求，选择不同的预处理过程。为了避免所用的溶液互相沾污，在每道预处理工序之后，都要仔细地清洗，包括在静水槽中清洗和在水流槽中清洗。某些预处理工序，例如抛光和除油，可重复进行。

图4－1所示为装饰性镀镍的预处理工艺流程。对单纯保护性电镀，流程可更简单。要求在保证成本最低，保证覆盖层质量的情况下编制相应的预处理工艺流程。

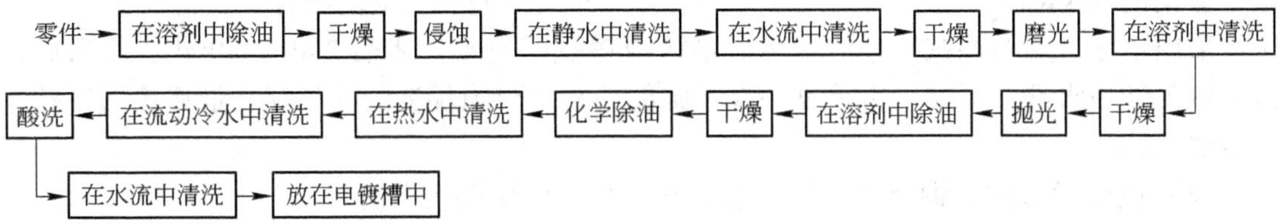

图4－1 装饰性镀镍的预处理工艺流程

应注意除油之后不要用手接触制品。如果已准备好的制品不立刻放入电镀槽，则应保存在弱碱溶液中，如碱液或氨水中。

4.7 金属及其合金表面着色

为了达到防止金属腐蚀和装饰的目的，有时需要对金属制件表面进行着色处理。金属经着色处理后，表面呈现的颜色是由于光通过金属表面薄膜的折射或反射而产生光的干涉形成的。不同光路的光波干涉，呈现不同的颜色；当膜的厚度不同时，其表面色彩也不同；若膜的厚度不均匀，则会形成彩虹色或杂色。金属着色可以直接在基体金属表面上进行；也可以在金属表面氧化或阳极化后得到氧化膜层或镀上适当的镀层后再进行。金属着色处理工艺主要有：

（1）热处理着色。将金属制件置于氧化气氛中进行加热处理，使其表面生成氧化膜。由于氧化膜有色干扰特点，故随着加热时间不同，氧化膜厚度不同，表面会呈现不同的颜色。

（2）化学氧化着色。将金属制件置于化学反应剂中，通过金属失去电子或与氧发生化学反应而使表面形成转化膜和着色。

（3）电化学着色。经表面阳极化的金属或有镀层的金属，通过电解时电场的作用，使金属表面的氧化膜或镀层着色。

金属的着色同电镀一样，也需要进行预处理，包括除油、侵蚀和抛光等，所用的预处理剂与电镀基本相同，这里不再另介绍。

4.7.1 铜及铜合金的表面着色

4.7.1.1 古铜绿——孔雀绿着色法

铜在自然界大气中的二氧化硫、二氧化碳和水分的长期作用下生成的铜绿——孔雀绿，结构致密、结合强度高，经得起数百年的日晒雨淋。在古代寺庙、文物、工艺品中还能见到。这些铜绿的化学结构是碱式硫酸铜和碱式碳酸铜的混合物。现在为修复古代遗产、建筑装饰、工艺美术造就古色古香的外观，需要研究快速形成孔雀绿的方法。

（1）化学法：铜经常规清洗以后，用下列溶液着色

盐酸（HCl）	5～35g/L	
醋酸铜（$Cu(AC)_2$）	5～120g/L	起色调调整作用
碱式碳酸铜（$Cu_2(OH)_2CO_3$）	2～100g/L	起青绿色作用
硝酸铜（$Cu(NO_3)_2$）	5～30g/L	保持良好结合力
氯化铵（NH_4Cl）	5～150g/L	提高结合力
氯化钠（NaCl）	30～180g/L	提高结合和改善发色

采用喷涂、麻布擦拭、浸渍均可。喷涂或擦拭时每平方米需 200～300mL。涂布后让其自然干燥→水洗→干燥后再重复一次，则能获得结合力优良的孔雀绿，最后涂透明清漆以增加美感。

（2）电化学方法：铜经常规清洗后，在下列溶液中阳极电解

碳酸钠（Na_2CO_3）	75g/L	提供碳酸根
硫酸铵（$(NH_4)_2SO_4$）	25g/L	改善分散能力和结合力
硝酸铵（NH_4NO_3）	10g/L	防止产生铜盐沉淀

pH 6～9，室温，阳极电流密度为 $10A/dm^2$，2min。

此法成分简单、速度快，适合于大批量生产。生成的孔雀绿外观同天然铜绿一样，在大气中暴露一年，显示了良好的耐蚀性能。

4.7.1.2 铜彩色版制造法

将铜箔粘于塑料表面，经热压成凸凹不平的筋纹、图案等，经常规清洗后，第一步将整版着成黑色；第二步除去凸部的黑膜露出铜基体；第三步凸部着色，遂形成彩色版。可用于建材、厨房、家具及仪器之装饰。

（1）常规清洗后浸入硫化钠饱和溶液中 1min 着成黑色，清洗干燥后，用金刚砂纸除去凸部黑膜，然后浸入硫代硫酸钠 80g/L、醋酸铜 5g/L、柠檬酸 5g/L 的溶液中，40min 后得金黄色。

若浸入氯化钠 100g/L、柠檬酸铵 100g/L、硝酸铜 10g/L 溶液中，60min 后得橘黄色。

（2）第一、二步同（1），若浸入硫代硫酸钠、醋酸铜配成 15% 的溶液，随浸渍时间的延长可得到淡红、红色、赤红色、红紫色、黄金色、赤金色、红绿色、绿紫色、灰黑色等多种色调，当达到某一所需的色调时，提出清洗干燥，上清漆保护。

4.7.1.3 铜和铜合金的单一着色

（1）铜着古铜色：

1）K_2S 5g/L；$(NH_4)_2SO_4$ 20g/L；15℃；浸 30s。

2）$Cu(AC)_2$ 30g/L；NH_4AC 50g/L；$CuSO_4$ 4g/L；NH_4Cl 1g/L；95℃；浸 30s。

（2）黄铜着巧克力色：$KMnO_4$ 7.5g/L；$CuSO_4$ 60g/L；95～98℃；浸 2～3min。

（3）铜或黄铜着亮褐色：BaS 3.8g/L；$(NH_4)_2CO_3$ 2g/L。通过湿擦或反复浸渍更清亮。

（4）黄铜着蓝色：$Pb(Ac)_2$ 15～30g/L；$Na_2S_2O_3$ 60g/L；HAc 30g/L；82℃；浸渍。

这种溶液在光亮镍表面及磨光的碳钢表面也能着成蓝色，但是生成的蓝色在大气中容

易变色，需涂清漆保护。

（5）黄铜着古绿色：$(NH_4)_2Ni(SO_4)_2$ 60g/L；$Na_2S_2O_3$ 60g/L；70℃；浸渍。

（6）黄铜着铁绿色：$Fe(NO_3)_3$ 7.5g/L；$Na_2S_2O_3$ 45g/L；70℃；浸渍。

4.7.2 钢铁表面着色

在钢铁表面用氧化剂进行氧化，可以得到一层致密的耐蚀氧化膜，这层氧化膜显露出蓝色或黑色，通常又称“发蓝”或“发黑”。五金零件螺钉、螺母，甚至光学仪器、精密仪器的零件及枪身、炮身等经过氧化处理后表面发黑，能耐大气、湿气甚至手汗的腐蚀。常用的氧化处理有碱性和酸性两种方法，但在氧化处理之前，制件表面的油锈必须清除干净，才能获得质量好的氧化膜，否则生成的膜不均匀，甚至不完整，耐蚀性能和装饰性能都不好。

4.7.2.1 碱性氧化法

碱性氧化就是将钢铁制件放进由各种氧化剂组成的浓碱性溶液中，经过一定时间的加热处理。为了获得膜层较厚、耐蚀性较高的氧化膜，通常使用两种不同浓度的溶液分别处理。第一种浓度较稀，先让金属表面产生一层金属晶胞，然后再在第二种溶液里使氧化膜继续增长，溶液的配方及工艺条件见表4－21。

表4－21 碱性氧化法溶液成分及工艺条件

溶液成分及工艺条件	第一次处理	第二次处理
氢氧化钠质量浓度/$g \cdot L^{-1}$	500～600	700～800
亚硝酸钠质量浓度/$g \cdot L^{-1}$	100～150	150～200
溶液温度/℃	130～140	145～155
处理时间/min	15～20	60～90

经碱性氧化处理后，要用15～20g/L、温度为60～80℃的肥皂水清洗2～5min，然后用冷水清洗、热水清洗，直至碱液清洗干净，再吹干或自然晾干，可得到深黑色的膜层。

4.7.2.2 酸性氧化法

酸性氧化法所得的氧化膜无论是附着力或耐蚀性能都比碱性氧化法的好，而且只要进行一次性处理，方法简单易行，处理液的温度较低，时间也较短，从经济考虑也较便宜。酸性氧化或碱性氧化所得的膜都较薄，只有几个微米。酸性氧化法溶液成分及工艺条件见表4－22。

表4－22 酸性氧化法溶液成分及工艺条件

硝酸钙质量浓度/$g \cdot L^{-1}$	80～100	水/mL	1000
过氧化锰质量浓度/$g \cdot L^{-1}$	10～15	溶液温度/℃	100
磷酸质量浓度/$g \cdot L^{-1}$	3～10	处理时间/min	40～50

4.7.2.3 钢铁化学着色的其他方法

在碱性氧化着色和酸性氧化着色的基础上，经过改进或增添组分又开发了几种化学着色的配方及工艺。表4－23为钢铁表面着黑色的配方及工艺条件。表4－24为化学法使钢铁表面着蓝色的溶液配方及工艺条件。

表4-23 钢铁制件着黑色的溶液配方及工艺条件

溶液配方及工艺条件	配方	
	1	2
氢氧化钠质量浓度/g·L^{-1}	600~800	750
磷酸钠质量浓度/g·L^{-1}	50~100	—
硝酸钠	—	—
亚硝酸钠质量浓度/g·L^{-1}	—	50
氯化钾质量浓度/g·L^{-1}	—	50
硝酸质量浓度/g·L^{-1}	150~250	—
溶液温度/℃	130~145	130~145
处理时间/min	10~20	10~18

注：着色后涂上防锈油或防锈蜡。

表4-24 钢铁表面着蓝色的溶液配方及工艺条件

溶液配方及工艺条件	配方		
	1	2	3
硫代硫酸钠质量浓度/g·L^{-1}	60	60	—
醋酸钠质量浓度/g·L^{-1}	15	—	—
醋酸铅质量浓度/g·L^{-1}	—	15	—
盐酸/L	—	—	3.8
无水亚砷酸/g	—	—	450
水/L	—	—	2
溶液温度/℃	沸腾	90~110	20~30
处理时间/min	1~5	1~2	3~10

此外，还有钢铁表面着褐色法。具体做法是先将钢铁制件经过常规前处理，然后浸入着色溶液中，取出后在80℃下放置30min，再移至潮湿处，在60℃下生成均匀红锈。待干燥后用钢丝刷刷平。以上操作重复三次，最后涂油或蜡防锈。着色液配方见表4-25。

表4-25 钢铁件表面着褐色溶液配方

硫酸铜质量浓度/g·L^{-1}	20	硝酸质量浓度/g·L^{-1}	150
氯化汞质量浓度/g·L^{-1}	5	工业酒精体积分数/mL·L^{-1}	170
三氯化铁质量浓度/g·L^{-1}	30		

另有一种可使钢铁从黄绿色到黑紫色的着色方法。用草酸铁饱和5%~10%草酸溶液在80~105℃温度下浸渍。浸渍后再用单宁酸溶液处理。最后用铅-锡合金浴或砂、石灰加热。在不同的温度加热后表面出现不同的颜色：250℃可获得黄褐色，275℃可获得红褐色，315℃可获得蓝色。着色后再涂防锈油或防锈蜡。

4.7.3 银及银合金表面着色

银的着色范围非常窄，主要方法是在其表面生成硫化物，多用在工艺美术装饰方面。其溶液配方及工艺条件列于表4－26。

表4－26 银与银合金着色溶液配方及工艺条件

颜色	序号	溶液配方		工艺条件			备注
		成分名称	质量浓度/$g \cdot L^{-1}$	温度/℃	电流密度/$A \cdot dm^{-2}$	时间/min	
黑色		硫化钾碱 氯化铵（NH_4Cl）	15 40				硫化钾碱可用1份硫磺与2份钾碱共熔10～20min制得
蓝黑色	1	硫化钾（K_2S） 碳酸铵［$(NH_4)_2CO_3$］	5 10	80		至所需的色调	浸渍时要摇动，必要时取出摩擦
蓝黑色	2	硫化钾（K_2S） 氯化铵（NH_4Cl）	2 6	60～80		到所需的色调	
蓝黑色	3	硫化钾（K_2S）	1.5	80		至所需的色调	
蓝黑色	4	多硫化铵 氯化铵（NH_4Cl）	3 5	70～80		2～10	
蓝黑色	5	硫化钠（Na_2S） 亚硫酸钠（Na_2SO_3） 丙酮（C_3H_6O）	25～30 35～40 3～5mL/L	室温	0.08～0.1	10～14	阳极：不锈钢；黑化后涂油，用于波导管镀银后处理
淡灰色—暗灰色	1	亚砷酸（H_3AsO_3） 三氯化锑（$SbCl_3$） 铁粉（Fe） 盐酸（相对密度1.19）（HCl）	60g 30g 150g 1000mL				配制时依次加入盐酸、亚砷酸、三氯化锑、铁粉，加热溶解，冷却后使用。若放置几天，效果更好
淡灰色—暗灰色	2	硝酸铜［$Cu(NO_3)_2 \cdot 3H_2O$］ 氯化汞（$HgCl_2$） 硫酸锌（$ZnSO_4 \cdot 7H_2O$）	20 30 30	室温		至所需的色调	
淡灰色—暗灰色	3	硝酸铜［$Cu(NO_3)_2 \cdot 3H_2O$］ 氯化铜（$CuCl_2$） 硫酸锌（$ZnSO_4 \cdot 7H_2O$） 氯化汞（$HgCl_2$） 氯酸钾（$KClO_3$）	10 10 30 15 25	室温		至所需的色调	

续表 4-26

颜色	序号	溶液配方		工艺条件			备注
		成分名称	质量浓度 /g·L^{-1}	温度 /℃	电流密度 /A·dm^{-2}	时间 /min	
绿—灰绿色		盐酸（相对密度 1.19）(HCl) 碘（I_2）	300 100	室温		至所需的色调	
绿蓝色	1	醋酸铜[$Cu(CH_3COO)_2\cdot H_2O$] 硫酸铜（$CuSO_4\cdot 5H_2O$） 水（H_2O）	3g 2g 4.5L	90~100		至所需的色调	
	2	醋酸铜[$Cu(CH_3COO)_2\cdot H_2O$] 硫酸铜($CuSO_4\cdot 5H_2O$) 醋酸(36%)(CH_3COOH) 水（H_2O）	15g 1.3g 1.2mL 4.5L	90~100		至所需的色调	
黄褐色		硫化钡（BaS）	5	室温		至所需的色调	
古代银	1	次亚硫酸钠（Na_2SO_2）	5%~6%（质量分数）	85~95		至所需的色调	
	2	A 液： 硫化钾（K_2S） 氯化铵（NH_4Cl） B 液： 硫化钡（BaS）	 25 38 2	室温		2~3s	按 A、B 次序浸渍；若着色的银层是电镀层，要考虑一定的厚度

4.7.4 铝及铝合金表面着色

铝及铝合金着色方法分两类：化学着色法和电解着色法。

4.7.4.1 铝及铝合金化学着色

铝及铝合金化学着色多在阳极氧化膜上进行。直接在铝及铝合金表面进行化学着色的方法较少，所生成的色膜具有耐磨、耐蚀的特点，色彩范围较广。但一般不单独作为防护层，较多应用在表面还需进行涂饰的零件上作为底色，本节只介绍几种化学直接着色的方法，其工艺条件列于表 4-27 和表 4-28。

表 4－27　铝直接化学着色工艺条件

颜色	序号	溶液配方		工艺条件		备　注
		成分名称	质量浓度 $/g \cdot L^{-1}$	温度/℃	时间/min	
黑色	1	高锰酸钾（$KMnO_4$） 二氧化锰（MnO_2） 硫酸（相对密度 1.84）(H_2SO_4) 硫酸铜（$CuSO_4 \cdot 5H_2O$）	5～30 5～30 10～20 mL/L 10	90～100		
	2	高锰酸钾（$KMnO_4$） 硝酸（相对密度 1.41）(HNO_3) 硝酸铜［$Cu(NO_3)_2 \cdot 3H_2O$］	5～10 2～4mL/L 20～25	80～90	5～15	
	3	碳酸钠（Na_2CO_3） 铬酐（CrO_3） 氢氧化钠（NaOH）	50～60 15～18 150	(90～100) 40～60	30	适用于铝及铝合金，可得氧化铜似的黑色，需进行蒸汽封闭处理
	4	硫酸镍（$NiSO_4 \cdot 7H_2O$） 硅氰化钠（$Na_2Si(CN)_6$） 硝酸钠（$NaNO_3$）	2 1.5 10	70～100	20～30	
	5	铬酐（CrO_3） 碳酸钾（K_2CO_3） 硫酸铜（$CuSO_4 \cdot 5H_2O$） 铬酸钠（Na_2CrO_4）	10 25 25 25	70～80	20～30	
	6	钼酸铵（NH_4MoO_4） 氯化铵（NH_4Cl） 硼酸（H_3BO_3） 硝酸钾（KNO_3）	15 30 8 8	82		也适用于合金
蓝色		氯化铁（$FeCl_3$） 铁氰化钾［$K_3Fe(CN)_6$］	5 5	66		
红色		亚硒酸（H_2SeO_3） 碳酸钠（Na_2CO_3）	10～30 10～30	50～60	10～20	红色为析出的硒
灰色	1	碳酸钾（K_2CO_3） 碳酸钠（Na_2CO_3） 铬酸钾（K_2CrO_4）	25 25 10	80～100	30～50	加入少量明矾，则膜生成较快
	2	碳酸钠（Na_2CO_3） 铬酸钾（K_2CrO_4）	20 5	80～100	10～30	在铝与铁、黄铜的接触部位也能着色。铬酸钾不能过多，否则膜形成慢
	3	磷酸铵［$(NH_4)_3PO_4$］ 硝酸锰［$Mn(NO_3)_2$］	100 5	50	10～15	色膜耐蚀性好
	4	氟化锌（ZnF_2） 钼酸钠（Na_2MoO_4）	6 4	60～70	10～20	膜层因锌的析出呈灰色

表4-28 铝合金化学着色工艺条件

色调	溶液组成及工艺条件	数值	备 注
白—白褐色	碳酸钠（Na_2CO_3）/g·L^{-1} 重铬酸钠（$Na_2Cr_2O_7 \cdot 2H_2O$）/g·L^{-1} 温度/℃ 时间/min	0.5~2.6 0.1~1.0 80~100 10~20	适用合金： Al-Si，Al-Mg，Al-Zn，Al-Ni，Al-Cu-Si，Al-Cu-Mg
多种色调	氟化锌（ZnF_2）/g·L^{-1} 钼酸钠（Na_2MoO_4）/g·L^{-1} 水（H_2O）/g·L^{-1} 温度/℃ 时间/min	24 16 4 60~70 数分钟	此法获得的色调与Ag-Cu-Pb合金相似，即：黑色、淡黄色、黄褐色、绿色、褐色、青铜色、带红绿色等 适用合金： Al-Cu-Si系，Al-Cu-Mg系，Al-Ni-Cu系
随合金不同呈不同颜色	碳酸钠（Na_2CO_3）/g·L^{-1} 铬酸钠（Na_2CrO_4）/g·L^{-1} 硅酸钠（Na_2SiO_3）/g·L^{-1} 温度/℃ 时间/min	51.3 15.4 0.07~1.1 95~100 30~60	一般情况下，不含铜的铝合金有金属光泽，硅铝合金呈灰色，各种合金色调如下： （1）Al-Mg合金：银白色，光泽稍暗； （2）Al-Mg-Si合金：银白色，稍带灰色，有的稍带乳白色； （3）Al-Cu-Mg合金：银白色，稍带乳白色； （4）Al-Si合金：金属光泽，稍带彩虹色，有的稍带灰色； （5）Al-Mg合金：金属光泽，稍带彩虹色 适用合金：Al-Mg，Al-Mg-Si，Al-Cu-Mg，Al-Mn，Al-Cu，Al-Mg-Mn-Si合金
	碳酸钠（Na_2CO_3）/g·L^{-1} 铬酸钠（Na_2CrO_4）/g·L^{-1} 温度/℃ 时间/min	46 14 90~95 20~25	此方法也称M.B.V法，合金着色色调： （1）Al-Mn合金：黄褐色； （2）Al-Mn-Mg-Si合金：灰绿色； （3）Al-Si合金：带绿黄褐色 M.B.V法2min，在$KMnO_4$ 4g/L溶液中染色： （1）Al-Mn合金：红褐色； （2）Al-Mn-Mg-Si合金：暗褐色； （3）Al-Si合金：红铜色 M.B.V法10min，在$KMnO_4$ 4g/L溶液中染色： （1）Al-Mn合金：红褐色； （2）Al-Mn-Mg-Si合金：暗黄褐色； （3）Al-Si合金：暗黄褐色 M.B.V法80min在硝酸铜25g/L，高锰酸钾10g/L，硝酸（65%）0.4 mL/L，温度80℃，时间2min，即可着色： （1）Al-Mn合金：浓黑色； （2）Al-Mn-Mg-Si合金：浓黑色； （3）Al-Si合金：浓黑色

续表 4-28

色调	溶液组成及工艺条件	数值	备 注
随加入不同重金属盐而变	盐基性碳酸钠（Na_2CO_3）/% 磷酸氢钠（Na_2HPO_4）/% 温度/℃ 时间/min	2 0.2 90~100 10~20	适用合金： Al-Si，Al-Mg，Al-Mg-Si，Al-Cu-Si 等 若添加 0.5% 的硝酸和分别加入 Zn、Cr、Ni、Co、Cu 等重金属盐于此着色液，则重金属盐会沉淀在铝合金表面，而呈现不同色调；如加入硫酸铬会呈绿色，加入硝酸铜会呈红蓝色
	硝酸钾（KNO_3）/g 硫酸镍（$NiSO_4·7H_2O$）/g 氟硅酸钠（Na_2SiF_6）/g 10% 钼酸钠溶液（$NaMoO_4$）/mL 水（H_2O）/L 温度/℃	25 10 5 1 4 60~70	适用范围：铝合金 此液可着黄色、青铜色、黄褐色、红色等

4.7.4.2 铝及铝合金电解着色

铝及铝合金电解着色工艺所获得的色膜具有良好的耐磨、耐晒、耐热性及抗化学腐蚀性能。广泛应用于现代建筑用铝型材的装饰与防蚀上。随着太阳能的利用与开发，以及日用商品的多样化，铝及铝合金的电解着色工艺必将得到更广泛的开发和利用。

电解着色法按其发色特点分“一步法”与“二步法”。

“一步法”电解着色是把铝零件在有机酸中阳极氧化以获得有色氧化膜的方法。也有特定的铝合金在普通阳极氧化中发色的。此法有三种：

（1）在有机酸电解液中阳极氧化着色。这种方法也称溶液着色法。氧化膜的颜色与所用的有机酸电解液有关。常用的有机酸有草酸、氨基磺酸和磺基水杨酸等。同种铝合金零件在不同的有机酸中阳极氧化着色，可得到不同的颜色，如纯铝在草酸溶液中氧化后呈草黄色；在磺基水杨酸和硫酸混合液中得到的氧化膜是黄灰黑色。在以草酸为主，添加铬酸或其他有机酸，可生成黄色至红色的氧化膜；在以磺基水杨酸、氨基磺酸为主的电解液中添加无机酸及磺基苯二酸等有机酸，可生成青铜至黑色以及橄榄色一类的氧化膜。

（2）合金电解着色法（又称自然着色法）。特定的铝合金在普通的阳极氧化中着色的方法称自然着色法或合金着色法。即通过改变铝合金的成分或热处理条件，在阳极氧化的同时，使氧化膜着色。

合金的成分不同，阳极氧化后所得的膜层颜色不同。如在硫酸（200g/L）电解液中，在基本相同的工艺条件下氧化 40~60min，铝-硅系（含硅 11%~13%）的氧化膜为绿色至黑色；铝-锰-铬系（含锰 0.2%~0.7%，含铬 0.2%~0.5%）为深褐色；铝-镁系（含镁 1%~1.5%）为金黄色。

合金着色的机理是：铝合金中的某些不溶解也不氧化的成分，以颗粒状包含在氧化膜中，从而使膜层着色。合金成分在阳极氧化时，与铝生成均相的氧化层，由于合金成分的氧化物是有色的，因而整个膜层成为带色的氧化膜。如在硫酸溶液中，铝-镁-锌合金能氧化成黑色；铝-铬-铜合金的氧化膜是金色。

（3）铝合金有机酸溶液阴极氧化着色。这种方法综合了方法（1）、（2）的原理。如在顺丁烯二酸-硫酸混合液中，含铝 99.9% 的纯铝可氧化成金色；含铝 99% 的铝氧化成黄棕色；铝-镁合金氧化成黄棕色；铝-锰合金氧化成黑色。氧化膜的色调随时间的延长而越来越深。

“一步法”电解着色工艺范围窄，操作条件严格而复杂，膜层颜色受材料、溶液成分和加工方法等因素的影响较大，因此，在应用上受到一定限制。国内外“一步法”电解着色工艺条件见表4-29 和表4-30。

表4-29 铝及铝合金“一步法”电解着色工艺条件

序号	溶液配方		工艺条件				备 注
	成分名称	含量/$g \cdot L^{-1}$	温度/℃	电流密度/$A \cdot dm^{-2}$	时间/min	膜层颜色	
1	草酸 硫酸	0.5%~10% 0.05%~1%	15±1	直流 4~5	5~30	黄-红	
2	甲酚磺酸 磺基水杨酸 硫酸	0.5%~40% 0.5%~5% 0.05%~3%		(30~65V) 2~2.5	20~40	蓝-黑	
3	氨基磺酸 硫酸	1~100 0.1~10	18~22	1~2		橄榄	
4	苯磺酸 铬酸 硫酸	0.5%~2.5% 0.5%~15% 0.2%~10%		0.5~10		金	
5	草酸 硝酸铁	1% 0.05%	20	直流 2	60	黄	
6	硫酸镍 硼酸 硫酸铵	90~100 45~55 25~35	20~35	0.7~1.5		琥珀-黑	
7	硫酸铜 柠檬酸	10 15		0.15~0.4 （直流）		浅红-黑	用氨水调 pH=8.2

表4-30 国外铝及铝合金“一步法”电解着色工艺条件

着色方法	溶液配方		工艺条件			膜厚/μm	膜层颜色	备 注
	成分名称	质量浓度/$g \cdot L^{-1}$	温度/℃	电流密度/$A \cdot dm^{-2}$	电压/V			
雷诺法	硫酸 草酸 草酸铁	0.5~45 5 到饱和 5~80	20~22	5.2	20~35	15~25	红棕	美国雷诺公司

续表 4－30

着色方法	溶液配方		工艺条件			膜厚/μm	膜层颜色	备　注
	成分名称	质量浓度 /g·L^{-1}	温度/℃	电流密度 /A·dm^{-2}	电压/V			
卡尔考拉法	磺基水杨酸 硫酸 铝离子	62～68 5.6～6 1.5～1.9	15～35	1.3～3.2	35～65	18～25	青铜	美国凯隆铝业公司
	磺基水杨酸 硫酸	15% 0.5%	20	2～3	45～70	20～30	青铜	日本凯隆专利 36－22259
D－300 法	磺基钛酸 硫酸	60～70 2.5	20	2～4	40～70	20～30	青铜	美国铝业公司
弗罗克赛尔法	磺基水杨酸 马来酸 硫酸	5% 1% 0.5	20	1.3～3.0	30～70	20～30	青铜	西德 VAW 公司 日本专利 40－1732
尼古考拉法	硫酸或草酸 添加二羧酸	10%	>10	2.5～5	—	50～130	褐	日本专利 40－1732 日本轻金属
斯米顿法	酚磺酸 硫酸	90 6	20～30	2.5	40～60	20～30	琥珀	日本专利 39－2995 住友轻金属

4.8 钢铁磷化处理

钢铁件在含有锰、铁、锌的磷酸盐溶液中经化学处理表面生成一层难溶于水的磷酸盐保护膜，这种化学处理方法称为磷化。

磷化膜呈暗灰色或黑色，具有微孔结构，经填充、浸油或涂漆处理具有较好的抗腐蚀性。由于它具有良好的吸附能力和润滑性，磷化膜广泛用作涂料底层和零件冷镦、冷挤时的润滑层，减少表面的拉伤和裂纹。磷化膜还可作为矽钢片的电绝缘层，防止零件黏附低熔点的熔融金属，避免压铸零件与模具黏结。

4.8.1 钢铁磷化的原理

磷化处理是在 Zn、Mn、Fe 的磷酸二氢盐和磷酸组成的溶液中进行的。钢铁浸入磷化液（某些酸式磷酸盐为主的溶液）后，发生如下化学反应：

$$3M(H_2PO_4)_2 = M_3(PO_4)_2\downarrow + 4H_3PO_4$$

式中，M 是 Zn、Mn、Fe。钢工件是铁碳合金，在磷酸作用下，Fe 与 Fe_3C 形成许多微电池。在微阳极区，铁溶解成为 Fe^{2+}，同时放出电子：

$$Fe = Fe^{2+} + 2e$$

在工件表面附近的溶液中 Fe^{2+} 不断增加，当 Fe^{2+} 与 HPO_4^{2-}、PO_4^{3-} 浓度大于磷酸盐溶度积时，产生沉淀，在工件表面形成磷化膜：

$$Fe(H_2PO_4)_2 = FeHPO_4\downarrow + H_3PO_4$$

$$Fe + Fe(H_2PO_4)_2 = 2FeHPO_4\downarrow + H_2\uparrow$$

$$3FeHPO_4 = Fe_3(PO_4)_2\downarrow + H_3PO_4$$

$$Fe + 2FeHPO_4 = Fe_3(PO_4)_2\downarrow + H_2\uparrow$$

在阴极区放出大量氢气：

$$2H^+ + 2e = H_2\uparrow$$

$$O_2 + 2H_2O + 4e = 4OH^-$$

总反应式为：

$$2Fe + 3M(H_2PO_4)_2 = M_3(PO_4)_2\downarrow + 2FeHPO_4\downarrow + 2H_3PO_4 + 2H_2\uparrow$$

磷化膜即为 $M_3(PO_4)_2$ 和 $2FeHPO_4$ 的混合物。在磷化过程中，磷酸二氢锌不断消耗，在钢铁表面形成磷化膜。

4.8.2 钢铁磷化的工艺

磷化分类一般是按其处理时磷化液温度不同，而分为高、中、常温磷化三种。随着现代科技的进步，磷化工艺进一步得到发展，现在对磷化膜的要求，已由原来的粗糙结晶厚膜型改变为微晶薄膜型，磷化液也由高浓度向低浓度转化，磷化温度由高、中温向常温、低温转化，同时使用磷化、氧化综合表面处理工艺，磷化处理方式有浸渍法（半浸式和全浸式）、喷淋法、浸渍－喷淋组合法以及刷涂法等。

磷化工艺有高、中、常温三种工艺，这些工艺各有不同的特点。

高温磷化在 90～98℃的温度下进行，处理时间为 10～20min，溶液的游离酸度与总酸度之比值一般是 1∶(7～8)。其优点是膜层耐蚀性、结合力、硬度和耐热性都比较好，磷化速度快。缺点是溶液在高温下工作，挥发量大，成分变化快，磷化膜容易夹杂沉淀物，结晶粗细不匀，而且能源消耗大。

中温磷化在 50～70℃的温度下进行，处理时间为 10～15min。溶液的游离酸度与总酸度的比值为 1∶(10～15)。其优点是膜层耐蚀性接近高温磷化膜，溶液稳定，磷化速度快，生产效率高。缺点是溶液成分比较复杂。

常温磷化在 15～35℃的温度下进行，处理时间为 20～60min。溶液的游离酸度与总酸度的比值为 1∶(20～30)。其优点是溶液一般不需加热，节约能源，成本低，溶液稳定。缺点是膜层耐蚀性不如高、中温磷化膜，耐热性较差。由于处理时间较长，生产效率低。

4.8.2.1 工艺条件

高、中、常温磷化液成分及工艺条件分别见表 4－31、表 4－32 及表 4－33。

表 4－31 高温磷化液成分及工艺条件

磷化液成分及工艺条件	配方 1	配方 2	配方 3	配方 4	配方 5	配方 6
磷酸二氢锰铁盐（马日夫盐）[$xFe(H_2PO_4)_2 \cdot yMn(H_2PO_4)_2$] 质量浓度/$g \cdot L^{-1}$	30～35	30～40		25～30		
磷酸（H_3PO_4）质量浓度/$g \cdot L^{-1}$					0.98～2.74	

续表 4-31

磷化液成分及工艺条件	配方 1	配方 2	配方 3	配方 4	配方 5	配方 6
磷酸二氢锌 [$Zn(H_2PO_4)_2 \cdot 2H_2O$] 质量浓度/$g \cdot L^{-1}$			30~40			28~36
磷酸二氢铵 ($NH_4H_2PO_4$) 质量浓度/$g \cdot L^{-1}$					7~9	
硝酸锌 [$Zn(NO_3)_2 \cdot 6H_2O$] 质量浓度/$g \cdot L^{-1}$	55~65		55~65	1.5~18	42~56	
硝酸钙 [$Ca(NO_3)_2$] 质量浓度/$g \cdot L^{-1}$					11~15	
硝酸锰 [$Mn(NO_3)_2 \cdot 6H_2O$] 质量浓度/$g \cdot L^{-1}$		15~25				
硝酸 (HNO_3) 质量浓度/$g \cdot L^{-1}$				2~5		
碳酸锰 ($MnCO_3$) 质量浓度/$g \cdot L^{-1}$						9.5~13.5
氯化锌 ($ZnCl_2$) 质量浓度/$g \cdot L^{-1}$					3.5~4.5	
游离酸度/点	5~8	3.5~5	6~9	2~4	1~2.8	5~6
总酸度/点①	40~60	36~50	40~58	28~35	20~28	60~80
温度/℃	90~98	94~98	88~95	97~99	85~95	92~98
时间/min	15~20	15~20	8~15	25~30	6~9	10~15

①磷化溶液酸度之点数，是指用 0.1mol/L NaOH 溶液滴定 10mL 磷化溶液需消耗的 NaOH 的毫升数。当用酚酞作指示剂时所需 0.1mol/L NaOH 溶液的毫升数称为磷化溶液总酸度的点数；当用甲基橙作指示剂时所需的 0.1mol/L NaOH 溶液的毫升数称为磷化溶液游离酸度的点数。

表 4-32 中温磷化液成分及工艺条件

磷化液成分及工艺条件	配方 1	配方 2	配方 3	配方 4	配方 5	配方 6
磷酸二氢锰铁盐（马日夫盐）[$xFe(H_2PO_4)_2 \cdot yMn(H_2PO_4)_2$] 质量浓度/$g \cdot L^{-1}$	30~40	30~45		30~40	40	
磷酸二氢锌 [$Zn(H_2PO_4)_2 \cdot 2H_2O$] 质量浓度/$g \cdot L^{-1}$			30~40			
磷酸 (H_3PO_4) 质量浓度/$g \cdot L^{-1}$						41~45
硝酸锌 [$Zn(NO_3)_2 \cdot 6H_2O$] 质量浓度/$g \cdot L^{-1}$	70~100	80~100	90~100	80~100	120	
硝酸锰 [$Mn(NO_3)_2 \cdot 6H_2O$] 质量浓度/$g \cdot L^{-1}$	25~40				50	
硝酸 (HNO_3) 质量浓度/$g \cdot L^{-1}$						23~25
亚硝酸钠 ($NaNO_2$) 质量浓度/$g \cdot L^{-1}$				1~2		
氧化锌 (ZnO) 质量浓度/$g \cdot L^{-1}$						27~30

续表 4-32

磷化液成分及工艺条件	配方 1	配方 2	配方 3	配方 4	配方 5	配方 6
氟化钠（NaF）质量浓度/g·L^{-1}						1~2
六次甲基四胺［$(CH_2)_6N_4$］质量浓度/g·L^{-1}						4~5
乙二胺四乙酸（$C_{10}H_{16}O_8N_2$）质量浓度/g·L^{-1}					1~2	
游离酸度/点	5~8	5~7	5~7.5	4~7	3~7	5~7
总酸度/点	60~100	50~80	60~80	60~80	90~120	70~90
温度/℃	60~70	50~70	60~70	50~70	55~65	35~50
时间/min	7~15	10~15	10~15	10~15	20	10~20

注：配方 5 可获得厚磷化膜（20μm），磷化后膜层不需钝化。

表 4-33 常温磷化液成分及工艺条件

磷化液成分及工艺条件	配方 1	配方 2	配方 3	配方 4	配方 5
磷酸二氢锰铁盐［$xFe(H_2PO_4)_2 \cdot yMn(H_2PO_4)_2$］质量浓度/g·$L^{-1}$		30~40	40~65		
磷酸二氢锌［$Zn(H_2PO_4)_2 \cdot 2H_2O$］质量浓度/g·$L^{-1}$				60~70	50~70
硝酸锌［$Zn(NO_3)_2 \cdot 6H_2O$］质量浓度/g·L^{-1}		140~160	50~100	60~80	80~100
氟化钠（NaF）质量浓度/g·L^{-1}		3~5	3~4.5	3~4.5	
氧化锌（ZnO）质量浓度/g·L^{-1}			4~8	4~8	
亚硝酸钠（$NaNO_2$）质量浓度/g·L^{-1}					0.2~1
BH-64 磷化剂/mL·L^{-1}	50				
游离酸度/点		3.5~5	3~4	3~4	4~6
总酸度/点		85~100	50~90	70~90	75~95
pH 值	1.5				
温度/℃	5~40	室温	20~30	20~30	15~35
时间/min	喷淋 2~3 湿淋 5~7	40~60	30~45	30~45	20~40

注：BH-64 磷化剂由广州第二轻工业科学技术研究所生产。

从上述高、中、常温三种磷化工艺表中可以看出，不同的磷化温度显示其不同的工艺特点。

虽然磷化液配方多种多样，市售的磷化剂品种甚多，但其基本成分是：

（1）游离磷酸：它用以维持磷化溶液的酸度。

（2）磷酸二氢盐［$M(H_2PO_4)_2$］：M 代表 Zn、Mn、Ca、Fe 等二价金属，它们是成膜的主盐。

（3）加速剂：除高温磷化外，绝大多数磷化剂至少含有一种以上的加速剂（催化剂），以提高磷化速度和改善磷化膜质量。

磷化加速剂有：

1）氧化剂常用的有硝酸盐、氯酸盐和双氧水等，氧化剂加入可缩短磷化时间，以防止溶液中聚集铁盐沉淀。

2）还原性物质如亚硝酸钠、亚硫酸钠等，它们均能迅速去氢和 Fe^{2+}，加快反应速度，提高磷化速度，是低温和常温磷化的最重要成分。

3）比铁电位正的金属盐如镍、铜盐等，镍离子是起活化作用的，加入它可使磷化膜结晶细化致密，从而提高其膜层耐蚀性。

4）有机酸与各种硝基化合物等，酒石酸、柠檬酸可与 Fe^{3+} 络合，以增加其有效成核点和减少泥渣。

氟化钠是低、常温磷液中的特殊加速剂，可以缓冲磷化液的酸度，提高磷化速度。

4.8.2.2 磷化液的配制

先往磷化槽中加入 2/3 体积的水（蒸馏水或去离子水），再将所需的化学试剂分别溶解后加入槽中。为了加速溶解，可将溶液加热到 40 ~ 50℃。若用氧化锌配制，可先将氧化锌用少量水调成糊状，并在不断搅拌下缓慢加入硝酸，然后继续搅拌逐渐加入磷酸。化学试剂全部溶解后，加水至规定体积，搅拌均匀。

配制好的新磷化溶液工作前需煮沸 0.5 ~ 1h，再加入一些事先经除油和酸洗干净的铁屑，进行“铁屑处理”，以增加溶液中的亚铁离子，铁屑可以反复进行酸洗水洗再磷化，直到磷化溶液的颜色变成稳定的棕绿色或棕黄色（室温下处理大约需 1 ~ 2 天）。经分析调整合格后，即可进行生产。

市售的磷化剂按所用产品说明书要求进行配制。

4.8.2.3 注意工艺维护

（1）配制磷化溶液补加水时，需用蒸馏水或去离子水。在磷化操作过程中不得将 Cl^-、SO_4^{2-} 等有害杂质带入槽内。槽内 Cl^-、SO_4^{2-} 的含量一般不得超过 0.5g/L，含量过高时，会使磷化膜层多孔，发灰白，抗蚀能力下降。SO_4^{2-} 可用硝酸钡沉淀，1g SO_4^{2-} 需 2.72g [$Ba(NO_3)_2$]，Cl^- 可用 $AgNO_3$ 沉淀，然后用铁屑除去过量的 Ag^+。

（2）分析和调整磷化溶液须在工作温度下进行。

（3）注意高温磷化时，不能在磷化溶液沸腾状态下工作。

（4）注意调整磷化溶液的酸度：

1）游离酸主要是指游离的磷酸，它能促使铁的溶解并形成较多的晶核，使镀层结晶细致。游离酸度低时，磷化膜薄，甚至不成膜。这时可加入磷酸二氢锰铁盐或磷酸二氢锌。游离酸过高，反应慢，膜粗而多孔，Fe^{2+} 容易升高，沉淀增多，加入氧化锌可降低游离酸度。

2）总酸度应控制在规定范围的上限，这样有利于加速磷化反应，使膜层晶粒细致，总酸度主要是指磷酸盐、硝酸盐和酸的总和，不能过高，否则膜太薄，膜层耐蚀性降低。降低总酸度可用水稀释。过低磷化慢，膜层厚而粗，加入硝酸锌或硝酸锰可提高总酸度。当加入磷酸二氢铁盐或磷酸二氢锌约 5 ~ 10g/L 时，游离酸升高 1 “点”，同时总酸度升高 5 “点” 左右；加硝酸锌约 20 ~ 22g/L 或硝酸锰约 40 ~ 45g/L 时，总酸度可升高 10 “点”。

（5）注意磷化溶液各成分的调整：当溶液中 Mn^{2+}、Zn^{2+}、P_2O_5 低时，可加入磷酸二氢锰铁盐或磷酸二氢锌；当溶液中 Mn^{2+}、Zn^{2+} 和 NO_3^- 低时，可加入硝酸锌和硝酸锰。

（6）注意零件材质的影响：零件材质的不同，对磷化膜有明显的影响，高、中碳钢和低合金钢较容易磷化，磷化膜颜色深而厚，但结晶有变粗的倾向。低碳钢零件磷化膜颜色较浅，但结晶致密。未淬火的铸钢，磷化形成较粗大的结晶；而经淬火的铸钢，磷化膜结晶较细。磷化膜随材质碳化物含量与分布情况的不同会有较大的差异。因此，对不同材质的零件要求选用不同的磷化工艺条件，才能获得较理想的结果。

（7）预处理的影响：不同的预处理方法对磷化膜的形成将产生很明显的影响，用有机溶剂清洗零件表面，磷化后所获得的磷化膜结晶细而致密，磷化过程析氢少，磷化过程进行得较快。只经喷砂处理而不经任何酸洗的金属表面所得到的磷化膜质量也比较好，不但膜层结晶细致，而且防锈能力强。化学除油对磷化膜的影响随碱性的强弱而异：强碱除油的零件，磷化膜结晶粗大，磷化时间较长；强酸腐蚀后的零件对磷化过程及膜层的影响更为明显，磷化后的膜层结晶粗大，膜层重，金属基体侵蚀量大，磷化过程析氢也多。它的影响程度随酸的种类、浓度和侵蚀的时间长短不同而有差异。因此，磷化前要根据所需磷化膜的特点与金属原表面的状态来选择合适的预处理方法。

一般加工零件表面有冷作硬化层，磷化前必须进行强酸侵蚀以活化零件表面，否则，磷化膜薄而不均匀，而且耐蚀性较低。但酸侵蚀时，时间要严格控制，需尽量短，而且还应注意，在侵蚀溶液中，不宜加入缓蚀剂，否则会吸附在零件表面，抑制磷化反应。侵蚀溶液也不应含有砷，因为砷会大大降低侵蚀效果。如果侵蚀用的硫酸中含有砷杂质，可加入0.1～0.2g/L 硫代硫酸钠，使砷沉淀后弃掉。

在磷化前，经侵蚀后的零件，可在含有胶态磷酸钛的水溶液中进行表面调整，以提高磷化膜的致密性和耐蚀性。特别是常温、快速、薄膜型磷化更是必不可少的工序。

（8）注意某些离子和杂质的影响：

1）Zn^{2+} 可以加快磷化速度，使磷化膜致密，含锌盐的磷化液允许在较宽的工作范围内工作。仅含锰盐的磷化液，在中温或常温下，不能生成磷化结晶。锌离子含量低时，磷化膜疏松发暗。锌离子含量过高（特别是在 Fe^{2+} 和 P_2O_5 较高时），磷化膜晶粒粗大，质脆且白灰较多。

2）Mn^{2+} 可以提高磷化膜的硬度、附着力和耐蚀性，并能使磷化膜的颜色加深，结晶均匀。但中温与常温磷化溶液中锰离子含量过高时，磷化膜不易生成，中温磷化溶液中保持 $Zn^{2+}:Mn^{2+}=(1.5\sim2):1$ 为宜。

3）Fe^{2+} 在高温磷化溶液中很不稳定，易被氧化成 Fe^{3+} 并转变为磷酸铁沉淀，因而导致磷化溶液浑浊，游离酸度升高。此时，需校正和澄清溶液后方可继续工作。故常温和中温磷化溶液中，保持一定数量的亚铁离子，可大大提高磷化层的厚度、机械强度和防护能力，工作范围也比较宽。但亚铁离子易被氧化成 Fe^{3+} 而沉淀出来，当它转变成磷酸高铁（溶液呈乳白色）时，磷化膜质量会十分低劣，磷化结晶几乎不能生成。使亚铁离子相对稳定的条件是溶液温度不超过70℃，较高的硝酸根含量和一定的锰含量，亚铁离子含量过高时，会使中温磷化膜晶粒粗大，表面白色浮灰，防护能力降低；会使中温磷化膜不仅防护能力低，而且使膜的耐热性有所降低。中温磷化溶液亚铁离子宜控制在1～3.5g/L，常温磷化溶液宜控制在0.5～2g/L之间。

过多的亚铁离子可以用双氧水氧化除去，每降低1g亚铁离子需30%的双氧水1mL和氧化锌0.5g。

4）NO_3^- 可加快磷化速度并提高磷化膜的致密性。适当条件下，硝酸根与钢铁作用生成少量的一氧化氮，会促进亚铁离子稳定，但硝酸根含量过高时，会使高温磷化膜变薄，使中温磷化溶液中亚铁离子聚集过多，而使常温磷化膜出现黄色锈。

5）F^-是一种有效的活化剂，它可加速磷化晶核的生成，使晶粒致密，耐蚀性增强。在常温磷化溶液中，氟化物的重要性更为突出。氟化物过多，中温磷化零件的表面易出现白色浮灰；常温磷化溶液的寿命将缩短。

中温磷化溶液，一般每班补充氟化物不超过0.5g/L。常温磷化溶液每班补充氟化物不超过1g/L。

6）NO_2^- 在常温溶液中可大大加快磷化速度。能减少磷化膜的孔隙使结晶细致，提高膜的耐蚀性。含量多时，磷化膜表面容易出现白点。

7）P_2O_5 能加快磷化速度，使磷化膜致密。P_2O_5 主要来自磷酸二氢盐，其含量低时，磷化膜的致密性和耐蚀性均差，甚至会磷化不上。但含量过高时，磷化膜结晶不均匀，附着力降低，膜层表面白灰较多。

4.8.2.4 磷化后处理

为了提高磷化膜的抗蚀性能，一般在磷化之后，对磷化膜进行后处理。磷化膜后处理液成分及工艺条件见表4－34。

表4－34 磷化膜后处理液成分及工艺条件

后处理液成分及工艺条件	配方1	配方2	配方3	配方4	配方5	配方6
重铬酸钾（$K_2Cr_2O_7$）质量浓度/$g \cdot L^{-1}$	30～50	60～100				
铬酐（CrO_3）质量浓度/$g \cdot L^{-1}$				1～3		
碳酸钠（Na_2CO_3）质量浓度/$g \cdot L^{-1}$	2～4					80～100（以脂肪酸计）
肥皂质量浓度/$g \cdot L^{-1}$			30～50			
三乙醇胺质量浓度/$g \cdot L^{-1}$					8～9	
亚硝酸钠（$NaNO_2$）质量浓度/$g \cdot L^{-1}$					3～5	50～70
温度/℃	80～90	85～95	80～95	70～90	室温	
时间/min	5～15	3～10	3～5	3～5	5～10	视具体情况而定

注：配方6适用于冷挤压润滑用磷化膜的填充处理。

4.8.2.5 磷化膜常见故障分析及对策

磷化膜常见故障及对策见表4－35。

表4－35 磷化膜常见故障及对策

常见故障	原因	对策
磷化膜不牢固	（1）温度、酸度低； （2）时间短	（1）调整温度、酸度达工艺要求； （2）延长时间

续表 4－35

常见故障	原因	对策
磷化膜粗糙	(1) 游离酸度高; (2) 温度过高	(1) 调整酸度; (2) 降温
膜层有黑色斑点	(1) 游离酸度太高; (2) 溶液组成不协调; (3) 溶液单位体积负荷大	(1) 降低溶液游离酸度; (2) 调整溶液; (3) 减少单位体积负荷
磷化膜太薄或不成膜层	(1) 温度过低; (2) 溶液组成不协调; (3) 酸度比值太高	(1) 调高温度; (2) 分析调整; (3) 调整比值
表面有挂灰	溶液沉渣落在零件表面	溶液沸腾时停止工作或取出沉淀物

4.8.2.6 不合格磷化膜退除方法

(1) 用吹砂法退除。

(2) 退除液组成及工艺条件:

铬酐 (CrO_3)	工业级	质量浓度 100～150g/L
硫酸 (H_2SO_4)	工业级	质量浓度 1～3g/L
温度	室温	
时间	除净为止	

注意:高强度钢不允许在本酸液中除膜。

4.8.3 其他磷化工艺

随着工业发展的需要,钢铁制品磷化也在不断引进与开发,黑色磷化与“四合一”磷化的应用为磷化方法开辟了新的道路。

4.8.3.1 黑色磷化

黑色磷化的特色是膜层结晶细致,色泽均匀,呈现出黑灰色。黑色磷化膜用于仪器内壁,不会减少其内壁的漫反射,同样也不会影响零件的精度。这一工艺主要用于精密钢铸件的防护与装饰,其成分及工艺条件见表 4－36。

表 4－36 黑色磷化液成分及工艺条件

磷化液成分及工艺条件	配方 1	配方 2
磷酸二氢锰铁盐 [$x\mathrm{Fe(H_2PO_4)_2} \cdot y\mathrm{Mn(H_2PO_4)_2}$] 质量浓度/$g \cdot L^{-1}$	25～35	55
磷酸 (H_3PO_4) 体积分数/$mL \cdot L^{-1}$	1～3	13.6
硝酸钙 [$Ca(NO_3)_2$] 质量浓度/$g \cdot L^{-1}$	30～50	
硝酸锌 [$Zn(NO_3)_2 \cdot 6H_2O$] 质量浓度/$g \cdot L^{-1}$	15～25	2.5
硝酸钡 [$Ba(NO_3)_2$] 质量浓度/$g \cdot L^{-1}$		0.57
亚硝酸钠 ($NaNO_2$) 质量浓度/$g \cdot L^{-1}$	8～12	
氧化钙 (CaO) 质量浓度/$g \cdot L^{-1}$		6～7

续表 4-36

磷化液成分及工艺条件	配方 1	配方 2
游离酸度/点	1~3	4.5~7.5
总酸度/点	24~26	58~84
温度/℃	85~95	96~98
时间/min	30	视具体情况而定

注：1. 配方 1，零件磷化前需在硫化钠（5~10g/L）溶液中室温下处理 5~20s。

2. 配方 2 需进行 2~3 次磷化，第一次磷化待零件表面停止冒气泡后取出，用冷水冲洗。然后，在 15% 硫酸溶液中，室温浸渍 1min，经水清洗后，再进行第二次磷化（溶液与工艺规范同第一次磷化）。依次进行第三次磷化。

4.8.3.2 “四合一”磷化

“四合一”磷化即在同一磷化槽中综合进行除油、除锈、磷化、钝化四个工序。显然，采用该工艺可以简化工序，减少设备和作业面积，缩短工时，提高劳动效率，降低成本，改善劳动条件，更有利于实现机械化和自动化生产。“四合一”磷化工艺不仅获得均匀的膜层，而且具有一定的耐蚀能力，适合于电泳涂漆的底层，已应用于生产。

“四合一”磷化液成分及工艺条件见表 4-37。

表 4-37 “四合一”磷化液成分及工艺条件

成分及工艺条件	配方 1	配方 2	配方 3	配方 4
磷酸（H_3PO_4）质量浓度/$g \cdot L^{-1}$	50~65		100	10mL/L
磷酸二氢锌［$Zn(H_2PO_4)_2 \cdot 2H_2O$］质量浓度/$g \cdot L^{-1}$				
氧化锌（ZnO）质量浓度/$g \cdot L^{-1}$	12~18		30	
硝酸锌［$Zn(NO_3)_2 \cdot 6H_2O$］质量浓度/$g \cdot L^{-1}$	180~210	80~110	160	45~50
硝酸锰［$Mn(NO_3)_2 \cdot 6H_2O$］质量浓度/$g \cdot L^{-1}$				9~10
酒石酸（$C_4H_6O_6$）质量浓度/$g \cdot L^{-1}$	5	5	5	4
磷酸二氢铬［$Cr(H_2PO_4)_3$］以重铬酸钾计算质量浓度/$g \cdot L^{-1}$	0.3~0.4	0.4~0.5		0.3~0.4
氯化镁（$MgCl_2$）质量浓度/$g \cdot L^{-1}$			3	
硫酸氧基钛（TiO_2SO_4）质量浓度/$g \cdot L^{-1}$	0.1~0.3			0.1
烷基磺酸钠（AS 表面活性剂）体积分数/$mL \cdot L^{-1}$	15~20	15~20	20~30	
OP 乳化剂体积分数/$mL \cdot L^{-1}$	10~15			12
钼酸铵［$(NH_4)_2MoO_4$］质量浓度/$g \cdot L^{-1}$			1	
重铬酸钾（$K_2Cr_2O_7$）质量浓度/$g \cdot L^{-1}$			0.3	
硝酸（HNO_3）体积分数/$mL \cdot L^{-1}$			2	
游离酸度/点	10~15	18~25	18~25	2
总酸度/点	130~150	75~100	180~220	25
温度/℃	55~65	50~65	60~65	≤85
时间/min		5~6	5~15	

现场工艺维护应注意：

（1）带有液态油污、轻度锈蚀的钢铁件适于采用“四合一”磷化，对于锈蚀严重的零件，应先进行脱脂、侵蚀后再处理。

（2）“四合一”磷化处理溶液须含有足够量的亚铁离子，如果亚铁离子不足，溶液会产生大量沉淀。亚铁量足够时，磷化速度很快，磷化膜结晶细致，溶液很稳定。

（3）操作时，需防止温度过高，因温度高于70℃时，硝酸根容易分解。

（4）当槽液中浮油、浮物及沉淀物过多时，应及时清理，否则影响磷化膜质量。

（5）溶液连续使用较好，工作完毕，槽子不要加盖，让其自然冷却。成分的补充可配成补充液加入，防止热状态下倒入浓硝酸和固体硝酸锌。

复习与思考题

1. 金属制品表面的加工或清洁处理有哪些方法？
2. 金属制品电镀前表面处理有哪些工序？
3. 名词解释

（1）磨光；（2）化学抛光；（3）电化学抛光；（4）侵蚀；（5）磷化。

4. 磨光的磨削效果取决于哪些因素？
5. 化学抛光的基本原理、操作步骤、特点是什么？
6. 电化学抛光的原理、特点、过程是什么？
7. 常用的除油方法有哪些？
8. 使用有机溶剂脱脂应注意什么问题？
9. 常用侵蚀剂有哪些？
10. 缓蚀剂有什么作用？
11. 金属着色处理工艺主要有哪些？
12. 钢铁的磷化工艺有哪些，各有何特点？

5 电化学方法在治理废水中的应用

电化学方法治理废水或污水，具有无需添加氧化剂、絮凝剂等化学药品，设备体积小，占地面积少，操作简单灵活，排污量小，不仅可以处理无机污染物，也可处理有机污染物，特别是一些无法用生物降解的有毒有机物可用电化学方法处理，用电还原法处理重金属废水时还可回收废水中的金属等优点。但电化学方法存在能耗大、成本高及电解时析氧、析氢或析氯气不安全的缺点。随着电力工业的发展，特别是近代大力发展水力发电和核电，电能成本降低，为电化学方法在治理废水方面的应用开辟了很好的前景。

用于废水处理的电化学方法有电解法（氧化或还原）、电气浮法、电凝聚法和电渗析法等。电化学方法已应用于电镀废水、化工废水、染料废水、造纸废水、皮革废水、生化废水和制药废水等废水治理，以及用于水处理剂的电化学合成。

5.1 内电解法处理废水

内电解法也称原电池法或腐蚀电池法，通常是以颗粒炭、煤渣或其他导电惰性物质为阴极，铁屑为阳极，废水中导电电解质起导电作用构成原电池。

阳极反应为：

$$Fe = Fe^{2+} + 2e$$

阴极反应为：

酸性条件下：$2H^+ + 2e = H_2\uparrow$

碱性或中性条件下：$O_2 + 2H_2O + 4e = 4OH^-$

电解质中反应为：

$$Fe^{2+} + 2H_2O = Fe(OH)_2 + 2H^+$$

$$H^+ + Fe(OH)_2 + \frac{1}{2}O_2 = Fe(OH)_3\downarrow$$

Fe^{2+}具有较强的还原作用，可使废水中的某些氧化性组分还原，同时 $Fe(OH)_2$ 及 $Fe(OH)_3$还具有絮凝和吸附作用。原电池的微电流也有直接氧化还原作用，还能刺激水体中微生物的代谢作用，促进微生物处理废水。已用此法处理含油厨房废水、煤气洗涤废水和染料废水等。

原电池法所用反应器与生物滤池相似，一般为柱式或塔式，去除效果与停留时间、溶液 pH 值、溶液电导率、组分的氧化还原性强弱等有关。

该法优点是以废治废，不消耗能源，能去除多种污染成分，降低 COD 和脱色，还能提高难降解物的可生化性。其缺点是反应速度慢，处理废水量少，反应柱易堵塞，对高浓度废水处理比较困难，且反应操作弹性较差。

内电解法处理废水工艺流程见图 5－1。

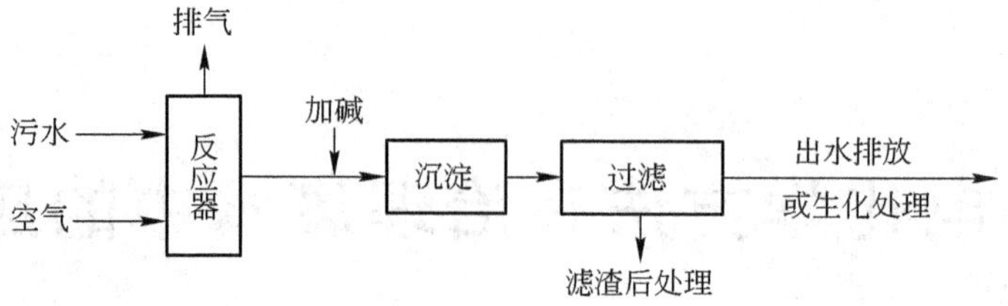

图 5-1 内电解法处理废水工艺流程

5.1.1 内电解法处理印染废水

赵永才等利用铁滤料的内电解反应处理高浓度水溶性染料废水，脱色率达 50%～90%，并明显提高了 BOD_5/COD 值，改善了废水的可生化性，王连军等利用内电解法对 5 大类 11 种模拟染料废水和印染废水进行了内电解混凝处理，结果表明，对中等色度和浓度的模拟染料废水，脱色率均在 77% 以上。在实验印染废水处理过程中采用混凝内电解联合处理工艺，脱色平均率可达 96% 以上，李凤仙以铁屑—烟道灰（瓦斯灰）处理印染废水，取得了良好效果。

阳极 Fe 氧化产生 Fe^{2+} 有极高活性，对偶氮型染料还原降解作用，二者在水溶液中发生下列反应：

$$R—N═N—R' + 4Fe^{2+} + 4H_2O ═══ RNH_2 + R'NH_2 + 4Fe^{3+} + 4OH^-$$

因偶氮基（—N═N—）为发色基团，将基团破坏，亦即起了脱色作用，在酸性条件下，反应向右进行。

另外，阴极产生的氢也起一定的还原作用，也能起脱色作用，烟道灰中炭粒，不仅具有很大的表面积，且其微晶表面含有不饱和键含氧基团（如羰基、羟基、羧基和磺酸基等），在相当宽 pH 值范围内对染料分子有吸附作用。

过滤-混凝组合工艺流程示意如图 5-2 所示。

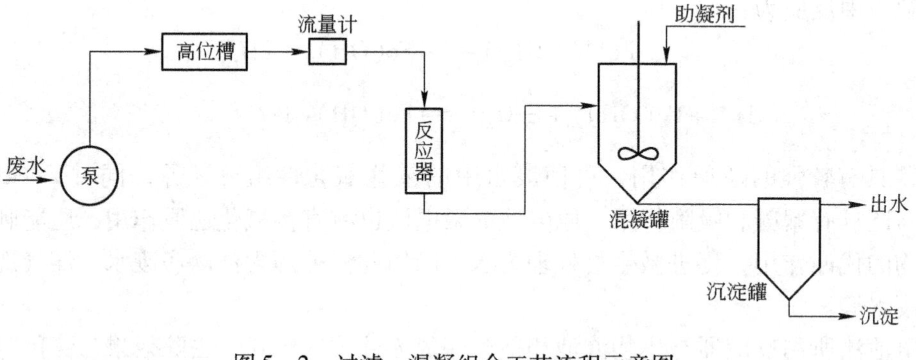

图 5-2 过滤-混凝组合工艺流程示意图

采用过滤-搅拌混凝组合工艺，在机械增氧和溶液较高 pH 值条件下，宜于 Fe^{2+} 向 Fe^{3+} 转化，生成 $Fe(OH)_3$ 胶体，这是荷正电胶体颗粒，对含酸性基团染料（如 $R-SO_3H$、R-COOH 等）在偏碱性条件下电离生成的负离子 $R-SO_3^-$、$R-COO^-$ 等电负性离子，有静电吸附作用，起脱色和混凝去 COD 作用。

反应器内装质量比为4：6的铁屑、烟道灰混合处理剂，先用1%～3%稀盐酸浸泡。实验结果表明按此比例COD去除效率最高。

pH值影响COD去除效果，反应器中控制pH值为4～5为宜，混凝罐中pH值为8～9，停留时间和搅拌时间均为20min或稍多些。进水COD 422mg/L，色度700（倍），出水COD＜34～59mg/L，色度＜30（倍），COD去除率为86%～92%，脱色率＞95%。

沉淀罐中泥渣沉淀，脱水干燥后可作制砖原料。该工艺具有系统简单，占地少，基建投资省（500元/t水），运行费用低（约0.15元/t水），考虑折旧费、人工费、电费、总费用不超过0.50元/t。尤其适用于中小纺织印染厂废水治理。

肖羽堂等报道用电化学腐蚀电池法处理难生化的染料中间体废水研究。染料中间体二硝基氯化苯废水对生物具有毒性，是目前最难处理的废水之一。他们用铁屑－煤渣法对该废水进行预处理，以改善它的可生化性能，降低废水中的COD和色度。通常用活性炭吸附法处理染料中间体二硝基氯化苯废水，处理费为1.50～1.60元/t水左右，而用腐蚀电池法处理费用仅为0.08～0.10元/t水左右。此外，该法可同时处理多种毒物，如硝基化合物等。

所用铁屑为车床加工废料，煤渣取自锅炉房。待处理废水的pH＝0.7～1.5，COD 800～1100mg/L，色度约800～1000倍，BOD_5/COD为0.068。处理工艺流程如图5－3所示。

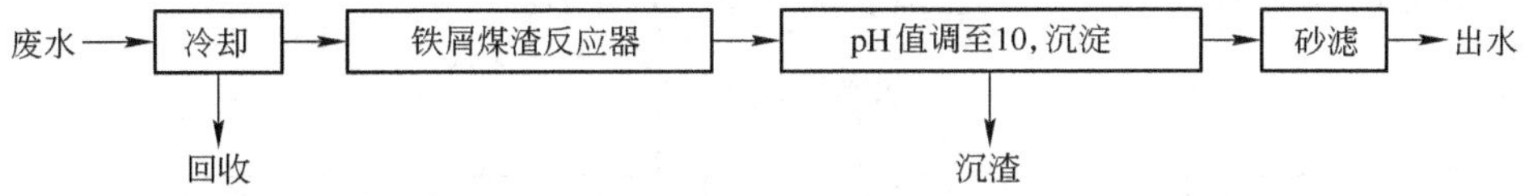

图5－3 内电解法处理染料中间体废水处理工艺流程

铁屑和煤渣质量比为1：1，废水自上而下流过反应器，通过正交试验极差分析得出，影响COD去除率的因素顺序为处理时间、废水pH值。确定最佳pH值条件为pH≤3，处理时间≥40min，铁屑投加率为4%，煤渣投加率为4%。静态试验COD去除率达79.6%～82.1%，色度去除率达92.7%以上，BOD_5/COD＝81%～84%。动态试验，废水流速为20mL/min以下时COD去除率达69.6%以上，色度去除率达80.3%以上；当控制废水流速为5mL/min以下时，动态处理效果优于静态最佳处理效果。

熊英健等报道铁碳反应器采用固定床结构时因铁屑结块、影响废水处理效果，现改进为絮凝床。絮凝床是将絮凝剂的产生及絮凝吸附、化学反应等多种物理化学作用汇聚一体的固定床，也称吸附聚滤床。它与普通吸附床相似，不同之处是絮凝床中填料通过溶液反应可形成絮凝剂或氧化－还原剂有效成分。絮凝床按其填料不同可分为金属絮凝床（包括单金属絮凝床如铁床、铝床，复合金属絮凝床如铁、铝、铜、锌复合床）、非金属絮凝床（如硫化铁床）。目前研究最多的是铁－碳床。铁－碳床最好用铸铁屑和碳钢铁屑，前者碳含量高，处理效果好但易压碎、结块；后者不易结块。硫化铁床采用FeS或磁黄铁矿（主要为FeS）用于处理含Cd废水和含汞废水，其机理主要是沉淀转化、氧化还原、中和絮凝，可避免H_2S放出，处理流程与铁床相似。铁碳床中铁结块问题可采用加入疏松材料颗粒解决，加入疏松材料后有利于气－固－液三相充分接触，提高处理效率。出来的沉淀污泥除作为建筑材料以外还可作为磁性材料，絮凝床作用机理有氧化还原反应作用及絮凝作用、吸附作用、混凝作用、铁氧体络合作用。

其氧化还原作用与一般铁碳床相似：

阳极： $(Fe): 2Fe = 2Fe^{2+} + 4e$

阴极： $(C): 4H^+ + 4e \longrightarrow 4(H) = 2H_2$（酸性溶液中）

$O_2 + 2H_2O + 4e = 4OH^-$（碱性或中性溶液中）

处理含 Cr 废水时，其中铁与废水中 $Cr_2O_7^{2-}$ 能发生氧化还原反应：

$$6Fe + Cr_2O_7^{2-} + 2H^+ + 17H_2O = 6Fe(OH)_3\downarrow + 2Cr(OH)_3\downarrow + 6H_2\uparrow$$

新生态的（H）及 Fe^{2+} 有还原作用。

絮凝作用、吸附作用、混凝作用也是通过水体中产生的 $Fe(OH)_2$、$Fe(OH)_3$ 胶体进行的，能吸附水中多种金属离子杂质及氧化还原产物，铁氧体络合作用是在絮凝床通空气时有如下铁氧体络合沉淀生成：

$$(3-x)Fe^{2+} + xM^{2+} + 6OH^- \longrightarrow Fe_{3-x}M_x(OH)_6 \xrightarrow{O_2} M_xFe_{3-x}O_4\downarrow$$

此产物有磁性。已用于处理电镀、染料等废水。

对染料废水处理机理，一是 Fe^{2+} 及（H^+）的还原作用，破坏染料的生色基团和助色基团，二是微电池微电流作用直接还原，产生脱色效果。有关脱色机理还待进一步研究。

铁－碳絮凝床处理废水一般工艺流程如图 5－4 所示。

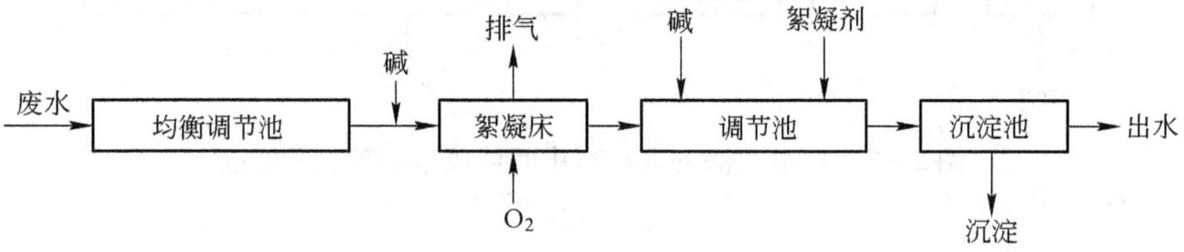

图 5－4 铁－碳絮凝床处理废水工艺流程示意图

甘复兴等在腐蚀电池法中加入 MnO_2 催化剂，改进后的方法称为催化铁氧腐蚀法。试验证实活性艳红 X－3B 染料可用此法还原分解，曝气搅拌加快了染料的还原。

5.1.2 内电解法处理含油废水

何伟光等用铁－碳絮凝床处理厨房污水。厨房污水的成分极为复杂，含有各种有机物、动物油、蛋白质、淀粉、糖、纤维素、无机盐、表面活性剂等。对这类污水大多采用生化法处理，采用腐蚀电池处理厨房废水可用过滤床装置和絮凝床两类。本法是在反应器出水进入沉淀池中时加入少量混凝剂（PPCS 15×10^{-6}）使水质澄清，处理流程如图 5－5 所示。

实际厨房污水含油量在（30～200）$\times10^{-6}$ 范围，处理后水中的含油量降至（0～12）$\times10^{-6}$，油脱除率达 96%，进水 COD（200～600）$\times10^{-6}$，出水 COD（60～200）$\times10^{-6}$。去除率平均为 72.5%，BOD 进水为 500×10^{-6}，出水约 40×10^{-6}，去除率为 90%。处理污水药剂费 0.1 元/t。

郭炳仁等利用内电解法对石油化工废水处理进行了研究，结果表明，悬浮物去除率为

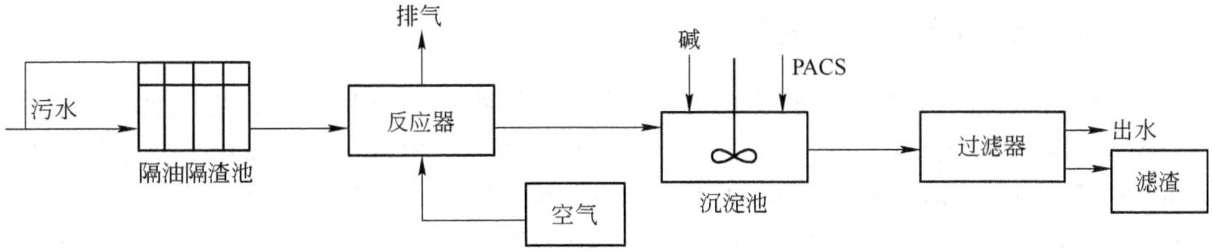

图5-5 铁-碳絮凝床过滤器处理厨房废水工艺流程示意图

72%~81%，油含量去除率为70%~75%，COD去除率为78.5%~81%。

5.2 电解凝聚法处理废水

该法采用可溶性阳极如Fe、Al等金属板，在外加直流电压的作用下，金属阳极氧化溶解，生成金属离子 Fe^{2+}、Fe^{3+}、Al^{3+}，这些离子与水中 OH^- 作用生成 $Fe(OH)_2$、$Fe(OH)_3$ 和 $Al(OH)_3$ 氢氧化物沉淀物，最后这些沉淀物吸附、絮凝废水中的污染物。在废水中有有机酸时，则能生成铁、铝等的有机酸化合物，同样能起絮凝作用。

阳极反应：

$$Fe = Fe^{2+} + 2e$$

$$Fe = Fe^{3+} + 3e$$

副反应：

$$H_2O = \frac{1}{2}O_2 + 2H^+ + 2e$$

阴极反应：

$$2H^+ + 2e = H_2\uparrow$$

溶液中反应：

$$Fe^{2+} + 2OH^- = Fe(OH)_2\downarrow$$

$$Fe^{3+} + 3OH^- = Fe(OH)_3\downarrow$$

$$2Fe(OH)_2 + H_2O + \frac{1}{2}O_2 = 2Fe(OH)_3$$

阳极产生原子氧，阴极产生原子氢，还能起氧化还原作用，气体能起到气浮作用。在传统的平板电极电凝聚法基础上，又发展了脉冲电凝聚和交流电凝聚。在反应器电极方面发展了活性炭纤维（ACF）-铁复合电极、笼式电极、堆积床电极、旋转电极。电极的极性有单极性、复极性。传统的电凝聚法处理染料废水电流效率为70%左右，处理每立方米废水耗铁0.5kg左右，电耗为0.6~0.8kW·h，COD去除率在70%左右。使用脉冲电源时，电极上的反应时断时续，有利扩散，降低过电位，从而降低能耗和铁耗，铁耗可降低一半。交流电凝聚是两极都为可溶性铁、铝电极，当交流电通过时两极均可溶解，从两极产生金属阳离子，两极极性经常变化，可起到防止电极钝化作用。使用活性炭纤维铁复合电极时，活性炭纤维对废水中的有机物有富集作用，使其容易与 $Fe(OH)_2$、$Fe(OH)_3$、$Al(OH)_3$ 发生絮凝作用。用该法直接处理染料废水及较高浓度印染废水，脱色率达95%~100%，COD去除率为40%~80%。

5.2.1 电解絮凝法处理印染废水

贾金平等用ACF-Fe复合电极对印染废水进行电凝聚试验，电压15V、pH=6.0，电解时间60min，COD去除率达60%~80%；电解时间为90min，COD去除率达80%以上。

5.2.2 电解絮凝法处理织布厂废水

黄雅裕用电化学凝聚法处理织布厂、毛巾厂、印染厂和其他污水，他用 A3 牌号钢板材料作为电极，电极间距离为 28mm，直流电压为 8V，通电时间为 30min，静止氧化时间为 2h，处理后废水 COD 去除率为 62.4% ~80.4%，BOD_5 去除率为 71.3% ~89.3%，色度（稀释倍数）去除率为 86.1% ~94.8%，说明该法处理废水范围广，经一次电化学凝聚处理后，基本都达到国家排放标准，耗电量为 0.5 ~0.8kW · h/m^3。

5.2.3 电解絮凝法处理造纸废水

造纸黑液中含有一定量的木质素，而木质素中含有苯丙烷单元的立体生物高聚物，经氧化降解可得有用的低相对分子质量的芳香族化合物，如香草醛和丁香醛。其氧化降解方法有氧化氨降解、高温碱性空气氧化降解、电化学氧化降解、酶降解等。Pardini 等曾用特制的镍网阳极电化学反应池在 150 ~160℃下氧化降解木质素模型物。吉山明子等用 PbO_2 阳极氧化降解多种硬木木质素，都证实可得到含单芳环的芳香族化合物和脂肪族化合物。国内李伟平等也曾用 PbO_2 膜电极为阳极氧化降解木质素磺酸钙，证实芳环能被氧化，具有良好的开环效果。薛建军等人用电渗析的方法，所用离子交换膜为聚乙烯异相膜；阳极分别用含铁阳极和活性炭阳极，阴极为敷铜网板；间歇式运行，反应槽体积为 250cm^3。处理黑液电渗析装置如图 5 -6 所示。

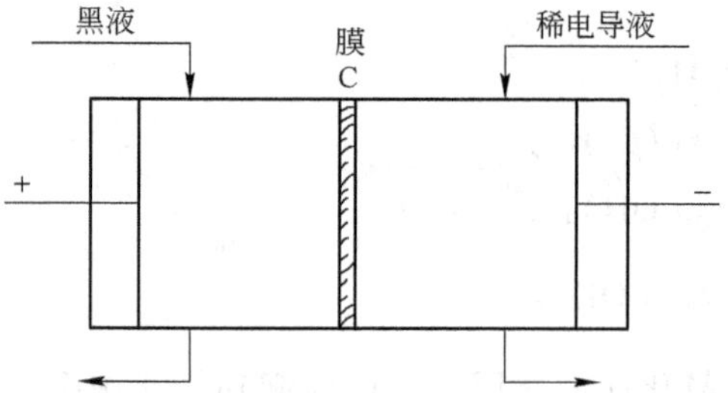

图 5 -6 处理黑液电渗析装置示意图

在正极（即阳极）区木质素苯丙烷单元富电荷的芳环可直接发生放电氧化而被破坏，同时阳极水放电生成的新生态氧也具有较强的氧化能力，可氧化具有还原性的木质素。

实验证实，木质素中的芳环结构遭到了破坏，所得氧化产物在非碱性条件下的水溶性增强。

景峰等报道了用电凝聚法处理造纸废水，COD 去除率为 55% ~70%，色度去除率为 90% ~95%，运行费为 0.25 ~0.28 元/m^3。

5.2.4 电解絮凝法处理有机废水

王宏等报道用电凝聚法处理高盐度有机废水，这是生产合成树脂排放的废水，氯离子含量高达 12300mg/L。因此电解时阳极除了产生金属离子以外，还生成氯气，此氯气水解可产生次氯酸、ClO_2 等，有氧化漂白作用。其工艺流程如图 5 -7 所示。

电解凝聚实验用石墨阴极，阳极分别用不锈钢、铝板和铁板试验，发现用铝电极效果好，槽电压为 10V，电流密度为 12.5A/m^2，电解 12h。原水 COD_2 458mg/L，BOD_5 355.80mg/L，TP（总磷）7.78mg/L，TN（总氮）37.59mg/L，悬浮物 670mg/L，色度 160，电凝聚后，悬浮物去除率为 100%，以 COD 去除率为 94.62%，BOD_5 去除率为 90.83%，TP 去除率为 100%，TN 去除率为 77.76%，色度去除率为 100% 为例，表明有明显的处理效果，具有设备简单、操作容易、处理费用低等优点。

使用铝阳极时：

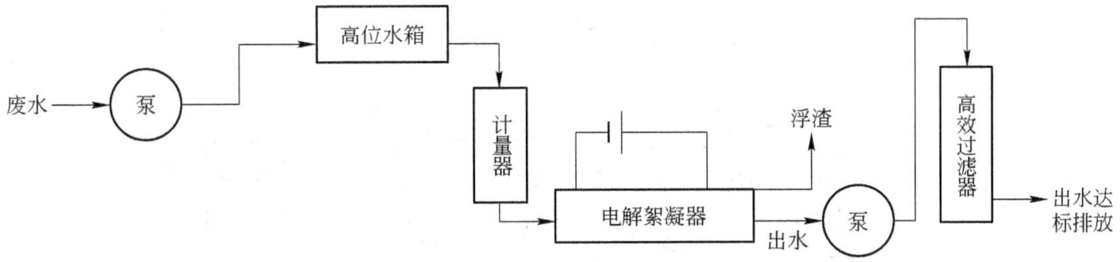

图 5-7 电絮凝法处理高盐度有机废水工艺流程示意图

阳极（铝板）反应为：

$$Al = Al^{3+} + 3e$$

$$H_2O = \frac{1}{2}O_2 + 2H^+$$

阴极（铝板或不锈钢板等）反应为：

$$2H^+ + 2e = H_2\uparrow \quad （酸性介质）$$

$$\frac{1}{2}O_2 + H_2O + 2e = 2OH \quad （碱性或中性介质）$$

溶液中 $$Al^{3+} + 3OH^- = Al(OH)_3\downarrow$$

借助反应生成的带正电荷的 $Al(OH)_3$ 胶体与水中带负电荷悬浮体静电吸引，形成电中性的大颗粒絮状物，进而达到降解、分离、净水目的，这种过程称为电凝聚。

然而在直流电解铝凝聚法的水处理工艺过程中，随着铝板氧化溶解，铝板带正电，易静电吸引水体中带负电荷的悬浮粒子，在阳极板面上生成水垢。这种水垢可以阻碍铝阳极的继续溶解。20 世纪 60 年代，日本秋田大学赤上提出了定时改变电流方向的换向直流电解法，完全克服了铝阳极表面生成水垢的现象。若阳极、阴极同时采用铝板，两极可分别溶解，生成的水垢能为阴极产生的 H_2 气泡冲散，有效地增加了铝的溶解量，增强了絮凝效果。

顾志忙等报道用铝板作为阳极，电解液为柠檬酸、聚丁二烯酸（PBA）和 NaOH 混合液，pH = 3 ~ 8，外加直流电压为 3V 进行电解，阳极铝氧化后生成的 Al^{3+} 立即与溶液中的柠檬酸和聚丁二烯酸生成柠檬酸铝和聚丁二烯酸铝交联 EAF 絮凝剂。用该絮凝剂处理含油废水，在 pH = 6 ~ 7 时，除油率可达 96% 以上，COD 去除率可达 86.9%。

在电凝聚中生成的金属氢氧化物靠水的湍流和电解产生的气泡起到混凝效果，与投加化学药剂的混凝相比，电混凝的材料损耗要少一半左右，污泥量较少，无笨重的加药设施。电凝聚时同时有电解气体产生，因此兼有电气浮作用。电凝聚有耗电少、成本低、混凝效果好等优点。

含重金属废水的处理方法主要有中和沉淀法、硫化物沉淀法、生物吸附法、隔膜电解法、反渗透法、电渗析法、蒸发浓缩法、离子交换法及电凝聚法等。前苏联及美国在 20 世纪 70 年代就对电絮凝法进行了应用研究。

董晓丹等报道了用电凝聚法去除废水中的重金属离子。他们设计的电凝聚装置如图 5-8所示。

电解槽与反应槽实现了一体化，电解槽中有一个中空的圆柱形铝阳极，位于阴极上

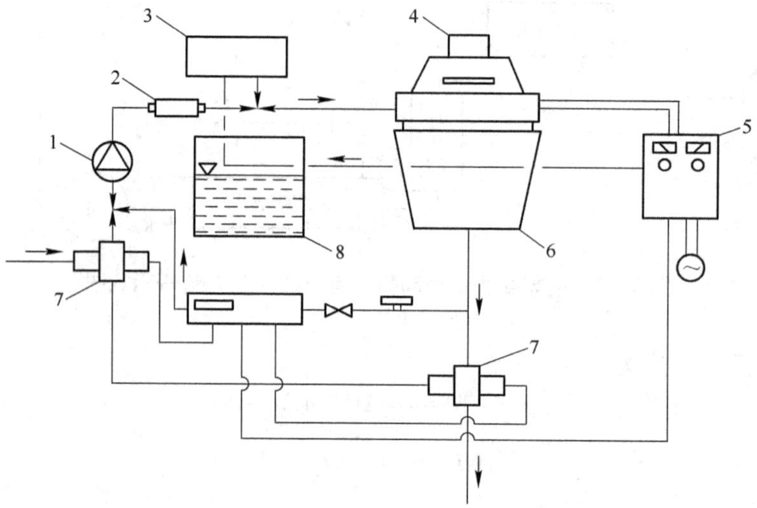

图 5-8 去除废水中重金属离子的电凝聚装置示意图
1—水泵；2—磁激发器；3—NaCl 溶液箱；4—电极；
5—电控柜；6—反应槽；7—三向阀；8—碱液槽

0.8～2cm 处，且间距可调。在入水口有在线监测仪，检测入水口的 pH 值和电导率，并控制相应的计量泵，向废水中加入酸或碱，调节 pH 值至最佳范围。在装置末端有金属离子检测仪，不合格出水重新打回反应槽进行循环处理，直至达标排放。紧贴阳极有一个可转动的条形电木片，不断刮动阳极，防止阳极沾污悬浮物。反应槽用聚丙烯材料制作，有效容积为 6L。

阳极反应：

$$Al = Al^{3+} + 3e$$

$$4OH^- = O_2 \uparrow + 2H_2O + 4e$$

阴极反应：

$$2H^+ + 2e = H_2 \uparrow$$

溶液中：

$$Al^{3+} + 3OH^- = Al(OH)_3 \downarrow$$

生成的 $Al(OH)_3$ 絮凝体可吸附共沉淀溶液中的金属离子，并被氢气泡吸附上浮到水面被排除。

对含 Zn^{2+}、Cd^{2+}、Pb^{2+}、Hg^{2+} 和 Cu^{2+} 的废水，在 pH = 6.5～8.5，电导率为 4800～5500μS/cm，电解电压为 13～19V，电解 25min，处理结果见表 5-1，去除率均达 95% 以上。

表 5-1 电凝聚对不同金属离子的去除效果

去除离子	原离子质量浓度/$mg \cdot L^{-1}$	去除率/%			
		pH = 5.5	pH = 6.5	pH = 7.5	pH = 8.5
Zn^{2+}	164.0	76.32	98.01	99.08	99.21
Cd^{2+}	36.00	66.53	99.73	99.78	99.75
Pb^{2+}	21.90	71.84	97.21	98.15	98.24
Hg^{2+}	4.28	70.31	98.95	99.12	98.75
Cu^{2+}	3.80	79.55	90.12	96.84	96.84

实验时用加 NaCl 调节溶液电导率，最佳电导范围为 5000 ~ 5300μS/cm。起絮凝作用的主要是 $Al(OH)_3$，而在酸性条件下不会生成 $Al(OH)_3$，在碱性 pH > 9 时生成 $Al(OH)_4^-$，都会影响去除金属离子效果。加入 NaCl 一方面可调节溶液电导率，降低槽电压，从而降低能耗，另一方面 Cl^- 是阳极活化剂，可防止阳极区钝化膜的生成。该电凝聚装置处理每吨废水成本主要包括电耗 0.18 元/t，铝阳极消耗 0.13 元/t 及药剂费 0.2 元/t，三项累计 0.51 元/t。

5.3 电解气浮法处理废水

电解气浮工艺是一种运用电化学方法去除固态微粒、油污的废水处理单元操作方法。其上浮原理是通过电解水产生氢气、氧气和氯气（有氯离子时）携带废水中的胶体微粒、油污共同上浮，达到分离净化的目的。与常用的加压溶气气浮法相比，其具有以下特点。

（1）电解产生的气泡微小约 8 ~ 15μm，与废水中杂质的接触面积大，气泡与絮粒的吸附能力强。通过调节电流、电极材料、pH 值和温度可以改变产气量及气泡大小，以满足各种需要。

（2）阳极过程中阳极表面会产生中间产物（如羟基自由基、原生态氧），它们对有机物有一定的氧化作用。有氯离子存在时阳极产生氯气有氧化作用，氯气水解产生次氯酸根也有氧化作用，因此对水体中的有机物有降解作用，提高了去除 COD 的效率。

（3）工艺装置紧凑，占地面积少。

电解气浮法通常采用不溶性电极，常用电极有石墨、不锈钢、二氧化铅、金属氧化物钛基电极等。通常将电解装置安装在水处理池底部，水缓缓流过电解池，气泡与悬浮物接触后吸附，达到分离目的。

电解气浮阳极析氧，有氯离子存在时析出氯气，阴极析氢，其超电压服从塔菲尔经验公式，即 $\eta = a + bi$。式中，η 为超电势；i 为电流密度；a 是当 i 为 $1A/m^2$ 时的超电势；斜率 b 表示电场对析气反应效应之大小。按 a 值大小，可将电极材料分为 3 类，即高超电势金属，如铅、锌、锡等；中超电势金属，如铁、钢、镍等；低超电势金属，如铂、锡等。选择中、低超电势金属材料作为电极，可以提高析氢速度，降低电能损耗。

对阳极析氧过程，镍、不锈钢、镀镍钢板等电极材料上的析氧超电势较低，而二氧化铅、石墨、铂、含二氧化锡涂层和含铱涂层钛基电极和二氧化钌涂层钛基电极上的析氧超电势较高。有研究发现，用析氧超电势较高的阳极材料，电解中能产生羟基自由基，对降解有机污染物有利。

电解析气的过程包括气泡的形成、长大和气泡脱离三个阶段。电解气泡的生成，本质上属于新相的生成，由于电极表面的微观不均匀比，并涉及气体的溶解、过饱和、扩散等，成粒过程十分复杂。气泡长大过程，包括电极表面小气泡聚并、以中等气泡为中心兼并周围小气泡以及大气泡的滑移聚并。气泡的脱离发生在上升力大于附着力时，气泡脱离的临界尺寸与电解工艺条件、电极表面状态有关。

对电解析氢析氧气泡大小和分布研究表明，电流密度和电极材料对析氧气泡影响较大，而对析氢气泡影响较小。当电解液由碱性变为酸性时氢气泡显著增大，而氧气气泡急剧减小。在碱性介质中以镀镍钢板作为阴极、阳极材料时，氢气泡的平均直径为 3.5μm，氧气泡的平均直径为 53μm；在酸性介质中，以铅作为阳极，以镍作为阴极，氧气泡的平均直径为 1.6μm，而氢气泡平均直径为 50μm。此外，采用网状电极能获得比板状电极更微细的气泡，水平设置的电极能有效地减少气泡的滑移聚并，逸出气泡的尺寸更为微小。

电解气浮工艺设备：气浮槽有平流式和竖流式或称回流式和翻腾式。

平流式水流方向与极板垂直，水流沿极板往返流动，因此水流路线长，接触时间长，死角少，离子扩散与对流能力好，电解槽的利用率高，但更换极板比较难。竖流式槽内水流方向与极板方向平行，水流沿着隔板作上下翻腾流动，其电极板利用率高，排空清洗、更换极板方便。还有回转式电解槽，中心阳极（正极）可由马达带动旋转与周围阴极相互形成运动状态。

电极形式以网状结构较为理想。电极联结方式采用串联、并联或混合联结。电流密度兼顾反应速度和能耗，一般为 0.5 ~ 1.5A/dm^2。能耗为 0.2 ~ 0.4$kW \cdot h/m^3$，槽电压为 10V，最大处理速率为 150m^3/h。

电解气浮工艺既可单独用于分离废水中的有害成分，也可作为单元操作与化学混凝电凝聚、pH 值调节法、过滤技术等联合使用。电解气浮法已应用于含油废水、化纤废水、电镀废水、印染废水等治理，还可用于浮选矿石。采用电凝聚—电气浮工艺处理印染废水可有效地降低化学耗氧量，而且脱色效果好，去除 COD 达 60% 以上，色度去除率超过 90%。若原水的 COD 值高，色泽过深，可在废水中投加 NaCl（或海水），电解产生氯气、次氯酸根，促进氧化脱色作用。化纤废水成分复杂，含有多种表面活性剂及硫化物、半纤维素及其他有机物，采用化学混凝 - 电气浮工艺可一次性去除废水中污染物，去除率高。

采用电解气浮 - 过滤工艺处理餐厅含油脂废水也可取得很好效果。

马志毅等报道了用电气浮法去除油类和表面活性剂研究。他用 A3 钢板为电极，电极尺寸为 24cm × 25cm × 0.3cm，有效面积 240cm^2，共 18 片，板间距 1cm，电极间采用先串联后并联方式，这既可使总电压控制在安全电压以内，使槽体和出水不致出现带电现象，又可使整流器输出的总电流不致过大，也可使导线数量减少，使结构不太复杂，防止极板碰撞发生短路危险。反应槽有效容积为 6.5L，产生的氢气和氧气其粒径分别只有 20μm 和 20 ~ 60μm，远小于一般溶气气浮法的气泡（80μm）和布气气浮法的气泡（1000μm），因而电气浮具有较高的去除效率。

马志毅等对含机械油 300mg/L，pH = 7 的废水，用不同的电流强度和通电时间进行处理，其结果如图 5 - 9、图 5 - 10 所示，油去除率与 pH 值的关系见图 5 - 10。

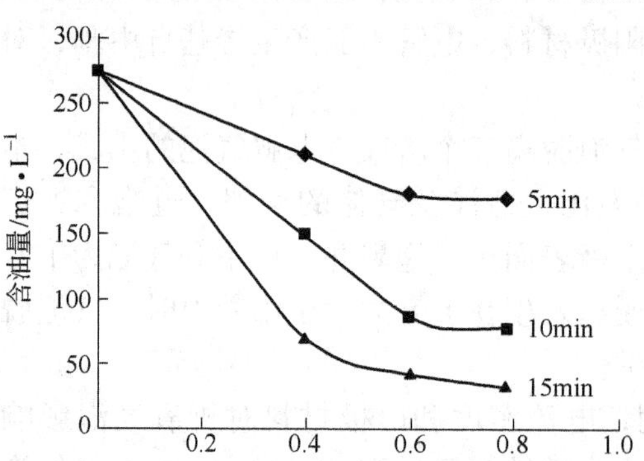

图 5 - 9　含油量与电流（I）及电解时间的关系

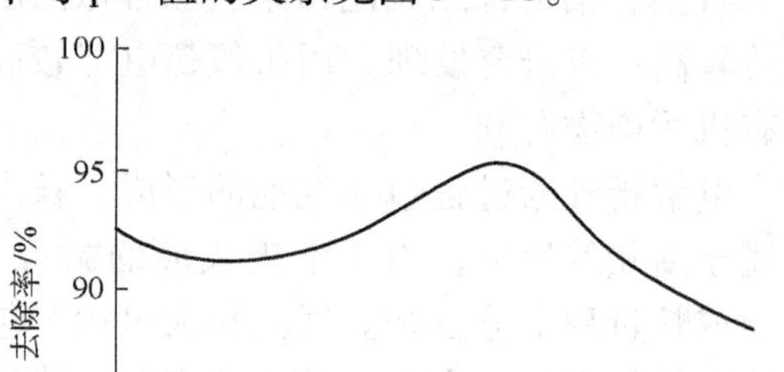

图 5 - 10　油去除率与 pH 值的关系

由图5-9可见，当$I=0.9A$、$t=15min$时，油去除率可达95%，通电时间比电流强度对油去除率影响大；由图5-10可见，高pH值时油去除率大。在pH=5时，油去除率达91.8%；pH=7时，油去除率最高达95%，此时电气浮产生的气泡最小。

电气浮对乳化油去除率也很好，对用十二烷基磺酸钠乳化的机械油去除率在pH=7、$I=0.89A$、$t=15min$条件下可达91.4%，对水体中十二烷基磺酸钠最大去除率可达95.2%，随pH值升高，表面活性剂去除率增加。

5.4 电化学氧化法处理废水

电氧化法可分为直接氧化法和间接氧化法。直接氧化法是利用阳极的高电势氧化降解废水中无机物质或有机物质；间接氧化法则是利用阳极氧化产物的氧化性，氧化降解废水中的无机物或有机物。

5.4.1 直接氧化法处理废水

已用此法氧化降解无机污染物（如含CN^-废水、含NH_4^+和含硫废水等），有机污染物（如降解染料、酚、苯醌、喹啉）以及造纸、皮革垃圾填埋场渗滤液等各种废水。

含氰（CN^-）废水主要来自化工、制药、焦化、冶炼、电镀等行业，处理方法很多，如化学法、电解氧化法、活性炭法、离子交换法等。

电镀工业废水中的CN^-通常用离子交换法处理，也可用电解氧化法处理，尤其是高浓度废水（含CN^- 1g/L）处理成本比直接加氧化剂H_2O_2、NaClO等更经济。电解氧化法在20世纪70年代即已开展，在碱性条件下CN^-的电氧化反应如下：

$$CN^- + 2OH^- = CNO^- + H_2O + 2e \qquad \varphi^\ominus = -0.97V$$

$$2CNO^- + 4OH^- = 2CO_2\uparrow + N_2\uparrow + 2H_2O$$

生成的CNO^-在碱性条件下，可进一步被氧化成$NaCO_3$、N_2、NH_3等，反应适宜温度为50~90℃，电流密度为500A/m²能耗为10~40kW·h/kg（CN^-）。也可以用三维电极进行电解，以降低CN^-的排放浓度。常用的阳极有镀铂钛电极、铜电极、不锈钢电极、镁和石墨电极等，阴极为铁电极。使用铜电极时，运行温度为100℃，电流强度一般为400A/m²，处理后CN^-可以从$(1\sim2)\times10^4$mg/L降到不超过1mg/L，但电极腐蚀严重。使用二氧化铅涂层的钛电极，电流强度为500A/m²，氧化CN^-效率很高。在碱性溶液中镍电极有良好的抗腐蚀性。采用铂镀铌电极，对含CN^- 54mg/L废水，电解氧化80min后，CN^-浓度降到检测不出的水平。含CN^-浓度较低时，一般加入NaCl作电解导体，可降低槽电压，提高电流效率。电解时溶液中Cl^-氧化生成Cl_2和ClO^-，两者都有较强的氧化性，同时可氧化CN^-，反应式如下：

$$Cl_2 + CN^- + 2OH^- = CNO^- + 2Cl^- + H_2O$$

$$2CNO^- + 3Cl_2 + 4OH^- = 2CO_2\uparrow + N_2\uparrow + 6Cl^- + 2H_2O$$

其中一部分Cl_2和ClO^-与CN^-反应生成剧毒的CNCl，它一部分在碱性废水中水解，另一部分逸至空气中生成三聚氯化氰：

$$CNCl + 2OH^- = CNO^- + Cl^- + H_2O$$

$$3CNCl = (CNCl)_3$$

三聚氯化氰的毒性比氯化氰小得多。

采用膨胀石墨作为阳极时，由于氧在石墨上有很高的析出超电势（当 $i=10A/m^2$ 时，超电势为0.525V），而氯气在石墨上的析出超电势较低（当 $i=400A/m^2$ 时，超电势为0.186V），因此有利于 Cl^- 放电生成 Cl_2，对 CN^- 氧化有利。

张红波等采用流态化电极电解法处理含氰废水。流态化电极是一种新型的三维电极，20世纪60年代研制成功。通常采用细粒膨胀石墨颗粒混入流动的溶液中，溶液中插入一支惰性电极（石墨）作集流器构成流态化阳极，阴极可用石墨棒，周围用隔膜与阳极隔开。由于流态化的分散石墨颗粒具有很大的表面积，加上溶液与石墨颗粒间频繁碰撞，可使电极浓差极化和电化学极化现象大为减少。采用这种电极，可以获得较高的表观电流密度。所用细粒膨胀石墨膨胀倍数为80～100倍，比表面积为 $5.32m^2/g$，每次用量3.5g。与筒形板状石墨阳极对比试验结果表明，在电流为2A，电压为12V，废水流量为45L/h，pH=10.36，CN^- 初始浓度为86～89mg/L时，电解30min，除氰速率由3.5mg/min提高到19.5mg/min，耗电量由9.5A·h/g CN^- 降为3.5A·h/g CN^-；随NaCl的加入，槽电压降低，除氰速率提高，电耗降低，但成本费用增加，综合考虑NaCl投入量在1.5～3.0g/L；随着溶液pH值提高，除氰速率下降，pH值为9～10时除氰效率较好，电耗少；废水最佳流量为42～45L/h；流量过小时，膨胀石墨颗粒未完全流态化，除氰速率下降；流量过大时，膨胀石墨颗粒间距离增加，影响导电性能，也造成除氰速率下降。槽电流增大时，除氰速率增加，但能耗增加，选择槽电流2～3A最佳。

含酚废水是一种危害很大的工业废水，它对一切生物体都能产生毒害。使用含酚废水灌溉农田，会使农作物减产或枯死。含酚废水主要来自焦化厂、石化厂、炼油厂、染料厂、农药厂等。由于来源不同，含酚废水的组成及浓度也不尽相同。常用的处理方法有物化法、化学法、生化法和电化学氧化法。物化法有吸附法、溶剂萃取法、液膜法、氯提法；化学法包括化学沉淀法、化学氧化法；生化法包括活性污泥法和生物膜法。电化学氧化法是近年来发展的一种处理法，该法的优点是设备简单、操作方便、除酚率高、无二次污染，适用于低浓度含酚废水的深度处理。电化学氧化处理法主要缺点是电流效率不高，为了提高电流效率，近几年人们采用高过电位阳极，如 PbO_2、SnO_2 电极，同时由单极性平板电极发展到三维填充床电极、流化电极等，获得了较好的效果。酚的电解氧化常用的阳极材料有石墨、贵金属（Pt）和非贵金属氧化物。石墨电极易腐蚀，贵金属Pt价格昂贵，非贵金属氧化物（PbO_2、SnO_2）具有化学稳定性好，价格便宜等优点。特别是 SnO_2 电极不仅对析氧反应具有极高的超电势，而且具有较强的阻止卤素生成的能力，因而极大提高了电流效率，用其氧化酚的效力为Pt的5倍以上且显著优于 PbO_2 电极；用 SnO_2 电极在70℃时对酚进行电化学氧化处理，酚及TOC几乎完全被去除，处理效果与用Fenton试剂在140℃、压力为0.5MPa的条件下进行化学氧化处理效果相当。

5.4.2 间接氧化法处理废水

间接氧化法是在阳极反应过程中，先生成具有较强氧化性的化学活性物质，再利用这些物质对难降解物质进行氧化分解，Cl_2、ClO^-、Ag^+、Co^{3+} 和 Fe^{3+} 等均可作为有机物的氧化中介，其还原电势越负，氧化中介效果越好。间接氧化已经在苯、苯酚、油和氯化物的氧化过程中得到验证。

由硝基氯苯生产对硝基酚的废水，经沉淀、萃取分离后，酚的质量浓度仍有数百毫克每升，并含有14.26%的NaCl，可用电解法产生的氯与次氯酸钠氧化废水中的有机物，氧化后尾液中仍含有次氯酸钠，再与原水混合作进一步氧化，脱酚率可达99%以上。

石油工业含酚废水中NaCl质量浓度为20g/L时，用40mA/cm^{2}的交流电处理90min，可除去≥93%的酚、邻甲酚、间甲酚、2，3－二甲基酚及3，4－二甲基酚等。

废水中的苯酚、邻甲氧基苯酚、邻苯二酚及氢醌可用聚丙烯酸铁作为催化剂，以电化学方法产生的氧进行氧化处理。最佳条件为铁含量为0.1%～1%，pH＝8.0～8.5，酚与聚丙烯酸铁的比例为（0.1～11）：1。

5.5 电还原法处理废水

电还原方法主要用于重金属的回收和氯代烃还原脱氯。

5.5.1 铬离子去除

利用铁板阳极电解处理含六价铬的工业废水，阳极氧化产生了Fe^{2+}，Fe^{2+}可将废水中的六价铬离子还原为三价铬离子。

阳极：

$$Fe = Fe^{2+} + 2e$$

溶液中：

$$6Fe^{2+} + Cr_2O_7^{2-} + 14H^+ = 2Cr^{3+} + 6Fe^{3+} + 7H_2O$$

$$3Fe^{2+} + CrO_4^{2-} + 8H^+ = Cr^{3+} + 3Fe^{3+} + 4H_2O$$

阴极：

$$Fe^{3+} + e = Fe^{2+}$$

$$2H^+ + 2e = H_2\uparrow$$

$$Cr_2O_7^{2-} + 14H^+ + 6e = 2Cr^{3+} + 7H_2O$$

$$CrO_4^{2-} + 8H^+ + 3e = Cr^{3+} + 4H_2O$$

由于阴极区H^+不断被消耗，产生大量OH^-与Cr^{3+}反应生成氢氧化铬及氢氧化铁沉淀：

$$Cr^{3+} + 3OH^- = Cr(OH)_3\downarrow$$

$$Fe^{3+} + 3OH^- = Fe(OH)_3\downarrow$$

通过沉淀分离，可去除铬离子，溶液中铬含量降至0.1mg/L以下，产生的污泥比漂白粉法少。

5.5.2 重金属回收

阴极还原法可从废水中回收重金属。由于废水中重金属离子浓度一般很低，能耗较大，可用旋转桶电极、金属网电极、多孔三维电极或填充式流化床等方法，增加电极与废水中金属离子吸附、网捕作用，提高传质速度和还原效率。阴极材料可用石墨颗粒、石墨纤维、金属毛或碳纤维。在几分钟的停留时间里重金属的质量浓度可从100mg/L迅速降到0.1mg/L。此类电极运行费用低，去除效率高，占地面积小，已用来去除Cu^{2+}和Hg^{2+}，废水中重金属质量浓度可降到1mg/L以下，治理能耗约为1kW·h/m^3。

含重金属离子废水处理最简单的是铁屑还原法，加入铁屑可以回收铜、汞等重金属。

这个方法在矿山、冶炼厂和加工厂应用最广。废水中铜离子质量分数从 100×10^{-6} 降至 2×10^{-6}。

5.5.3 氯代烃还原脱氯

氯代烃中的氯不仅可以通过阳极氧化法被 -OH 取代，还可以通过阴极还原法被 H^+ 取代，其反应过程如下：

$$RCl + H^+ + e = RH + Cl^-$$

氯代烃毒性大，而还原产物烷烃毒性很低，增加了生物可降解性，减少了对环境污染的危害。D. Schmal 用石墨纤维电极，增大了反应面积，提高了析氢超电势，成功地去除了有机物中的氯。但该法对 100mg/L 的氯化物溶液能效较低，其处理能耗为 10 ~ 100kW · h/m^3。

5.5.4 铜氰络合物电镀废液治理

用不锈钢制的容器作为阳极，用黄铜作为阴极，将含有铜氰络合物的电镀废水装入电解槽，进行氧化反应：

阳极 $$CN^- + 2OH^- = CNO^- + H_2O + 2e$$

副反应 $$2OH^- = H_2O + \frac{1}{2}O_2 + 2e$$

阴极 $$Cu(CN)_3^{2-} + 3e = Cu + 3CN^-$$

或 $$Cu(CN)_2^- + 2e = Cu + 2CN^-$$

副反应 $$2H^+ + 2e = H_2\uparrow$$

生成的 CNO^- 不稳定，一部分水解，一部分与 NH^{4+} 生成 $CO(NH_2)_2$。

$$CNO^- + 2H_2O = HCO_3^- + NH_3\uparrow$$

或 $$NH_3 + H^+ = NH_4^+$$

$$NH_4^+ + CNO^- \rightleftharpoons NH_4CNO \rightleftharpoons CO(NH_2)_2$$

在电解处理中，可投加食盐，电解氧化生成的 Cl_2 和 ClO^- 也能对 CN^- 进行氧化，氰能完全被分解。含氰量为 25 ~ 100mg/L 的废水食盐投加量为 1 ~ 2g/L，电流密度为 40 ~ 70A/m^2。电流浓度为 1 ~ 2A/L，可使 CN^- 质量浓度降至 1mg/L 以下。

该法回收 Cu 的同时除氰，一举两得，效果很好。张冰报道兖州矿业集团机械制修厂用铸铁和炭作为电极，电解处理镀铬、镀锌废水，原废水六价铬为 100mg/L，处理后小于 0.5mg/L，吨水处理成本为 0.37 元，达到回收要求。

5.6 电渗析法处理废水

电渗析技术作为一种特殊的电解技术，早已在氯碱工业和水处理中应用。电渗析的原理是在直流电场作用下，溶液中的正负离子分别向不同方向迁移，正离子向负极迁移，负离子向正极迁移。若在溶液中间安装离子交换膜，由于阳离子交换膜只允许正离子通过，而阴离子交换膜，只允许负离子通过，因此可以限制不同区域溶液中离子的迁移，最终达到分离、浓缩、提纯、回收离子或淡化水的目的。

5.6.1 电渗析除盐原理

电渗析装置原理如图 5－11 所示。

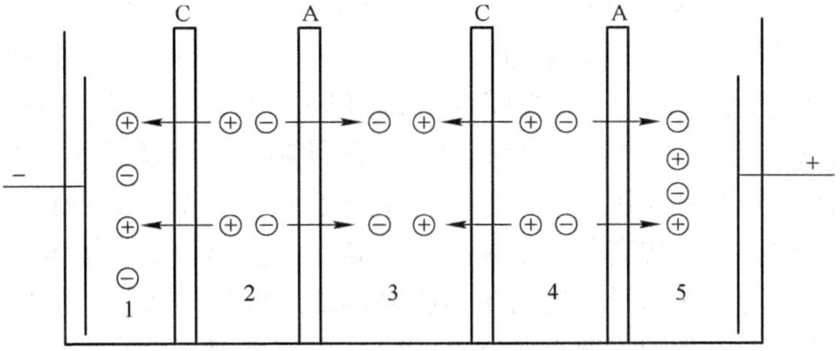

图 5－11 电渗析过程原理示意图

C—阳膜；A—阴膜；1—阴极室；2，4—淡化室；3—浓缩室；5—阳极室

阳极 $$2Cl^- = Cl_2\uparrow + 2e$$

$$H_2O = \frac{1}{2}O_2 + 2H^+ + 2e$$

阴极 $$2H_2O + 2e = H_2\uparrow + 2OH^-$$

为提高效率，实际使用中，将几百对离子交换膜装置配成多室电渗析器。

5.6.2 电渗析过程

电渗析器内过程包括以下几步：

（1）电迁移过程：溶液中正负离子分别向两极电迁移。

（2）电解过程：在阳极 Cl^- 和水放电生成 Cl_2 和 O_2，在阴极水放电放出氢气。

（3）电渗失水过程：离子是水化的，因此离子电迁移时携带水迁移，这部分失水称电渗失水。

（4）渗透与扩散过程：由于膜两侧浓度不同，渗透压不同，水及离子由高化学位一侧向低化学位一侧迁移。其中水的迁移称为渗透作用，而离子因浓度梯度迁移称为浓差扩散作用，水是由淡化室向浓缩室渗透，而离子是通过膜由浓缩室向淡化室扩散。渗透与扩散的结果都使电渗析效率降低。

（5）离子交换过程：离子交换膜固定活性基团与溶液中反离子进行离子交换，使其透过膜迁移的过程。

（6）极化过程：在一定电压下，反离子在离子交换膜中电迁移速度大于其在主体溶液中的电迁移速度时，在离子交换膜一侧出现了反离子的耗竭层，从而迫使水分子电解产生氢离子和氢氧根离子来负载电流。而当氢氧根离子透过膜到浓水室时将与 Mg^{2+}、Ca^{2+} 产生沉淀，阻塞膜通道。

5.6.3 电渗析设备

电渗析设备由电渗析本体与辅助设备两大部分组成。电渗析本体由膜堆、极区和夹紧装置 3 部分组成。膜堆由交替排列的浓缩室、淡化室隔板和阴离子、阳离子交换膜组成。

极区包括电极、极水框和保护室。辅助设备包括稳流电源、水泵、流量计、过滤器、水箱和仪器、仪表等。

5.6.3.1 离子交换膜

（1）分类。离子交换膜按其高分子活性离子交换基团性质分为阳离子交换膜（可交换阳离子）和阴离子交换膜（可交换阴离子）。阳离子交换膜分为强酸性阳离子交换膜（如磺酸型膜）、中等酸性阳离子交换膜（如磷（膦）酸型膜）和弱酸性阳离子交换膜（如羧酸型膜、苯酚型膜）；阴离子交换膜分为强碱性阴离子交换膜（如季铵型膜）、中等碱性阴离子交换膜（如叔胺型膜）和弱碱性阴离子交换膜（如仲胺型膜和伯胺型膜）。按离子交换膜成型结构分为异相离子交换膜、均相离子交换膜和半均相离子交换膜3类。其中异相离子交换膜是用粉状离子交换树脂与胶黏剂加工成型的薄膜。均相离子交换膜是用含有活性基团的高分子树脂的溶液直接制得的膜，无胶黏剂成分，膜的整体结构是均一的化学成分。半均相膜是用离子交换树脂和胶黏剂同溶于溶剂中再成膜。水处理中常用的阳离子交换膜为强酸性磺酸型离子交换膜和强碱性季铵型阴离子交换膜。

（2）性能。均相膜与异相膜性能比较见表5－2。

表5－2 均相膜与异相膜性能比较

性质	均相膜	异相膜	性质	均相膜	异相膜
组成	均一，不含胶黏剂	不均一，含胶黏剂和添加剂	耐温性	较好	较差
孔隙度	小	大	机械强度	小	大
厚度	小，约0.15～0.3mm	大，约0.5～0.8mm	制备难度	复杂	简单
膜电阻	小	大	电化学性能	好	较差

离子交换膜主要具有以下性能：

1）交换容量和含水量。膜的交换容量是以每克干膜所含的活性基团的物质的量（mol/L）来表示的。

膜的含水量是以每克膜所含水的质量（g/g）来表示的。

膜的含水量与膜的交换容量、交联度和导电能力密切相关。交换容量高，含水量也高。交联度大的膜由于结构紧密、含水量低，膜交换容量和含水量高时，膜的导电能力增强，但选择透过性降低。

2）机械强度。机械强度分爆破强度和拉伸强度。爆破强度是指膜在受到垂直方向压力时，所能耐受的最高压力，以单位面积所受的压力来表示（kgf/m^2，$1kgf/m^2$ = 9.80665Pa）。拉伸强度是指膜在受到平行方向的拉力时，所能耐受的最高拉力，以单位面积上所受的拉力来表示。

3）膨胀性。指膜吸水膨胀和膜从一种溶液移到另一种溶液中发生的胀缩现象。用膜浸入水中后增加的长度与原来干膜长度之比值来表示。膨胀性与膜的化学结构、溶液浓度、pH值及温度变化有关。

4）膜的扩散性包括离子从浓缩室向淡化室进行浓差扩散和水分子从淡化室向浓缩室渗透扩散，这种扩散导致电渗析器脱盐率降低，淡化室水量减少。膜的扩散性与膜的性能、溶液成分、浓度和温度等有关。

5）化学稳定性。指离子交换膜接触酸、碱、盐、氧化剂（Cl_2、O_2）时的性能变化。

一般用膜的交换容量的变化或使用寿命来表示。膜的化学稳定性能影响膜的使用寿命和脱盐率。

6）膜的导电性。指膜本身的电阻率、电导率或面阻率。其数值测定指定在25℃时的0.1mol/L KCl 溶液或0.1mol/L NaCl 溶液中进行。

7）膜的选择透过性和膜电位。离子交换膜对离子的选择透过性用离子迁移数和膜的选择透过度表示。

膜的选择透过度

$$p = \frac{\bar{t}_g - t_g}{1 - t_g}$$

式中，$\bar{t}_g$ 为反离子在膜中的迁移数；t_g 为反离子在溶液中的迁移数。一般用测定膜电位的方法来计算 $\bar{t}_g$ 及 p 值。膜电位是指在膜两侧分别注入不同浓度的溶液（如0.1mol/L KCl和0.2mol/L KCl），用甘汞电极测定的两侧之间的电位差值。膜电位越大，膜的选择性透过性越好。

最简单的是膜堆，膜堆是电渗析器中最简单的脱盐单元，由一张阳膜、一张浓缩室（或淡化室）隔板、一张阴离子交换膜、一张淡化室（或浓缩室）隔板组成。一对电极之间的膜堆部分称为级。电渗析器中，浓水、淡水隔板水流方向一致的膜堆部分称为一段，水流方向每改变一次，段的数目就增加1。膜堆的组装分为并联和串联或并联、串联综合组装，如图5-12所示。膜堆中浓缩室、淡化室水流方向可以是并联，也可以是逆流或错流。

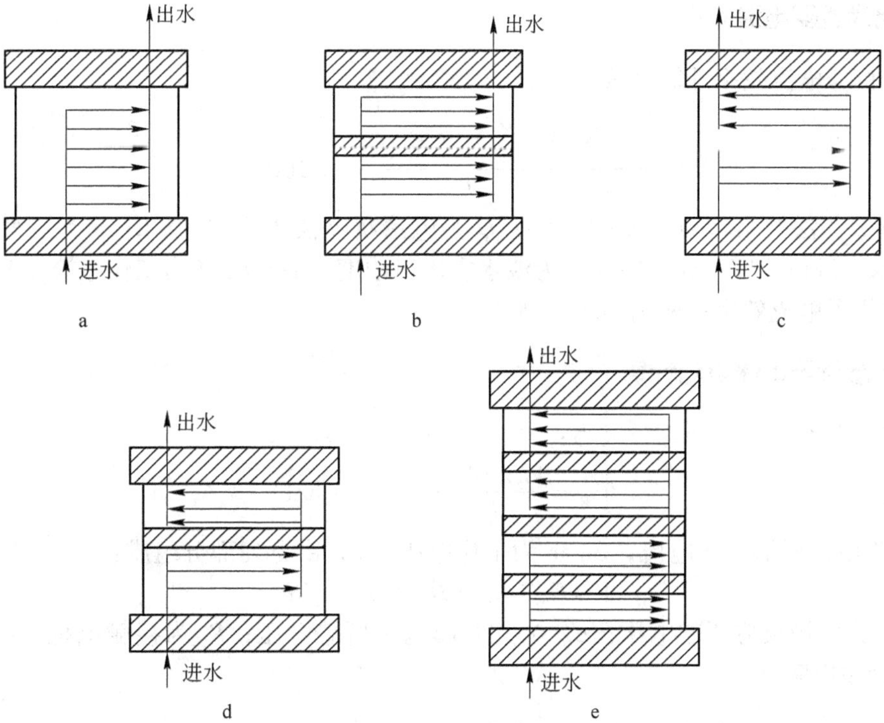

图5-12 膜堆联结法

a—一级一段并联；b—二级一段并联；c—一级二段串联；d—二级二段串联；e—四级二段并串联综合组装

5.6.3.2 隔板

电渗析槽的隔板为框形，用于加固离子交换膜，框两侧紧压着膜。膜堆中的隔板放在阴膜、阳膜之间，起支撑和分隔阴膜、阳膜的作用，构成浓、淡两室，同时有进水、出水通道。增加隔板和膜数量，形成多室渗析器，可提高处理效率，多室电渗析器往往有几十对到几百对阴离子、阳离子交换膜。常用的隔板材料有聚乙烯、聚氯乙烯、聚丙烯、天然橡胶等。隔板厚度一般小于1mm。

5.6.3.3 隔板网

隔板网用于支撑膜，放在隔板与膜之间，有鱼鳞网、编织网，窗纱网、注塑成型网等，常用聚氯乙烯、聚乙烯、聚丙烯、尼龙丝、涂塑玻璃丝制备。

5.6.3.4 电极

电极用来连接直流电源，要求电阻小、机械强度高、化学稳定性好、价格低、加工方便。电极形状可采用丝状、网状、栅状，有利于极水流动并尽快排出气体。可用石墨、铅、不锈钢（一般作为阴极），铅银合金、钛丝涂钌、银－氯化银、钛丝－钛丝涂钌复合电极等。

5.6.3.5 过滤器

过滤器用于水预处理，以防止原水中悬浮物堵塞电渗析器。过滤设备很多，有砂滤器、焦炭屑过滤器、废树脂过滤器、活性炭过滤器、中空纤维过滤器等。电渗析法处理水，对水质有一定要求。必要时需将原水先混凝沉清，再过滤，并灭杀细菌、藻类后进入电渗析装置。

5.6.4 电渗析器电流效率

电渗析器电流效率计算公式为：

$$\eta = \frac{26.8 \times \dfrac{Q}{n} \times (c_{进} - c_{出})}{I} \times 100\%$$

式中，26.8为法拉第常数，A·h/mol；Q 为电渗析器淡水产量，t/h；n 为并联膜对数；$c_{进}$ 为淡水室进口浓度，mol/L；$c_{出}$ 为淡水室出口浓度，mol/L；I 为工作电流，A。

电渗析器电流效率一般为70%～90%。

5.6.5 电渗析器本体电耗计算

电渗析器本体电耗计算公式为：

$$W_{电} = \frac{VI \times 10^{-3}}{Q} \quad (\mathrm{kW \cdot h/t})$$

式中，I 为电渗析器工作电流，A；V 为工作电压，V，由下列部分组成：

$$V = E_e + E_m + IR_j + IR_m + IR_h$$

式中，E_e 为电极反应所需电压；E_m 为克服膜电位所需电压；R_j 为接触电阻；R_h 为水电阻；R_m 为膜电阻。

5.6.6 电渗析技术在苦咸水和海水淡化中的应用

含盐量为1～5g/L的水叫低盐度苦咸水，5～10g/L的叫中盐度苦咸水，10g/L以上为高盐度苦咸水。将苦咸水淡化制取饮用水，能耗和价格比海水淡化低得多。据含盐量的高低，单位淡水一般能耗在0.5～3kW·h/m^3。中东、非洲、美国等许多地区靠苦咸水淡化提供工业用水和市政用水。目前世界上苦咸水淡化产量达$5.86\times10^6 m^3/d$，利用膜技术淡化占绝对优势，其中反渗透（RO）技术淡化占76%，电渗析（ED）技术占15%。最大的苦咸水淡化工程是美国尤马河水的处理工程，产水量$38\times10^4 m^3/d$。保证了下游河水的卫生标准。

我国自20世纪60年代开始用电渗析技术进行苦咸水淡化，电渗析技术的脱盐率可达80%～95%，至今已推广应用得相当普遍，年产离子交换膜40多万平方米，ED装置近千台。仅山西大同矿务局十多个矿区日处理量就达2万多吨，供冷却水和生活用水。20世纪80年代国家海洋局水处理技术中心在西沙永兴岛建成日产200m^3的淡水电渗析海水淡化站，采用二组十级，一次连续流程，将含盐量为35g/L的海水淡化至500mg/L以下，采用丝状钛涂钌电极，能消除阴极沉淀，安装了脱硼离子交换装置，将淡水中含硼量由4.7g/L降到0.5mg/L，每制取1m^3淡水直流耗电12.5kW·h，动力耗电4.0kW·h，总耗电16.5kW·h，接近日本水平。淡水站供水比船运水节省费用80%。该中心与兰州石油机械研究所合作开发了沙漠高盐度苦咸水电渗析淡化车，采用二系列批量循环电渗析法，适用于35g/L以下不同矿化物的沙漠苦咸水淡化，日产淡化水40m^3，解决沙漠钻井队的生活用水、钻井设备冷却水，现已有数十套淡化车在沙漠地区应用。该中心与煤炭科学院合作开发了矿井地下苦咸水电渗析淡化站。该站由6台800mm×1600mm DKD型电渗析器并联排列组成，日产淡水1500m^3，水质符合国家饮用水标准。该矿井苦咸水含盐量为1.2～1.8g/L，其中硫酸根离子300～480mg/L，氯离子410～450mg/L，钾和钠离子310～340mg/L，镁离子60～62mg/L，还有氟和三价铁等离子。已在大同、徐州和阳泉等矿务局建成了20余处日产千吨级矿井苦咸淡化站使用。

复习与思考题

1. 在治理废水时常用哪些电化学方法，采用哪些工艺？
2. 内电解法处理废水常用何种电极材料？
3. 何谓絮凝床，它分哪几类？
4. 可用内电解法处理哪些废水？
5. 何谓电解凝聚处理废水方法，它有哪些应用？
6. 何谓电解气浮处理废水方法，它有哪些应用？
7. 何谓电化学氧化法处理废水法，它有哪些应用？
8. 何谓电还原处理废水法？
9. 何谓电渗析，它在水处理中有何应用？

6　电化学在化学电源中的应用

化学电源又称电池，是一种通过化学反应将化学能直接转变成电能的装置或系统。它在国民经济、科学技术、军事和日常生活等方面均有广泛的应用。

6.1　化学电源的特点、分类和性能指标

6.1.1　化学电源的特点

（1）能量转换效率高。化学电源的能量转换效率远远高于火力发电。因为火力发电属于间接发电，能量转换环节多，而且还受到热机卡诺循环的限制，所以效率很低，只有40% ~30%。而化学电源是直接发电装置，以燃料电池为例，实际效率在60%以上，在考虑能量综合利用时其实际效率高于80%。

（2）污染相对较少。化学电源与通过直接燃烧石油、天然气、煤气获取能量方式相比，产生的环境污染少且没有噪声。

（3）便于使用。化学电源还具有可携带性、使用方便的特点。可以做成多种性能、体积小巧、质量轻便、形状多样的装置，从而为一些特殊的设备提供电能，这是其他供电方式无法比拟的。

6.1.2　化学电源的分类

主要有如下三种分类方法。

第一类　按电解液种类划分：

（1）碱性电池，电解质主要以氢氧化钾水溶液为主的电池，如碱性锌锰电池（俗称碱锰电池或碱性电池）、镉镍电池、镍氢电池等；

（2）酸性电池，主要以硫酸水溶液为介质，如铅酸蓄电池等；

（3）有机电解液电池，主要以有机溶液为介质的电池，如锂电池、锂离子电池等。

第二类　按工作性质和贮存方式划分：

（1）一次电池，又称原电池，即不能再充电的电池，如锌锰干电池，锂原电池等；

（2）二次电池，即可充电电池，如铅酸蓄电池、镍氢电池、锂离子电池、镉镍电池等；

（3）燃料电池，即活性材料在电池工作时才连续不断地从外部加入电池，如氢氧燃料电池等；

（4）贮备电池，即电池在未使用时，其关键组分和其他部分隔开或是处于没有活性的状态，直到电池使用时，才相互接触或活化，从而使电池进入工作状态，如镁化银电池又称海水电池等。

第三类　按电池所用正、负极材料划分：

（1）锌系列电池，如锌锰电池、锌银电池等；
（2）镍系列电池，如镉镍电池、氢镍电池等；
（3）铅系列电池，如铅酸电池等；
（4）锂离子电池、锂锰电池；
（5）二氧化锰系列电池，如锌锰电池、碱锰电池等；
（6）空气（氧气）系列电池，如锌空电池等。

6.1.3 化学电源的性能指标

6.1.3.1 电池的电动势与开路电压

电池电动势为电池两电极的平衡电极电势之差，因此是不可以直接用伏特计来测量的。电动势测定的经典方法是波根多夫对消法，也即在所测电池的外电路上加一个方向相反而数值几乎相同的电势差，以对抗该电池的电动势，使外电路上无电流通过以达到测量电动势的目的。另外，可逆电池的电动势（E）也可由该电池反应的吉布斯自由能变化计算得出。

电池的开路电压 $V_{开}$ 则是指电池的外电路中无电流通过时，电池两端的电势差，是一个可以实际测量的数值。由于通常状况下，电池的两极在电解液中所建立的电极电势仅为稳定电势而非平衡电势，所以两电势差总要比电动势要小。不过，电池的可逆程度越高，两者间的差别越小。

6.1.3.2 电池的内阻

电池的内阻是指电流通过电池时所受到的阻力，又称全内阻，由欧姆电阻和极化电阻组成。欧姆电阻是电池本身的电阻，由电极材料、电解质溶液、隔膜以及它们之间的接触电阻组成，另外还与电池尺寸、工艺结构等因素有关。电池的装配越紧密，欧姆电阻越小；对于同一类相同结构的电池，几何尺寸大的电池欧姆电阻通常要小于几何尺寸小者。极化电阻则是指电池发生电化学反应时由于电极极化所导致的电阻，通常包括电化学极化电阻和浓差极化电阻。极化电阻与电极活性物质的性质、电池结构、工艺等因素密切相关，特别需要指出的是它还与电池的工作条件有关，通过的电流不同，产生的极化就不同，因此极化电阻也就不相同。

6.1.3.3 电池的工作电压

电池的工作电压也称放电电压，是指电池在工作状态下，也即有电流通过电池的外电路时，电池两极间的电势差。由于电流通过电池时，要克服电池的欧姆内阻和电极极化所带来的阻力，因此电池的工作电压总是小于其开路电压且与放电时的电流密切相关：电流增高，电池欧姆内阻引起的压降随之增大，同时电极反应的极化增加，电池的工作电压也就降得越低。

电池的放电方式主要分为恒阻和恒流两种。恒阻指放电过程中保持负载电阻为一恒定值，恒流则指放电过程中保持电流为一恒定值。随着放电的进行当电压降至不宜再继续放电时终止电流，通常在此时将发生电压突变，该最低工作电压被称作终止电压。在低温或大电流放电时，由于电池的欧姆降和电极的极化都增大，电池电压虽下降快，而活性物质并未得到充分利用，因此终止电压应规定得低一些。反之，在高温或小电流放电时，终止电压应规定得高一些。对于恒流放电，通常用放电率来表示放电条件，表示方式有“小时率”和“倍率”。“小时率”以放电时间（h）表示放电速率，如某电池的额定容量为1000mA·h，以5小时放电也即控制放电电流为200mA。“倍率”则表示以电流为额定容量（C）的某倍的数值进行放电，故以上放电过程也可表示为0.2C率放电。

6.1.3.4 电池的容量、能量和功率

电池的容量指电池在一定的放电条件下所能提供的电量，通常用符号C表示，单位为A·h或mA·h。电池的容量可分为理论容量、实际容量和额定容量。理论容量是假定电池的活性物质全部参与成流反应，根据法拉第定律$C = nzF$计算得出的容量。式中，n为活性物质的摩尔数；z为摩尔反应电子得失数；F为法拉第常数26.8A·h/mol。实际容量则指电池在某实际放电条件下所放出的容量。该数据除与活性物质的量有关外，还与其利用率有关。由于各种原因，如活性物质本身的性能、电极的制造工艺、电池的装配工艺等，电极活性物质的利用率不可能达到100%。另外，电池的放电条件也会影响其容量的大小，一般低温或大电流下的放电容量较小。电池的额定容量是指电池在给定的放电条件下所应保证放出的最低容量。为了便于对不同类型、不同大小的电池进行比较，人们又提出了比容量的概念，其定义为单位体积或单位质量电池所放出的容量，分别被称为体积比容量和质量比容量，相应还有理论比容量、实际比容量等之分。

电池的能量指电池在一定放电条件下对外做功所输出的能量，通常用符号W来表示，单位为W·h或kW·h，其与容量的关系为$W = CE$。电池的功率是指电池在单位时间内电池输出的能量，通常用符号P表示，单位为W或kW，$P = W/t = ItE/t = IE$，显然P还同时表征了电池所能承受的放电电流的情况。同样，能量和功率也有理论值、实际值、额定值以及比能量和比功率之分。

6.1.3.5 电池的使用寿命

电池的使用寿命笼统的说，指的是电池从开始工作到不能工作的时间。对一次电池而言，除与容量有关外，还与电池的贮存性能密切相关。电池在贮存时（开路状态），由于负极（常为较活泼金属）的腐蚀、正极的副反应而导致电池自放电，使电池的容量降低，从而影响了电池的使用寿命。电池自放电率以单位时间内电池容量降低的比例（%）来表示。对于二次电池，使用寿命往往指电池可循环充放电使用的周期，具体而言，是指电池容量降至某一规定值之前电池所能耐受的循环充放电次数。

6.2 碱性锌锰电池

6.2.1 概述

锌二氧化锰电池是以锌为负极、二氧化锰为正极的一个电池系列。电解质溶液可采用中性（实际是微酸性）的氯化铵、氯化锌水溶液，简称锌锰电池，俗称普通锌锰电池。

有关碱性锌锰电池的研究始于1882年，但在20世纪60年代才开始商品化，它是在中性锌二氧化锰电池的基础上发展起来的。它是以粉状锌电极为负极，二氧化锰为正极，电解质溶液为KOH的水溶液。

碱性锌锰电池的标称电压为1.5V，最高电压为1.65V，其放电性能与普通锌锰电池相比有下列特点：

（1）内阻小，能在重负荷下连续工作的同时维持较高的稳定电压；

（2）MnO_2 利用率高，同体积相比较，其电荷量比纸板电池大一倍左右；

（3）储存期内自放电率小，一般储存 3 年仍能保持原有电荷量的 85%，寿命较长；

（4）低温性能好，在 -20℃能输出常温电荷量的 25%，轻负荷下还能在更低的温度下工作；

（5）在特定的设计和严格控制的使用条件下，可作为廉价的蓄电池多次充电反复使用。MnO_2 掺杂钛或其他一些金属氧化物，可提高 MnO_2 的充电性能。由于它的综合性能要比中性电池好得多，价格不高，发展很快，已成为锌锰电池的换代产品。

目前，碱性锌锰电池最常见的是圆柱形，其外形尺寸与锌锰电池一样，它的结构示于图 6-1。此外，碱性锌锰电池还有方形和扣式的结构。图 6-2 是扣式碱性锌锰电池结构。

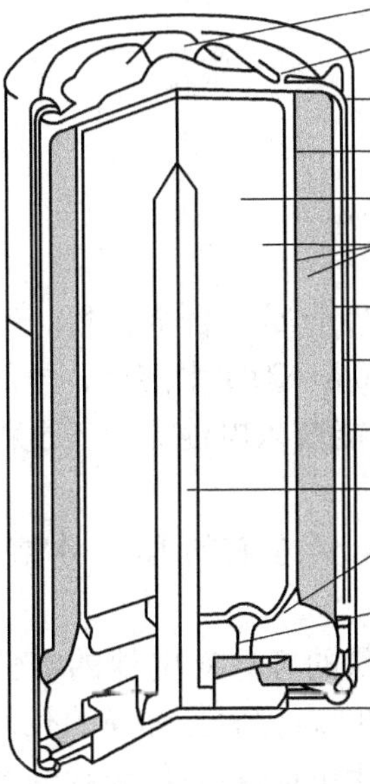

图 6-1 圆柱形碱性锌锰电池结构

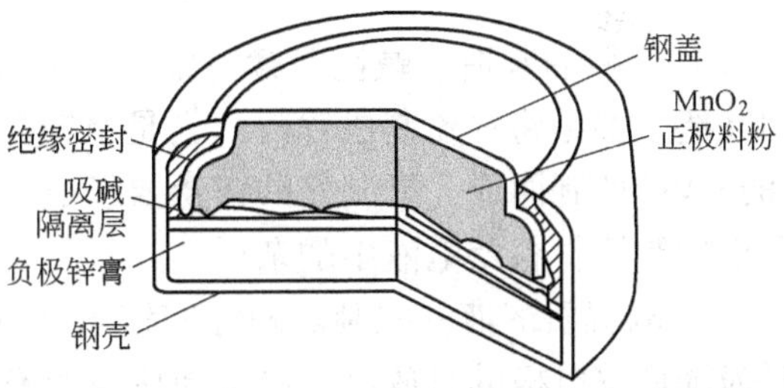

图 6-2 扣式碱性锌锰电池结构

碱性锌锰电池放电时，正、负极与电池的反应式为

负极 $$Zn + 2OH^- \longrightarrow ZnO + H_2O + 2e$$

正极 $$2MnO_2 + 2H_2O + 2e \longrightarrow 2MnO(OH) + 2OH^-$$

电池反应 $$Zn + 2MnO_2 + H_2O \longrightarrow 2MnO(OH) + ZnO$$

6.2.2 基本制造工艺

碱性锌锰电池的制造可分为正极的制造、负极的制造、电解质溶液的配制、隔膜的选择、电池的装配等几个部分。图 6-3 是圆柱形碱性锌锰电池加工工艺主要环节示意图。

（1）正极的制造。正极是由电解二氧化锰和胶体石墨所构成，此外，为了改善电极的性能，在正极粉料中有时加入一些添加剂。正极的制造一般经过混料、造粒、过筛、干燥等环节，最后正极粉料放在打环机中，用高压压制成环形。每个电池的正极都是由多个圆环组成的环形柱体。

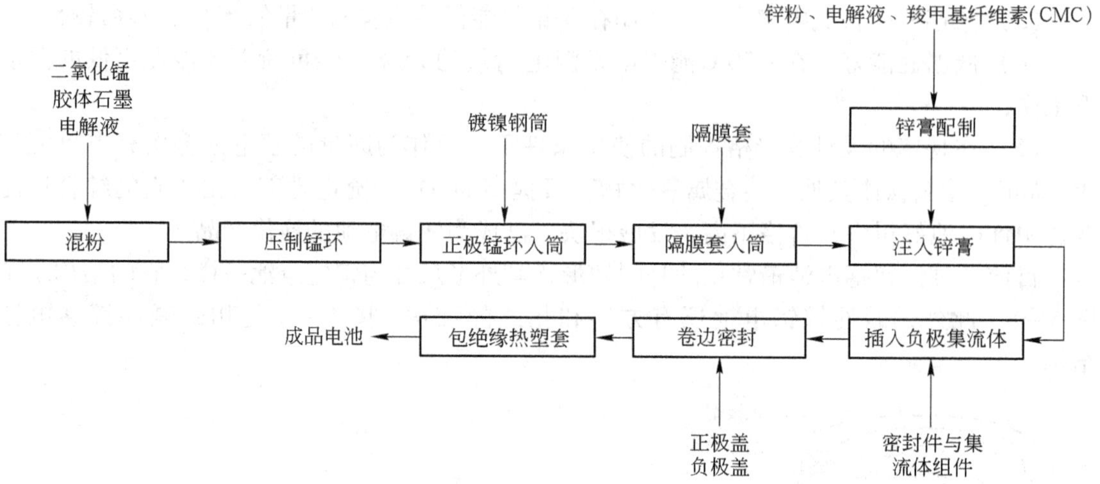

图 6－3 圆柱形碱性锌锰电池加工工艺主要环节示意图

（2）负极的制造。碱性锌锰电池的负极采用含有高氢过电势金属的合金锌粉。锌负极的制造主要是将锌粉制成锌膏。它是将锌粉加入饱和 ZnO 的 40% KOH 水溶液，再加入 1% 的 CMC 调制而成。配制好的锌膏要经过一定时间的存放，才能装入电池。加工过程必须严格控制原材料及电液中的杂质。

（3）电解质溶液的配制。碱性锌锰电池的电解质一般采用 40% 左右的 KOH 水溶液，同时为降低锌电极的自放电，电解质中溶解有饱和的氧化锌。

（4）隔膜的选择。碱性锌锰电池对隔膜要求很高，隔膜质量的好坏对电池的电性能和储存性能有很大的影响。它要求抗氧化、耐碱、吸液量大、强度高，而且隔膜的孔径要适当，既能使离子顺利通过，又能防止活性物质穿过而短路。常用的材料有纤维状的再生纤维素、乙烯基聚合物、聚烯烃或其组合制成的无纺布或毡。

（5）电池的装配。对于圆柱形碱性锌锰电池，外壳采用镀镍的钢壳，它同时又是正极的集流体。装配时将正极环压在钢壳的内壁上，使其与钢壳紧密接触，然后将隔膜套装入正极环的中间，注入锌膏，再将负极集流体插入。负极的集流体采用铜钉，铜钉与底盖焊接在一起，钢壳与盖之间用绝缘圈绝缘，最后经过密封等工序而制成。

6.2.3 应用

由于能重负载，大电流放电，电容量大，低温性能和防漏性能好，性能价格比高（为干电池的 2～3 倍，大电流工作电能是 6～8 倍）等优点而广泛用于民用和工业。碱性锌锰电池特别适用于闪光照相机，微型收录机，摄像机，对讲机，BP 机，剃须刀，手掌型彩电和游戏机，玩具，遥控器，报警器，计算器，助听器，手电筒和电钟等仪器设备。如 AA 型（五号）碱性锌锰电池用于闪光照相机可连拍 8～10 个胶卷，而干电池只能拍 1～2 个胶卷，镉镍电池就不能使用。可以说，凡是使用干电池、镉镍电池的都可由碱性锌锰电池来取代。

6.3 铅酸蓄电池

6.3.1 概述

铅酸蓄电池是1859年由普兰特（Plante）发明的，至今已有一百多年的历史。铅酸蓄电池自发明后，在化学电源中一直占有绝对优势。

到20世纪初，铅酸蓄电池历经了许多重大的改进，提高了能量密度、循环寿命、高倍率放电等性能。然而，开口式铅酸蓄电池有两个主要缺点：（1）充电末期水会分解为氢，氧气体析出，需经常加酸、加水，维护工作繁重；（2）气体逸出时携带酸雾，腐蚀周围设备，并污染环境，限制了电池的应用。近二十年来，为了解决以上的两个问题，世界各国竞相开发密封铅酸蓄电池，希望实现电池的密封，获得干净的绿色能源。

铅酸蓄电池主要用作汽车启动电源、电动车动力源，以及铁路、矿井、飞机、潜艇、坦克等的主电源或备用电源；另外，作为固定电源，还可用作发电厂、变电所的开关操作电源和公共设施的备用和通讯电源。铅酸蓄电池具有以下特点：电池电动势高（2V），能大电流放电，可在较宽的温度范围内使用，性能稳定可靠，可逆性高以及原材料来源丰富、价格低廉等。铅酸蓄电池的发展主要集中于轻量高能量化和免维护密封化上，以后者为例，先后历经了免维护电池（MF，Maintenance - Free）、密封铅酸蓄电池（SLA，Sealed Lead - Acid Battery），目前的研究重点是阀控式蓄电池（VRLA，Valve Regulated Lead - Acid Battery）。

铅酸蓄电池按照用途可以分为固定型、移动型和牵引型三种；按照电解液和充电维护情况可以分为干放电蓄电池，干荷电蓄电池，湿荷电蓄电池，免维护、少维护蓄电池等。

6.3.2 工作原理

构成铅酸蓄电池的主要部件是正极、负极和电解质溶液，此外还包括隔板、电池槽和一些必要的零部件。正、负极活性物质是分别固定在各自的板栅上，即活性物质加板栅组成正极或负极。板栅在电池中虽不参加成流反应，但是对电池的主要性能如容量、寿命、比功率等都有很大的影响。板栅是由耐腐蚀性好的铅合金铸造而成。铅酸蓄电池的正极活性物质是氧化铅，负极活性物质是海绵状金属铅，电解质溶液是稀硫酸水溶液。该电池放电时，把储存的化学能直接转换为电能，即正极活性物质二氧化铅和负极活性物质海绵状金属铅分别被还原和氧化为硫酸铅。下列方程式为电极与电池反应：

负极：
$$Pb + HSO_4^- \rightleftharpoons PbSO_4 + H^+ + 2e$$

正极：
$$PbO_2 + HSO_4^- + 3H^+ + 2e \rightleftharpoons PbSO_4 + 2H_2O$$

电池反应：
$$PbO_2 + Pb + 2HSO_4^- + 2H^+ \rightleftharpoons 2PbSO_4 + 2H_2O$$

充电反应是其逆过程。

一个单体铅酸蓄电池的标称电压是2V，理论上放出1A·h的电量需要正极活性物质二氧化铅4.45g、负极活性物质海绵状金属铅3.87g、硫酸3.66g。由此计算铅酸蓄电池的理论比能量是166.9W·h/kg，但实际比能量一般只有35～45W·h/kg。图6-4是铅酸蓄电池的结构示意图。

6.3.3 基本组成与制造工艺

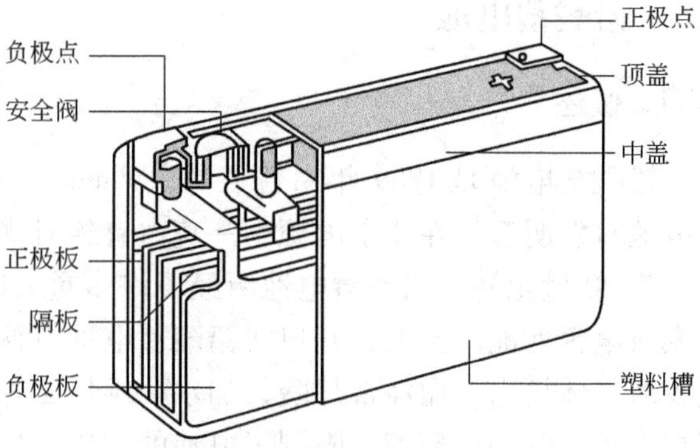

图 6－4 铅酸蓄电池的结构示意图

铅酸蓄电池的基本结构是将极板群置于一密封不翻液的容器中。极板群由正、负极板与隔板组成，其中所有的正、负极板分别通过汇流排连接在一起，汇流排是与极柱相连的。极板群内部的正极板和负极板有序地排列，即每片正极板的两侧是负极板，每片负极板的两侧是正极板。极板群两侧的极板称边板，通常是负极板。正、负极板间一定用隔板有效地隔离开来，不能形成电子通路。正极板、负极板、隔离物自身的孔内及其周围填充有足够的电解质溶液。正、负极的极点（端子）是露在电池壳体之外的。因此，电池由五大部分组成：（1）正极；（2）负极；（3）隔板；（4）电解质溶液；（5）外壳。电池制造工艺流程如图 6－5 所示。

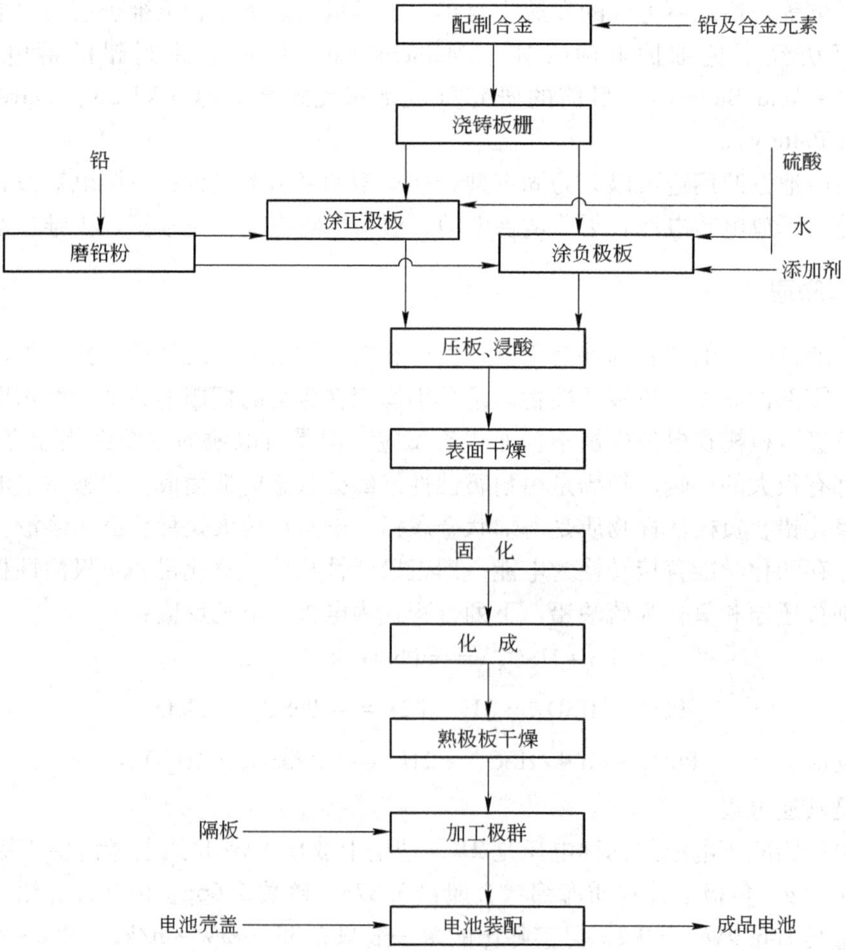

图 6－5 铅酸蓄电池制造工艺流程框图

正、负极板的区别在于活性物质不同而加工方式相同。下面将正、负极板统称为极板。极板由两部分组成：活性物质和板栅，板栅起支撑活性物质、保持电极强度的作用并且能把活性物质与外线路接通还使电流分布均匀。因此，电极的制备包括三个步骤：（1）板栅的加工；（2）活性物质的制备；（3）电极的成型（即将活性物质载到板栅上）。

铅酸蓄电池的板栅使用铅锑合金铸造而成。为了降低氢的析出，合金组成向低锑或无锑方向发展。板栅的形状是有一定厚度（1～4mm）的矩形，中间布满了田字形的方框。

正、负极活性物质的制备是从制备氧化铅粉开始的。我国大多数工厂是把铅球置于高温有氧的滚筒中球磨而成，采用科学的配方将铅粉、硫酸、水经搅拌调制成有黏性的铅膏。正、负极铅膏的组成稍有差别，最大的不同是添加剂不一样。经过一系列的工序把铅膏填充到板栅的田字形方框中并使其固化。固化后的极板置于稀硫酸中，采用电化学方式使正极板上固化的铅膏转化成活性物质二氧化铅，使负极板上固化的铅膏转化成活性物质海绵状金属铅。采用上述工艺路线加工的极板称为涂膏式极板。电池工作过程中正极板上的活性物质会逐渐软化脱落使电池寿命终止，人们发明了管式极板化解了这一难题延长了电池寿命。管式电池的板栅是耙形。圆柱形筋条平行分布在一个平面上，它们的一端都连接在有极耳的梁上，它也是用铅合金铸造而成的。筋条上套入涤纶丝编织的圆管并将活性物质填入套管中，这种极板称为管式极板，其特点是寿命长但是内阻较大。

极板制备是在机械化程度较高的生产线上完成的。装配电池外壳通常是注射成型的塑料壳体，大型电池也有采用玻璃钢外壳的。电池外壳应该有良好的机械强度，耐振动和耐冲击，并能耐高低温环境的变化和电解质溶液的腐蚀，化学稳定性好。

将极板群按一定的方式置于电池壳内，引出正负极极点（端子）、注入电解质溶液、壳盖密封后完成电池的制造。

6.3.4 注意事项

6.3.4.1 安装注意事项

（1）蓄电池应离开热源和易产生火花的地方，其安全距离应大于0.5m。

（2）蓄电池应避免阳光直射，不能置于大量放射性、红外线辐射、紫外线辐射、有机溶剂气体和腐蚀气体的环境中。

（3）安装地面应有足够的承载能力。

（4）由于电池组件电压较高，存在电击危险，因此在装卸导电连接条时应使用绝缘工具，安装或搬运电池时应戴绝缘手套、围裙和防护眼镜。电池在安装搬运过程中，只能使用非金属吊带，不能使用钢丝绳等。

（5）脏污的连接条或不紧密的连接均可引起电池打火，甚至损坏电池组，因此安装时应仔细检查并清除连接条上的脏污，拧紧连接条。

（6）不同容量、不同性能的蓄电池不能互连使用，安装末端连接件和导通电池系统前，应认真检查电池系统的总电压和正、负极，以保证安装正确。

（7）电池外壳，不能使用有机溶剂清洗，不能使用二氧化碳灭火器扑灭电池火灾，可用四氯化碳之类的灭火器具。

（8）蓄电池与充电器或负载连接时，电路开关应位于“断开”位置，并保证连接正确：蓄电池的正极与充电器的正极连接，负极与负极连接。

6.3.4.2 运输、储存

（1）由于有的电池重量较重，必须注意运输工具的选用，严禁翻滚和摔掷有包装箱的电池组。

（2）搬运电池时不要触动极柱和安全阀。

（3）蓄电池为带液荷电出厂，运输中应防止电池短路。

（4）电池在安装前可在0～35℃的环境下存放，但存放不能超过六个月，超过六个月储存期的电池应充电维护，存放地点应清洁、通风、干燥。

6.3.4.3 使用注意事项

（1）蓄电池荷电出厂，从出厂到安装使用，电池容量会受到不同程度的损失，若时间较长，在投入使用前应进行补充充电。如果蓄电池储存期不超过一年，在恒压2.27V/只的条件下充电5天。如果蓄电池储存期为1～2年，在恒压2.33V/只条件下充电5天。

（2）蓄电池浮充使用时，应保证每个单体电池的浮充电压值为2.25～2.30V，如果浮充电压高于或低于这一范围，则将会减少电池容量或寿命。

（3）当蓄电池浮充运行时，蓄电池单体电池电压不应低于2.20V，如单体电压低于2.20V，则需进行均衡充电。均衡充电的方法为：充电电压2.35V/只，充电时间12h。

（4）蓄电池循环使用时，在放电后采用恒压限流充电。充电电压为2.35～2.45V/只，最大电流不大于0.3C10。具体充电方法为：先用不大于上述最大电流值的电流进行恒流充电，待充电到单体平均电压升到2.35～2.45V时改用平均单体电压为2.35～2.45V恒压充电，直到充电结束。

（5）电池循环使用时充电完全的标志。在上述限流恒压条件下进行充电，其充足电的标志，可以在以下两条中任选一条作为判断依据：1）充电时间18～24h（非深放电时间可短）；2）充电末期连续3h充电电流值不变化；3）恒压2.35～2.45V充电的电压值，是环境温度为25℃的规定值。当环境温度高于25℃时，充电电压要相应降低，防止造成过充电。当环境温度低于25℃时，充电电压应提高，以防止充电不足。通常降低或提高的幅度为每变化1℃每个单体增减0.005V。

（6）蓄电池放电后应立即再充电，若放电后的蓄电池搁置时间太长，即使再充电也不能恢复其原容量。

（7）电池使用时，务必拧紧接线端子的螺栓，以免引起火花及接触不良。

6.3.4.4 电池运行检查和记录

（1）电池投入运行后，应至少每季测量浮充电压和开路电压一次，并作记录：每个单体电池的浮充电压或开路电压值。

（2）蓄电池系统的端电压（总压）。

（3）环境温度。

（4）每年应检查一次连接导线是否有松动和腐蚀污染现象，松动的导线必须及时拧紧，腐蚀污染的接头应及时作清洁处理。

（5）运行中，如发现以下异常情况，应及时查找故障原因，并更换故障蓄电池：1）电压异常；2）物理性损伤（壳、盖有裂纹或变形）；3）电池液泄漏；4）温度异常。

6.4 镍氢电池

6.4.1 概述

20 世纪 70 年代，贮氢合金取得的突破性发展，使氢能源的开发和使用掀开了新的篇章，镍氢电池就是在 20 世纪 80 年代由贮氢合金成功取代镍镉电池中的镉负极而诞生的一种新型化学电源，它的开路电压与镍镉电池相近，也为 1.2～1.3V。完全可以作为镍镉电池的换代产品，而且，与镍镉电池相比，镍氢电池还具有下列优势。

（1）容量高，可达镍镉电池的 1.5 倍以上。

（2）无镉污染，无记忆效应。

（3）可以快速充放电，低温性能好。

（4）无枝晶生成，防止了电池内微短路。

（5）耐过充放。

图 6－6 是同型号的镍氢电池和镍镉电池的放电性能比较。

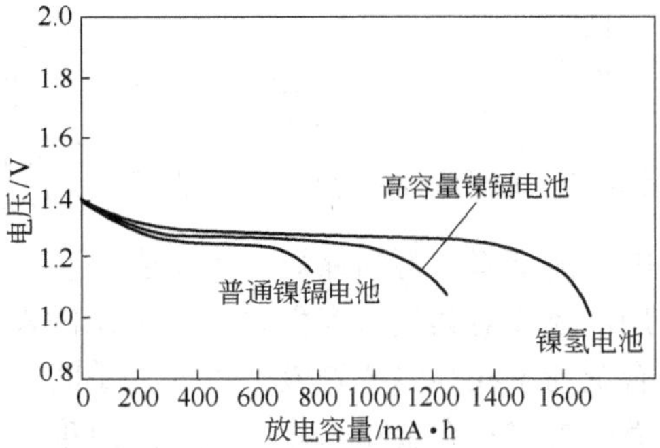

图 6－6 20℃下同型号的镍氢电池和镍镉电池放电曲线

6.4.2 贮氢合金材料

镍氢电池的电池表示式可以写作：

$$-)\,MH|KOH|NiOOH(\,+$$

负极反应：
$$MH + OH^- \underset{\text{充电}}{\overset{\text{放电}}{\rightleftharpoons}} M + H_2O + e$$

正极反应：
$$NiOOH + H_2O + e \underset{\text{充电}}{\overset{\text{放电}}{\rightleftharpoons}} Ni(OH)_2 + OH^-$$

电池反应：
$$MH + NiOOH \underset{\text{充电}}{\overset{\text{放电}}{\rightleftharpoons}} Ni(OH)_2 + M$$

M 表示贮氢合金材料，MH 即为其金属氢化物（Metal Hydride）。与在镍镉电池中一样，电解液 KOH 只起导电作用。

贮氢合金的基本特点就是能够可逆的吸放氢，反应可如下表示：

$$M(s) + \frac{x}{2}H_2(g) \rightleftharpoons MH_x(s) \pm \Delta H$$

该过程中的相平衡一般用金属氢化物的吸放氢压力和组成的等温线表示，即 P－C－T 曲线，如图 6－7 所示。

当最初氢含量比较低时，氢溶解在金属晶格内的空隙位置中，此时形成的是固溶体 α 相，随着氢的进一步溶入，固溶体达到饱和，新的氢化物 β 相开始形成。P－C－T 图中的等压水平线即为两相（α＋β）的共存区（其实，由于气相还存在，准确的说应为 3 相共存）。在此区域，当氢压与含氢量基本无关时，被称为平台压。贮氢合金材料的平台压越高，就意味着其热力学稳定性越差，越容易释放氢，作为电极材料时，无疑在易于放电的同时也对其自放电带来了不利影响；反之，平台压越低，电极充电过程易于进行，自放电率也低，但电极却可能存在放电困难。因此，作为镍氢电池的负极活性物质，贮氢合金应满足适中的平台压条件，除此以外，还应满足的条件有：

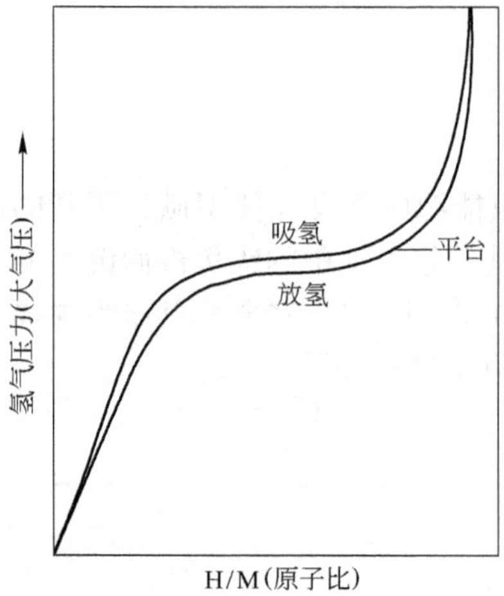

图6-7 某贮氢合金的P-C-T曲线

(1) 在KOH溶液中化学性质稳定；

(2) 在较宽的温度范围内，电化学容量大且活性高，反应的可逆性好；

(3) 抗粉化和氢化的能力强，作成的电极力学性能好。

目前研究的贮氢材料按照成分分类，有稀土系、铁系、锆系和镁系；按照组成配比分类又可分为AB_5、AB_2、AB等。贮氢材料的贮氢密度通常会大于液态氢的密度，以$LaNi_5$为例，贮氢密度为$10.3\times10^{-2}mol/cm^3$，而液态氢密度为$6.97\times10^{-2}mol/cm^3$。

随着电池充放电的进行，贮氢合金经历氢的多次吸附和释放后，晶格由于反复膨胀与收缩，很容易引起材料的破裂粉化以及合金元素的偏析，从而导致电极电性能下降，寿命缩短。为了进一步提高贮氢合金的抗粉化性能和电化学性能，往往在使用前还要对其进行表面改性，常用的表面改性技术有：碱处理和包覆法。碱处理法就是将合金粉末在高温浓碱液中浸泡几小时后，洗涤烘干后再制成电极；包覆法主要是通过化学镀的方式在合金粉末表面包一层厚度为微米级的金属铜或镍等，以达到改性的目的。包覆后的合金通常具有以下优点：(1) 合金的电、热传导性能高；(2) 合金表面的抗氧化能力得以改善；(3) 合金粉末在充放电过程中不易脱落。

6.4.3 镍氢电池的制作

贮氢合金电极的制备方法主要有粉末烧结法和高聚物黏接法。

烧结法通常用于钛系合金电极的制作，具体过程又可因起始原料的不同略有差异。

(1) 起始材料为贮氢合金粉末。将贮氢合金粉末或其氢化物加压成形后在真空中于800~900℃下烧结1h，冷却过程中通入氢气制成金属氢化物电极；或将合金粉末填充到泡沫镍微孔中加压成型后再在上述条件下进行烧结。

(2) 电极制作的起始原料为合金的金属粉末。例如将TiH_2与羰基镍粉混合均匀后，填充到泡沫镍的微孔中，加压下在真空中于950℃下烧结1~2h，便得到了多孔的钛镍贮氢电极。

高聚物黏接法主要用于稀土系合金。在电极制备过程中，为了提高其导电性，往往还要在合金粉末中加入镍粉或石墨粉等导电剂，然后用高聚物黏接成膜后，压在导电镍网上即可。常用的高聚物黏接剂有：聚四氟乙烯（PTFE）、聚乙烯醇（PVA）、羧甲基纤维素（CMC）等。

镍氢电池本是由贮氢合金负极取代镍镉电池中的镉负极出现的新型电池，但是随着贮氢合金负极的飞速发展，过去镍镉电池中的烧结式正极因为孔率低，难以提高比容量，已经越来越不能满足负极的匹配要求（负极比容量已达$1000mA\cdot h/cm^3$，正极应高于$570mA\cdot h/cm^3$)，后来人们就开发了以泡沫镍或纤维镍为导电基体的填充式电极，同时大力展开新型氢氧化镍原料的研制，在电极的比容量和比功率方面都有了很大的提高，对镍氢电池电化学性能的改进起到了举足轻重的作用。如今，泡沫镍基体研究较多，也较成熟，而且以泡沫镍为基体制作的电极也已产品化，并应用到 Ni - MH 电池中。泡沫 Ni 基体的制作是在泡沫多孔体利用化学镀、电镀的方法进行镀 Ni，然后去除非金属泡沫体。泡沫 Ni 电极的制作目前采用涂浆式，即将活性物质调膏，均匀覆涂于泡沫 Ni 基体上。泡沫镍电极的三维孔状结构可大大减少电极使用过程中的浓差极化，且该基体孔率高达 95% 左右，可以填充更多的活性物质，为电极容量的提高提供了可能性。该类电极的其他优点还有耗 Ni 量低，工艺简单，成本低。由于上述优势这类电极正在逐步取代烧结式 Ni 电极。该类电极的活性物质目前多采用高（堆积）密度、高活性球形 $Ni(OH)_2$ 产品，体积比容量可达 600mA · h/cm^3 以上。

镍氢电池的装配与镍镉电池类似，同样采用负极过量、采用透气性好的隔膜、适当降低电解液用量、安装安全阀等方式实现电池的密封，降低电池使用过程中的内压，提高电池的安全性。

6.5 锂原电池

6.5.1 概述

锂电池是一类以金属锂或含锂物质为负极的化学电源的总称。锂为负极的原电池的诸多性能都超越传统电池，其中包括以下几点：

（1）电压高。与大多数原电池的电压为 1.5V 相比，采用适当正极活性物质的锂电池电压高达 3.9V。

（2）比能量高。锂电池的输出比能量（超过 200W · h/kg 和 200W · h/L）是传统的锌负极电池的 3 ~ 5 倍或更多。

（3）工作温度范围宽广。多数锂电池能在高于 70℃ 和低于 -40℃ 工作，有些甚至可在 150℃ 下工作，而另有一些可在更低的温度（ -80℃）下工作。

（4）比功率高。一些特别设计的锂电池能够在大电流和高功率放电条件下输出能量。

（5）平稳的放电性能。大多数锂电池都显示平坦的放电曲线（在放电过程的大部分时间内电压和电阻基本保持不变）。

（6）储存寿命长。锂电池有长的储存寿命，即使在高温下也能长期储存。在室温下储存达到 10 年的寿命数据已经获得，而在 70℃ 下储存 1 年的结果也已经获得。从可靠性分析出发，可以预计其储存寿命能达到 20 年。

锂原电池一般都选择非水溶剂的电解质体系，其中具有代表性的有机溶剂有乙腈和碳酸丙烯酯等；无机溶剂有亚硫酰氯和硫酰氯等。为了使电解质具有要求的导电性，必须添加溶解于溶剂的溶质。此外，锂原电池中也有一类是直接采用固体锂离子导体作为电解质的体系。锂电池采用的正极活性物质有多样性，其中采用最普遍的是二氧化锰、亚硫酰氯、二氧化硫和一氟化碳等。

根据电解质（或溶剂）的类型和所采用的正极活性物质，锂原电池可以分成以下几种基本类型。

（1）可溶正极电池。这类电池采用液体或气体正极材料，例如二氧化硫或亚硫酰氯，它们可以溶解电解质盐，既是正极活性物质，又是电解质的溶剂。

（2）固体正极电池。这类锂负极原电池不是采用可溶气体或液体物质，而是采用固体物质作为正极（如二氧化锰、氟化碳、硫化铁正极等）。由于正极活性物质是固体，电池内部一般无压力形成，从而显示出无需实施气密性密封的优点，但它却不具备可溶正极电池的高放电率性能。

（3）固体电解质电池。这类电池被公认具有极其长的储存寿命，储存时间可超过20年，但只能以微安级的极低放电率放电。这些电池可应用于存储器备用电源、心脏起搏器以及要求小电流、长寿命的类似电子器具。典型产品如锂碘电池。

6.5.2 锂二氧化锰电池

6.5.2.1 基本概念与工作原理

锂二氧化锰电池是一种典型的有机电解质锂电池，该电池是由日本三洋电机公司于1975年发明并研制成功的，随即被推向市场，该电池的内部电极结构可以设计并制作成碳包式、卷绕式、叠层式，电池外形可以设计并制作成硬币形、圆柱形和方形，以满足不同尺寸和电流用电器的使用要求。与其他锂电池相比，其材料和制造成本相对要低，且安全性很好。所以，它也是当今世界应用最广泛的商品锂电池。

锂二氧化锰电池采用金属锂为负极，适当热处理的电解二氧化锰为正极以及由高氯酸锂（或三氟甲基磺酸锂）溶解于碳酸丙烯酯/乙二醇二甲醚等混合溶剂组成的电解质。其放电机理与一般电池的氧化还原机理有所不同，正极反应是一种典型的嵌入式反应。电池的化学反应式如下：

负极 $$x\mathrm{Li} \longrightarrow x\mathrm{Li}^{+} + xe$$

正极 $$\mathrm{Mn^{IV}O_2} + x\mathrm{Li}^{+} + xe \longrightarrow \mathrm{Li}_x\mathrm{Mn^{III}O_2}$$

总反应 $$x\mathrm{Li} + \mathrm{Mn^{IV}O_2} \longrightarrow \mathrm{Li}_x\mathrm{Mn^{III}O_2}$$

如上述反应式所示，电池放电时锂负极发生氧化反应，形成锂离子溶解于电解质溶液内，并迁移至二氧化锰正极，嵌入到二氧化锰晶格中，并促使二氧化锰中的锰从四价还原至三价。

6.5.2.2 基本制造工艺

现以全密封圆柱形卷绕式锂二氧化锰电池为例，来说明这类电池的基本制造工艺，其制造工艺流程如图6-8所示。

A 二氧化锰正极的制备

将热处理过的电解二氧化锰粉与乙炔黑、聚四氟乙烯乳液、异丙醇按一定比例混合并搅拌成膏料，然后把膏料均匀地涂在金属集流网上进行热处理并碾压制成电极；还有一种方法是将配制好的正极膏料加热后置于金属集流体的两侧经对辊机滚压而制成电极。制备好的电极应放在空气湿度小于2%的环境中。

B 金属锂负极的制备

根据不同电池型号选择相应厚度和宽度的锂带，并将其裁成符合要求的长度，再将极耳冷焊在已裁好的锂带上。负极制备必须在相对湿度小于2%的环境中进行。

C 隔膜的制备

将符合厚度和宽度要求的聚丙烯隔膜干燥后放在湿度小于2%的环境中备用。通常选用在130~160℃时可以闭合的复合隔膜。

D 电池芯体的制备

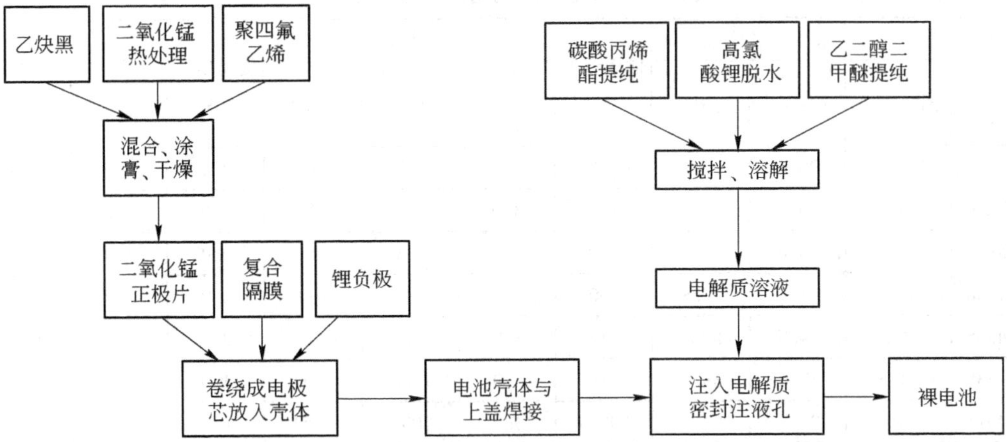

图6-8 锂二氧化锰电池制造工艺流程

在湿度小于2%的环境中将两层比电极稍宽的隔膜包在二氧化锰正极的两面，以把正极和锂负极分开，然后再在卷绕机上将其卷绕成芯体后放入电池壳内。锂二氧化锰电池芯体卷绕结构如图6-9所示。

E 电解质溶液的制备

电解质溶液配方各厂家有所不同，基本的制备方法是按比例将除水后的高氯酸锂与提纯后的碳酸丙烯酯、乙二醇二甲醚等混合配制而成。电解质溶液的制备要求在湿度小于2%的干燥空气环境中进行。

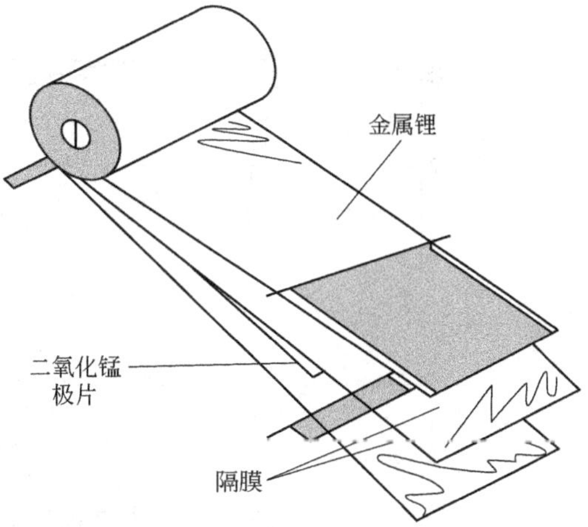

图6-9 锂二氧化锰电池芯体卷绕结构

F 电解质溶液的加注和注液口密封焊接

将带有玻璃绝缘子的上盖先与装好电极芯体的壳体焊接好，然后用注液机将规定重量的电解质溶液从注液孔注入电池内，并用钢球进行堵孔焊接。

6.5.2.3 产品分类及基本技术性能

目前应用的锂二氧化锰电池大都为硬币形和圆柱形，圆柱形电池又以卷绕式电极芯结构为多，软包装薄型电池是近几年开发的新产品。

锂二氧化锰电池典型的开路电压为3.3V。其工作电压的数值视放电率、放电的环境温度而定，常温下工作电压一般为2.5~2.8V。终止电压一般取2.0V。该体系电池具有放电曲线平坦、低温性能良好（-20℃放出额定容量的40%）、储存期内容降小（年容降小于1.5%）、基本没有电压滞后等特性。一般单电池的容量在0.025~10.5A·h，其基本技术性能见表6-1。

扣式电池一般只能以小电流放电，放电曲线非常平坦，直到接近容量终止时才开始下降。典型放电曲线如图6-10和图6-11所示。

表 6－1 常见锂二氧化锰电池基本性能

型号		最大外形尺寸/mm		额定容量/mA·h	额定电压/V	最大工作电流/mA		终止电压/V	参考质量/g	工作温度/℃
国标GB	国际型号	直径	高度			连续	脉冲			
CR2016		20.0	1.6	60	3.0	1.8	4	2.0	1.9	－20～＋60
CR2025		20.0	2.5	120	3.0	1.8	4	2.0	2.5	－20～＋60
CR2032		20.0	3.2	170	3.0	1.8	4	2.0	3.0	－20～＋60
CR11108	CR－1/3N	11.6	10.8	160	3.0	40	100	2.0	3	－20～＋60
CR14505	AA	14.5	50.5	1000	3.0	500	10000	2.0	15	－20～＋60
CR17335	CH123A	17.0	33.5	1200	3.0	1000	2000	2.0	17	－20～＋60
CR34615	D	34.2	61.5	10500	3.0	2000	4000	2.0	116	－20～＋60

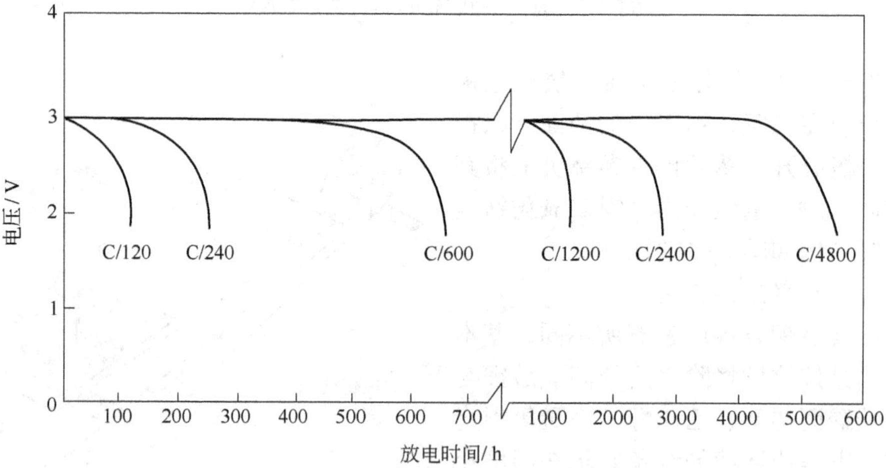

图 6－10 扣式锂二氧化锰电池的典型放电曲线

碳包式电池通常用于低电流长时间工作的设备或仪器，它比同尺寸的卷绕式电池能放出更多的容量，在低电流放电过程中，放电曲线相当平坦。放电曲线如图 6－12 所示。

卷绕式电池适合于大电流放电或低温条件下工作的设备。在放电过程的大部分时间内，电池的放电曲线平坦，但电压平台低于扣式和碳包式电池。其典型放电曲线如图 6－13 和图 6－14 所示。

软包装电池与圆柱形金属壳电池的放电性能是一致的，其区别在于极片做得很薄，内部为叠片或板式缠绕结构，且电池外壳不采用金属壳而采用多重复合薄膜材料，用专门的工艺、设备封装。同金属壳电池相比，软包装电池产品外观结构设计灵活、厚度尺寸可达 1mm 以下，可适应用户多种尺寸要求，最大限度地提高了设备电池仓的利用空间，减轻了电池重量，从而使电池的比能量得到提高。其放电曲线如图 6－15 所示。

6.5.2.4 应用范围

锂二氧化锰电池应用范围较宽，适用于电压滞后要求高、能在瞬间以较大电流放电的设备。在商业（含家用）领域中主要用做自动照相机、电子计算器、收音机、电筒、电

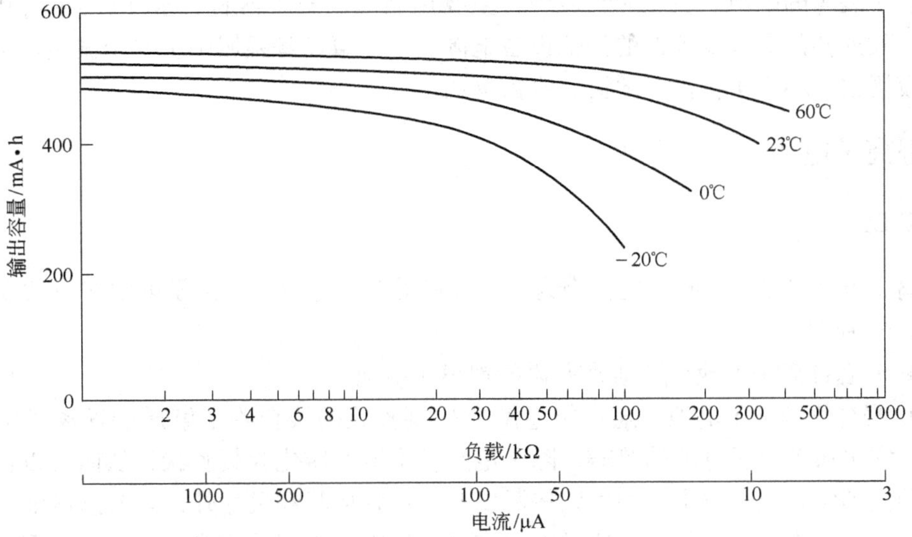

图 6-11 扣式电池在不同温度和负载下的输出容量

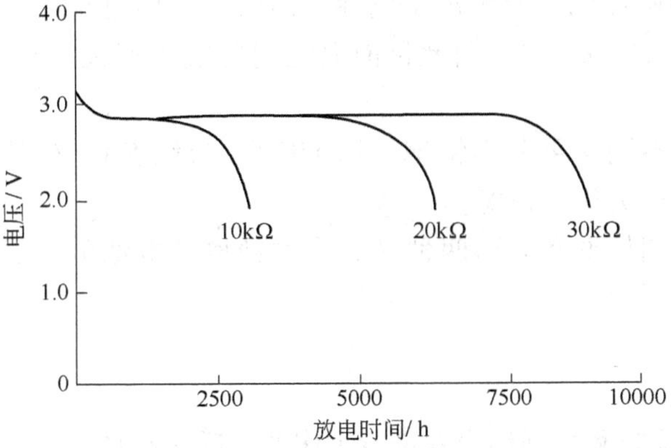

图 6-12 碳包式电池的放电曲线

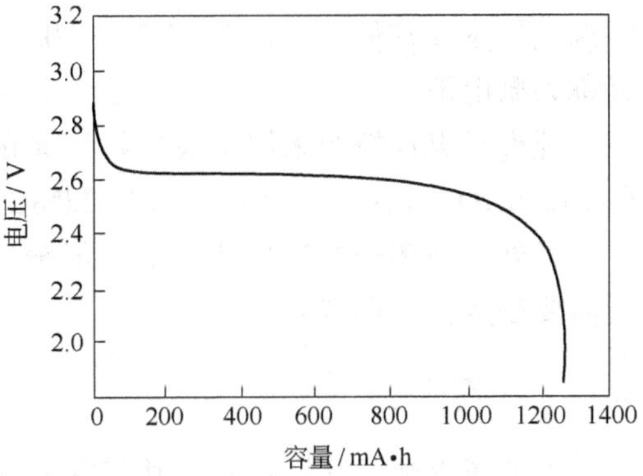

图 6-13 CR17335 型电池放电曲线
(500mA，2.0V，25℃)

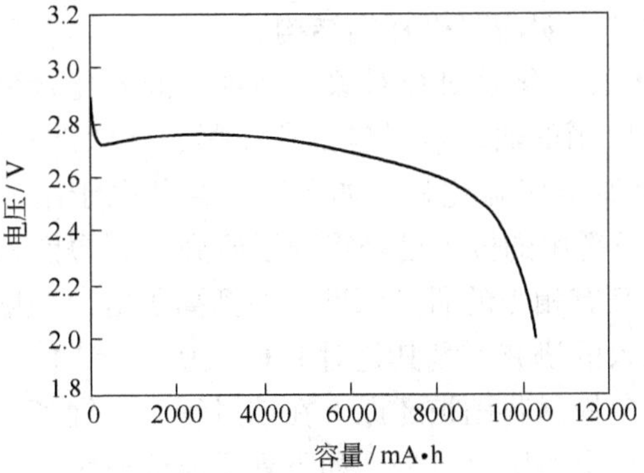

图 6-14 CR34615 型电池放电曲线
(2000mA，2.0V，25℃)

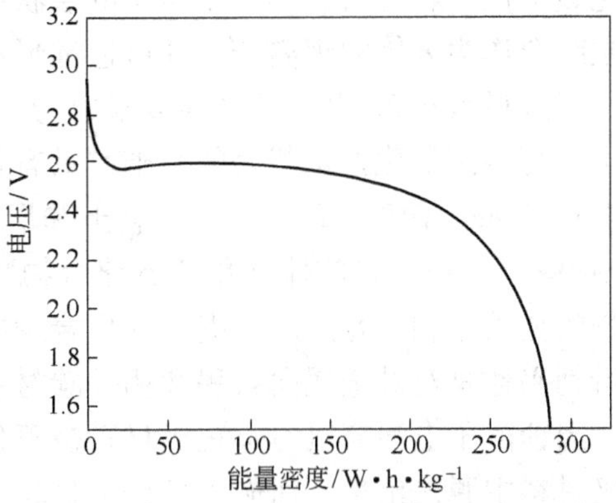

图 6-15 CF754803 型电池放电曲线
(100mA，1.5V，25℃)

动玩具、手表等的电源。在工业领域中，主要用做海上救生器材、水/电气用付费率智能表、定位发射器的电源及仪器的记忆设备电源。在军事设备领域中主要用做通信电台、保密机、夜视仪、小型干扰机、地雷、水雷等的电源。

6.6 锂离子电池

6.6.1 概述

锂离子电池是指 Li^+ 嵌入化合物为正、负极的二次电池。锂离子电池按电解质溶液的状态一般分为：

（1）液态锂离子电池。即通常所说的锂离子电池。

（2）聚合物锂离子电池。通常指电解质呈凝胶状的聚合物电解质的锂离子电池，但必须指出它也属锂离子电池的范畴；除了电解质由液态转化为凝胶状，从而可以包装在密度较低的铝塑复合包装袋中，并可以按需要制成各种形状和尺寸外，与液态电池并无本质的差别。然而，由于壳体很轻，这类电池容易设计得到更高的比能量。因此，聚合物锂离子电池对研究人员和市场消费者都具有极大的吸引力。

（3）全固态锂离子电池。它是真正的固体电解质锂离子电池，但由于固体电解质的常温电导率非常低［一般为 $10^{-6} \sim 10^{-8}/(\Omega \cdot cm)$］，因此目前只能制备成薄膜状电池，又称为微电池。

锂离子电池按照采用正极材料体系的不同又可分为钴基（以 $LiCoO_2$ 为代表）、锰基（以 $LiMn_2O_4$ 为代表）和镍基（以 $LiNiCoO_2$ 为代表）等。

另外，锂离子电池从外形上一般分为圆柱形和方形两种（聚合物锂离子电池可以根据需要制成任意形状）。

6.6.2 工作原理

锂离子电池的活性物质是基于嵌入反应过程可逆结合锂进行工作的，反应本身是一个局部规整反应，反应期间可使锂离子可逆移出和插入到宿主中，而不引起宿主结构发生明显变化。在锂离子电池中的正极材料是金属氧化物，它们具有层状结构或者隧道结构。石墨化碳负极材料也具有类似于石墨的层状结构。由此金属氧化物、石墨和其他材料是作为宿主结合作为客体的锂离子，并可逆地形成如“三明治”一样的结构。

嵌入材料自20世纪后半期以来成为一个重要的化学研究对象。当今，嵌入化合物构成了从超导到催化技术范畴的基础。具有普遍应用的嵌入材料包括孔石墨、层状硅酸盐，如滑石［$Mg_3(OH)_2(Si_4O_{10})$］、黏土和层状过渡金属硫化物，如 TiS_2。各种电子给予体（包括锂）和电子接收体（如氧族化合物）向石墨中的嵌入已经得到了研究。石墨嵌入化合物的范畴是相当宽广的，揭示的化合物既多又有相当的研究深度。在锂离子电池领域中的特别兴趣是对碱金属向石墨和相关碳材料嵌入的研究，尤其是对 L_xC_6 $(0<x<1)$ 的研究。当锂离子电池充电时，正极材料被氧化，负极材料则被还原。在该过程中，锂离子从正极材料中脱嵌出来，而嵌入到负极材料中；放电时则反过来，如下列反应式所示：

正极 $$LiMO_2 \underset{放电}{\overset{充电}{\rightleftharpoons}} Li_{1-x}MO_2 + xLi^+ + xe$$

负极 $C+xLi^{+}+xe \underset{放电}{\overset{充电}{\rightleftharpoons}} Li_xC$

全电池反应 $LiMO_2+C \underset{放电}{\overset{充电}{\rightleftharpoons}} Li_xC+Li_{1-x}MO_2$

上述反应式中，$LiMO_2$ 代表金属氧化物正极材料（如 $LiCoO_2$），而 C 代表碳类负极材料（如石墨）。由于在电池中不存在锂，锂离子电池与采用金属锂负极的锂蓄电池相比，其化学反应性更低、更安全，并且具有更长的循环寿命。

6.6.3 结构与基本组成

常见的小型锂离子电池主要有圆柱形和方形两种，内部皆由正极、负极、隔膜、电解质溶液、外壳以及各种绝缘、安全装置组成。

6.6.3.1 主要正极材料

在锂离子电池中用做正极材料的是一种可以和锂生成嵌入化合物的过渡金属氧化物。现在锂离子电池主要采用的正极材料见表 6－2。

表 6－2 几种锂离子电池正极材料的主要性能比较

正极材料	比容量 /(mA·h)·g^{-1}	电位 /V（相对锂）	扩散系数 /cm^2·s^{-1}	密度 /g·cm^{-3}	循环性	安全性
$LiCoO_2$	140～160	3.7	2.6×10^{-8}	5.01	好	较差
$LiNi_{0.8}Co_{0.2}Al_{0.05}O_2$	170～200	3.6	$10^{-12}\sim10^{-11}$	4.96	好	较差
$LiMn_2O_4$	110～120	3.8	10^{-9}	4.28	良	好
$LiNi_{1/3}Co_{1/3}Mn_{1/3}O_2$	150～220①	3.6～3.9①	10^{-12}	4.69	较好	较好
$LiFePO_4$	160～170	3.5	1.8×10^{-14}	3.60	好	好

①取决于充电截止电压的具体控制值（相对锂电极电位为 4.3～4.6V）。

由表 6－2 可以看出，$LiCoO_2$ 虽只具有中等比容量，但是该材料密度高，制备出的实际材料密度特别适宜连续涂覆加工，并得到高密度、高均匀一致性且表面十分平滑的电极。再加之它有好的循环特性，因此在锂离子电池产业化以来，一直是小型锂离子电池产品的最佳选择。与锰基和磷酸铁锂相比，它的安全性较差，主要表现为耐过充电能力和高温稳定性差。但在手机等应用中，由于只有一只单体电池，因此在设计与制造质量得到认可的前提下，加上采取适当电子电路或相关保护措施，防止过充电与过热情况发生，是可以保证电池安全的。而在笔记本计算机等应用中，由于是多个电池串并联使用，则必须考虑更加充分的安全保证。

近年来，由于钴的价格急剧升高，小型锂离子电池中也开始采用锰基和镍基材料或它们的混合物，由此推进了 $LiMn_2O_4$、$LiNi_{1/3}Co_{1/3}Mn_{1/3}O_2$ 和 $LiNi_{0.8}Co_{0.2}Al_{0.05}O_2$ 正极材料的扩大产业化与应用。它们的单独应用或混合应用也有利于电池安全性的改善。

随着电动工具、电动自行车、电动车（EV）和混合电动车（HEV）对锂离子动力电池发展的需求，集中对 $Li(NiCo)O_2$、$LiMn_2O_4$、$Li(NiCoMn)O_2$ 和 $LiFePO_4$ 进行了广泛的实验评价，特别是安全性和寿命评价。其中采用 $LiMn_2O_4$、$Li(NiCoMn)O_2$ 和 $LiFePO_4$ 正极活性材料的中等容量（10A·h 左右）与高功率（1860 电池或 SubC 电池）锂离子电池已经开始在电动工具与电动自行车上使用，需求量正在逐步增加。

6.6.3.2 主要负极材料

锂离子电池成功的关键在于找到能可逆嵌入和脱嵌锂离子的负极材料，这类材料需满足以下要求：

（1）锂在负极的活度要接近纯金属锂的活度,这关系到电池是否具有较高的开路电压。

（2）电化学当量要低，这样才能有尽可能大的比容量。

（3）锂在负极中的扩散系数要足够大，可以高倍率放电。

（4）锂离子在负极嵌入和脱嵌过程中，电位变化要小（即极化要小）。

（5）碳材料在热力学稳定的同时，与电解质溶液的匹配性要好。

（6）成本低，易制备，无公害。

目前，常用的负极材料是碳材料，表 6－3 是几种碳材料的分类情况。

表 6－3 锂离子电池负极用碳材料分类

<table>
<tr><td rowspan="13">锂离子电池负极用碳材料</td><td rowspan="4">高规则化碳</td><td colspan="3">天然石墨</td></tr>
<tr><td rowspan="3">人造石墨</td><td colspan="2">中间相碳微球（MCMB）</td></tr>
<tr><td colspan="2">气相生长石墨纤维</td></tr>
<tr><td colspan="2">石墨化针状碳</td></tr>
<tr><td rowspan="9">低规则化碳</td><td rowspan="2">易石墨化碳（软碳）</td><td colspan="2">焦炭</td></tr>
<tr><td colspan="2">中间相碳微球（MCMB）一部分</td></tr>
<tr><td rowspan="3">难石墨化碳（硬碳）</td><td rowspan="3">树脂碳</td><td>PAS</td></tr>
<tr><td>PFA－C</td></tr>
<tr><td>PPP</td></tr>
<tr><td rowspan="3">复合碳</td><td rowspan="2">碳－碳复合</td><td>软碳－石墨复合</td></tr>
<tr><td>硬碳－石墨复合</td></tr>
<tr><td colspan="2">碳－非碳复合</td></tr>
<tr><td colspan="3">碳纳米材料</td></tr>
</table>

6.6.3.3 隔膜材料

电池隔膜的作用是使电池的正、负极分隔开来，防止两极接触而短路，此外，还要作为电解质溶液离子传输的通道。一般要求其电子绝缘性好，电解质离子透过性好，对电解质溶液化学和电化学稳定，对电解质溶液浸润性好，有一定机械强度，厚度尽可能小。根据隔膜材料的不同，可以分为天然或合成高分子隔膜和无机隔膜，而根据隔膜材料的特点和加工方法的不同，又可以分为有机材料隔膜、编织隔膜、毡状膜、隔膜纸和陶瓷隔膜。对于锂离子电池体系，需要与有机溶剂有相容性的隔膜材料，一般选用高强度薄膜化的聚烯烃多孔膜，如聚乙烯（PE）、聚丙烯（PP）、PP/PE/PP 复合膜等。

6.6.3.4 电解质材料

电解质溶液是在电池正、负极之间起传导作用的离子导体，它本身的性能及其形成的界面状况在很大程度上影响电池的性能，优良的锂离子电池有机电解质溶液应满足以下几项要求：

（1）良好的化学稳定性，与电池内的正、负极活性物质和集流体（一般用 Al 和 Cu 箔）不发生化学反应。

（2）宽的电化学稳定窗口。

（3）高的锂离子电导率。

（4）良好的成膜（SEI）特性，在负极材料表面形成稳定的钝化膜。

（5）合适的温度范围（低熔点～高沸点）。

（6）安全低毒，无环境污染。

同时具有以上特点的由单一组分溶剂和电解质盐组成的电解质溶液很难找到。实际使用的电解质溶液都是由二元以上溶剂和电解质混合而成，溶剂之间的特点能优势互补。常用的电解质溶液体系有 PC + DME + $LiClO_4$、EC + PC + $LiClO_4$、EC + DEC + $LiClO_4$（或 $LiPF_6$）、EC + DMC + $LiClO_4$（或 $LiPF_6$）等，有时为提高电池的性能，也采用三元及三元以上电解质溶液，例如，在 EC + DEC + $LiPF_6$ 电解质溶液体系中加入 DMC 或 EMC 可以提高电池的低温性能。一般情况下，它们都能与正极相匹配，因为它们都能在 4.5V 或以上电位下耐氧化；而对负极更关心的是电解质溶液能不能在比较高的电位下还原形成致密、稳定的钝化膜。

6.6.4 电池制造工艺流程

图 6－16 是锂离子电池的典型制造工艺流程。与其他传统电池的电极制造工艺不同，锂离子电池的电极采用了类似电子行业中的磁带涂覆或陶瓷元件流延工艺，由此可以制备出薄而均匀的连续电极，适合电池的自动化制造要求。

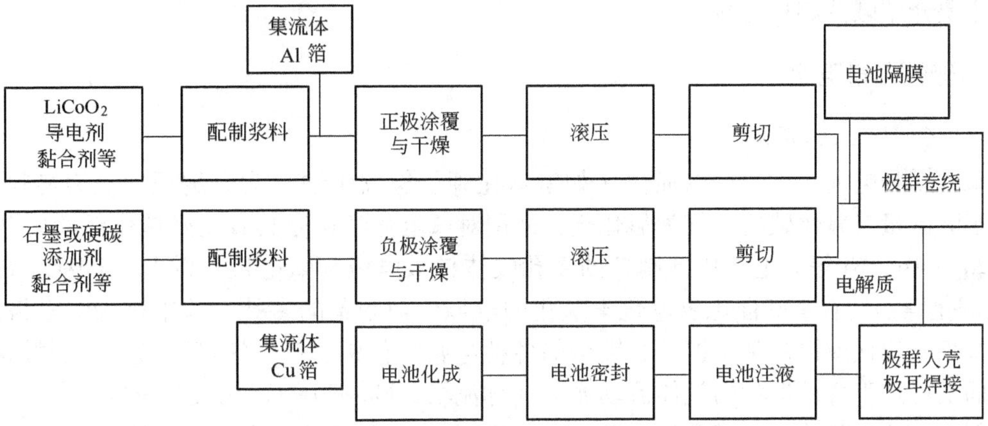

图 6－16 锂离子电池的典型制造工艺流程

6.7 燃料电池

6.7.1 概述

燃料电池是一种将持续供给的燃料和氧化剂中的化学能连续不断地转换成电能的电化学发电装置。它以燃料为负极，氧化剂为正极，分别在两极上发生氧化反应和还原反应而产生电流。它在原理和结构上与一般意义上的电池完全不同。燃料电池的主要特点有如下几点：

（1）高效。燃料电池按电化学原理等温地直接将化学能转化为电能。在理论上它的热电转化效率可达 85%～90%。但实际上，电池在工作时由于各种极化的限制，目前各类电池实际的能量转化效率均在40% ~60%的范围内。若实现热电联供，燃料的总利用率可高达80%以上。

（2）环境友好。当燃料电池以富氢气体为燃料时，富氢气体是通过矿物燃料来制取的，由于燃料电池具有高的能量转换效率，其二氧化碳的排放量比热机过程减少40%以上。由于燃料电池的燃料气在反应前必须脱除硫及其化合物，而且燃料电池是按电化学原理发电，不经过热机的燃烧过程，所以它几乎不排放氮氧化物和硫氧化物，减轻了对大气的污染。当燃料电池以纯氢为燃料时，它的化学反应产物仅为水，从根本上消除了氮氧化物、硫氧化物及二氧化碳等的排放。

（3）安静。燃料电池本身按电化学原理工作，辅助系统的运动部件也很少。因此，它工作时安静，噪声很低。实践表明，距离40kW磷酸燃料电池电站4.6m的噪声水平是60dB。而4.5MW和11MW的大功率磷酸燃料电池电站的噪声水平已经达到不高于55dB的水平。

（4）可靠性高。碱性燃料电池和磷酸燃料电池的运行均证明燃料电池的运行高度可靠，可作为各种应急电源和不间断电源使用。

燃料电池所用燃料有氢气、煤气、天然气、烃、液氨等；氧化剂有氧气、空气、氯、溴等。燃料电池的分类有多种方法，可按工作温度高低分类、燃料的种类分类，也可按电池的工作方式分类。但最常用的方法是按电池所采用的电解质分成五类，即碱性燃料电池、磷酸燃料电池、质子交换膜燃料电池、熔融碳酸盐燃料电池、固体氧化物燃料电池。下面主要介绍碱性燃料电池。

6.7.2 碱性燃料电池

6.7.2.1 工作原理

碱性燃料电池（AFC）以强碱（如氢氧化钾、氢氧化钠）为电解质，氢为燃料，纯氧或脱除微量二氧化碳的空气为氧化剂，采用对氧电化学还原具有良好催化活性的Pt/C、Ag、Ag-Au、Ni等为电催化剂制备的多孔气体扩散电极为氧电极，以Pt-Pd/C、Pt/C、Ni或硼化镍等具有良好催化氢电化学氧化的电催化剂制备的多孔气体电极为氢电极。以无孔炭板、镍板或镀镍甚至镀银、镀金的各种金属（如铝、镁、铁等）板为双极板材料，在板面上可加工各种形状的气体流动通道（称流场，Flow Field）构成双极板。

图6-17为碱性石棉膜型氢氧燃料电池单池（Single Cell）的工作原理。

在阳极，氢气与碱中的OH^-在电催化剂的作用下，发生氧化反应生成水和电子，电子通过外电路到达阴极，在阴极电催化剂的作用下，参与氧的还原反应，生成的OH^-通过饱浸碱液的多孔石棉膜迁移到氢电极。电极反应式为

阳极 $$H_2 + 2OH^- \longrightarrow 2H_2O + 2e$$

阴极 $$\frac{1}{2}O_2 + H_2O + 2e \longrightarrow 2OH^-$$

总反应 $$H_2 + \frac{1}{2}O_2 \longrightarrow H_2O$$

为保持电池连续工作，除需以电池消耗氢气、氧气的量等速地供应氢气、氧气外，通常还需通过循环电解液来连续、等速地从阳极排出电池反应生成的水，以维持电解液碱浓

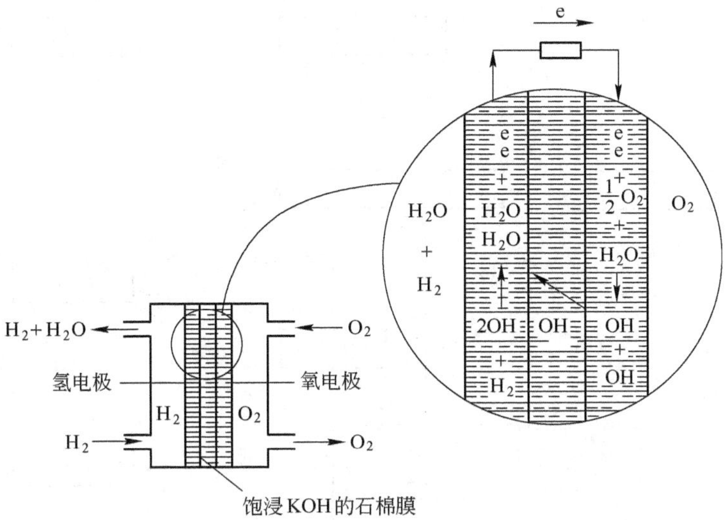

图 6－17 碱性氢氧燃料电池单池工作原理图

度的恒定，以及排除电池反应的废热以维持电池工作温度的恒定。

一个单池，工作电压仅 0.6～1.0V。为满足需要，可将多节单池组合起来，构成一个电池组（stack）。首先依据用户对电池工作电压的需求，确定电池组单池的节数；再依据用户对电池组功率的要求和对电池组效率及电池组质量比功率与体积比功率的综合考虑，确定电池的电极工作面积。

6.7.2.2 电池系统

燃料电池工作方式与内燃机类似，要保持燃料电池连续输出电能，必须连续地将燃料和氧化剂送入电池堆，并连续或间断地将反应气中的杂质（如氮）排出电池组，即需要反应气供给与尾气排放分系统。氢氧燃料电池内的电化学反应要生成水，为了维持电池的连续运行，必须以与电池堆内生成水相等的速度将产物水排出电池。对宇航应用，产物水最好能为宇航员提供饮用水，因此需要有水排出、净化与回收分系统。燃料电池的能量转化效率一般在 50%～70% 之间，因此当电池工作时，要产生 50%～30% 的废热，为了维持电池工作温度的恒定，需要有排热分系统。一般用户均要求当负载变化时电池工作电压能稳定在一定区间，如（28±2）V，而有时用户还需要交流电力，因此电池系统还应包括电压调整和直流－交流变换分系统。另外，燃料电池需全自动运行，所以需有控制分系统，它由各种传感元件、执行元件和各种阀件和依据启动、运行、停车程序而设计的软件构成。阐明各分系统间关系的电池系统的方块图如图 6－18 所示。

A 水的回收与净化分系统

当电池堆采用静态排水时，水的回收与净化分系统如图 6－19 所示。

电池堆水腔中的水蒸气和少量氢气在压差推动下，迁移至冷分器的汽腔，水蒸气在微孔石棉膜上冷凝；在压力差推动下，水通过导水阻气的微孔石棉膜进入冷分器水腔；冷分器水腔中的水靠压差推动，流入输水泵皮囊内。定时用高压氢气将水泵皮囊内的水增压，经水质净化器送入储水罐中。

B 排热分系统

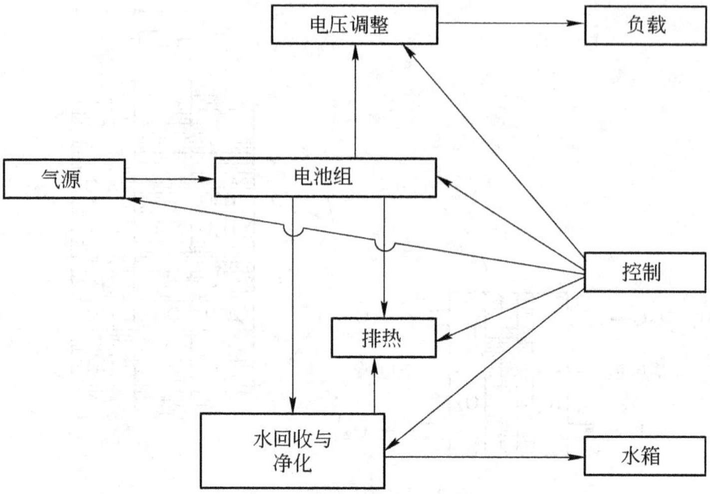

图 6 – 18 燃料电池系统

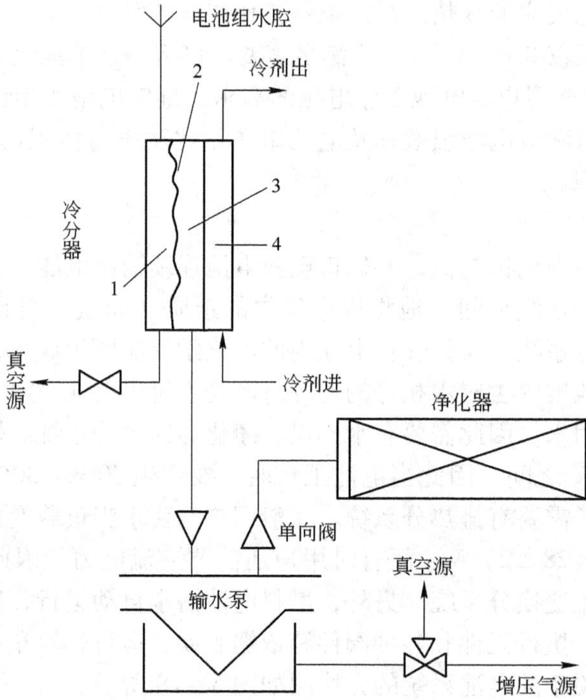

图 6 – 19 水回收与净化分系统流程

1—汽腔；2—石棉膜；3—水腔；4—冷剂

碱性燃料电池堆的能量转化效率一般在 50% ~70%，因此当电池连续运行时，有 30% ~50% 废热需排出。

对石棉膜型燃料电池不管采用静态排水还是采用动态排水，电化学反应生成的液态水均需蒸发变成气态。这部分电化学生成水的气化潜热一般占电池废热的 25% ~30%，能减小电池排热负荷的1/4～1/3。

对较大功率的碱性燃料电池堆，一般在电池堆中每2节～4节单池间加入一块排热板，采用通过排热冷剂（如水与乙二醇的混合液）将电池废热排出电池堆。美国航天飞机用的碱性燃料电池组即采用这种排热方法。

对于采用动态排水的小功率石棉膜型碱性燃料电池，电池堆内不加排热板，靠循环氢气排出电池废热。

碱性燃料电池采用导热良好的表面改性的金属材料（如镁、铝、镍等）作双极板。电池产生的废热可由双极板传导至周边，再从周边排出。一种方法是在双极板周边带有排热翅片，采用气体循环方法将电池废热排出。另一种方法是在电池的一面或两面加上有冷却剂流过的排热板，将电池废热排出。

C 电压调整分系统

由于燃料电池内阻大，加之电池在长时间运行时电池性能还有一定的衰减，而用户又要求在电池负荷成倍变化时，工作电压能够稳定在一定的电压范围内（如（28±2）V），因此必须加入电压调整分系统。

一般采用DC－DC变换方法稳定燃料电池输出电压。DC－DC变换的效率可达98%左右，有一定的能量损失。对静态排水，并串联和内增湿碱性燃料电池系统，采用电池堆内空载两节单池的方法达到确保电池输出电压的稳定。电池堆由33节单池组成，其中31节单池始终工作，空载两节单池。当电池输出电压低于（26.5±0.15）V时接入电池堆；而当电池堆输出电压高于（29.8±0.15）V时切除。利用与这两节单池并联的二极管确保当切入与切除空载的两节单池的继电器动作时，电池组对外电路无毫秒级断电。图6－20为其原理框图。

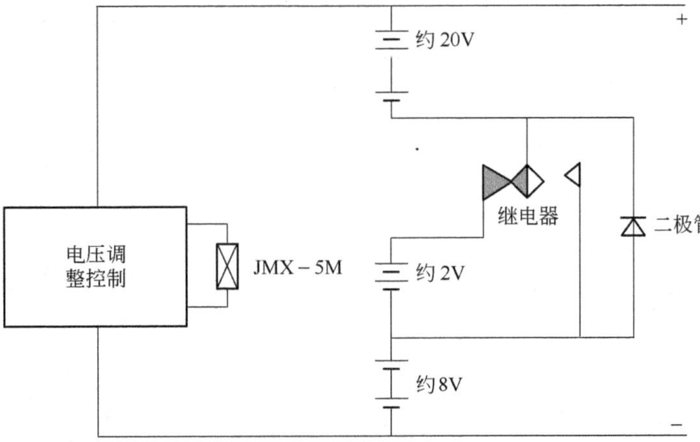

图6－20 电压调整控制框图

电池组寿命实验结果表明，当空载的两节电池接入工作时，其工作电压与电池组各节电池平均电压相差极小，证明空载单电池可正常工作。电池组输出电压的示波器显示证明，当电压调整继电器动作时，电池组输出电压无毫秒级开路。这种方法的突出优点是提高了电池系统的能量转化效率。

复习与思考题

1. 什么是化学电源?
2. 化学电源的特点、性能指标有哪些，化学电源如何分类?
3. 本章主要介绍了哪几种化学电源?
4. 碱性锌锰电池的特点是什么?
5. 碱性锌锰电池的制造可分为哪几个部分?
6. 铅酸蓄电池具有哪些特点?
7. 铅酸蓄电池由哪几部分组成?
8. 与镍镉电池相比，镍氢电池具有哪些优势?
9. 锂原电池有哪些性能超越传统电池?
10. 锂原电池有哪些类型?
11. 全密封圆柱形卷绕式锂二氧化锰电池的制备由哪几部分组成?
12. 什么是锂离子电池，有哪些类型?
13. 锂离子电池由哪几部分组成?
14. 燃料电池的主要特点有哪些?
15. 碱性燃料电池的电池系统由哪几部分组成?

参 考 文 献

[1] 李荻．电化学原理［M］．北京：北京航空航天大学出版社，1999.

[2] 邵元华，等译．电化学方法原理及应用［M］．北京：化学工业出版社，2005.

[3] 高颖．电化学基础［M］．北京：化学工业出版社，2004.

[4] 杨辉．应用电化学［M］．北京：科学出版社，2001.

[5] 杨绮琴．应用电化学［M］．广州：中山大学出版社，2001.

[6] 陈国华，王光信．电化学方法及应用［M］．北京：化学工业出版社，2003.

[7] 朱屯．现代铜湿法冶金［M］．北京：冶金工业出版社，2002.

[8] 陈家镛．湿法冶金手册［M］．北京：冶金工业出版社，2005.

[9] 彭容秋．铅锌冶金学［M］．北京：科学出版社，2003.

[10] 彭容秋．镍冶金［M］．长沙：中南大学出版社，2005.

[11] 任广军．电镀原理与工艺［M］．沈阳：东北大学出版社，2001.

[12] 宋兴诚．锡冶金［M］．北京：冶金工业出版社，2011.

[13] 王辉．电解精炼工［M］．长沙：中南大学出版社，2007.

[14] 汪继强．化学与物理电源－信息化武器装备的动力之源［M］．第二版．北京：国防工业出版社，2008.

[15] 郭炳焜，李新梅，杨松青．化学电源－电池原理及制造技术［M］．长沙：中南大学出版社，2000.

[16] 张宏祥，王为．电镀工艺学［M］．天津：天津科学技术出版社，2002.

[17] 本书编委会．电镀工艺配方设计、新技术应用实例与质量检测标准规范使用手册［M］．合肥：安徽文化音像出版社，2004.

[18] 林俊杰，王静．无机化学［M］．第二版．北京：化学工业出版社，2006.

冶金工业出版社部分图书推荐

书　　名	作　者	定价(元)
材料化学实验教程	汪丽梅　窦立岩　主编	16.00
大学化学（第2版）	牛　盾　主编	32.00
大学化学实验	牛　盾　王育红　王锦霞　主编	12.00
分析化学简明教程	张锦柱　主编	23.00
工业分析化学	张锦柱　等编著	36.00
化工基础实验	马文瑾　编	19.00
煤化学（第2版）	何选明　主编	49.00
煤化学产品工艺学（第2版）	肖瑞华　白金锋　主编	46.00
煤焦油化工学（第2版）	肖瑞华　编著	38.00
水分析化学（第2版）	聂麦茜　吴蔓莉　编	17.00
无机化学	邓基芹　主编	36.00
无机化学实验	张　霞　主编	26.00
无机化学实验	邓基芹　主编	18.00
物理化学	邓基芹　主编	28.00
物理化学（第4版）	王淑兰　主编	45.00
冶金电化学原理	唐长斌　薛娟琴　编著	50.00
冶金物理化学教程（第2版）	郭汉杰　编著	45.00
有机化学（第2版）	聂麦茜　主编	36.00
有机化学实验绿色化教程	刘　峥　等主编	28.00
有色金属分析化学	梅恒星　编著	46.00